证验千年活版印刷术

邹毅 著

中国社会科学出版社

图书在版编目（CIP）数据

证验千年活版印刷术/邹毅著．—北京：中国社会科学出版社，2010.8
ISBN 978-7-5004-8908-5

Ⅰ.①证… Ⅱ.①邹… Ⅲ.①活字—印刷史—中国—古代 Ⅳ.①TS811—092

中国版本图书馆 CIP 数据核字（2010）第 131213 号

责任编辑 叶昕媛 黄燕生
责任校对 杨惠钧
封面设计 大鹏工作室
技术编辑 戴 宽

出版发行 中国社会科学出版社
社 址 北京鼓楼西大街甲 158 号 邮 编 100720
电 话 010－84029450（邮购）
网 址 http：//www.csspw.cn
经 销 新华书店
印 刷 君升印刷有限公司 装 订 广增装订厂
版 次 2010 年 8 月第 1 版 印 次 2010 年 8 月第 1 次印刷
开 本 710×1000 1/16
印 张 15.375
字 数 448 千字
定 价 68.00 元

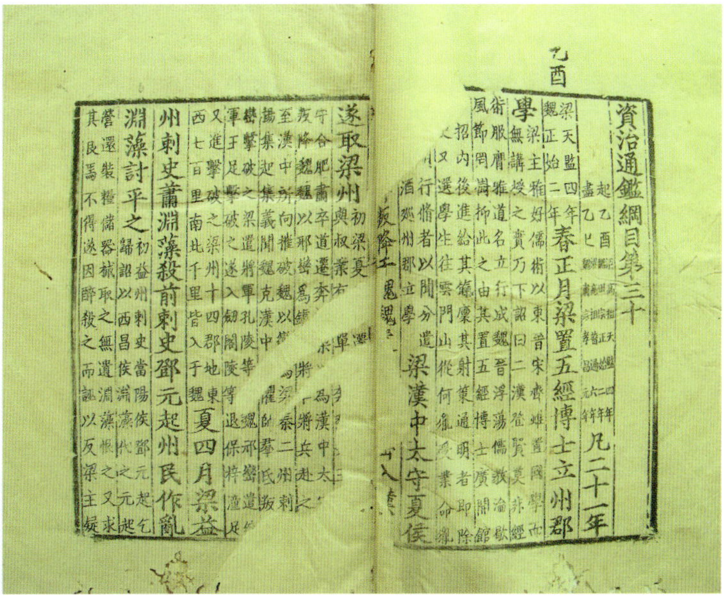

图版 1　九月宋斋藏品：宋版《资治通鉴纲目》。2004 年，业余从事古籍收藏仅 9 个月的笔者，在深圳的古玩市场竟淘得宋版珍籍，遂将简陋的藏书室命名为九月宋斋

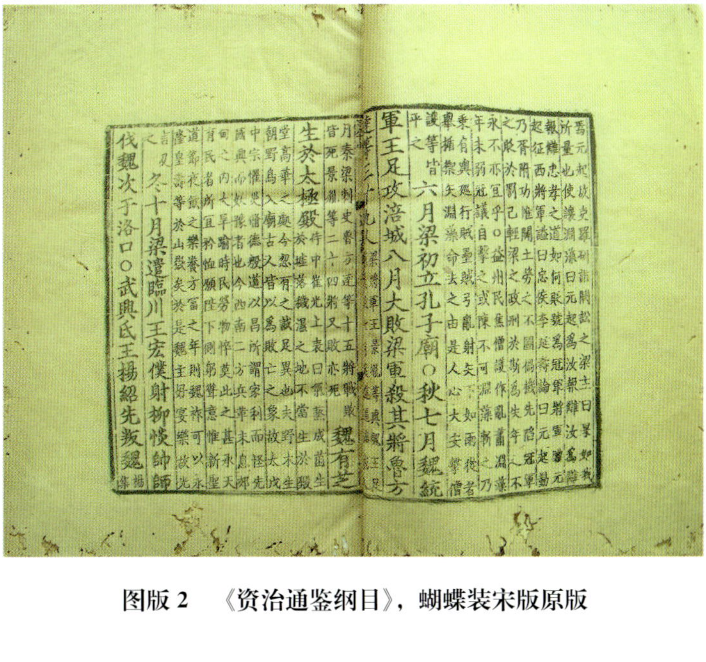

图版 2　《资治通鉴纲目》，蝴蝶装宋版原版

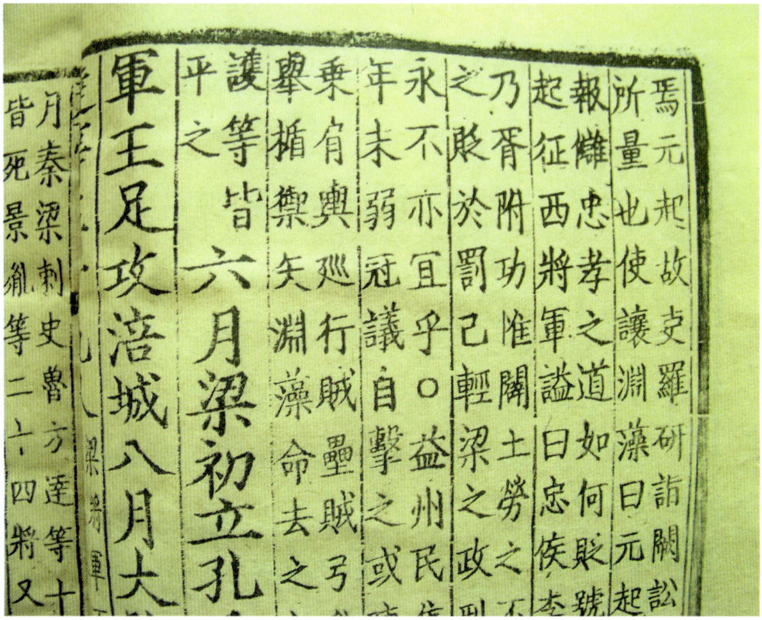

图版 3　《资治通鉴纲目》细观

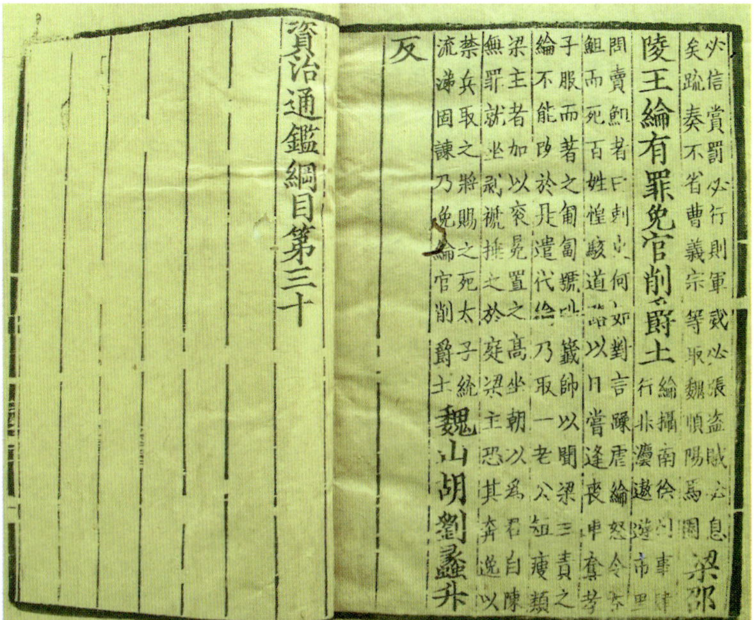

图版 4　宋版《资治通鉴纲目》第三十卷全

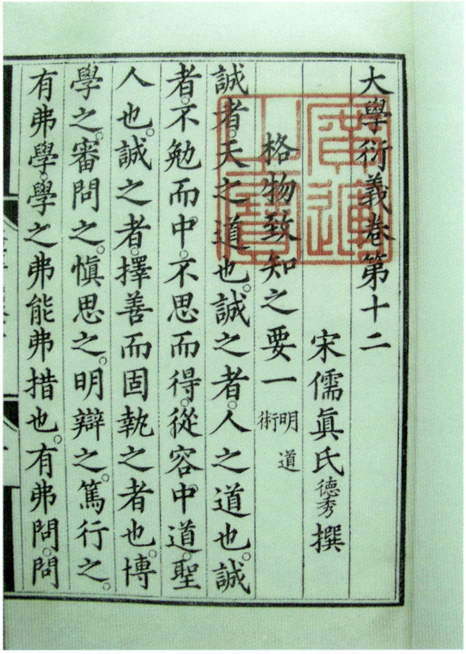

大學衍義卷第十二
宋儒眞氏德秀撰
格物致知之要一 明道術
誠者天之道也誠之者人之道也誠
者不勉而中不思而得從容中道聖
人也誠之者擇善而固執之者也博
學之審問之愼思之明辯之篤行之
有弗學學之弗能弗措也有弗問問

图版 5　九月宋斋藏品：明嘉靖殿版《大学衍义》

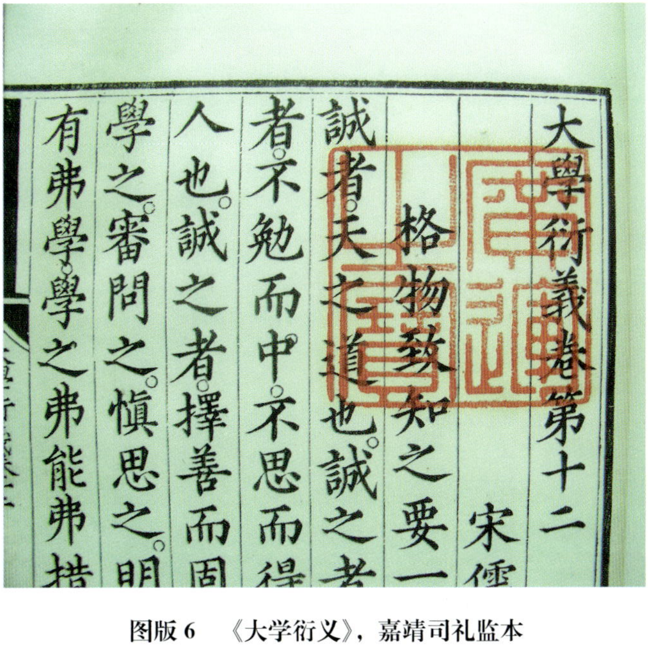

大學衍義卷第十二
宋
格物致知之要一
誠者天之道也誠之
者不勉而中不思而
人也誠之者擇善而
學之審問之愼思之
有弗學學之弗能弗

图版 6　《大学衍义》，嘉靖司礼监本

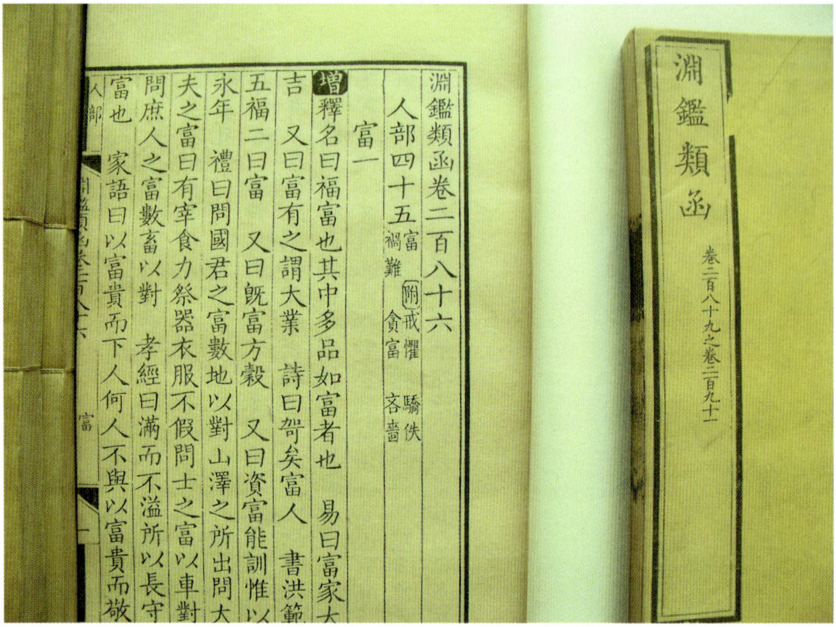

图版 7　九月宋斋藏品：清康熙殿版《渊鉴类函》

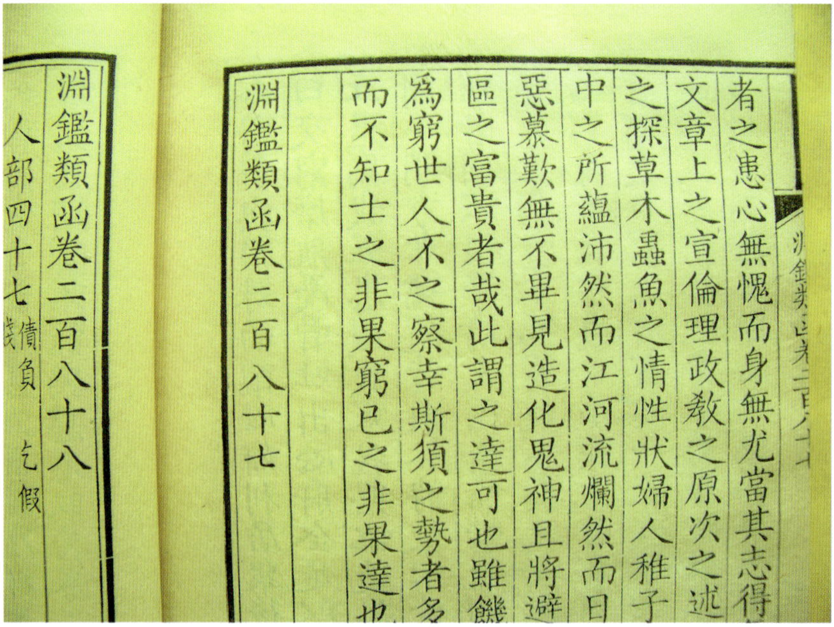

图版 8　《渊鉴类函》，康熙内府精刻本

图版 9　九月宋斋部分藏书柜

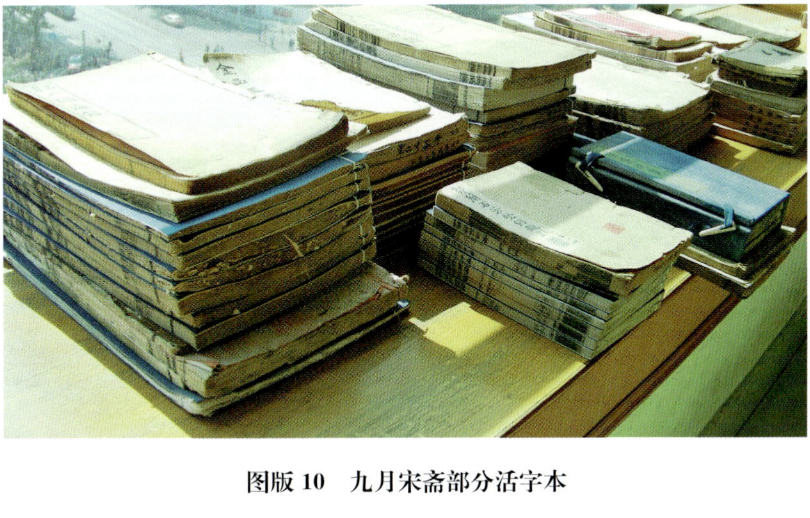

图版 10　九月宋斋部分活字本

图版 11　九月宋斋部分活版实物

图版 12　中国印协印刷史研究会学术研讨会会场

图版 13　作者通过大屏幕作学术报告

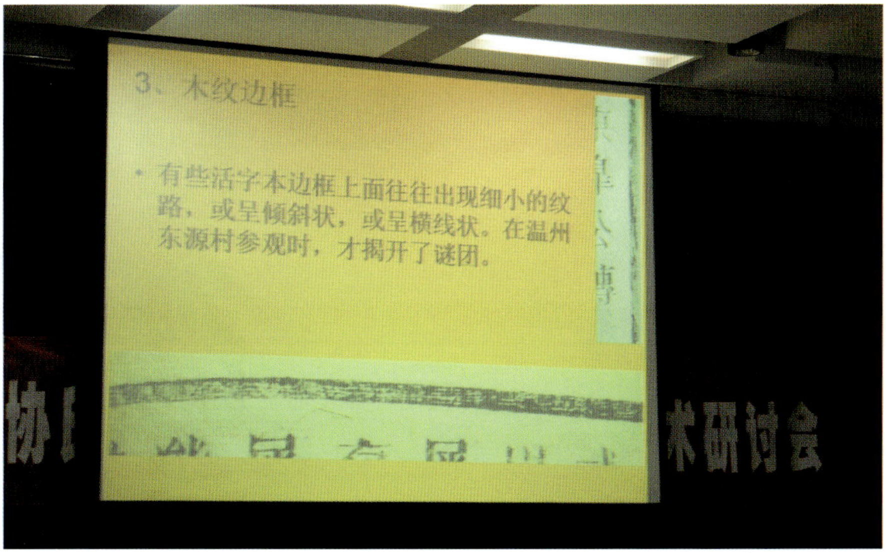

图版 14　透过图文并茂的大屏幕，作者的学术报告引起与会专家学者的普遍兴趣

图版 15　作者在研讨会上作学术报告

序　一[①]

2008年奥运会开幕式有关印刷术的画面，向全世界的观众展现了中华民族发明印刷术的伟大贡献。2009年世界著名的法兰克福书展，又一次以造纸与印刷术的发明，作为主宾国展示了中国人的发明对世界文明发展史的贡献。当代的中国艺术家充分地利用了现代的技术手段，对中华民族先人的伟大发明进行了琳琅满目美不胜收的展示，与此同时也向当代历史学界、文化学界和印刷史研究工作者提出了新的任务，这就是进一步开展印刷以及相关科技史的研究，增加这些历史研究工作中有待进一步开发的课题，为发扬我国的传统文化，宣扬中华民族的创造精神与业绩提供更多更丰富的研究成果。恰在此时，邹毅先生推出了有关古代活字印刷的一项研究成果，并要我为此书写一序言。

20世纪50年代我在文津街的北京图书馆听过一次学术报告，刘国钧先生讲中国书史。不久之后我就读到了张秀民先生所著《中国印刷术的发明及其影响》和卡特所著《中国印刷术的发明和它的西传》。我开始见到了中国古代的雕版和活字版印刷的古籍，并对它们产生了浓厚的兴趣。

1986年我在北京印刷学院开始讲授中国印刷史课程，当再次读到卡特所著一书时，深深敬佩一个外国学者研究中国印刷史的成就。但卡特在本书中认为活字印刷在中国没有得到广泛运用。因此我写了一篇文章《中国活字印刷发明的技术经济意义》，说明中国活字印刷是有广泛运用的。此时我就产生了一个想法：中国活字印刷的实际证物不足，应该继续进行更广泛的研究。

1992年我担任了北京印刷学院印刷史研究室主任，并参与了中国印

① 作者魏志刚先生，原中国印刷博物馆副馆长，北京印刷学院教授。

刷博物馆的筹建工作。在我起草展览大纲和考虑产品收集时，就明显地感到了缺少宋代活字印刷品的实物。卡特一书中曾在第二十二章之后的注⒂中注释，“孙毓修《中国雕版源流考》引《天禄琳琅》：宋本《毛诗唐风》内，‘自’字横置，可证其为活字版。”

1997年在新建立的中国印刷博物馆举行了一次西夏木活字本鉴定会，我高兴地见到了由牛达生先生所发现的西夏木活字本，使我感到距离宋代木活字本的发现又前进了一步。与此同时我认识了著名民族文化研究学者史金波和雅森先生。史金波先生不远万里从俄罗斯东方研究所整理出众多的西夏雕版和活字印刷品的实物记录，这进一步证明在宋、辽、西夏的文化民俗交往中活字印刷已经起了很大的作用。恰在此时我们得知韩国学者在法国的一个图书馆发现了1377年的活字印刷品，那么中国人也应当努力研究自己的文化遗产。我曾经在查阅有关文献时发现戈公振先生在《中国报学史》中所附图版“金代之金属活字版”。为此我写了一篇关于《我国金属活字版（公元1148）技术与物证》一文在第三次中国印刷史技术研讨会发表，但对此的反应有不同意见。

时间进入21世纪，在一次中国印刷博物馆接待参观者的时候，我和邹毅先生成了朋友。2006年中国印刷博物馆召开了建馆十周年的学术研讨会，我又高兴地读到了他的文章，也看到了他的初步研究成果。2009年在中国印刷技术协会印刷史研究会开会期间，邹毅先生的发言更引起了业界多位学者对此问题的关注。2009年邹毅先生通知我有关中国古代活字印刷物证及其研究的著作已经脱稿，并嘱我写一篇序言。我认为这是中国印刷史研究的一项重要课题，我的序言就把我自己对这个课题重要性的认识过程加以介绍以引起大家的注意。我衷心地祝贺这本书的问世并希望更多的印刷史研究工作者参与此事，也希望邹毅先生有更新的发现和更新的研究发展。

魏志刚

2009年12月14日

序　二[①]

印刷术作为中国四大发明之一，惠及当时，泽被后世，享誉世界，对中国乃至世界文明发展起到巨大推动作用。在北京举办第29届奥运会开幕式上，将中国活字印刷术的发明生动展示于世界，重唱历史，宣扬文化，震撼人心。此事在西方也引发出一些不同声音，声称活字印刷术是15世纪德国古登堡所发明。其实前些年西方媒体即接二连三报道，说上一个千年世界十大科技发明之一之活字印刷术为西方首创。其原因主要是不知中国发明活字印刷史实，期间也有欧洲文化中心论之影响。甚至国内某些媒体也不明就里，人云亦云。在国内，过去对中国发明印刷术普遍认为无可置疑，学术界重视不足，研究不够，对国外不同认识未及时予以澄清。

奥运会开幕式表演活字印刷术的解说和相关新闻报道中，多认为活字印刷术是中国四大发明之一，并不甚确切。实际上中国印刷术的发明包括隋唐之际的雕版印刷和宋代的活字印刷，两个时期竖起印刷史上两大里程碑。古代中国高度发达的文化背景，造就出两种印刷术产生于中国的事实。

自20世纪90年代，中国学者加大对印刷史研究力度，在雕版印刷和活字印刷两个领域著述丰硕，成果累累。特别是在活字印刷方面，还发现了多种与宋代同时的西夏和回鹘活字印刷实物，加深了活字印刷发明和传播的认识，更加确证活字印刷肇始于中国。

应该看到，过去研究印刷史和出版史的专家们对活字印刷进行卓有成

---

① 作者史金波先生，中国社会科学院学部委员，民族研究所研究员，研究生院教授、博士生导师，中国社会科学院西夏文化研究中心主任。

效的研究，积累大量丰富的经验，寻找可资操作的规律，总结难能可贵的新见，打下了坚实可靠的基础。比如在鉴别活字印刷品方面，不少专家从不同角度观察、揣摩、对照、分析，摸索出带有规律性的认识，如印本中的倒字、字形歪斜、行列不齐、字体大小不一、墨色浓淡不匀、边框有缝、界栏有缝、鱼尾有缝、表格栏线有缝，以及款识中暗示活字印本等。每一项新发现都凝聚着专家们付出的心血，显示出他们的卓越见识和洞察功力。

当然也应看到，对中国早期活字印刷实物的研究、鉴别，起步较晚，仍显薄弱。在搜集资料、改善方法、提高认识等方面，都有待专家们克服困难，做出更多贡献。

中国早期古籍印本很丰富，宋版书被视为珍品，皆定为雕版印本，无一种被认定为活字本。自北宋沈括在《梦溪笔谈》中记录布衣毕昇使用活字印刷至宋朝末年，历经 180 余年，竟无一种活字本书籍传世，令人沉思。数年前我与著名印刷史专家张树栋先生谈及此事，都认为应重新思考：这些印本中是否有发现活字本的可能？过去对这些印本多未能从活字印刷的视觉去鉴别、分析和研究，是否需要对这些印本从活字印刷的角度重新审视？希望将来有关部门和专家从这方面做调研工作。2004 年我在《鉴定早期活字印刷品的意义和方法刍议》一文中又提出：

> 在没有文字记载的情况下区别雕版印刷品和活字印刷品确有相当的难度。但这种鉴别工作又是非常重要的。早期活字印刷品十分珍贵，鉴别出早期活字印刷品可以填补早期活字印刷实物的空白，丰富我国的活字印刷品的库藏，有助于早期活字印刷的研究。作为活字印刷术的发明国，对我们的家底应摸清楚。目前各地所藏早期印本中是否有活字印刷品，应重新调查研究。如果我们掌握了鉴别活字印刷品的方法，就可以从过去的库存中、或新发现的文献中把活字印刷品鉴别出来。区分雕版印刷品和活字印刷品，是一种科学探索过程，虽有一定难度，只要我们怀着科学求索的精神，仔细观察，逐步总结经验，便有可能得出科学的、规律性的认识。

2009 年 8 月在北京印刷学院召开的中国印协印刷史研究会学术研讨会上，并非专门研究印刷史的邹毅先生做了“验证千年活版印刷术”的报告。他在数年内到各地查阅古籍，潜心考究，对不少早期印本重新审阅，对活字印刷技术深入探讨，从新的视角补充、寻求活字印刷的特点，认为一些过去定为刻本的古籍为活字印本。他的报告富有新意，振聋发聩。我当时心情为之一振，邹毅先生所为正是我和树栋先生所思考、所期盼的工作。我热切支持邹毅先生对活字印刷史的探索方向，赞赏他为解破谜团而刻苦钻研的执着精神，佩服他独辟蹊径勇于开拓的创新意识。

不久邹毅先生给我寄来了他的这部书稿。我怀着兴奋的心情阅读着这部由业余专家撰著的活字印刷史著作，我感到他已经很专业地进入了这一特定学术领域。他为广泛见识各种印本书籍，考察国家图书馆、上海图书馆、南京图书馆、天津图书馆、首都图书馆、广州中山图书馆等各大图书馆图书；他为深刻体验活字印刷，深入扬州广陵古籍刻印社、南京金陵刻经处、温州东源木活字村等印刷工厂、作坊，实地考察活版印刷与雕版印刷实际操作情况，带着问题虚心求教师傅；他还常到各地古玩市场、书摊寻觅古书，与书商交流切磋，向各地古籍书店的师傅学习，并购买了不少古代活字本及泥活字、铜活字、木活字和活版排版框、拣字盘、固版材料等一批活版实物。他在探索活字印刷的道路上执着追求，不辞辛苦，足迹遍及很多省市，其所见所获往往为专门研究印刷史人员所不及。作者的辛勤和智慧成就了这部新的研究成果。

更可贵的是作者在前人基础上细致观察，认真思索，不唯陈说，敢于突破，得到不少新的认识。比如在活字本中发现交替排印法（书中称为活版同一性）、界栏槽与夹条槽痕迹、带纹路的边框、横贯书叶的白线（书中称“活印线”）以及活字整版等，这为鉴别活字版文献增添了新依据，达到了新的高度。他还用多种活字本特征综合分析，大胆论证宋版书的《文苑英华》和宋刻元修本《东莱先生音注唐鉴》等古籍为活字本，开识别宋版书中活字本之先河。对于本书的贡献，我更多地看重作者的探索精神和创新方法。他一方面不畏艰难，从点滴入手，耐心细致，爬梳资料，一页页、一行行、一字字对勘比照；另一方面开拓视野，解放思想，意在寻求新方法，构建新体系。他给活字印刷史这类基础研究工作吹入一股清新之风。我想，他的新论自然也会引起讨论，甚至会有专家质疑。如作者对活字本笔画交叉现象的解释似难以完全令人折服，他自己也认为“活版笔划交叉原因分析，推测的成分居多”，留下了讨论的余地。作者提出在《中华再造善本》中还有三四十种可能是活字本，更需认真考察原本，再审慎得出结论。学术上的新见解总会伴随着深入讨论，而这种讨论自然又推动着学术进步。我希望此书的出版将对活字本的鉴定和活字印刷史的研究起到良好的促进作用。

邹毅先生嘱我作序，自知并非印刷史专业，何以胜任，又难辞斯命，勉为上述，聊充序文。

史金波

2010年元旦 于北京南十里居寓所

目　　录

图版目录

引　言

千禧之最：活字印刷术

十年前，即千禧年来临之际，美国时代生活出版公司组织专家小组，在广泛征求各领域专家意见的基础上，经过几个月的热烈讨论，评出过去1000年当中，对人类社会影响最大的100件事和100个人。评选结果，在对人类影响最大的100件事中，谷登堡印刷术被排在第一位！

专家评论道：在15世纪，一个受过良好教育的中层阶级在欧洲开始形成。他们对于知识的渴求促使发明家们寻求一种能大规模地生产印刷物的方法。1455年，德国金匠约翰·谷登堡成功地创造了他的杰作——200本排版精美的圣经。他的这一创举引发了信息时代，直至今天。[①]

所谓谷登堡印刷术，即是指欧洲的活字印刷术。能在人类千年排行榜上高居第一，足见活字印刷术对全人类的影响之大之深。正因为如此，西方人早已将活字印刷誉为“文明之母”。

然而，早在谷登堡之前400年即已发明了活字印刷术的中国，却完全被排除在外！这对于炎黄子孙来说，乃是莫大的嘲讽！可叹的是，西方人这一至关重要的评选，中国媒体很少报道，中国人很少知晓，亦很少关注！

美国时代生活出版公司的排名虽然是一家之言，但在世界上有代表性。几个世纪以来，很多西方人不愿意承认中国的活字印刷发明权，一是

---

① 饶立华：《中德学者关于活字印刷术的通信》，载中国印刷博物馆、北京印刷学院、印刷史研究室编：《中国印刷史研究文辑》（2001），第22页。

因为至今没有见到宋元时代的活字实物，二是因为中国的活字印刷史实在令人迷茫。

活版印刷史迷雾重重

古代四大发明之一的印刷术是炎黄子孙的骄傲。学术界公认为，雕版、活版和套版技术乃中国印刷术的三次重大飞跃，活版的发明标志着中国印刷史上最重要的改进。然而，由于文献的匮乏，使得千年来的中国活版印刷史云山雾罩。当今各种版本学著作和印刷史专著，在描述中国活版印刷的历史脉络时，始终含混不清，甚至留下大段大段的空白：

——北宋初期已见活版印刷，沈括《梦溪笔谈》记录了毕昇采用活版印刷的实情，南宋周必大亦用活版印书。同时，在西夏出现了十万字的活字本《吉祥遍至□合本续》以及其他许多活字实物，说明与宋代同时期的西夏，已经广泛应用活版印刷。可是宋代活字印本几乎被公认为绝迹。

——元代王祯对木活字进行了系统总结，木活字印刷在安徽、浙江一带流行。元代马称德曾镌刻木活字，印成活字书版《大学衍义》等书。甚至在新疆地区，在元朝时也已应用木活字印刷。但元代活字本至今未见踪影。

——明代活版虽然留下了大量文献，但存世的活字印本数量却并不多，木活字本少得可怜，陶活字（泥活字）本渺无音讯，而文献资料最为丰富的活字铜版到底是否为铜活字，其来历与使用与否，均备受争议。

——清代雍乾时期，在沉寂多年之后，《古今图书集成》、《武英殿聚珍版丛书》等大规模铜活字、木活字印刷工程横空出世，但活版印刷仍不是主流，直至晚清民国时期活版印刷才普及开来。

再从各种印刷史和版本学著作来看，陶活字（泥活字）、铜活字和木活字三种主要活字品种的发展历程亦充满疑窦：

陶活字失传八百年——文献记载毕昇使用陶活字于北宋庆历年间，即1041—1048年，但八百年间不见陶活字传世，直到清朝道光十二年，即1832年，李瑶才复活失传多年的陶活字。十余年后，安徽翟金生再次使用陶活字。随后陶活字神秘消失。

铜活字几度沉浮——文献记载的铜活字印书，最早出现在明朝弘治三年，即1490年，到嘉靖末年基本绝迹。150多年后，清朝雍正年间，大规模的铜活字工程再次出现，《钦定古今图书集成》铜活字刊行字数达1.6亿字。此后，铜活字几乎销声匿迹。

木活字神秘现身——木活字初现于西夏及元朝大德时期，但直到明朝弘治年间，才见到传世的木活字印本。有明一代木活字本极少，到清朝乾隆年间，浩大的木活字工程忽然行世，《武英殿聚珍版书》篇幅达数千卷。由是，木活字才逐渐多了起来。

简言之，从目前已知的文献来看，宋代及西夏时期中国的活字印刷已经发展到相当成熟的规模，清朝末年活字印本十分普及，而中间的数百年时间，活字时隐时现，疑团比比皆是。

虽然中华文化史因印刷术的发扬光大而分外辉煌，但中国印刷史却由于活版的神秘莫辨而疑窦丛生。

活版仅及雕版百分之一

历史脉络当如链条，环环相扣。可是，中国的活版印刷之链，两头粗壮，中间脱节，不成其为完整的链条。活版链条断裂的原因，一般被归结为以下几点：历史上重文轻工，抑制了科技和生产力发展；汉字数量巨大，排检困难，制作活字投资太大，一般作坊难以承受；传统思想保守，人们习惯于雕版，又因喜欢书法而不愿接受活字本。

这些理由与活版链条结实的两头很不相称，很难解释中国古代活版印刷发展缓慢的真正原因。

一些学者认为，中国古代活字印刷的成果远远称不上辉煌：全世界浩如烟海的中文传世古籍中，活字本的种类仅有两千多种，绝大多数为清代所印。《增订四库简明目录标注》共著录历代书籍7748种，其中活字印本只有220余种，只占雕版的百分之一。《北京图书馆善本书目》共著录历代善本11000多部，其中活字印本只有150余部。[①]《中国古籍善本书目》收录从古至清末的图书56787个编号，其中活字本仅340个编号，活字本与非活字本之比为1∶167。[②]

海内外学术界普遍认为，活字印刷术自北宋年间发明之后，虽然不断

① 肖东发：《中国图书出版印刷史论》，北京大学出版社2001年版，第341页。

② 徐忆农：《活字本》，江苏古籍出版社2003年版，第5页。

有人尝试和予以改进，但并未得到广泛应用，直到明末清初都只是缓慢发展，到清末才逐渐增多。有专家更是断言道：中国的传统印刷术，在现代金属活字版采用之前，始终是以雕版为主，活字只是偶一用之。①

西方学者怀疑中国活字

文献记载毕昇在北宋年间使用陶活字（泥活字），比欧洲最先用活字印《圣经》的谷登堡要早约400年，有一些西方学者也承认这一事实。然而，不少西方学者认为，活字印刷是欧洲人的独立发明，与中国的活字技术无关。虽然关于活字印刷究竟是中国发明还是欧洲发明的争论，在欧洲学术界业已存在400多年，但西方人普遍认为，活字印刷的发明权在欧洲，在德国。

国际印刷史研究协会前主席，德国印刷界和印刷史学界举足轻重的人物克劳斯·W. 格尔哈德特就认为，“谷登堡的发明无疑地没有受到中国或朝鲜的印刷技术的影响”。②

长期以来，只有少数学者研究中国活字印刷术的西传路线和方式，他们的研究成果很少被海外学者所接受。普通西方人根本不知道印刷术源于中国，北京奥运会开幕式活字模表演之后，欧洲国家有一位市长甚至向北京市长写信，认为活字印刷术是欧洲的发明专利，抗议中国宣传活字印刷史的辉煌。

尽管中国开始应用雕版印书比欧洲要早大约八百年，活字印刷早四百年，但是许多研究欧洲印刷史的专家却主张欧洲的活字印刷是独立发明，不仅没有受到雕版印刷的影响，更和中国印刷术没有关系。在他们论述欧洲印刷术起源的著作中，有些作者根本不提中国印刷发明这一回事，或者提到中国印刷早于欧洲，但强调这二者之间所用的材料和方法不同，因此认为欧洲的活字印刷是独立发明。③

---

①　钱存训：《中国古代书籍纸墨及印刷术》，北京图书馆出版社2002年版，第196页。

②　饶立华：《中德学者关于活字印刷术的通信》，载中国印刷博物馆、北京印刷学院、印刷史研究室编：《中国印刷史研究文辑》（2001），第22页。

③　钱存训：《中国古代书籍纸墨及印刷术》，北京图书馆出版社2002年版，第250页。

韩国学者质疑中国活字发明

关于东方印刷术发明权之争，近年来成为中韩之间的一场学术官司，备受瞩目。按照某些韩国学者的说法，似乎是韩国发明了印刷术，西传到了中国。韩国某些学者认为毕昇的活字印刷术只是一种思想，没有在实践中使用，毕昇制造活字后便将其收藏起来，束之高阁。一些韩国学者认为，铜活字最先是韩国发明的，然后传到了中国。国内也有学者持有类似的观点。

文献记载，朝鲜最早在李朝高宗二十一年（1234 年）用铸字印成《古今详定礼文》二十八部，分付诸司藏用。十三世纪中以木活字印书亦不少。但大规模铸造铜活字印书则始自李朝太宗三年，即公元 1403 年设立官方的“铸字所”，数月内铸成数十万字。①

1992 年，韩国修建了清州古印刷博物馆。所藏 1377 年活字本《白云和尚抄录佛祖直指心体要节》争取到了联合国教科文组织的承认，认定是世界上最古老的金属活字本，并已被写入韩国的教科书。近年新发现高丽忠烈王二年（1298 年）印造的《清凉答顺宗心要法门》，则被视为现存世界最古的金属活字本。

中韩活字之争引人注目。中国学者认为，大量文献和事实材料证明，中国是活字印刷术的发明国。但仅据一本 1377 年的《直指》，就认定其为“金属活字最古老的书籍”，进而把刊印该书的韩国清州兴德寺遗址认定为“世界上首先使用金属活字之地”，是不科学的。“古代版本的认定，本属学术研究之常事，但让联合国有关组织认定，确是闻所未闻，让人大开眼界”。②

然而，几乎没有中国学者能拿出令人信服的早期活字印本实物依据来。《中国古籍善本书目》著录最早的活字本《会通馆印正宋诸臣奏议》，已迟至明代弘治三年（1490 年），不仅比韩国早期存世的活字本晚得多，甚至比欧洲谷登堡的活字本还晚了数十年。

---

① 张秀民、韩琦：《中国活字印刷史》，中国书籍出版社 1998 年版，第 135 页。

② 牛达生：《金属活字起源之我见》，载中国印刷博物馆编：《中国印刷史学术研讨会文集》，印刷工业出版社 1997 年版，第 134 页。

有人全盘否定活字印刷术

近年来，有人不断在网上发表“高论”，恣意否定中国古代活字印刷术，其大意如下：

“活字印刷术是怎样发明的呢？据说是北宋毕昇首先发明了泥活字印刷术，可惜那只是据说而已，很多专家认为，毕昇的泥活字印刷术只是个构想，不必当真。”

“考古学历史学最讲的是证据，特别是实物证据，而且孤证不足为信。恰恰这个毕昇发明泥活字印刷的说法，既没有他的泥活字留传，也没有任何印本存在，而且关于他和他的泥活字印刷，除了《梦溪笔谈》上简略的记叙外就没有任何其他记载了。中国学界整天拿来唠唠叨叨的就是这么一个没有任何实物依据的孤证。”

“活字印刷术，中学历史课本上都说是北宋人毕昇发明的，可惜这伟大发明随着毕昇本人一起被扔进了棺材，历史上活字印刷术在中国几乎没有采用过。从宋朝一直到明清，大量采用的还是雕版印刷，这从一个侧面也反映了泥活字从技术上根本就不过关，否则的话，难以解释为什么连中国人自己都不愿意采用。实事求是地说，说印刷术是中国人发明的，那是故意误导人民。”①

以上只是否定活字印刷的部分言论。可怕的是，网络上这样全盘否定中国活字印刷史的谬论，居然得到相当一批人的附和。

找寻活字实物何其艰难

活版印刷术的发明和使用，是中华民族对世界文明发展的一大贡献。然而长期以来，关于宋代的活版印刷术的情况，人们只知道有沈括《梦溪笔谈》的记载，以及周必大活版印书的简略记述，却没有其他的文献资料证据，更不要说有实物佐证。从《梦溪笔谈》记载的北宋庆历间的活字印刷，到元代王祯《农书》记载的活字印刷，这中间 200 多年的时间，活字

① 网络帖子，标题分别是《中国真是所谓四大文明古国吗?》、《印刷术——四大发明的谎言》等。

印刷技术的应用和发展情况究竟怎样？人们的认识是很模糊的。

社会科学文献出版社的《中国活字印刷术的发明和早期传播——西夏和回鹘活字印刷术研究》一书，是中国社会科学院的重点科研项目，书中系统介绍了活字印刷术在西夏和回鹘地区的传播。大量西夏文活字印品的发现，说明宋金元时期，中国活字印刷术已经相当成熟并广泛运用。史金波先生指出：在西夏中兴府（今宁夏银川）一带，凉州、沙州、黑水城等广大地区都先后发现了少数民族文字的活字印刷实物，可见当时中国活字印刷文化底蕴之深，使用范围之广。①

西夏文活字本的大量发现，给学术界带来了一大课题：何时发现宋代的汉文活字本?!

时至今日，从中原大地到大江南北，宋金元时期的汉文活字本却始终未曾露面，成为一大谜团！所发现的这一时期仅有的少数几种疑似活字印本目前尚存争议，如温州出土的《佛说观无量寿佛经》有人认为是北宋活字印本，也有人认为是雕版印本；而国家图书馆所藏《御试策》有人认为是元代木活字印本，有人认为是朝鲜铜活字印本。一代代学者因为长期未找到公认的早期活字印刷品实物而倍感遗憾，以至学术界几乎对于寻觅宋元活字很少抱有希望。“宋元活字本现已绝迹，现存的活字本，当以明代的铜活字本为最早，其制作年代约当十五世纪末叶西洋印刷的摇篮本时代。”②

不过，受到大量新发现的西夏活字本的鼓舞，一批德高望重的学者重新燃起信念，继续探寻早期汉文活字本。

史金波先生在《现存最早的汉文活字印本刍证》一文中证实，20世纪初中国黑水城出土的一批汉文历书残页，现藏于俄罗斯科学院，当属于南宋嘉定四年（1211年）的活字本。③ 魏志刚先生在《关于我国金属活字版（公元1148年）记述与物证》一文中，论证了戈公振先生在《中国报学史》中所附图版“金代之金属活字版”，并指出，由于此图中的多个图版高低不平，且排列歪斜，明显的是活字版。此证据将中国金属活字版的

① 史金波、雅森·吾守尔：《中国活字印刷术的发明和早期传播——西夏和回鹘活字印刷术研究》，社会科学文献出版社2000年版，第60页。

② 钱存训：《中国古代书籍纸墨及印刷术》，北京图书馆出版社2002年版，第173页。

③ 史金波：《现存最早的汉文活字印本刍证》，载中国印刷博物馆、北京印刷学院、印刷史研究室编：《中国印刷史研究文辑》（2001），第110—128页。

历史上推至1148年。[①] 潘吉星先生在《中国金属活字印刷技术史》一书中提到，“1999年3月，笔者在台北故宫博物院善本室见宋理宗淳祐十二年（1252年）徽州刊《仪礼要义》，发现文字歪斜不齐，墨色浓淡不均，认为是木活字本”。[②]

这些零零星星早期活字印品的发现非常难能可贵，但却远远不能反映出中国古代活字印刷的辉煌。有学者将目光重新投放于存世的早期印刷品当中——会不会因为鉴别方法有失偏颇，而遗漏了宋元时代的活字本呢？

为此，史金波先生在2005年明确提出：早期活字印刷品十分珍贵，鉴别出早期活字印刷品可以填补早期活字印刷实物的空白，丰富我国的活字印刷品的库藏，有助于早期活字印刷的研究。作为活字印刷术的发明国，对我们的家底应摸清楚。目前各地所藏早期印本中是否有活字印刷术品，应重新调查研究。如果我们掌握了鉴别活字印刷品的方法，就可以从过去的库存中、或新发现的文献中把活字印刷品鉴别出来。[③]

活版研究方法缺少创新

早在20世纪中期的1944年，美国国会图书馆远东部主任恒慕义（Arthur W. Hummel）于《中国活字印刷术之检讨》一文中指出：某一种书是用活字或用雕板印刷，一向都没有引起中国目录学家特别的注意。他们的习惯，多半是根据序跋中所述，再去观察那书的印法。并且活字与雕版在约略省视之下很相像，有时能侦察出来，也不过是由于偶然的。但是现在已引起一般人的注意了，研究善本书的专家学者们，已从各图书馆内发现了许多前人所没有注意到的活字印本书。他们借以发现的线索，是见到一个摆倒了或摆斜的字；或是嵌摆在不适宜地方的字，在那一行上有的字忽然凹下去，因而印不上一样的墨色；最常见的现象，是在一行中有几个字排列不正，以致行列不整齐。这种毛病，在雕刻的板本上，虽不是

---

① 魏志刚：《关于我国金属活字版（公元1148年）记述与物证》，载中国印刷博物馆编：《中国印刷史学术研讨会文集》（1997），印刷工业出版社1997年版，第130—133页。

② 潘吉星：《中国金属活字印刷技术史》，辽宁科学技术出版社2001年版，第17页。

③ 史金波：《鉴定早期活字印刷品的意义和方法刍议》，《中国印刷》2004年第1期，第82页。

不可能的，却不常见。①

这段话总结了中国学者找寻活字印本的基本情形。先前，要么不重视活字，要么只能依靠序跋去识别。直到 20 世纪 40 年代，终于有了一些新的识别方法，发现了许多新的活字本。

60 余年后的今天再来重温这段概括，令人唏嘘感慨。一个花甲过去了，当年研究善本书的专家学者们已到垂暮之年，后继的专家学者手握接力棒，一直没有中断过研究。可是，直到现在，学术界识别活字的方式方法，几乎还依然停留在当年的水平！所发现的新的活字本，数量依然十分可怜！所发现的宋元汉文活字本，至今依然还是零！

缺少创新的鉴别方式，缺少开拓的研究方法，致使学术界的活字研究难以取得重大突破。只有改革研究方法，才能清源正本，才能重现中国古代活字印刷的辉煌。

探寻活字宝藏

作为古籍收藏爱好者，笔者初步涉足博大精深的中华古籍，未曾经名师指点，纯粹靠自学，要探索中国古代印刷术，尤其是要探究乱麻一团的古代活字印刷史，真可谓自不量力。

然而，随着个人古籍藏品的逐渐增加，笔者对活字研究的兴趣日渐浓厚，对传统活字鉴定方法所产生的疑问日渐增多。特别是在了解到西方与东方、韩国与中国关于古代活版发明权的学术论战之后，一种责任感，一种使命感跃然于心头。于是，笔者仿如初生牛犊，斗胆走上了古代活版印刷术探索之路。

经过异常艰辛而枯燥的摸索，笔者渐渐感悟到，神秘的古代活版印刷史，就像是一座封尘千年的巨大的荒凉的藏宝山，要想开启宝库之门，必须穿越无数难以克服的障碍，精疲力竭抵达门前之时，还必须艰难攀爬上峰顶，才有可能取得金钥匙。笔者历经艰辛，好不容易爬行到了宝库的门前，却难以继续往上攀越，无奈之下，只得用双手奋力推门。笔者始终不放弃希望：即使自己不可能打开宝库，也要竭尽全力扒开一条缝隙，窥探

① 恒慕义：《中国活字印刷术之检讨》，刘修业译，载上海新四军历史研究会印刷印钞分会编：《活字印刷源流》，印刷工业出版社 1990 年版，第 102 页。

个究竟。

兴许是一片诚心感动了上苍，竟然，一丝神奇的亮光从宝库的门缝里透了出来。借助这束微弱的光亮，激动不已的笔者终于瞥见了令人震惊的宝藏：

——古代活字本种类之多，数量之巨，可与雕版书籍匹敌；

——沈括《梦溪笔谈》所记载的活版印刷方法，准确无误；

——宋代活字本尘封千年，完好地躺在宝库之中；

——中国古代辉煌的活版印刷术，极大地促进了人类文明……

笔者急忙抓起纸和笔，兴奋地记录下所见所睹，希望唤来更多的热心人，齐心协力共同攀登，勇敢摘取金钥匙，昂然开启中国活版印刷之宝库，让沉睡千年的宝藏重现辉煌，让古老的华夏文明之光继续照耀人类新千年！

第 一 章

活版印刷概述

印刷术作为中国古代四大发明之一，对世界文明的发展发挥了重要作用。无论是雕版印刷，还是活版印刷和套版印刷，都是首先在中国发明的。

意大利传教士利玛窦（Mathew Ricci，1552—1610 年）于明朝晚期在中国居住生活了近 30 年（1582—1610 年），对中国历史和文化有深刻研究。他在《利玛窦中国札记》中有如此记述：中国使用印刷术的时间比人们认定的欧洲印刷术开始的时间（即大约 1405 年）要略早一些。可以十分肯定，中国人至少在五个世纪以前就懂得印刷术了。①

不过，国人自古以来很少去深入研究自己的印刷术，正如钱存训先生所言，“印刷术虽是中国所发明，但中国学者过去对此并未加以注意。对于中国印刷术的重视和系统研究，实由西方学者首开其端。”②

印刷术起源的时间，海内外学术界迄今没有一致的结论。学术界曾有过多种说法，归纳起来大致有七种，即汉代说、东晋说、六朝说、隋代说、唐代说、五代说和北宋说。影响最大的两种说法，一是隋代，二是唐初。

曹之先生在《中国印刷术的起源》一书中论证道：总而言之，从社会需求、物质基础、技术基础三个方面全面衡量，唐代以前发明雕版印刷的条件还不具备，万事俱备的时间是在唐代。唐代发明雕版印刷已是瓜熟蒂落，水到渠成。③

---

① ［意］利玛窦、金尼阁：《利玛窦中国札记》，何高济等译，广西师范大学出版社 2001 年版，第 16 页。

② 钱存训：《中国古代书籍纸墨及印刷术》，北京图书馆出版社 2002 年版，第 143—144 页。

③ 曹之：《中国印刷术的起源》，武汉大学出版社 1996 年版，第 269 页。

不过，2003 年在美国纽约拍卖了一件早期中国佛像，木刻加彩像，经专家鉴定，系木刻线条，再填充颜料。画像题字“大业三年四月大庄严寺沙门智果敬为敦煌守御令狐押衙敬画二百佛普劝众生供养受持”。此画边框、墨栏线条齐直，为雕版刷印，而人物着色有红、蓝诸色，系笔敷填。题字有勾填墨痕迹，即字体先印出墨线，而后填墨。专家认为，这大抵是印刷术尚未成熟阶段的一种印刷方法。而佛像中却有明确的纪年：隋代大业三年，即公元 607 年。由此看来，雕版印刷术发明于隋代，当更为确切。

印刷术的发明不是一朝一夕的事，也不是偶然事件，它是一个过程，是一个在一定历史、文化条件下的必然发展过程。造字、镂金、制陶、制笔、研墨、造纸等奠定了物质基础，雕印、刻石、捶拓、染帛、模像、凸版印花等提供了技术条件，印刷术是一个民族长期的物质与精神力量的综合创造。①

印刷术的诞生大致有两条路径，一条是民间的雕刻者等进行的尝试，另一条则主要是佛教在中国广泛传播的结果。

第一节　印刷术在佛教传播中诞生

据专家统计，在敦煌藏经洞中发现并留存至今的唐、五代雕版印刷品有近百件。其中大多为单页的佛教印品，也有少量的历书、韵书。

英国科学史家李约瑟（Joseph Needham）在《纸和印刷》的序言中写道：我一直觉得中国的佛教徒们在复制文献的技术上可能有过作为，因为这些善男信女对无休止地复制佛像具有狂热，正如我曾经在敦煌千佛洞唐代石窟的墙壁上有足够机会所观察的那样。②

佛教在中国，大体经历了汉魏的初兴时期和南北朝的发展时期，到隋唐达到鼎盛。经过隋文帝、唐太宗、武则天等统治者的提倡，举国上下对佛教的信奉几乎达到了狂热的地步，引起了对佛教典籍的大量需求。“佛门子弟复制大批佛经的热情大大影响并促进了中国印刷术的诞生。”③

---

① 肖东发：《中国图书出版印刷史论》，北京大学出版社 2001 年版，第 45 页。

② 同上书，第 294 页。

③ 钱存训：《中国古代书籍纸墨及印刷术》，北京图书馆出版社 2002 年版，第 243 页。

佛教鼓励说，大量复制佛经为祈求佛陀保佑降福的方法。在《妙法莲华经》、《金刚经》等许多佛经中，不仅宣传佛经教义和主张，还向人们许诺书写持诵该经将会得到种种福报。佛教书籍有许多善恶果报的故事，反复宣传写经越多，功德越大。佛陀说：凡愿由经咒获得力量，必须抄写七十七遍，置于经幢，诚心供养……诵读此经咒者，有九十九万佛。① 虔诚的信众便身体力行，动辄力图写经上百、上千甚至上万卷。由于社会的迫切需要，出现了众多以抄书为业的“经生”，专门抄写佛教经书。

手工抄写佛经毕竟缓慢，若善男信女发愿要写经上千上万卷，往往需要数年乃至数十年的功夫，才能完成缮写，既耗时日又耗钱财，芸芸众生迫切需要找到一种便捷的复制佛经的办法以助他们广积功德。经过努力终于创造出一种新方法，这种技术就是包括版画在内的雕版印刷。②

不仅民间开始使用雕版印刷，满足信众的写经需求，寺庙也采用此技术，广印佛经，布施于民。隋唐时期，最初的印刷形式是佛像雕印，继之乃密宗经咒，到公元 9 世纪图文并茂的佛经出现，说明雕版印刷术已经成熟。

雕版印刷在唐代得到了较快发展。唐代文化事业发达，佛教、道教盛行，科举制度也有新的发展，确定了以诗赋取士的原则，这些都增大了宗教著述、诗文集、音韵书和历书等书籍的需求量，刺激了印刷术的使用和发展。雕版印刷到了宋代已经极为昌盛，有了突飞猛进的发展。不仅各级政府机构刻书，私家刻书和坊间刻书也有了很大发展。及至明清时期，雕版印刷事业达到空前繁荣。

肖东发先生指出：雕版印刷术的发明者是中国的佛教徒，因为他们具有极强烈的复制图文传播佛教的愿望，又肯花气力多方探索与实践，终于获得成功。中国的佛教徒对印刷术的发明与发展作出了极为重要的贡献，他们对世界文明的功绩，将永载史册。③

雕版印刷是中国乃至世界书籍史上的一次伟大的革命，它促进了文化的繁荣和发展，推动了宗教的发展，扩大了文化和科技的交流。同时，雕版印刷孕育出了另一个震惊世界的奇迹——活版印刷术。

---

① 钱存训：《中国古代书籍纸墨及印刷术》，北京图书馆出版社 2002 年版，第 243 页。

② 肖东发：《中国图书出版印刷史论》，北京大学出版社 2001 年版，第 48 页。

③ 同上书，第 68 页。

第二节　活版印刷术的起源

雕版印刷事业大大地丰富了人们的文化生活，对继承和发扬我国的学术传统，起到了很大的推动作用。比起早先用手工抄写书籍，雕版印刷有着无可比拟的优越性：节约了时间和人力，提高了书籍的生产速度和产量，保障了书籍的质量。

《利玛窦中国札记》一书中，西方人惊异于中国的雕版印刷术："用这样的木板（雕板），熟练的印刷工人可以以惊人的速度印出复本，一天可以印出 1500 份之多。正是中文印刷的简便，就说明了为什么这里发行那么大量的书籍，而售价又那么出奇地低廉。没有亲眼目睹的人很难相信这类事实。"①

尽管取得了巨大的进步，但雕版印刷却存在着明显的弱点：每套雕版只能印一种书，若要印多种书，就必须雕刻多套书板，所耗材料也就越多。

雕版对所用木材要求很高，需要木质纹理细密的枣木、梨木和梓木等。这些落叶木材纹理细密，质地均匀，易于奏刀，干湿收缩度不大。而针叶树的木料虽质地软，纹理直顺，但所含树脂过多，易于翘曲，且多疤节，所以松板一类的木材不适于雕版。②

枣木、梨木和梓木等树木生长期较长，价值较贵，大量被用作雕版，势必大大增加成本。同时，众多的雕版不便储藏保管，既要占据仓储，时间长了还容易朽毁。随着雕版印刷的频繁使用，印书数量的激增，雕版印刷耗材大、成本高、保存难的问题，便日益凸现出来。于是，活版印刷术便应运而生。

按照学术界一般的说法，布衣毕昇（？—1051 年）发明了活字，时间是在北宋仁宗庆历年间（1041—1048 年）。毕昇的胶泥刻字活版印刷，被宋代著名学者沈括记录于《梦溪笔谈》之中。沈括的记载还显示，毕昇曾尝试使用木活字，虽然没有成功，但是可以推测，木活字在宋代已经出

---

① ［意］利玛窦、金尼阁：《利玛窦中国札记》，何高济等译，广西师范大学出版社 2001 年版，第 17 页。

② 钱存训：《中国古代书籍纸墨及印刷术》，北京图书馆出版社 2002 年版，第 160 页。

现了。

文献又记载，元代王祯进一步改良木活字技术，成功使用木活字印书。宋元时期，还有人采用铜、锡等金属制造活字排版印书。进入明代，活字印刷技术又前进了一大步。这个时期不仅有木活字印刷品，而且出现了很多金属活字的印刷品。

有关毕昇的活版技术，从目前已知的材料看，只有沈括在《梦溪笔谈》中作了较为详细的记载。由于种种原因，毕昇的泥活字印本没有流传下来，其胶泥活版技术也仿佛泥牛入海，直到近八百年后才重新面世。

元代王祯在前人活版的基础上改良，成功使用木活字印书，可惜其活字印刷品同样没有留存下来。而今公认最早的中国活字印本，已经晚至明代弘治年间，甚至落后于朝鲜和欧洲的活字使用年代。

美国人卡特在其著作《中国印刷术的发明和它的西传》中写道："欧洲人把活字印刷的发明，称作印刷术的开始时期；而把雕版印刷，只作为准备时期的一个重要步骤而已。远东的人则认为印刷术的发明，应从雕版印刷开始算起，活字印刷只是一种无足轻重的后来附加的东西。"①

关于欧洲活字印刷的发明人，在西方也一直存在着争论。有的认为是荷兰人劳伦斯·杨松（Laurens Janszoon，1395—1465 年），有人认为是意大利人卡斯塔尔迪（Pamfilo Castaldi，1398—1490 年），更多的则认为是德国人约翰·谷登堡（Johann Gutenberg，1397—1468 年）发明了现代铅活字印刷术。

谷登堡发明的印刷方法，原本是刻意保守的商业秘密，但由于谷登堡与投资商发生分歧，进而演化成一场诉讼案，商业机密曝光，在尚无专利保护的年代，其印刷方法很快便直接或间接地从德国传到欧洲各地，公元 1539 年又传到了美洲新大陆。

而在此之前数百年，活字印刷早已在中国发扬光大，并且对朝鲜、日本、欧洲乃至整个世界的印刷术都产生了深刻影响，极大地促进了世界文明的发展。然而，由于史学界多年来在研究方法上未得到改善，甚至步入误区，使得中国活字印刷史被公认为先天不足，导致其历史地位在海内外一直受到怀疑。华夏千年活版印刷史长期被笼罩在云雾之中，中国对世界

---

① ［美］卡特：《中国印刷术的发明和它的西传》，吴泽炎译，商务印书馆 1957 年版，第 36 页。

印刷文明所作的巨大贡献几乎被抹煞，甚至国人对自己的活版印刷史也表示怀疑。

一 毕昇的活版印刷实践具有划时代意义

毕昇，一位宋代普通的印刷工匠，因为其成功的活版印刷实践，后世被尊为中国活字印刷术的发明家。在中国印刷博物馆的展馆内，他的雕像格外引人注目。

毕昇的身世至今仍是一个谜。北宋学者沈括在《梦溪笔谈》中的记载十分简略：庆历中，有布衣毕昇，又为活版。由于缺乏其他文献记载毕昇制作胶泥活字的事迹，人们便将北宋庆历年间，即公元1041—1048年间，作为活字问世的年代。

徐忆农女士整理了有关毕昇的各种材料之后，作出一番总结：如果我们把现有的材料汇集在一起，可以这样来认识毕昇，他是湖北英山人，生于宋太祖开宝中，即公元970年左右，在杭州做锻工，宋皇祐三年卒于杭州，即公元1051年，享年80有余。墓由子孙建于原籍。当然，这里推测的成分不少，需进一步考证。①

有关毕昇身世的研究，还在持续进行之中。人们更为惊奇的，是他在活版印刷方面大胆而成功的实践。毕昇的胶泥活版制作程序大致如下：

1. 制作活字模

选用细腻的粘土，捣烂为胶泥，制成一个一个小块方形土坯，每块土坯上面刻一个阳文反体字，阴干后放入炉火中，烧制成陶活字。每个汉字都制作多个同样的活字模，一些常用字则制作多达数十个字模，以备反复多次使用。排版时如若需要某个冷僻字，便临时用胶泥土坯刻字，放入柴草中燃烧，令其坚硬，很快制成简易活字模。一套活字模制作完成后，按照音韵分别储存于各个木格内。

2. 制作印版

排版时，先按照书稿的内容拣字，然后用一块带框的铁板作范，即印版底盘。铁范内敷上厚厚一层易熔化的松脂蜡层，混合以纸灰，便于凝固聚合。把字模一个个排进铁范之内，排满一版，即用火烘烤。等松脂蜡稍

① 徐忆农：《活字本》，江苏古籍出版社2003年版，第10页。

熔化，用一块木板把字面压平整，待松脂蜡冷却凝固后，就成为跟雕版一样的整体印版。印刷时，在印版上刷上墨，敷上纸，用棕毛刷等工具来回刷印，一张张书叶印出来，即可装订成册。

3. 拆版归字

一部书所需要的印数完成后，把印版再放到火上烘烤，以便拆版。松脂蜡重新熔化，拣取一个个字模，松脂轻易便从字模上剥落下来。铁范继续用于新版排印，而取出来的活字模则按音韵归入储字格，便于以后反复使用。

为了提高排版和印刷的效率，毕昇的作坊通常采用两块铁板交替更换，一块板印刷，另一块板则排版布字。两副活版互相交替使用，使得印刷效率大大提高。

尽管雕版印刷与早先原始的抄书相比，已是一次飞跃，然而活版印刷术的出现，则带来一场划时代的革命。

从制作方面来看，胶泥柔韧，比起坚硬的梨木、枣木、梓木等雕刻板材来，更容易下刀刊刻，而且粘土就地取材，成本远低于木材。从使用方面来看，活字模灵活方便，用则拣字排版，不用则拆版归字，发现错字，随时可更换。此外，活字模储藏容易，没有虫蛀鼠咬之虞。从效率方面来看，两副活版或多副活版印刷，节时省工，印书速度大大加快。

沈括在《梦溪笔谈》中还特别提到，毕昇的胶泥活版并非空穴来风，是基于前人版印书籍的基础之上，并比较木活字的优劣之后改进而来的。用这种方法印书，只印二、三册看不出效率，一旦印数多了，数十数百以至上千册，效率就十分显著。

毕昇成功的胶泥活版印刷实践，是中国印刷术发展历程中的一项极为重要的改革，是对古代工匠长期印刷实践经验的一次神奇总结。活版印刷术的成功实践，不仅进一步发展了中国古老的印刷术，而且彻底改写了中国的印刷史。

有人以为，中国的活版印刷术可能早于宋代。例如，叶德辉先生曾表示：活字板印书之制，吾窃疑始于五代。晋天福铜板本载宋岳珂《九经三传沿革例》。此铜板殆即铜活字板印书之制。而孙从添《藏书纪要》云，宋刻有铜字刻本，活字本，分铜字活字为二。惜岳氏未及注明，不得详其制也。活字印书已盛行于两宋，刻泥刻木，精益求精，此势之必然者。[1]

叶德辉先生将活字的使用年代提前到五代，也有其他学者持相同观点，认为活版技术出现于五代时期，即公元936—943年间，不是不可能的。

不过，张秀民先生认为，毕昇乃活版印刷术的发明者：旧作《中国印刷术的发明及其影响》中提出两个问题，一是五代石晋天福（936—943年）铜板，明杨守陈以为“魏有《太和石经》，晋天福有《铜板九经》，皆可纸墨摹印，无庸笔写。”无异认为是整块铜刻板。又有人以为即铜活字，若为铜活字，则比毕昇约早100年……一是宋孙奭《圆梦秘策》序文，有“镌金刷楮，敬公四海”两句话，镌金是镌刻金属，刷楮是用纸来刷印，意义明白。但是刻整版，还是活字，未说清楚，若为活字，也比毕昇早五六年……则孙序确系伪托，所谓金属活字，根本不能成立，故活字的发明仍不得不以毕昇为第一人。[2]

尽管学术上有争论，但中国的活版印刷术初现于北宋时代，仍是大多数学者的主张。

二　沈括对活版印刷的传播影响深远

中国和朝鲜的多种文献记载显示，沈括乃是将活版印刷总结成文字并广泛流传开来的第一人，版印书籍，唐人尚未盛为之。自冯瀛王始印五经，已后典籍，皆为版本。庆历中，有布衣毕昇，又为活版。其法用胶泥刻字，薄如钱唇，每字为一印，火烧令坚。先设一铁版，其上以松脂蜡和纸灰之类冒之，欲印则以一铁范置铁板上，乃密布字印，满铁范为一板，持就火炀之，药稍镕，则以一平板按其面，则字平如砥。若止印三、二本，未为简易；若印数十百千本，则极为神速……[3]

由于沈括《梦溪笔谈》的记载，活版印刷术逐渐流传开来，古人谈起活版印刷术，往往简称为“沈氏”活版（板），或“沈存中”活版（板）

---

① 叶德辉：《书林清话》，中华书局1999年版，第201页。

② 张秀民、韩琦：《中国活字印刷史》，中国书籍出版社1998年版，第1—2页。

③ 同上书，第2页。

方法。

例如，宋光宗绍熙四年（1193年），周必大《庐陵周益国文忠公集》中给程元成的信里提到："近用沈存中法，以胶泥铜板，移换摹印，今日偶成《玉堂杂记》二十八事。"①

元代姚燧《牧庵集》曾记载姚枢用活版印书："又以《小学》书流布未广，教弟子杨古为沈氏活版，与《近思录》、《东莱经史说》诸书散之四方。"②

明代祝允明在《书新本渭南集后》提到华珵："又制活字版，择其切于学者，亟翻印以利众，此集之所以易成也。自沈《梦溪笔谈》述活板法，近时三吴好事者盛为之。然所印有当否，则其益有浅深。"③

朝鲜的古代学者金宗直也表示："活板之法始于沈括，用铸字印书，凡经、史、子、集，无家不有。"

朝鲜的徐有榘亦指出："活板之式始见沈括《笔谈》，而东本书籍最多用其法，为其功力省而程功速也。"④

沈括（1031—1095年），字存中，北宋嘉祐八年进士，曾参与王安石变法。熙宁五年提举司天监，曾权三司使，改革盐法。后为御史所劾，谪知宣州、延州，后贬官均州、秀州。元祐三年（1088年），因投进《天下州县图》，58岁的沈括获得"任便居住"的旨许，迁居京口（江苏镇江），筑造"梦溪园"，潜心著述，完成名作《梦溪笔谈》，并首次记载了活版印刷术。

博学多才的沈括，为一代学问大家，《宋史》赞曰："括博学善文，于天文、方志、律历、音乐、医药、卜算，无所不通，皆有所论著。"⑤

《梦溪笔谈》乃沈括集其一生学识和见闻之精粹而撰成，其最初版本为三十卷，但早已亡佚，现存二十六卷本至迟在南宋初年已经流行。

---

① 张秀民、韩琦：《中国活字印刷史》，中国书籍出版社1998年版，第12页。

② 徐忆农：《活字本》，江苏古籍出版社2003年版，第12页。

③ （明）祝允明：《书新本渭南集后》，《渭南文集》，上海涵芬楼影印江南图书馆藏明华氏活字本，第12册跋。

④ 张秀民、韩琦：《中国活字印刷史》，中国书籍出版社1998年版，第133—134页。

⑤ 徐忆农：《活字本》，江苏古籍出版社2003年版，第6页。

全书按内容分为故事、辩证、乐律、象数、人事、官政、权智、艺文、书画、技艺、器用等十七门，其内容极为丰富，包括天文、历法、数学、物理、化学、生物、地理、地质、医学、文学、史学、考古、音乐、艺术等。

英国科学史家李约瑟认为，《梦溪笔谈》中的科学内容占全书篇幅的一半以上，记载了中国古代许多重要发明创造，是一部百科全书式的名著，为“中国科学史的坐标”。[①]

正是由于宋代学者沈括在《梦溪笔谈》中的记述，启发了无数有志者，活版印刷术才得以广泛流传，并带来世界性的信息革命，直至今天的信息时代。

第三节　活版印刷术的发展

一　宋元活版印刷不断实践

文献记载，北宋有毕昇采用活版印刷，南宋则有周必大继续尝试陶活字排版印刷。

南宋光宗绍熙四年（1193年），前丞相周必大在致程元成给事的信中道：某素号浅拙，老益谬悠，兼之心气时作，久置斯事。近用沈存中法，以胶泥铜版，移换摹印，今日偶成《玉堂杂记》二十八事，首恩台览。尚有十数事，俟追记补缀续衲。[②]

周必大（1126—1204年），南宋高宗绍兴二十一年进士，淳熙十四年拜右丞相，进左丞相。后为谏官所劾，出判潭州（湖南长沙）。晚年致仕，醉心于刻书印书。

台湾学者黄重宽在20世纪80年代所发现的这条印刷史料，乃是沈括之后，史上第二条记录宋代活版印刷的珍贵文献。

蒙古太宗年间（1241—1250年），翰林学士姚枢曾教学生杨古用活版印刷术，刷印《小学》等书，事迹见于元代文学家姚燧文集《牧庵集》。

元代王祯所著《造活字印书法》，乃是继沈括《梦溪笔谈》之后，最为重要的活版文献。元大德二年（1298年），农学家王祯刻制木活字3万

① 徐忆农：《活字本》，江苏古籍出版社2003年版，第6页。

② 张秀民、韩琦：《中国活字印刷史》，中国书籍出版社1998年版，第12页。

多个，印成《旌德县志》百部，又制成转轮排字架，并在《农书》上刊印了自撰的《造活字印书法》，为后世留下宝贵的活字印刷史料。

由于是亲自参与活字印刷，王祯的著述比沈括的记载更为翔实，对活版技术有诸多细节描述。例如：造板木作印盔，削竹片为行，雕板木为字，用小细锯锼开，各作一字，用小刀四面修之，比试大小高低一同。然后排字作行，削成竹片夹之。盔字既满，用木榍榍之，使坚牢，字皆不动，然后用墨刷印之。①

元代另一位尝试活版印刷的文人，则是奉化知州马称德。元至治二年（1322 年），马称德镌刻出十万个木活字，刷印活书版《大学衍义》等书。

宋元时代，中国的活版印刷术一直见诸文献，不仅未曾中断，且屡有创新。比如，由铁范扩展到木范，由胶泥活字到木活字甚至金属活字。由是，活版印刷渐成风气，活版印本数量大增。可惜的是，宋元时期的活字印本，被湮没在浩瀚的古籍之中，至今未现真身。

二　明代活版印刷发展迅速

进入明朝中叶，活字印刷技术日臻完善，几可与雕版印本媲美。除了无锡华氏安氏几家作坊多使用铜范加木活字或其他活字以外，大多数书坊均使用木范加木活字。

《中国金属活字印刷技术史》中有一段记录：朝鲜《李朝实录·世宗实录》卷七十《世宗十七年乙卯十二月庚戌》条载，明宣宗宣德十年（1435 年），朝鲜国王遣使来北京，询问中国活字是否“以铜个个铸之，随书排字而印出乎”？得到的回答称：“不是。昔者或以铜铸之，字与板相付，制度与木板一般。[奈] 功费甚钜，近来皆用木板云云。”②

《中国活字印刷史》对明代的木活字印刷给予了积极的评价：明代随着社会经济与文化的发展，木活字印刷比元代大为流行，尤其万历年间（1573—1620 年）印本更多。胡应麟（1551—1602 年）云，“今世欲急于印行者有活字，然自宋已兆端，今无以药泥为之者，惟用木称活字云。”清魏崧云：“活板始于宋，明则用木刻。”清龚显曾云：“明人用木活字板刷书，风乃大盛。”从以上三人的说法，以及流传的实物来看，明代的木

① 张秀民、韩琦：《中国活字印刷史》，中国书籍出版社 1998 年版，第 17 页。

② 潘吉星：《中国金属活字印刷技术史》，辽宁科学技术出版社 2001 年版，第 84 页。

活字确实比较普遍。[①]

不过，《中国活字印刷史》对明代木活字印本的数量却并不乐观：明代木活字本有书名可考者约100余种，多为万历印本，弘治以前的极少见。[②]《中医古籍版本学》也认为，目前存世的明木活字本医籍不多，现仅知的木活字医籍只有两种。

《古书版本学概论》曾对明清木活字作过简介：明朝有没有泥活字印刷，不见记载，难以言状。[③] 进入明、清两代，木活字印刷技术流行，已经比较普遍。江南各省的祠堂，就常用木活字来排印家谱、宗谱。崇祯十一年（1638年）以后，北京发行的"邸报"也改用木活字排印了。[④]

《中国古籍善本书目》共著录明代活字印本117个编号，其中著录为"铜活字印本"的有57个编号，多出自无锡一带。叶德辉先生在《书林清话》中谈到明代活字本数量时说，"以余所知，将及百家，不止五十也。明时活字印书如此广远，而皆在无锡一邑，至今三百余年，无锡尤盛行活字印本"。[⑤]

不过，对于明代"铜活字"，学术界颇有争议：到底是铜范＋木活字，或者铜范＋陶活字（泥活字），还是单一的铜活字？到底是纯粹的铜活字，还是有锡、铅合金的"金属活字"？对于铜活字的来历，学界也存有争议，一些学者认为，明代铜活字有可能是从朝鲜传入中国的。

周叔弢先生曾表示：中国印书用活字版，始于宋庆历中毕昇胶泥活字版。继之者元王祯木版活字，所印书世无传本。越一百数十年至明弘治朝铜活字所印书始大显于世。活字印书中断之故不可解。明代复兴，余颇疑是从朝鲜传播而来。载籍无征，不敢臆定。[⑥]

钱存训先生也说：至于华氏之铜活字从何而来，此为一极重要问题，但其渊源线索，殊无可征。据推测如非自制，当系传自他人，或仿自他方……当十五世纪前后，中朝关系密切，使节往还频仍，其唱和诗见于《皇华集》者甚多，颇疑朝鲜之铜活字版与无锡华氏或中朝使节有关……

---

① 张秀民、韩琦：《中国活字印刷史》，中国书籍出版社1998年版，第26页。

② 同上书，第28页。

③ 李致忠：《古书版本学概论》，北京图书馆出版社2003年版，第69页。

④ 同上书，第74页。

⑤ 叶德辉：《书林余话》（卷下），载《书林清话》，中华书局1999年版，第35页。

⑥ 徐忆农：《活字本》，江苏古籍出版社2003年版，第22页。

华氏所印各书，字体多类颜体，笔划粗肥而不端正，颇与朝鲜之乙酉字（1645 年）相仿。①

三 清代活版印刷十分普及

到了清朝，活字印书已在全国通行，各地的衙门、书院、官书局，大都备有木活字，而且出现了如“活字印书局”或“聚珍堂”等专门采用活字印刷的店铺，印刷内容十分广泛，经、史、子、集四部皆备。在材料方面，铜、锡、铝、铅、泥、磁和木质并用。在技术方面，或用模铸，或单独刊刻；每套少则几万，多至数十万个单字；字型不仅分大小，有时多至五种。因此印成的书，规模最大，种数也最多。

清代活字印本相对于其以前各代来说，存世数量较多，印刷方式也丰富多彩，出现这种状况的一个重要原因是由于清朝政府直接组织人力、物力造活字刷印图书，如清廷以铜活字印《钦定古今图书集成》，以木活字印《武英殿聚珍版书》等，这就带动了民间活字印刷术的运用与推广。

中国古代传统活字版印刷，到清代到达顶峰。主要标志是政府大规模用铜活字和木活字印刷了大量书籍。自从《钦定武英殿聚珍版程式》（乾隆四十一年）介绍了简单易行的印书方法后，各地官衙私家纷纷仿效，所谓“上有好之，下必甚焉”。②

清代私家木活字更为盛行，士大夫为了扬名显亲，与表彰先贤起见，往往自制活字，或借用或购买活字，来刊印自己与祖先的著作或当地的文献。

家谱与方志是我国史学中两大巨流，一是家族史，一是地方史。刘尚恒先生在《徽州刻书与藏书》中介绍徽州刻工的生活和技艺时，谈到了清朝晚期专门刻印家谱的工匠情况：

一些专门刻印家谱、族谱的刻工，当地称为“谱匠”，农闲一到，便三五成群，自由组合成“谱匠担子”，哪里有制谱生意，便到哪里去营业。他们担子里的“木子”（即木活字）多达二三万，一般分为大中小三号，大都是用梨木或银杏木雕成的老仿宋字。正文用活字，序、跋、图像则手写绘制上板雕刻。谱匠们制谱也有分工合作，一般分刻字、图像、排印和

---

① 钱存训：《中国古代书籍纸墨及印刷术》，北京图书馆出版社 2002 年版，第 192—193 页。

② 张秀民、韩琦：《中国活字印刷史》，中国书籍出版社 1998 年版，第 66 页。

装订几道工序，最后由有经验的老谱师负责总成谱书。[①]

活字作坊四处游走，清代活字印刷普及之广泛，由此可见一斑。不过，专家学者普遍认为，清代活字本的数量很难与雕版印本匹敌。正如魏隐儒先生所言，清代木活字印本虽然较多，但在整个出版量中，毕竟还居于少数地位。

四　五花八门的活版名称

历史上，活版的称谓可谓五花八门。张秀民先生对此作了较为全面的归纳：活字板因时代材料不同，在文献上先后出现了各种不同的名称，如元代称“活板”、“活书板”、“活字书板”，明代名“活板”、“便板”、“活套书板”、“合字板”，清代称“子板”、“排板”、“排字板”、“摆子板”、“集字板”、“集锦板”。乾隆帝以活字之名不雅，改称“聚珍板”，或写作“聚鑫板”。朝鲜、日本有时也称“聚珍板”。

所谓活板、活字板，有灵活之意，以别于雕板之死板。聚珍、集锦，则有聚集珍宝锦绣之意，便板有方便之意，子板取子母相生之义。排板、摆板、合字、集字，则指活字印刷之重要工序排字而言。

又因制作材料的不同，有胶泥板、泥活字板、泥斗板、泥聚珍板、澄泥板、磁板，木活字板、聚珍木板、木刻活字板，铜活字板、活字铜板、聚珍铜板、铜摆板，或简写作同板，或仝板。铜板因字体大小，分大铜板、小铜板。又有锡活字板、铅活字板等名称。[②]

钱存训先生也对历史上活字印刷的名称进行过归纳：中国的活字版因制作的时代、方式或材料不同，而名称各异。宋沈括最早称其为“活版”，元王祯所制名为“活字印书法”，盖以单字可活动更易而成版面，故以“活字”名之。其后因排列的形式或方法与雕版不同，称为“排板”、“排字板”、“摆字板”、“集字板”或者“合板”，表示单字可以集合，排摆成板，亦有以“便板”、“子板”或“斗板”等名之者。清乾隆帝易名“聚珍板”，并题诗十韵，朝鲜及日本亦间用此名。[③]

其实，追根寻源，活字印刷术最早见诸文献者，当属宋代沈括的《梦

---

① 刘尚恒：《徽州刻书与藏书》，广陵书社 2003 年版，第 176 页。

② 张秀民、韩琦：《中国活字印刷史》，中国书籍出版社 1998 年版，第 13 页。

③ 钱存训：《中国古代书籍纸墨及印刷术》，北京图书馆出版社 2002 年版，第 172 页。

溪笔谈》："庆历中，有布衣毕昇，又为活版。"故活字印刷的原始称谓乃是"活版"二字。

第四节　活版印刷史认识误区

一　"活字印刷术发展缓慢"

美国作者卡特提出，专家们似乎一致认为，毕昇的胶泥字和随之而起的铸锡作字，似乎始终没有广泛流行。木刻的活字究竟曾用到什么程度，现在不得而知。①

张秀民先生认为，中国早在北宋时期就已发明活字印刷，而雕板印刷一直作为中国印刷的主流，活字本的数量仅及雕板书之百分之一二。现在虽有许多宋板书保存至今，但尚没有发现一部活字本。其中的主要原因：一是政府重视不够，二是活字印刷技术困难，三是活字制造一次性成本高，四是印刷数量小，五是活字印刷效果不佳、校勘不精。②

张秀民先生又认为，从当时学术背景看，儒家经典一直占有主导地位，而这些书，用雕板印刷，能够满足经常印刷的需要。重要的书，留下板片，可以多次印刷，比较经济。对名人的原稿，若直接上板，活字也不能胜任，而翻刻宋元版，也是雕板有利。③

项翔先生认为，中国古代的活字印刷技术尽管有不小的进展，却始终不成气候，并列举了四条原因：其一，中国长久以来的经典的概念使得付印者力图保存雕版印刷时使用的刻板，以免讹传，并可随时增印。而活字版则十分容易把字误植造成文本的失真。其二，利用活字印刷的初期必需制作大量的字型，其投入相对于雕版直接刻印是十分巨大的。因此私人字型刻印和商办的书房书肆一般不可能进行如此大规模的投入。其三，活字印刷术的技术要求比雕版印刷术的技术要求高得多。其四，中国古代对书法艺术的崇尚或许也在某种程度上阻碍了活字印刷的推广。④

---

① ［美］卡特：《中国印刷术的发明和它的西传》，吴泽炎译，商务印书馆 1957 年版，第 187 页。

② 张秀民、韩琦：《中国活字印刷史》，中国书籍出版社 1998 年版，第 194—197 页。

③ 同上书，第 197 页。

④ 项翔：《近代西欧印刷媒介研究——从古腾堡到启蒙运动》，华东师范大学出版社 2001 年版，第 31 页。

丁瑜先生认为，八百年间活字印刷术没有得到推广和迅速发展，主要原因有三：第一，在封建社会制度下，劳动人们的发明很少得到统治阶级的重视，不易得到传播普及。第二，我国的汉字，每字一形，不若西方拼音文字之简单，制作活字必须有数以万计的单字，方便于排版使用。第三，活字印刷技术本身存在着一定的局限性，为一般人所不易接受使用，可归纳为：

1. 泥活字以烧土做成，易于残损，不易长久保存。

2. 木活字木质有伸缩性，沾水后，高下不平；又易粘动，取用不便。

3. 锡活字难于沾墨，印刷字迹多模糊不清。

4. 铜活字在当时未能制作字模（范），一字一刻费工费时。

5. 金属镌刻活字，价格昂贵，非一般书坊所能经营。

6. 活字存放易于丢失错乱，不便保存。

7. 活字排版后，容易分合移动，易使文字错乱，文章发生讹脱。①

徐苏先生则从社会经济的发展，科学技术的进步，文化生活的需求，藏书的风气等诸方面，对活字印刷术发展缓慢作了综合分析，其观点可简单归纳如下：活字印刷的优势体现在大印量刷印，而有限的市场和落后的运输手段，使书籍不可能大量印行。封建社会历朝对刻书的禁令过严，限制书籍印量。

手工业发展缓慢，技术水平与生产设备低下，影响了活字印刷技术的改进。封建社会重文轻技，知识分子很少参与活字印刷技术的研究，活字刻印匠社会地位低下，经济收入甚微，无财力去钻研改进技术，无权力去推广发明。

活字制造工艺复杂，费时、费工、费钱。从书法及美观的角度看，活字不如雕版。活字印刷的质量赶不上雕版，难为藏书家所重。②

徐苏认为，活字印刷术发展缓慢的原因是错综复杂的。它既有社会的影响，譬如小农经济的束缚，“重理轻用”的偏见，缓慢的文化发展，强烈的复古意识等；又有自身的局限，譬如简单的工具，烦琐的程序，手工

① 丁瑜：《我国雕版印刷术与活字印刷术的比较研究》，载上海新四军历史研究会印刷印钞分会编：《活字印刷源流》，印刷工业出版社 1990 年版，第 128 页。

② 徐苏：《我国古代的活字印刷术为什么发展缓慢》，载上海新四军历史研究会印刷印钞分会编：《活字印刷源流》，印刷工业出版社 1990 年版，第 257—265 页。

式操作，作坊式生产等原因，致使长期停留在手工排印而未能向机器生产过渡，造成质量低下，其能难显。结果，这一新技术的发明，同其他古老的东方发明一样，未能迅速地发展起来。[①]

钱存训先生总结说：中国的文化创造了活字印刷，而中国文化的特点又使活字印刷难以在本国取得长足的发展。活字版虽早在十一世纪中就已发明，但始终没有成为中国印刷术的主流。[②]

窃以为，诸多专家学者认为中国古代活字技术发展缓慢，一是缺乏对活版印刷品的系统研究，二是活版鉴定方法较为单一，三是活版研究风气不盛。倘若在这三方面加以改善，便会得出不一样的结论。具体情况详见后面章节。

二　“活版印刷难度大”

确实，从一些文献记载来看，活字印刷相对于雕版来说，难度要大得多。明代嘉定徐兆稷借得活板，印刷其父徐学谟的《世庙识余录》。徐兆稷在序中留下一段辛酸故事：“是书成凡十余年，以贫不任梓，仅假活板印得百部，聊备家藏，不敢以行世也。活板亦颇费手，不可为继，观者谅之。”[③] 徐氏之言，说明活版印刷虽然较为廉价，但技术难度大，颇为费事。

清初医家冯兆张自筹刊刻其所撰的大型医学丛书《冯氏锦囊秘录》，起初采用木活字印刷，结果很不理想，不得已又改用雕版方式。该书中有冯氏一段甘苦之言：“向年误听梓人，创成活版，疲精瘁神，二载始竣。但字少用多，不耐久印，无如索者日众。今版废书完，势必数十年之心血，一旦付之流水。”[④]

由此可见，活字印刷对于一般人而言，技术难度大，不是轻易可为的。只有经过长期摸索实践，较好地掌握了活字印刷的技术，又有一定经济实力的作坊，才能感受到活字印刷所带来的经济效益。

---

① 徐苏：《我国古代的活字印刷术为什么发展缓慢》，载上海新四军历史研究会印刷印钞分会编：《活字印刷源流》，印刷工业出版社 1990 年版，第 266 页。

② 钱存训：《中国古代书籍纸墨及印刷术》，北京图书馆出版社 2002 年版，第 172 页。

③ 任继愈主编：《中国国家图书馆古籍珍品图录》，北京图书馆出版社 1999 年版，第 210 页。

④ 吉文辉、王大妹主编：《中医古籍版本学》，上海科学技术出版社 2000 年版，第 109 页。

中国古代的印刷品虽有雕版与活版之不同，但一般人难以区分两者的差别，即使是专家学者，也难于从版本上加以辨认。

张秀民先生认为，我国印书以雕板为主，有许多活字本的序跋上，仍称“付梓”、“寿梓”。钱存训先生亦云，也有活字版虽用活字仍用“锓梓”、“刊”、“刻”或“印行”一类传统的雕版名词而不标明活字。大概印书者的目的在书籍的出版与流传，对于印刷方法并不重视。除非印者自造自作，耗资费时，偶在书中道及，否则多不说明。①

坊间刻书印书的主要目的是为了赢利谋生。雕版虽然可以整版保存，随时需要随时刷印，但雕版印刷耗材耗时耗银两，并不经济。坊间为了快速出书，多采用更为实惠的活字印刷，特别是用木活字来印书。

活版印书高效率低成本，不仅中国文献有记载，朝鲜古代学者金宗直也有同感：“活板之法始于沈括，而盛于杨惟中，天下古今之书籍，无可不印，其利博矣！”②

《清代版刻一隅》收录有咸丰木活字本《敦夙好斋诗续编》。书中有咸丰九年男恩颐记，云“爰是谨奉遗编，商诸胡心耘博士，许为排印，阅半月而竣工。”是书为琳琅密室主人代为排印，十一卷书，半月而讫工，可见排版迅速。③

活字排印大大提高了功效，有利于资金周转，受到坊间的普遍欢迎，但伴随而来的后果之一则是普遍的校对马虎、谬误频仍的现象。

少数书坊唯利是图，一味追求效率，排印工人忙中出错，错误较多，虽然有校对，仍不免亥豕鱼鲁眩目，甚至不堪卒读。尽管校勘粗糙的现象在不少雕版作坊也同时存在，或许以坊间活字版为甚。于是，频繁的活版翻印进一步加剧了版本质量的粗糙，导致以讹传讹恶性循环，以至于某些活字本成了粗制滥造的代名词。

窃以为，中国自古重文轻工，社会风气保守，用惯了雕版印本的读书人，不愿轻易接受活版这一新生事物。印书者为了图利，用匆忙排印的活字本来应付读书人，做这种事情总有一种不太高尚的感觉。因此，印书者通常不会在书中标明活版印刷。

---

① 钱存训：《中国古代书籍纸墨及印刷术》，北京图书馆出版社 2002 年版，第 172 页。

② 张秀民：《中国印刷术的发明及其影响》，人民出版社 1958 年版，第 77 页。

③ 黄裳：《清代版刻一隅》，齐鲁书社 1996 年版，第 377 页。

书坊在活字本的牌记或序跋中注明活版印刷，是需要很大勇气的，一是销路可能会受影响，二是容易暴露商业秘密。印书者老老实实注明活字版，往往是为了说明其品质正派童叟无欺，或许是为了抢商机薄利多销。但不管出于何种目的，一旦标明是活字，其价格通常会低于雕版印本，亦表明其档次下雕版一等。当然，少数排印校雠精良者，或版本珍稀者另当别论。

多数读书人经济拮据，愿意花更少的钱买便宜货，并不注重是雕版还是活版。即使知道了买的是便宜的活版书，也羞于在著述中提及。于是，印书人、读书人彼此心照不宣，活字印本大有其市，活版印刷大行其道，却极少见诸文字记载。

当然，一些文人用活字排印书籍，一些富家、官府以及民间机构采用活版印刷，其目的或为了发扬光大活字技术，或热衷于追求时尚，或专门讲求印刷效率，并非为了赢利。他们高质量的活字印本往往受到读书人喜爱，并不一定因为注明活版而降价，反而有可能超过某些雕版印本。这种情况与唯利是图的坊间本不可同日而语。

对于印书者来说，只有尽力掩饰活字的痕迹，尽量接近雕版风格，才能保证活字本的销路。于是，有实力的书坊往往延聘高级刻工，精心刻制或铸造几套上好的活字，既有大号字，也有中小号字，既有硬体字，也有软体字，以尽量保证活字与雕版风格神似。对于活字的排版固版技术，也不断探索改进。

三 “活字本数量稀少”

研究古籍版本和印刷史的专著，均认为活字印本数量稀少。张秀民先生认为，我国活字以木活字为主流，自元初一直流行到抗战期间，凡六七百年。活字本流传至今者约近 2000 种（不算家谱，丛书作一种计），有书名可考者约 700 种。[①]

由于学术界公认活字本数量稀少，因此，在收藏家眼中，活字本历来十分珍贵，在各个古籍拍卖专场上，往往能拍出善价。例如，中国嘉德 2001 年拍卖一册明弘治八年华氏会通馆铜活字《容斋随笔》，估价 2.5—2.8 万，成交价 5.28 万。2002 年中国嘉德拍卖一册明活字本《古今合璧

---

① 张秀民、韩琦：《中国活字印刷史》，中国书籍出版社 1998 年版，第 105—106 页。

事类备要》，估价 2.5—3 万，成交价 4.18 万。明代的活字本残本拍卖价之高，甚至超过了一些元版书的价格。一些清代的活字印本，拍卖价同样不菲，2006 年，清同治木活字印本《易经铨义》，以 24200 元成交，清光绪木活字本《墨子间诂》十九卷，以 18700 元成交。由此可见，活字本在拍卖市场上受追捧的程度。

徐忆农女士在《活字本》一书中，对比了活字本与非活字本的数量之比：《中国古籍善本书目》收录从古至清末的图书达 56787 个编号，其中活字本仅 340 个左右编号。如果以此为据，简单计算，活字本与非活字本（含刻本、写本等）之比为 1∶167。实际上，活字印本在中国古代书籍中占的比例，应该比上述计算结果还要更少一些。①

据统计，《增订四库简明目录标注》共著录历代书籍 7748 种，其中活字印本只有 220 余种，只占雕版的百分之一。《北京图书馆善本书目》共著录历代善本 11000 多部，其中活字印本只有 150 余部。

今天，人们很少见到古代的活字本，是因为各种古籍书目中极少著录。一般情况下，在序、题跋、牌记等文字中如果没有记载是活版印刷，人们就很难将其断为活字本。而古书中甚少记载使用活字的情况。

正是因为有了印刷术，才有大量的书籍传世。可是，古代的学者几乎从不研究印刷术的起源。为什么古人很少记录活字印刷呢？为什么古人向来不重视印刷术的研究呢？

中国封建社会中，儒学一直居于正统地位，重文轻工乃儒家的传统。古代著书者一般皆为儒生，他们曾探讨并记录下古代社会许多方面的历史，却几乎从来不写印刷方面的历史。原因之一，如前所述，是中国佛教徒发明了印刷术，而儒家经典的雕印比佛教典籍的刊行晚了将近 300 年。要探究印刷术的起源，就不得不研究佛教的传播史。研究佛教，这对于儒家弟子来讲，并不是一件富有吸引力的事。因为，儒家与佛家，历史上曾水火不容。

《中国儒学史》中曾论及儒学与佛学之间的斗争：佛学与作为一种社会原则和社会理想的中国传统儒学，从思想体系和意识形态性质上，是完全对立的。随着佛教影响的扩大和佛教教义的传播，等于对儒学在思想领域的统治地位提出了新的挑战，同时佛教基本精神与传统儒学所认定的社

① 徐忆农：《活字本》，江苏古籍出版社 2003 年版，第 5 页。

会原则和社会伦理规范的对立也逐渐明显化，儒、佛之间的冲突与斗争也就不可避免地展开。[①]

或许，这便是历代读书人不屑于研究印刷术的原因之一。若有读书人研究印刷术，通常会被讥斥为玩物丧志，因为刊刻、刷印等百工，在历代社会中常被正统的儒家学子视为雕虫小技，对于儒生们而言，不值得著述。凡此种种，导致中国印刷术的文献如此之稀少。像沈括、王祯这样的“好事者”，竟然详细记录了活版印刷的内容并流传下来，实属难能可贵。

事实上，古人不重视活字本，更没有人去专门研究总结活字。直到20世纪50年代初，藏书家周叔弢先生将活字本作为一个专题加以收藏，用10年时间收集了近四百种活字本，才激起了藏书家的兴趣，渐渐地，活字本才引起版本学家的重视。时至今日，绝大多数图书馆仍未把活字本作为一个专门的种类进行登记归类，研究者很难查阅和了解馆藏活字本的现状。

四　科学准确的术语——活版印刷术

沈括最早在《梦溪笔谈》中称毕昇的印刷术为“活版”。后来“版”“板”不分，分别有活书版、活字书板、便板、活套书版、合字板、子板、斗板、排版、排字板、摆字板、集字板、集锦板、聚珍版、聚鑫板等。

因制作材料的不同，又有泥版、泥斗板、泥聚珍版、澄泥板、磁板、木活字板、聚珍木版、木刻活字板、铜活字板、活字铜版、聚珍铜板、铜摆板、同板、仝板等。

纵观这些五花八门的称谓，总是离不开一个“版（板）”字。《汉语大字典》中与印刷有关的“版”字，有数种解释。1）木板。后作“板”。3）古时书写用的木片，后也指书籍。9）印刷板。唐冯宿《禁版印时宪书奏》：“准敕禁断印历日版。”10）印刷物的版本。如：初版；再版。11）报纸的一面。如：头版新闻。[②] 又据《汉语大词典》中“版”字的解释，6）供印刷书刊图画用的底子。有木版、石版、铜版、铅版等。[③]

---

① 刘振东：《中国儒学史·魏晋南北朝卷》，广东教育出版社1998年版。

② 李格非主编：《汉语大字典》简编本，湖北辞书出版社、四川辞书出版社1996年版，第944页。

③ 《汉语大词典简编》，汉语大词典出版社1999年版，第2548页。

到了民国后期，西方学者帮助中国总结“四大发明”之时，才开始提出“活字印刷术”这一术语。可惜这一提法，却将“版”这个核心遗漏了。

“活字印刷”给人的普遍概念是，活字即时排版、即时印刷，印毕则拆版重排。其实，这只是活版的情形之一。有些活字版并不是立即拆版，而是放置一时间，继续反复刷印，然后才拆版。还有些活字版，则整版保存，根本不拆版，就像木雕版一样永久保存，长期刷印。具体情形详见后面有关章节。

此外，活版并非全是文字版，还有插图版和套印版。例如，明清采用活版最为普遍的一类书籍是家谱，而大量的家谱都是图文并茂，因而有“活套书版”之称。

确切地说，活版印刷术应有“活字版”、“活字整版”与“活套版”之分，统称为活版。单单称为“活字印刷术”是很不准确的。民国三十一年苏士清所译的活版专著，名称便是《活版印刷术》。

表面看来，“活版印刷术”与“活字印刷术”仅仅是一字之差，似乎有咬文嚼字之嫌，其实，笔者绝不是为了钻牛角尖。正是这一个字的不同，导致数十年来学术界的概念偏差，以致研究方向和研究方法均出现一些失误。

尽管“活字印刷术”之称已是约定俗成，但为了正本清源，为了恢复活版印刷史的本来面目，笔者以为，“活版印刷术”才是科学准确的全称，亦可称为“活版印刷”，或简称为“活版”。

五　陶活字取代泥活字

活版印刷史当中，另一个术语亦需要更改，这便是“泥活字”。

泥活字，也简称为泥字。数十年来，人们对于“泥活字”这一说法，总感觉是在泥土上刻字，既模糊又不结实。“罗振玉以为泥字不能印刷，胡适以为火烧胶泥作字，似不合情理。”①

沈括《梦溪笔谈》最初提到的活版，并没有“泥活字”这一专门的名称，而是含糊地称为“字”、“印”或“字印”，其法为“胶泥刻字”。南宋

① 张秉伦：《泥活字印刷的模拟试验》，载上海新四军历史研究会印刷印钞分会编：《活字印刷源流》，印刷工业出版社 1990 年版，第 238 页。

周必大也只是提到“胶泥铜板”。元代王祯则称其为“烧熟瓦字”，说明“瓦字”像砖瓦一样坚固，非常传神。后世称为“泥活字”，实在不准确。

潘吉星先生也认为，“泥字块制成后，需入窑烧固，此时发生化学变化，烧成后成为陶活字，‘泥活字’并不恰当”。①

李致忠先生在谈及《周易说略》磁版时也提到，“现在又有人写文章说是瓷版不可能，一定是陶活字。若真是陶活字，就没有什么值得称道的价值了，因为毕昇的泥活字实质上已经是陶活字了”。②

长久以来，“泥活字”之称，一直误导活版研究，容易产生歧义，应当予以纠正。笔者以为，将胶泥活字称为“陶活字”更为适当。况且，李致忠、潘吉星等专家学者早已有过“陶活字”之称。称为陶活字，简称为陶字，既便于大众的理解，也便于学术界的研究。

为了与“铜活字”、“木活字”三字相对应，本书中，一般都将“泥活字”称为陶活字。不过，为了方便读者，有时亦写作：陶活字（泥活字）。

---

① 潘吉星：《中国金属活字印刷技术史》，辽宁科学技术出版社2001年版，第21页。

② 李致忠：《古籍版本知识500问》，北京图书馆出版社2001年版，第33页。

第　二　章

活字鉴定一大难题

百年以来，关于中国古代活字印刷的文献不多，活版印刷专著的问世，也只是近几十年的事，且数量极其稀少。《中国活字印刷史》、《中国金属活字印刷技术史》、《中国活字印刷术的发明和早期传播——西夏和回鹘活字印刷术研究》、《中国版本文化丛书·活字本》，以及《活字印刷源流》等，几乎是我国活版印刷专著的全部。可见，专门研究活版的学者实在太少。

最近这些年，由于中韩活版印刷发明权之争，有关活版印刷的文章逐渐多了起来。不过，活版研究的鲜活观点不多，并没有产生多少重大的学术成果，多数文章都是引证文献资料，缺乏独立的研究。正如一位老专家所言，“活字印刷的历史文献记载就只有那么一点点，大家引来引去，难得有新意”。

由于文献资料的匮乏，对于任何一位专家学者来说，研究中国古代活版都是一件十分棘手的事情。

第一节　活字鉴定方法一览

学术界一直认为古代活字印刷的规模不大，主要依据是公认的活字本数量有限。活字本数量之所以稀少，原因还在于活字鉴定困难重重，前人总结的活字识别方法有限，传统的思维方式束缚太多。尤其是，活字鉴定没有相对统一的标准。

推出活字的各种鉴定方法，只不过是近几十年的事情。清代以前，活字本基本不入藏书家的法眼，并非专门的收藏品种，几乎无人总结过活字的特征。20 世纪初出版的《书林清话》（1911 年），用笔记体记载了我国古代图书的历史知识和出版印刷史料，对版本学的发展产生了重大影响。

作者叶德辉先生并没有专门总结活字版的鉴定方法，只是零星提到活字的某些特征。如，泥活字笔划有缺齿，活字个别字有抬头等。

直到20世纪七八十年代以后，一些版本学和印刷史方面的著作，才提到具体的活字鉴定方法。

《古籍版本鉴定丛谈》

1978年，山西省图书馆印行了魏隐儒先生的《古籍版本鉴定丛谈》，较早地对活字鉴定方法进行了系统归纳。

活字印本特征：

1. 栏线四角横线竖线拐角连接不甚严实合缝，有时隔离一分左右。界格行线两端与上下栏线互不衔接，刻板印本无此现象。

2. 排字行气不整齐，有时倾斜不直，有些字排列歪扭，甚至个别字倒置或卧排。

3. 字的大小不一律。

4. 笔划粗细不匀称，一行字内，不但个有大小，而且笔划粗细有时也不一致。

5. 墨色轻重不均，排字有时凸凹不平，印出来墨色就轻重不匀。

6. 字与字之间笔划绝不交叉。

7. 书口上下栏线整齐。

8. 活字印本无断版裂版现象。

9. 板心鱼尾与两旁行线有隔离痕迹，活板鱼尾因系拼排成板，故与左右行线十之九有隔离迹象，板刻则无此现象。

10. 行格界线时有时无。①

《古书版本学概论》

李致忠先生在《古书版本学概论》中，从五个方面提出了鉴别活字的方法："据序、跋、牌记鉴别，据边栏界行衔接处的迹象鉴别，据有无断板迹象鉴别，据行字疏密、歪斜、横置、倒置鉴别，据印纸墨色的浓淡是否均匀鉴别。"②

《中国古籍版本学》

在《中国古籍版本学》一书中，曹之先生也总结了活字鉴定的一些

---

① 魏隐儒：《古籍版本鉴定丛谈》，山西省图书馆印1978年版，第82—83页。

② 李致忠：《古书版本学概论》，北京图书馆出版社2003年版，第83—88页。

原则：

1. 栏线连接：由于活字版的栏线是临时用木（竹或金属）条拼成的，所以活字本的栏线连接不甚严密，栏线间都有宽窄不等的空隙；而雕版的栏线是在一块整板上刻出的，其印本栏线连接十分严密，浑然一体。

2. 界行：活字本的界行常常着墨不匀，时有时无；而雕版界行是在版上直接刻出，其印本一般不存在上述情况。

3. 版面长短：活字版刷印完毕，即行拆掉，基本上不存在热胀冷缩的问题，因此，活字本的版面长短一致，上下栏线整齐划一；而雕版由于热胀冷缩等原因，天长日久，版面可能长短不齐，上下栏线或高或低，不尽一致。

4. 版面断裂：活字版是由单字排成，印罢即行拆去，下次再排再印再拆，循环往复，版面完整无缺，无断版、版裂现象；而雕版由于木质不坚，加上风吹日晒、寒暑干湿的影响，版面常常断裂，其印本常常留下断裂痕迹。

5. 字行：活字版是由一个个单活字汇聚而成，其印本字行常常左右弯曲，不是那么笔直，甚或有卧字、倒字的现象；而雕版是在一块整板上连续刻出的，其印本字行比较整齐，没有左右倾斜的现象。

6. 字的大小和笔划粗细：活字版是一字一刻、多人汇刻，字的大小和笔划粗细不免因字而异、因人而异，其印本常常字体大小不一，笔划粗细不一；而雕版的字是在一块整板上由一人一气刻成，能够前后照应，其印本字体大小、笔划粗细比较匀称。

7. 字与字的关系：活字版由多字汇聚而成，排版之前，字与字各自独立，排版之后，字与字界限分明，其印本字与字绝不交叉；而雕版因是在一整块板上雕刻而成，字与字的界限不太明显，有时为了版面的整体美，对于那些笔划悬殊太大的两个字，常常故意采用抢挡让步、互相穿插笔划的办法，使其协调一致，所以刻本的字间笔划时有交叉。

8. 墨色：活字版是由多字汇聚而成，每字高低不会绝对一致，摆在一起则高下不平，像高低不平的行线一样，刷印时，各处受力不匀，故其墨色常常浓淡不一；而雕版版面平整，刷印受力均匀，故其墨色比较一致。①

---

① 曹之：《中国古籍版本学》，武汉大学出版社 2002 年版，第 593—595 页。

《中国活字印刷史》

张秀民先生在《中国活字印刷史》中也从多个方面对活字进行了总结：

1. 字体：

大致可分为手写体与印刷体两种。印刷体又分为方体、长体、扁体三类。有的虽然是同一副活字，但写工刻工并非一人，字就不匀，或残缺不全，后来重新补刻，新旧掺杂，大小悬殊，笔划粗细不一。又因排字不齐，垫板凹凸不平，因此印出来的字体歪斜，墨色浓淡不一。有的只印出一半或偏旁。

2. 误排：

活字本有的横排，有的倒排。活字本的误字一般往往较刻本为多，除由于校对不精外，一方面也受到字数的限制。武英殿木字多至 25 万余，有时尚感不足，而民间普通所用活字不过二三万，自然更不敷应用。于是不得不采取一面排印，一面拆板的办法。因为时间紧迫，就不能仔细校对。

3. 边阑：

活字本的边阑粗细极不一致，有的很细，有的大粗黑边。一般在四角交接处往往不甚严密，留有缺口，或显或不显。有的缺口一二分甚至半寸，因为字盘没有扎紧，或因刷印用力而松弛。活字本偶有板心特别宽大，每半页四周双边各自成一系统，看起来似乎是半页各排一板。

有的为迁就直行行线，或个别挤字，上下边阑断断续续，不能联成一线，有的形成明显的锯齿形。

活字本有的有抬头现象，不论单抬或双抬，均排在上边阑的上方。在刻本中自然不会有此类现象。

4. 行线：

活板有的用黄铜作界行，而普通则以细竹片为之。竹片有弹力，受挤甚至成弧形，因而有少数成弧形的行线。行字就随之左右倾斜。一般活字本的直行行线与上下边阑相接处，常留有余地，不能像刻板那样紧密连接。有的行线因板面高低不平，印出来便成时有时无，间有全书无直行线的。

5. 板心：

一般活字本多为白口，上下黑口较少，而上下大黑口则更罕见。

板心鱼尾与两边行线有分离现象，是活字本常有的，可与雕板印刷相区别。

6. 其他：

活字本拼版时，上下栏线尺寸一定，故从书口看上下栏线整齐，而雕板印刷由于书板会涨大或缩小，板心大小不一，装订后栏线不齐。[①]

《中国活字印刷术的发明和早期传播——西夏和回鹘活字印刷术研究》

史金波先生和雅森·吾守尔先生在《中国活字印刷术的发明和早期传播——西夏和回鹘活字印刷术研究》中，对西夏文活字进行了系统总结，提出了一些鉴定西夏文活字的方法：

个别字的边缘有活字印文墨迹；

有的在空字处印出空活字的边缘印痕，甚至近于墨钉；

栏线断折，文字向外斜挤；

有的栏线超出应相交的垂直栏线；

同一号字，大小宽窄不等；

一行中字列不齐，有的字左突，有的字右出；

通版排印，漏排版心，打破行格，多加一行；

有的经卷最后一页左侧无栏线，有的索性省去左侧栏线；

有的字，因字模放置不平，印出的字一半浅，一半深；

有的经卷中几乎所有页面行格歪斜，竖不成行，横不成线，行距宽窄也极不规则。[②]

《中国图书版本学》

在《中国图书版本学》中，姚伯岳先生亦对活字作了归纳。活字本与刻本相较，一般具有如下特点：

1. 活字本的上下栏与左右栏线交接处（即版框之四角）衔接不严密，多有缺口。因为活字本的版框是拼合而成的，不像雕版印本是在一块整版上直接刻成，故可严丝合缝，不留一隙。

2. 同样原因，活字本的界行与上下栏线的衔接处，版心鱼尾同左右界行相交处，也都不严密，均有一定程度的分离。

---

① 张秀民、韩琦：《中国活字印刷史》，中国书籍出版社 1998 年版，第 98—105 页。

② 史金波、雅森·吾守尔：《中国活字印刷术的发明和早期传播——西夏和回鹘活字印刷术研究》，社会科学文献出版社 2000 年版，第 39—48 页。

3. 活字本各行文字的排列多不整齐，歪扭不正、倾斜不直的现象比较常见，与刻本整版文字气势连贯、排列整齐之态有异。这是因为活字本系一字一字拼排，而古代活字制作不甚精密，难免产生误差，导致上述现象存在。

4. 活字本版面各字大小不一致，比例常不协调。刻本系写稿上版，字体大小一致，刻工一气呵成，因而比例匀称，字与字之间可以相互照应，而活字本一字一刻，各字不相照应，难免有大小不匀的现象。

5. 活字本版面文字墨色轻重、浓淡不匀，不似刻本墨色匀称。古代活字高矮不能完全相同，特别是木活字，湿胀干缩，各字难求完全一致，致使排版后版面凹凸不平，印本墨色也就难得一致了。

6. 活字本各字之间笔划决不交叉、重叠。活字本每字一刻，各自独立，字与字之间皆保持一定距离，绝不可能重叠、交叉，而刻本上下笔划交叉是常有的事情。

7. 活字本绝无断版、裂版现象。雕版有的因刻成存放年久，遭风吹日晒，常会断裂。活字印书，印完即拆版，再印再排，绝不会像雕版那样出现断裂的情况。

8. 活字本有时会出现个别字倒置或卧排（横排）现象，而刻本一般不会出现这种情况。

9. 活字本书上下栏线整齐。刻版印本，由于书版涨缩，版框尺寸大小不一，按装订时齐下不齐上的规矩，上栏经常参差不齐；而活字印本拼版时，上下栏线尺寸一致，版无胀缩之事，故装订成册后，从书口看来，上下栏线均整齐划一。

10. 活字本有时个别字与同一版面其他文字有笔划粗细、字体风格、大小不一之别。这是因为活字本拼版时，若活字不够用，须临时再刻（或铸），新刻之活字，与原刻之活字，其字样、大小、高低及制作活字之材料、质地等皆难完全相同，以致印成后，新刻之字与版面其他文字风格不相协调。①

---

① 姚伯岳：《中国图书版本学》，北京大学出版社 2004 年版，第 289—291 页。

第二节 活字鉴定困难重重

一 活字鉴定方法难以把握

大多数涉及印刷史、版本学等方面的著作，活字印刷部分着墨不多，很少总结活字鉴定的具体方法。一个世纪以来，研究活字印刷的专著少之又少。张秀民先生的《中国活字印刷史》，乃是重要的活字印刷专著，可惜却没有关于活字鉴定方法之类的专门章节。潘吉星先生的《中国金属活字印刷技术史》，亦是重量级的活字印刷专著，遗憾的是缺少了活字鉴定的章节。徐忆农女士的《中国版本文化丛书·活字本》，也是难得的活字专著，却由于编辑体例所限，没有提到活字鉴定。《中国活字印刷术的发明和早期传播——西夏和回鹘活字印刷术研究》一书，是中国社会科学院的重点科研项目，主要介绍了活字印刷术在西夏和回鹘的传播，书中谈到了西夏文活字的识别方法，十分难得。

研究版本学的专家学者所总结的活字版本鉴定方法有许多共同之处。例如，边框四角有缝隙（简称为"边框缝"），字体明显歪斜、横置或倒置，墨色浓淡不一，字体大小不等，笔划粗细不匀，鱼尾与版心线之间有缝隙（简称为"鱼尾缝"），缺乏行气，等等。

仔细研究专家学者们所总结的活字鉴定方法，就会发现在一些问题上，专家学者之间存在着争议。例如：笔划交叉，断板裂板，鱼尾缝，栏线整齐与否，抬头现象，弧形行线，等等。

笔者注意到，有关活字鉴定方面，某些专家学者的观点，往往不能得到多数专家学者的认可。例如：

叶德辉指出，活字个别字有抬头现象。这个观点得到张秀民的赞同，张秀民提到，活字本有的有抬头现象，不论单抬或双抬，均排在上边阑的上方，在刻本中自然不会有此类现象。然而，存世的一些雕版上面，也有抬头现象，因而其他人并不认为抬头现象是活字版的基本特征。

魏隐儒、曹之、姚伯岳均提出，字与字之间笔划绝不交叉。张秀民则指出，新发现的《吉祥遍至□合本续》一书，也有字与字交叉的情况。有人根据字与字之间不能交叉，来作为区分雕板、活字的依据，是不全面的。

李致忠没有将鱼尾与版心线间的距离（鱼尾缝）作为活字的特征，姚伯岳等人则将其列为活字特征，张秀民也认为，板心鱼尾与两边行线有分离现象，是活字本常有的，可与雕板印刷相区别。

李致忠、曹之、姚伯岳认为，活字本绝无断版、裂版现象，有无断板迹象是判断活字的依据之一。张秀民则认为，其实活字板中并非没有这种断裂痕，如乾隆末年活字本《京畿金石考》是木活字，所以会发生断裂，若是磁字就不会断裂。

书口栏线整齐，这一观点没有能够得到多数人的认同。

张秀民提出的某些观点，亦很少引起共鸣，如：板心特别宽大，半页四周双边各自成一系统，上下边阑断断续续，有的形成明显的锯齿形，少数栏线成弧形，几个字刻在一起，等等。

活字鉴别方法是众多的版本学家收藏家等经过多年的实践才逐步总结出来的宝贵经验。然而，对于一般人而言，这些活字鉴定方法在实际运用过程中却很难把握。除非原书在序、跋、牌记等方面有明确的文字记载说明是活字印刷，否则难以断定。

黄裳先生说，鉴定版本并没有什么神秘，关键只在尽可能多观察实物的各个方面，进行对比研究，自然能掌握一种审定的可靠尺度。这是很难用文字加以表达的。①

对于长期从事古籍鉴定工作的专家而言，活字鉴定并不神秘。可是，对于普通收藏者来说，难度大矣。

李致忠先生在《古书版本鉴定》中有这样一段话：好的活字印书几与雕版印书无异。如不掌握一定的知识，并细心加以审别，是很难说出它们的异同的。例如清雍正三年（1725 年）武水陈唐重订并用木活字排印的《后山居士诗集》6 卷《正集目录》1 卷《后山先生遗诗》5 卷《遗诗目录》1 卷《诗余》1 卷，字体用清初流行并为世人所珍重的软体字，排版整齐匀平，墨色浓淡一致，行直字正，无歪扭之感。如不细审，很容易误认为就是雕版印制的书籍。②

魏隐儒先生也曾谈到《后山居士诗集》的鉴定：字用软体，排版整齐匀平，无倾斜歪扭之感，如不细审，多误以为精刻本。书中“碎”、“天”

---

① 黄裳：《清代版刻一隅》，齐鲁书社 1996 年版，序第 2 页。

② 李致忠：《古书版本鉴定》（修订本），北京图书馆出版社 2007 年版，第 175 页。

二字均倒排，这是活字印本的有力证据。[①]

笔者查阅了《后山居士诗集》的一张书影。如果用专家们的活字鉴定标准来判断《后山居士诗集》，居然有一正一反两条结论相矛盾：正的一条，书影中鱼尾与版心线之间有较为明显的缝隙；反的一条，书影字体之间笔划有交叉现象，如第四行“妾”与“薄”之间，第六和第八行两处“妾”和“身”之间，皆出现笔划交叉现象。

专家的说法自相矛盾。如果没有倒排现象，恐怕专家们也会对《后山居士诗集》的鉴定争论不休吧。

魏隐儒先生还举例说，《墨子》，明嘉靖三十一年（1552 年）芝城铜活字蓝印本。此本排印整齐端正，仿宋体。栏线接头处如无空隙，几与板刻无异。《唐眉山诗集》，宋唐庚撰，清雍正三年（1725 年）汪亮采南陔草堂活字印本。此本写体刻字，排印极精，如不细审鱼尾栏线略有间隔，几与版刻难分。[②]

二 各种活字难以区别

国内有限的几本活版专著，几乎都没有专门的章节来谈活字的鉴定。少数版本学方面的专著，仅介绍了一些简单的鉴定方法。查阅有关活字印刷的各种著作，几乎都是介绍陶活字（泥活字）、木活字、铜活字（金属活字）的发展情况。有的是按朝代叙述，有的是按活字的种类叙述，但归根结底，都将注意力用于陶活字、木活字、铜活字的分头叙述方面。

有趣的是，大多学术著作虽然详细介绍各种活字的发展情况，却几乎从不谈论如何区分古书中的陶活字（泥活字）、木活字和铜活字。因为，活字种类的区分比活字与否的鉴别更为棘手。

姚伯岳先生在《中国图书版本学》一书中，总结了铜活字和木活字的一些区别，实在难得。姚先生写道：大致而言，铜活字因坚硬、光滑，制作不易，墨色较浮而不匀。若系刀刻，字画粗细不定，从印本观之，有刀在光滑硬物上雕刻、笔划无法驾驭自如之感；若系模铸，则字体大小、笔划粗细皆尚整齐，但点画波折不露锋芒；若系先用模铸，再用刀修饰，则

---

① 魏隐儒：《中国古籍印刷史》，印刷工业出版社 1988 年版，第 225 页。

② 魏隐儒：《古籍版本鉴赏》，北京燕山出版社 1997 年版，第 109—110 页。

难予分辨。

由于木性软而易刻，刻工如技艺娴熟，则点画波折皆能恰到好处，故一般较铜活字印本精美。但木质坚硬程度不如金属和经过烧制的泥活字，印多则易漫漶模糊；入纸之凹痕较铜活字为浅，较刻本为深。此外，木活字印本点画多露锋芒，细观其钩越处，锐利者为木，钝者为铜，最钝者为泥。

至于对活字材料的鉴别，则须从制作活字的材料特性、制造方法、技艺高低、印本特征及墨色等作彻底的研究。若能利用显微照相机，将活字摄影放大，从各种不同活字材料因吸墨性能不同所呈现的不同墨痕，作细密观察对比，则活字类别亦定能鉴别清楚。①

姚先生所总结的区别各种活字的方法，对于普通研究者来说，是难以体会其细腻的区别的，即便对于专家学者而言，也是很难把握其分寸的。

曹之先生亦对木活字和金属活字的差别进行了区分：木活字吸墨性强，印本墨色较浓；金属活字本吸墨性较弱，印本墨色较淡。另外，木活字的硬度不如金属活字，印刷时所形成的纸痕不大明显；而金属活字质地坚硬，印刷所形成的纸痕就比较明显。②

魏隐儒先生也曾谈到：至于铜活字与木活字如何区别，两者制做用料不同，表现自然各有差异，但不甚明显，如经验丰富也能区分，若具体说明，似有可心会不可言传的微妙之感，只能说是铜活字本墨色较浮，字个大小参差，木活字本字形墨色接近板刻印本。③

史金波先生在《鉴定早期活字印刷品的意义和方法刍议》一文中，介绍了西夏文《维摩诘所说经》的陶活字（泥活字）特点：很多字笔画生硬变形，横竖不直；有的笔画中间断折，半隐半现。这是由于在尚未干燥的泥活字上刻字时，刀刃挤迫笔画而偏斜变形。有的字有明显的笔画缺损的痕迹，有的字边缘不整齐，笔端圆钝，缺少尖锋，有断残现象。甚至有的字由于缺角而显得近于浑圆。这是因为活字虽经烧制陶化，比较坚固，但比起木活字和金属活字来，性脆易损，使用中边角容易伤残。从版面看，有些行列不直，有明显弯曲现象。这是泥活字印刷时行间尚无夹条、聚版

① 姚伯岳：《中国图书版本学》，北京大学出版社 2004 年版，第 291 页。
② 曹之：《中国古籍版本学》，武汉大学出版社 2002 年版，第 595 页。
③ 魏隐儒：《中国古籍印刷史》，印刷工业出版社 1988 年版。

又难以紧凑的缘故。印面文字墨色不匀，表现出泥活字吸墨不均匀的特点。文字笔画中有类似气泡、沙眼的痕迹。有的文字模糊，字的边缘形成蜡泪状，这是烧制活字时温度太高，造成流釉现象。这些都体现了泥字印刷所具有的特殊之处。①

上述几位专家学者经过仔细观察活字印本，道出了陶活字、木活字与金属活字的细微区别，实属不易。尽管如此，对于绝大多数研究者来说，这种细微的区别仍是难以把握和体会的。

窃以为，各种活字原理相同，在探讨活版印刷的工艺技术方面，可详尽深入分析，区分各种活字的细微差异。而一般情况下，则没有必要去刻意强调三种活字的异同。

通常谈及活版印刷史或介绍活版印刷术，重点在于阐述活版与雕版的区别，研究活版的印品，探讨活版印刷的制字、排版、固版等技术，而没有必要去分头叙述各种活字。

三 专家学者的研究受限

传统的活字鉴定方法，诸如边框缝、鱼尾缝、行字歪斜、浓淡不一等，加起来有十来种。这些方法都是专家学者在细心观察一些活字本之后，总结出来的宝贵经验。但是，采用这些方法中的任何一种，似乎都难以鉴定活字。

目前，恐怕只有两类情形，能断定是活版印本：一是书叶四周均有45°的边框缝，二是发现有倒字、卧字。

所谓45°边框缝，其实是一种特殊的边框缝，只不过很少有学者提及。这种活版书，书叶四个角均有缝隙，但并不是像普通活字版那样，缝隙呈水平方向或垂直方向延伸，而是处于45°角度，独特而醒目。具有45°边框缝的活版书不太多，主要见于晚清民国的印本，明代以及清早期的45°边框缝活版书则甚少。

不过，有些带45°边框缝的书并不一定是活字本，而可能是活套版，即内部为雕版，边栏为活套版，需注意区别。有关详情请参阅第七章“活版套印与插图”。

---

① 史金波：《鉴定早期活字印刷品的意义和方法刍议》，《中国印刷》2004年第2期，第11页。

倒字、卧字乃是活版的另一铁证。然而，要想在古代印本中发现倒字、卧字，谈何容易？迄今文献中公认的有倒字、卧字的活字本，不过寥寥数种。笔者数年探寻，发现了五六个倒字，已属好运气。一位从事活版研究已有 20 年的学者坦承，从未发现过有倒置的活字。

倒字、卧字难以发现，45°边框缝活版书不多见，其他鉴定方法又往往难以服众，文献记载的某些活字本总是存有争议，凡此种种，使得活版鉴定成为一个异常敏感的难题。

活字鉴定困难重重，究其根源，便是一直以来的活字研究方法存在问题。或许受师传门派的影响，或许受前贤思想的束缚，国内学者研究活版的方法，大多沿袭着六十多年前的老模式，所以很难取得重大突破。

特别是以下两方面的原因，令活字鉴定成为老大难问题。

其一，专家学者观察活字本的能力受限

国内存世的各种活字本，分散于各省市，各大大小小的图书馆博物馆及藏家手中，专家学者很难有机会通通过目。学者们所亲眼观察过的活字本比例不大，他们所总结出来的活字鉴定的特征，实际只是活字本中的一小部分。

就目前情况来看，除了极少数学者系统观察研究过较多馆藏活字本以外，多数学者仅仅观察过数量有限的活字本，所以很难提出新的活字鉴定方法。有些文章和专著的作者并不一定是活版研究者，但他们往往善于归纳总结各家之言，提出看似更为全面的活字鉴定方法。或许，这些作者恐怕并未亲眼目睹过真正的活字本，只不过看过一些书影而已，因此，他们所归纳总结的活字鉴定方法，可能存在不少谬误。

此外，一些在图书馆、博物馆或学术机构工作的学者，虽然接触过不少古籍，但由于有政策规定，为避免瓜田李下的情况发生，这些学者自己并不曾收藏古书，他们所掌握的版本知识多来源于书本，或来源于师传门派，缺少在古玩市场摸爬滚打鉴定版本的实战经验。因此，这些学者鉴定活字本的能力受限，往往不如一些古书小贩的眼力，尽管书贩们的文化程度往往不高。

其二，专家学者读取的活版信息有限

由于受到传统思维的束缚，许多专家学者的头脑中，活字本的“基本模式”早已固化了，很难想到还有其他的版式，也很难接受新思维新观念。

抛开活字本的内容即文字信息不谈，就各种活字特征而言，诸如边框缝、鱼尾缝、字体歪斜、浓淡不一等等，都是古代活字本所留下的活版信息。多年以来，专家学者只收集读取了很少一部分活版信息，而更多更丰富的活版信息则被忽视了。

实际上，古代印本中的活版信息十分丰富，非常复杂。例如，边框的每一条裂缝，版面的每一块墨迹，几乎都是古代的排印工人在制作活字版时所留下的信息。

只有对这些活版信息进行细致的分析和归纳，才能读取到较为完整的活版信息，从而总结出更多更全面的活字特征。目前看来，大量的活版信息并未引起重视，专家学者所读取的活版信息比例非常小。

笔者以为，研究这些活版信息，亦算是一种专门学问，或可称其为“活版学”。只有潜心钻研活版学，才能充分认识和掌握古代活版印刷术的内在规律，从而总结出较为科学准确的活版鉴定方法。

四　传统结论导致印刷史“蒙冤”

综合专家们的各种鉴别标准，真正容易掌握的并不多。版框四角有缝隙（边框缝），似乎容易判断；版心鱼尾与左右界栏线有距离（鱼尾缝），说起来也容易辨别，但实际上，“边框缝”和“鱼尾缝”同样存在于雕版书籍中。例如，清康熙内府刻本《渊鉴类函》卷 287 第 18 叶、卷 288 第 14 叶和第 31 叶，边框转角处均有缝隙，卷 286 第 8 叶、卷 291 第 23 叶，鱼尾与版心线之间同样有缝隙。

即使在活版当中，许多活字印本也只是偶尔有几叶有明显的边框缝，且多是一两个角有边框缝，而并非四角同时都有。鱼尾缝也只是偶然见到一两叶有，每叶皆出现鱼尾缝的书较为少见。

仅仅以判断边框缝为例，不同的版本，就可能碰到一系列不同的问题；不同的专家，就可能得出完全不同的结论。

例如：仅仅在一个角出现缝隙，是否为“边框缝”？两个角的缝隙算“边框缝”吗？一册书检查完，并没有一叶书的四角同时出现“边框缝”，怎么判断？一册书出现一两次“边框缝”算不算活字？出现几次“边框缝”才算活字？边框某角偶尔有缝隙，是活字版刷印时留下的痕迹呢，还是刻工雕刻印版时刻划的痕迹？

当然，对于专家来说，不能仅凭是否有“边框缝”这一条去判断活版，必须综合各方面才能下结论。可是，对于普通研究者而言，不管用哪一条标准去套，都是十分困难的，又如何去综合判断呢?

所以说，目前的活字鉴定方法，在实践中很难操作，即使公认的诸如“边框缝”这样的判断标准，专家学者也常常争论不休，更何况不同的版本学专著持有不同的鉴定标准，导致活字鉴定常常处于矛盾之中。

在传统活字鉴定方法中，有两条硬性规则，一曰，活字版绝无笔画交叉现象，二曰，活字版绝无断版裂版现象。其实，这两条硬性原则，只能针对部分活版而言，若一刀切，就很不准确，甚至大错特错。

活字笔画无交叉现象，只能针对某些活字模，某些特定的排版固版方式的活字版而言，并不能包含所有的活字版。事实上，不论是民国的活字本，还是清代明代的活字本，不论是中国的活字本，还是朝鲜的活字本，都能找到活字笔画交叉的例证。然而，绝大多数人深受传统鉴定方法的影响，根本不相信这一事实，也不愿去做调查研究。

活版无断版与裂版的问题，也是一个既糊涂又错误的结论。关于活字笔画交叉与断版裂版问题，详见第四章“断版与笔划交叉现象”之叙述。

传统鉴定方法之中，有些现象虽被注意到，却忽略了关键细节，如前述边框缝当中，几乎没有人提到过45°边框缝这一特殊形式，而45°边框缝，除了带有插图或行草手书体属于活套书版以外，几乎是判别活字本的一个铁证。

另外，传统鉴定方法中，有些现象虽被提及，却并没有引起足够重视，比如栏线断续问题。实际上，栏线断续与否，是区分雕版与活版的重要鉴别方法。如能正确运用这一鉴别方法，活字本的种类和数量必将大大增加。

正是由于传统鉴定方法中的某些错误定论，致使专家学者将众多活字本划入了雕版类别之中，从而得出雕版印刷是主流，而活版印刷是支流的推论。其后果之一，便是宋元活字本被彻底埋没，活版印刷发明国的早期活字本实物，远远落后于朝鲜和欧洲，以致西方人和东方人均质疑中国古代印刷术对人类社会的巨大贡献。

第三节 活版研究独辟蹊径

笔者不具备活版研究的任何功底，全凭一股吃苦耐劳的闯劲，一股不耻下问的憨劲，利用业余时间，常常到各地的古玩市场去寻觅古书，在地摊的破书堆中反复搜索，跟各种书商书贩交流切磋，跟各地古籍书店的师傅学习，初步练就了一双识别版本的眼力。笔者还常常通过各种途径去淘书，购买了一些价廉物美的古代活字本做样本。

笔者不仅在古玩市场淘到了一批活字印本，还淘到了陶活字、铜活字和木活字，以及铅活字和字模，更淘到了活版排版框、拣字盘、固版材料等一批活版实物。此外，笔者分别去过国家图书馆、首都图书馆、天津图书馆、上海图书馆、广州中山图书馆等，实地考察馆藏活字本，虚心向各位专家学者求教。笔者又去了扬州广陵古籍刻印社、南京金陵刻经处、温州东源木活字村等地，实地考察了解活版印刷与雕版印刷的状况。

尽管笔者所观察的活字本种类和数量有限，但对于某些传统鉴定方法却不敢苟同，渐渐发觉传统的方法往往只能针对部分种类的活字本，远未包括许许多多的活版种类。某些传统鉴定方法存在谬误，往往以偏概全。在阅读了大量的文章和专著之后，在与一些专家学者交换意见之后，笔者对于学术界活版研究的现状，有了大体了解。

自从笔者对某些传统的活字鉴定方法产生怀疑之后，便绕开其道，逐步探索新的路子。经过一段艰难的尝试，逐步摸索出一些新的活版研究方法。

第一步，笔者仔细观察自己藏品中一些已经注明为活版的古代活字本，或已被有关专著确认的活字本，或馆藏活字本复印本，尽量收集其活版信息，然后进行分析，归纳。除了边框缝、字体歪斜等传统活版信息外，笔者特别搜寻那些不为人留意的蛛丝马迹，如边框中的每一条缝隙、每一个凹痕等，对其进行分析类比，从中找出一些有规律性、有代表性的东西，从而总结出一些前人没有注意到的全新的活字特征。

第二步，以这些全新的活字特征为标准，在自己所藏的古书之中反复搜索，善于发现具有同样特征的一批印本，将这批印本视为“准活字本”。再利用传统活字鉴定方法中一些公认的标准，去检验自己的“准活字本”。

第三步，经过传统方法检验之后，再仔细观察各册“准活字本”，读取更多的版本信息，经过分析归纳后，找出更多的有规律性的“准活字信息”。然后，带着这些“准活字信息”，到各个图书馆去考证馆藏活字本，寻求有说服力的依据，查找出各种证据。直到在这些“正宗”活字本当中，找出与“准活字信息”相符合的依据，便将“准活字本”定性为“新发现的活字本”。

简言之，笔者仔细研究自己的藏品，总结出一些识别活字的全新方法，然后再考证对比馆藏活字本，最终取得有说服力的证据，从而发现全新的活字本。

五年来，笔者艰难搜求活字本，反复查询文献资料，不断向行家里手求证，孤独而执着地寻找新的鉴定突破口，终于克服了传统活版鉴定的盲区和误区，找到了各种活版实物依据，从而验证了自己的一系列新发现。

第三章

活版鉴定系列探索

第一节　活版同一性

一　捍卫中国活字发明权

北宋庆历年间，毕昇使用陶活字印书，其方法被沈括收录进《梦溪笔谈》，成为中国古代活字印刷的滥觞，从此，活版印刷术流传天下。由于迄今尚未发现毕昇的印刷品传世，一些西方人和韩国人不愿承认中国活版印刷的历史地位，甚至认为毕昇的方法只不过是一种概念而已，从未付诸实践。

如何用科学的方法，来证明毕昇当年的成功实践，便成为有志于捍卫中华印刷文明之士的一件迫切任务。许多学者孜孜不倦地在古代文献上寻求证据，纷纷撰写文章，以捍卫中国活字发明权。可惜古人向来不重视印刷术的研究，学者们很少发现有重大价值的新线索，因此，有些文章因缺乏具体实物证据，说服力有限，难以令人心悦诚服。

一些有识之士则从事对陶活字（泥活字）制作的研究和复制，例如，扬州广陵古籍刻印社的张永林先生等人，北京印刷学院的尹铁虎先生等人，甘肃武威市博物馆的孙寿岭先生，中国科技大学的张秉伦先生等人以及湖北英山博物馆等，近年先后成功研制出各种型号的陶活字，印制了许多印刷品。

上述单位或个人进行的陶活字实证及复原，所使用的胶泥产地各异，多为就地取材，如北京大兴，甘肃武威，淮南八公山等，而且没有按照一定要求进行配方，但所制的陶活字经过专业测试和印刷试验，吸水率和压缩强度均可满足正常的印刷要求，根本不存在“易碎”问题，说明各地的黏土都能制作活字，陶活字可以印刷，从而以事实证明了毕昇使用胶泥活字的真实性。

尽管这些成果意义重大，却有人认为，这仅仅是现代人在现代认知的条件下研制出的陶活字，并不能说明千年之前的古人就有如此能力。因此，仅仅仿制成功陶活字，还不足以完全令人心服口服地承认千年前的宋代业已存在的活版印刷术。

目前能证实毕昇使用陶活字的最为直接的证据，便只有沈括的《梦溪笔谈》。沈括与毕昇都是北宋时代的人，很可能是沈括闻听了毕昇的印刷故事并见过其胶泥活字，也有可能是沈括亲眼目睹了毕昇的印刷过程，才能如此翔实地记录下来。因此，沈括的记载是完全可靠的。可是，一些西方人和东方人不以为然，认为沈括的孤证不足为凭。

那么，除了文献探寻与仿制陶活字以外，还有没有其他途径来进一步证实《梦溪笔谈》关于活字印刷的可靠性呢？笔者在这方面进行大胆探索，终于解开了毕昇采用活字印刷术的奥秘。

二　证验《梦溪笔谈》活版交替排印法

关于活字的排版，李致忠先生曾作过专门介绍：任何材料的活字，要想用它来印书，都只能根据书稿内容的逻辑将一个一个的单字检排在事先预备好的版面上。一版字排好了，四周加围与字面同高但彼此不相连接的边条，一共 4 片，分上下左右，这就是所谓的边栏。与此同时，行行文字之间也要搁加各种材料但都与字面同高的薄片，以便撑紧各行文字。①

这种排版围边栏的思路，大约源自元代王祯的《造活字印书法》，一般的版本学教材也都持这一说法，认为即排即印，印毕即拆版。其实，这只是活字排版固版的某些情形。有些作坊的排版框，由两三块木板拼合起来，事先固定了四面边栏，再行植字，这样更容易固版。有些作坊的排版框甚至是一整块大木板，四周钉上木条做边栏，再行排字。有些活版印毕后根本不拆版，而是整版保存，随需随印，几乎与雕版一样。有关不同的排版固版方式，详见后面章节。

沈括的《梦溪笔谈》记载了毕昇使用活版的一段话：常作二铁板，一板印刷，一板已自布字，此印者才毕，则第二板已具。更互用之，瞬息可就。

---

① 李致忠：《古书版本鉴定》（修订本），北京图书馆出版社 2007 年版，第 176 页。

这段话说明，毕昇用两套活版来交替刷印，加快了活版印刷的进度。沈括所描述的“铁板”，本身并不是平板一张，而是四周已有一定高度的边栏，相当于一个铁盘。铁盘上加一个“铁范”，即根据书叶大小量身定做的框架，共同构成摆排活字的底盘，或叫做“字盘”。

为了叙述方便，免去繁琐，笔者将这种铁制底盘统称为“铁范”，下文中木制的底盘便称为“木范”，铜制的底盘则称为“铜范”。

毕昇使用的两块“铁板”，就是两套铁范，即等于两副活版。工匠们有的专司排版，有的专事印刷，分工有序，流水作业。不过，迄今很难见到其他文献阐述活字印刷过程中，两副活版交替排版印刷的具体情形。

笔者收藏的活字本虽不多，但其中有一册《地藏菩萨本愿经》（简称《地藏真经》），与沈括在《梦溪笔谈》所记载的毕昇所采用的活字印刷方法如出一辙。

笔者所藏《地藏真经》为卷中，大字本，8 行 14 字，白口，双对黑鱼尾，四周双边，框高 22.3 厘米，宽 15.1 厘米。《地藏真经》共 29 叶，由于是残本，无从查考年代，观风望气，当属晚清印本。（图 3—1—1～图 3—1—5）

用传统的活字鉴定方法来考查，《地藏真经》活字特征明显：边框缝宽大，有鱼尾缝，字体歪斜，横排不齐整，浓淡不一。笔者进一步观察，发现该书是由两副活版交替印刷而成，同一副活版所刷印的许多书叶，其边框和版心都在某种程度上完全相同，两副活版各有其特征。

甲版：第 1、3、5、7、8、10、12、14、16、18、20、22、24、26、28 叶。甲版每叶上边框的内栏中部，均有两处明显的断裂痕迹。

乙版：第 2、4、6、9、11、13、15、17、19、21、23、25、27、29 叶。乙版上边框内栏的右上角，均有断开并且倾斜的印痕。

不同书叶的边框和版面上面，却在相同的位置出现相同的墨迹特征，表明这些书叶出自同一副活版。笔者将活版的这种现象称为“活版同一性”，简称为“同一性”。

《地藏真经》甲乙两套活版所印的书叶，不仅边框各具同一性，版心也具有同一性。具体来说，版心“地藏真经”几个字，甲版每叶相同，乙版每叶亦相同，但甲版与乙版每叶都有差异。另外，乙版版心下部的鱼尾处，线条均有明显的裂痕，甲版则不然。而所有甲版排印的书页也均在相同部位有相同的痕迹，四角的边框缝形状一致。同样的道理，所有乙版排印的书页亦在同一部位有同一印记。

从页码来看，甲版和乙版交替排印。第 7、8 连续两叶为甲版，但此后又进入交叉排印的正常秩序。不过，书中的页码和版心的文字均有误排，可见当初排印工不太讲求质量，排版和校对十分粗糙。

甲版和乙版交替出现，说明排印《地藏真经》的时候，就是采用两副活板作业，由两名工人各司其职：排字工完成第一副活版的排版后，交由印刷工刷印，排字工则开始在第二副活板上排字。印刷工刷完第一副板，即开始刷印已经排好字的第二副板。排字工则整理刷印完毕的第一副板——并不需要拆卸边框和版心，而是将其他字丁取出，再排新版。这便是《地藏真经》交替排版连续刷印的分工程序。

再如，笔者所藏活字本《春草草堂集》，也是由两副活版交替排印而成。

《春草草堂集》卷十二，民国活字本年代不详，万载谢大舒（号畅轩）著，谢氏乃道光庚子举人，主讲义宁亏光、浏阳文华两书院。曾任庆阳宁夏府知府，为官清廉，诗文多为其戎马生涯所做，无暇集结出版，卒后 55 年始由堂侄济沂谢子春在万载谢昌隆仲清两祠合刊木活字版。10 行 25 字，下黑口，单黑鱼尾，四周双边。框高 21.7 厘米，宽 13.3 厘米。

是书活字特征明显，边框缝呈 45°角，有鱼尾缝，字体歪斜，大小不一，浓淡不匀，书口较为整齐。细细观察，乃两套活版交替排印的产物。

甲版：左上角，边框内栏有断裂，版心与上框交界线略弯曲，版心“卷十二”三个字当中，“十二”两字连在一起。

乙版：没有上述特征。版心“春草草堂集”五字与甲版略有区别。

从该册书来看，甲版和乙版交替排印，仅偶有相邻两叶为同一活版所印。所有甲版排印的书页均在相同部位有相同的痕迹，而所有乙版排印的书页则没有雷同印迹。

从印刷效果来推测，排印《春草草堂集》时，甲乙两套活版很可能被分别固定住，不仅活版的边框四周被固定，就连版心也被固定不动。排字工将甲版排满后，便移位到乙版继续排字，印刷工则刷印甲版。等到印刷工开始刷印乙版时，排字工则重新排甲版。由于版框和版心是固定的，只需要更换内容部分，而不必重新拼合版框。当然，版心的页码等若需更换，则作相应调整。

这种作业方式与沈括的描述恰好一模一样，如此看来，沈括所述“一板印刷，一板已自布字，此印者才毕，则第二板已具”的情形是十分准确的。采取这种交替流水作业的方式，工效大为提高，“更互用之，瞬息可就”。

宋光宗绍熙四年（1193年），周必大在潭州用沈括所记录的方法，以胶泥铜板刊印了自己所著的《玉堂杂记》。在周必大《文忠集》卷一百九十八给程元成的信中提到：“近用沈存中法，以胶泥铜板，移换摹印，今日偶成《玉堂杂记》二十八事。”①

这是迄今最早的一条明确记载用毕昇活版方法印书的实例。所谓“胶泥铜板，移换摹印”，其法当是指以胶泥活字在两副铜范上交替排字，再用纸张交替摹印而成。

周必大的书坊也采用活版技术，不过与毕昇的作坊相比，已经进行了改良。周必大使用的活字仍是胶泥活字，但底盘却由“铁范”变成了“铜范”，亦称“铜板”或“铜版”。可见，活版印刷的技术在宋代已经多元化。到了元代，王祯又采用成本低廉的木活字，底盘也随之换成了“木范”，由木板做成，边框亦采用木条。

及至明清，铁范和铜范多为木范取代，木条做边框，木活字排版更为经济。许多活字作坊已经不限于两副活版交替使用了，而是采用三副、四副甚至更多副活版，进一步提高了工效。

虽然各朝代使用的活版材料发生了变化，作坊使用多副活版的数量各不一致，但交替排版印刷的原理和方法却是一脉相承的。

晚清的《地藏菩萨本愿经》和民国的《春草草堂集》中，不同书叶的边框、版面、版心或文字上面，却在相同位置有规律地反复出现相同的墨迹特征，清晰地表明这些书叶均出自同一副活版，均具有同一性。而雕版书叶绝不可能出现这种情形。因此，这种同一性，乃是识别活版的一大铁证。

活版同一性不仅证实了北宋时期沈括记载的使用两套活版交替排印的方法准确无误，而且证明千年前古人使用活版交替排印的方法，一直流传到晚清和民国时代，甚至当今仍然有人在采用这种传统排印。

事实上，除了《地藏真经》和《春草草堂集》以外，笔者还发现了更多的例证，完全可以还原沈括所描述毕昇的活版交替排印方法。

---

① 张秀民、韩琦：《中国活字印刷史》，中国书籍出版社1998年版，第12页。

三　边框的同一性

由于受传统思维的影响，大多数人皆认为，活版最大的特点就是“活”，一版排版刷印完毕，即全部拆版，再排新版。

实际上，并非所有活字版都是全部拆掉后再排新版。有时候，只是更换文字部分，版框、版心仍保持不变，甚至部分版面内容也保持不动。

从理论上讲，一部活字印刷的书籍，出自两副活版，其中有半部书籍源自同一套活版，则其活版的特征，特别是边框的特征，应当是完全一致的。换句话说，同一活版所印的书，其边框都应具有同一性。

徐忆农女士在《活字本》一书中谈及武英殿聚珍版时说，“内聚珍”本的“套格版”是多次重复使用的，在一部书中，时常会出现正文虽不同而边栏残损状况相同的书页，查找这类有相同残损“标记”的书页，是比较简易而又可靠的鉴定方法。①

徐女士将查找相同残损痕迹作为鉴定特殊活字本“内聚珍”的方法之一，非常难得。其他活字印刷专著以及版本方面的书籍，几乎都没有谈到边框的同一性问题。因为在实践中，很难认定边框的同一性。

活字印刷系手工操作，即便是同一副边框，同一个有经验的人操作，但力度很难保持绝对一致。墨刷得厚一点或薄一点，多刷一遍少刷一遍，效果自然就有差异。刷完墨再铺上纸张刷印，刷子重一点或轻一点，力度稍有不同，边框印在纸张上便各不一样：墨色或轻或重，墨迹或宽或窄。

所以，仅仅从边框的形状或墨色上观察，很难看出不同书叶有一致性。只有当边框的局部有特别的痕迹，例如有一道明显的划痕，或有明显的残损，才会在印纸同样的位置留下大致一样的印痕，才会明显出现活版边框的同一性。即使这样，有些残损印痕，也会随着刷印次数的增多和时间的增加而发生改变。比如，有的木框上的裂痕，会随着墨汁浸泡时间加长而鼓胀，直至裂痕最终消失。有时，木框上原本只是一个残损点，随着刷印次数的增多而渐渐变成了一条裂痕。因此，需要耐心细致地观察，才能找出书叶中的同一性。

---

①　徐忆农：《活字本》，江苏古籍出版社 2003 年版，第 143 页。

四 版心和版面的同一性

笔者经过仔细观察后发现，有些活版刷印完毕，并非全部拆版，而是局部拆版。比如说，一些用活版印刷的家谱就是这样，只是更换文字内容，四周版框固定不动，版心只更换页码和卷次，书名几个字丁不动。如此，同一副活版刷印出来，不仅边框大致相同，版心书名的字迹亦大致一样。

一些活字作坊有所创新，将版心的书名事先刻在一整块小木板上，而不是把字丁排在一起。有几副活版，则刻几块版心，分别固定于不同的活版，以便分头排版。张秀民先生在《中国活字印刷史》中曾提到，活字一般来说是单个的，但有时为了特殊的需要，也有几个字刻在一起的。

除了版心的同一性之外，有些活字本的版面也具有同一性。为了提高排版效率，版面中相同的、重复的内容往往保留不变，只相应更换其他内容。例如光绪活字本《日用择吉便览》便是如此。

笔者藏有15块老家谱的世系刻牌，均是用小木块雕刻而成，有单面雕刻，亦有双面雕刻，阴文带花边，印在纸上则是黑底白字带花边。这些世系牌规格不等，长度在3.9厘米—4.5厘米，宽度1.5厘米—1.6厘米，高度1.6厘米—1.8厘米。

其中，有8块木牌为单面雕刻，分别是：第二世、第三世、第四世、第七世、十七世、十八世、二十二世、三十世。7块木牌为双面雕刻，从十三世到一百二十三世不等。其中有两块均为二十三世，但背面分别是五十七世和一百二十三世。有一面四十四世，背面却倒着雕刻九十六世。

这些世系雕刻牌均为仿宋体，但刀法不大统一，花边也不一致，不知是否出自同一书坊。活版家谱中常有大量世系牌，雕刻在一起而不刻成独立的活字，能够节省排版时间，提高效率。笔者在浙江温州东源“木活字村”实地考察，发觉当地保存的清代家谱活字印版，世系牌也是刻在一块块小木牌上，镶嵌在木范印版之中的。

五 明清活字本同一性实例

2006年，笔者应邀在第六届中国印刷史研讨会上发言，专门介绍了活版同一性问题。会后交谈中，得知艾俊川先生也研究过这一现象，其文章《谈活字本的鉴定——以排印工艺特征为中心》即将发表。艾俊川文中将活版同一性表述为“版面组件重复使用”。其他书籍文章，几乎都没有谈到活版同一性问题，尽管一些收藏者已在实践中采用此方法鉴定活字版。

所谓活版同一性，即指活字本是由一副或数副活版排版刷印而成，凡同一副活版刷印的书叶，在边框、版心、文字、版面等处，显现出完全相同的墨迹，具有完全的一致性。

现以清末、清初和明代的三种活字本为例，观察活版同一性，了解其中的不同排版情况。

1.《陕西兴平县乡土志》，光绪三十三年活字版。

笔者藏有第六卷，一共才43叶书，竟然有五副活版，其版框、版心、版心文字相一致：

甲：1、2、4、5、9、11、15、20、23、28、33、34叶。

乙：3、6、10、14、17、21、25、29、35、39叶。

丙：7、8、12、16、19、24、27、31、36叶。

丁：13、18、22、26、30、37、40、41叶。

戊：19（重复）、32、38叶。

此外，目录一叶单独为一版。《陕西兴平县乡土志》一共只有六卷，却使用了至少五副活版排印，或许有两三个排字工同时排版，加之印刷工交替刷印，清末民间大规模使用活版印刷，可见一斑。

2.《临川吴文正公集》，康熙活字本。

笔者所藏乃残本二册共四卷，即卷六至卷八，卷三十九。《临川吴文正公集》全书共49卷，由至少七副活版交替排版，交替刷印，每一副活版所印书叶不仅版心上端“临川吴文正公集”各字的字迹一模一样，而且边框的残损状况也大致相同。笔者仔细对比了每一张书叶，并列出各卷不同活版的不同页码。（图3—1—6～图3—1—8）

卷六，该卷共31叶，由甲、乙、丙三副活版交替排版，各活版排版页码如下：

甲版：1、4、8、11、14、17、20、23、26、30叶。

乙版：2、5、7、10、13、16、19、22、25、28叶。

丙版：3、6、9、12、15、18、21、24、27、29、31叶。

卷七，该卷共33叶，由乙、丙、丁三副活版交替排版。与卷六相比，少了一个甲版，却多了一个丁版。

乙版：1、4、7、10、13、16、19、22、25、28、31 叶。

丙版：2、5、9、12、15、18、21、24、27、30、33 叶。

丁版：3、6、8、11、14、17、20、23、26、29、32 叶。

卷八，该卷共 21 叶，由乙、丙、丁三副活版交替排版。

乙版：1、4、7、10、13、16、19 叶。

丁版：2、5、8、11、14、17、20 叶。

丙版：3、6、9、12、15、18、21 叶。

卷三十九，该卷共 18 叶，由戊、己、庚三副活版交替排版。

戊版：1、4、8、13、17 叶。

己版：2、7、11、15 叶。

庚版：3、6、10、14、18 叶。

甲版：5、9、12、16 叶。

从卷六至卷八的排版情况可以看出，三副活版交替排版，大致是按照 1—4—7、2—5—8、3—6—9 的顺序交替进行的，卷八则是标准顺序。或许有的叶面字数较多，排版速度有所减缓，或许有的排字工业务精熟，速度有所加快，他们配合默契，随机相应变化，整个排版刷印过程井然有序。

卷三十九则有四副版排印，排版页码的顺序也略有不同。需要注意的是，卷三十九的版框是前面各卷所使用过的，所以印刷出来，笔画粗大了许多。该卷甲版与卷六之甲版相比较，尤其明显。因同一副活版的版框反复多次印刷，表面逐渐磨损、逐渐磨平，最后印出来的痕迹与最初的痕迹相比，粗细有明显区别。

潘吉星先生在《中国金属活字印刷技术史》中讲到，每个排字工需至少有两块印版，一人一天可排出两版。《临川吴文正公集》每一卷由三、四副活版排版，全书至少使用过七副活版交替排版。如此看来，每天可能有两三个排字工人在排版，另有几个印刷工在刷印，即每天大约有好几个小组同时在生产，排版的排版，拣字的拣字，刷印的刷印。各个工序流水作业，活字印刷流水线可见一斑。另外，两三副活版同时排版，活字的库存量必定很大，并有专人拣字、归档，否则，便无法有序应对。

目前，尚不清楚活字本《临川吴文正公集》是官方印刷还是民间印刷。但由此可以推断，明末清初，活字印刷的工艺已是十分成熟，活字印刷的规模也已十分可观。

3. 明活字本《小字录》。

笔者在《四部丛刊》影印的明活字本《小字录》中，发现了活版的同一性。(图 3—1—9～图 3—1—11)

《小字录》9 行 17 字，上下线黑口，单鱼尾，左右双边，现藏于国家图书馆，具体年代待考。《北京图书馆古籍善本书目》著录为：宋陈思辑，明活字印本，黄丕烈跋。黄丕烈在跋中只是简单说道："细审之，皆活字板。"却并未道出判断为活字版的具体依据。大体看来，是书极少数字体倾斜，墨色浓淡不一，栏线时断时续，有一定的活字版特征，但比起明代无锡安华两家的活字版来说，《小字录》的排印技术则十分高超，一般人难以将其判断为活字本。

《小字录》为初印本，排印质量甚高。可惜边框被处理过，看不出活版的原始痕迹。笔者仔细观察，发现版心书名"小字录"三个字具有同一性。是书共 56 叶，主要由甲乙两版交替排印，甲版 28 叶，乙版 24 叶，甲、乙两个版心的书名应该是分别刻在两块木板上的，而非活字。其余 4 叶版心的书名则是采用的活字，每叶的活字均不一样。

甲版：1、2、3、5、7、9、11、13、14、15、16、17、20、21、24、25、27、29、37、40、42、43、45、47、50、52、53、55 叶。

乙版：4、6、8、10、18、19、22、23、26、28、30、31、32、33、36、39、41、44、46、48、49、51、54、56 叶。

其他：12、34、35、38 叶。

《小字录》甲、乙两版并非完全有规律地交替排版，具体原因尚不清楚。究竟是一个排字工单独排版，还是两个排字工先后排版？甲、乙两版之外，为什么还有 4 叶的版心与众不同？这些问题有待观察原书后再讨论。

不过，从《小字录》一书中两副活版交替排印的情形可以看出，正是明代继承了宋代毕昇等人的活版印刷方法，清代和民国不仅延续了交替排印这种方法，而且加以发扬光大，由多副活版同时排印。

除上述活字本以外，笔者花了许多时间，在自己的藏品中反复搜索，用放大镜仔细观察，结果找到了更多具有活版同一性特征的活字本：

1.《琅嬛青囊要》，嘉庆活字本，嘉庆九年陈太初编，抱兰轩藏。9

行 21 字，白口单黑鱼尾，四周双边。框高 15 厘米，宽 10 厘米。

该书四角均有边框缝，皆呈 45°角，鱼尾缝明显，浓淡不一，栏线与边框缝隙明显，是典型的活字本。《中国活字印刷史》一书的活字本目录中记载：陈太初《琅嬛青囊要》嘉庆八，抱兰轩。（图 3—1—12）

是书由甲、乙、丙三副活板交替排印。甲版：右上角有一条与边框缝平行的短线，版心鱼尾有缺损。乙版：右面上框内线有断裂，版心鱼尾线缺损。丙版：左下角边框外栏有缺损。

查阅《北京图书馆古籍善本书目》，《琅嬛集》、《琅嬛天文集》，清陈太初撰，清嘉庆八年抱兰轩活字印本，八册，九行二十一字白口四周双边。国图所藏抱兰轩本与笔者所藏行款一致，由此看来，嘉庆年间抱兰轩使用活板印刷，产生了多种活字本。

2.《托素斋文集》，光绪活字版。牌记载明：闽汀黎愧曾先生著，汀州东壁轩重刷。第一卷末尾写明：闽汀东壁轩活印书局翻刷。

是书的边框和版心都具有同一性。例如，第一卷序言部分有 4 叶，每叶的右边框均有同样的残损印痕。

3.《刘氏续修族谱》，光绪活印本。边框和版心均具有同一性。

笔者所藏《刘氏续修族谱》为卷首，光绪三十三年刊印，朱墨套印本。框高 22.8 厘米，宽 15.7 厘米。活字特征明显：四周皆有边框缝，版心有鱼尾缝，行字浓淡不一。当然，最能说明问题的还是书叶的同一性。

该册书的同一性集中体现在版心。各个不同的版，其上端“刘氏续修族谱”六字，中间“卷首”两字，下端“彭城堂”三字各不相同。版心中间的内容名称及页码数字相应变化。

套印部分共有 50 叶，约占该册的一半。套印的朱色皆为同一刻版，而套印的墨色则有两个不同的版。

墨印部分由多副活版排版刷印，仅从该册墨印部分来看，就有多达五六副不同的版框。

《刘氏续修族谱》排版讲究，疏朗有致，插图精致，朱墨套排，白纸精印，实为家谱中佼佼者。可惜的是，笔者仅存一册，注明“第二部卷首中”，内有圣谕、诰敕、祠图记、捐碑、碑文、祠规、族诫、宗法、律例等，未知原书全貌，想来规模应较为庞大。笔者还藏有该册书民国翻印本，名为《刘氏四修族谱》，同为彭城堂所出，朱墨套版，活字精心排印。

4.《亲睦堂捐簿》，道光活字本。道光十三年亲睦堂刊印。框高 20 厘米，宽 13.8 厘米，白口，单黑鱼尾，四周双边。是书有规整的边框缝和鱼尾缝，行字浓淡不匀，活字特征较为明显。仔细观察，便能看出边框的同一性，并且能判断出，是册由两副活版排版刷印。书的前面部分均由甲版排印，后面部分则甲乙版交替排印。（图 3—1—13）

5.《梅溪梁氏享谱》，光绪活字本。牌记：光绪丙午年仲秋月谷旦，梁氏享谱，安定堂。框高 23 厘米，宽 15.3 厘米，白口，单黑鱼尾，四周双边。是书活字特征明显，四角均有边框缝，且上端两角为四十五度缝隙，鱼尾缝明显，个别行字歪斜，墨色浓淡不一。不仅如此，书叶的边框和版心均具有同一性。

是书由甲乙丙三副活版排版。每副活版的边框印痕一样，版心上端“梅溪梁氏享谱”和下端“安定堂”字样以及鱼尾的印痕也是一致的。由于三副版心混杂其中，书口墨迹较为散漫。

6.《谌氏族谱》，晚清活字本。框高 26.5 厘米，宽 17.4 厘米，白口四周双边。是书乃大型家谱之一，一甲编排到九甲，每甲又分若干册。笔者所藏四甲卷首，记事从元末明初到清代光绪年间。书中一部分书叶带栏线，一部分没有栏线，但字体风格皆一致。不带栏线的书叶中，有一部分具有同一性。例如，其版心线均有相同的残损痕迹。（图 3—1—14）

7.《邹氏族谱》，道光活字本。牌记注明道光六年印，版心下端有“范阳堂”三字。框高 32.4 厘米，宽 22.6 厘米。

是书边框、版心和版面均具有同一性，由至少三副活板交替排印。用传统方法观察，该书四角均有边框缝，皆呈 45 度角，浓淡不一，行字倾斜，具有明显的活字特征。此外，该书卷首目录第 4 叶第 3 行“二十一世”的“一”字倒排，从美术字的角度便能识别。

8.《万历野获编》，清代活字本。笔者所藏为卷一至卷十四。这些卷的共同点是：书口整齐划一；书叶右上角均有相同的衔接点，所遗留的缝隙形状相同；书叶的右下角均有相同的 45°角缝隙。此外，书叶四周虽然都是单边，却又有宽边和窄边之分。前三卷均为窄边，卷五至十四为宽边，卷四的前半部分为窄边，后一半为宽边。因笔者所藏不完整，尚不能断定该书是否由宽窄两个版框交替刷印。

9.《日用择吉便览》，光绪活字本，具有边框和版面的同一性。牌记注明：活字板排印以供日用。是书前半部分由各种不同的表格等组成，后半部分则集中体现了版框的同一性，因为后半部分全部系用同一副活版排印。

从“祭祀宜日”开始，各种宜日的版面均有相同部分，即书叶的上部“正月用”到“十二月用”。因此，每个版面的上部保持不变，边框亦不必更换，只是相应更换标题和日期，这样就大大提高了排版效率。

10.《新纂儒礼袖珍》，年代不详。鹿苹堂印本，巾箱本。8行17字，白口四周双边。是书边框具有同一性，特别是内栏线，两三种残损状况相一致，说明是由两三副活版交替排印的。边框四角呈四十五度角，另有鱼尾缝等其他活字特征。

11.《淮海堂祭礼录》。笔者在一古玩市场淘到此书，可惜的是，此书经过外行的修补，不但修补得十分粗劣，连版心也给裁掉了，既无书名，也无页码，令人哭笑不得。书叶中夹一纸条，写着：《淮海堂祭礼录》，2册，活字本。笔者这才知道是一套什么书。

是书开本宽大，框高26厘米，宽18.5厘米。书中有些书叶有栏线，有些无栏线。其中，无栏线部分边框缝明显。仔细观察，一些边框缝具有同一性。该书还有浓淡不一等活字特征。

12.《城步县志》，清代活字本。10行20字，白口四周单边。框高21.9厘米，宽15.5厘米。

笔者所藏为第九卷，从边框到版心均具有同一性：边框皆有同样的残损痕迹；每叶的版心除了页码有变化外，书名、卷数、堂号等字体均完全一致。因此可以证明，该卷为同一副活板所排印。另外，从传统方法来看，该书四角都有边框缝，浓淡不一，活字无疑。

13.《沈氏宗谱》，同治活印本。不仅具备活版的同一性，而且由好几副活版排版刷印。

《沈氏宗谱》十卷八册，同治十一年重刊。框高24.6厘米，宽14.7厘米，白口，单黑鱼尾，四周双边。是书字体工整，排版刷印精良，边框缝规整，行字浓淡不一，活字特征明显。仔细察看边框、版心和版面，便能看出是书边框的同一性，版心的同一性和版面的同一性。由此，笔者判断是书至少由四副不同的活版分别排版。

大字序言两叶，为第一种版框刷印，小字序言、目录等四十余叶为第二副版框刷印，宗谱的图系为第三种版框，宗谱的世系则为第四种版框。

各卷的图系和世系版框则不一定统一。由此可见，排印《沈氏宗谱》至少使用过四种不同的版框。此外，是书的书口很整齐，按照许多版本学专家的说法，活字本的书口往往整齐划一。

14.《释氏宗谱》，咸丰活字版。主修：牧山六来、溪山守智。9 行 23 字，白口单鱼尾上下花边左右双边。框高 28.3 厘米，宽 19.2 厘米。书高 35 厘米，宽 22.2 厘米。《释氏宗谱》记录了光孝寺从明代初叶建立寺庙，到清朝咸丰年间，历代方丈住持的有序传承。带插图，开本宽大，字大如钱。(图 3—1—15)

是书书口整齐划一，版框、版心、花边等均具有同一性。

15.《新编纲鉴韵语》，清代活字本。徐炳章编辑，版心有“雷峰书斋”字样。半叶 7 行，17 字，小字双行 27 字，白口四周双边。框高 19 厘米，宽 13.3 厘米。书高 23.6 厘米，宽 14.8 厘米。

是书边框四角均有边框缝，且为 45°角，栏线断断续续，字体浓淡不一。所藏为卷三，共 21 叶，版心和版面均具有同一性，为同一副活版所排印。

一些韩国学者和西方学者对《梦溪笔谈》断章取义，抓住“昇死，其印为予群从所得，至今保藏”一句，顽固地认为，沈括所记载的毕昇的活字印刷术只是一种思想，一种概念，没有在实践中使用。笔者以活字本实物为依据，从晚清的《地藏菩萨本愿经》和清中期嘉庆年间的《琅嬛青囊要》，到清初康熙时期的《临川吴文正公集》，再到明代的《小字录》，从两副活版交替排印的初步技术，再到多副活版交替排印的完善技术，充分还原了古代工匠交替排印活版的真实情况。铁的事实雄辩地证明，沈括《梦溪笔谈》记载的中国北宋时期活版印刷的真实性和准确性不容怀疑！活版同一性的发现，从一个侧面证实了中国千年活版印刷术的辉煌历史！

活版同一性的发现与总结，对于活字本的鉴定有着重要意义。活版同一性是鉴定活字本的铁证，只要一册古书的版心和边框均具有同一性，就可确定其为活字本。因此，同一性是鉴定活字本最可靠最为有效的方法之一。

第二节 界栏槽与夹条槽

一 形式独特的界栏槽

笔者在研究古代活字本的时候，注意到翟金生泥活版的上下边框与众不同。许多版刻图录都收录了翟金生的《泥版试印初编》（图3—2—1～图3—2—2），该书影每一条界栏所对应的上下边框都有明显的凹槽，一些界栏线甚至深入到了边框之中。

笔者发觉，这是翟氏在活板固版技术方面所采取的特别方式——事先将上下边框所对应的每一个界栏的交接处都挖了一条凹槽。凹槽顶端不出头，上宽下窄，凹槽底部的宽度与界栏片的厚度基本一致，凹槽的深度则等于界栏片的高度。

一行字排满，便将界栏片直接插进上下边框的凹槽，界栏片与凹槽正好咬合。这样的界栏凹槽不需要加入木楔，便能起到固版的作用，保证了活字字丁不松动。

其实，早在翟氏之前，已经有不少人在采用这种固版技术。例如，《中国古籍稿钞校本图录》第823页，《兼明书》的边框也有同样的凹槽。《兼明书》系五代丘光庭撰写，清朝嘉庆十六年璜川吴氏木活字排印。（图3—2—3～图3—2—4）

与翟氏的《泥版试印初编》相比，《兼明书》的边框凹槽同样有规律地上下分布，界栏线同样插进了边框的凹槽之中。

显然，《泥版试印初编》和《兼明书》中，这种带凹槽的边框是活字本的标志之一，专门用于界栏的插入，笔者称之为“界栏槽”。

笔者所藏活字本《通鉴纪事本末》，界栏槽的表现形式则不一样。（图3—2—5～图3—2—8）

《通鉴纪事本末》一册5卷（卷22—卷26），袁枢编次，张溥论正。清代活字本。框高19.7厘米，宽12.6厘米，书高26.3厘米，宽16.1厘米。半叶9行24字，白口四周单边。白纸，版心有“朝宗书室”四字。是书有活版同一性，四角边框缝明显，活字本无疑。

该书由多副活版交替排印，其中一些书版中，栏线对应的上下边框，右侧均有界栏槽。界栏线虽然没伸进边框，但与界栏线相对应的上下边框右侧，均有一个小豁口。原本界栏两边各有一个夹条，其中，右侧的夹条则伸进了边框，形成凹槽。《通鉴纪事本末》边框中的这种凹槽专门用于安放夹条，笔者称之为“夹条槽”。

各种活字本边框中的凹槽，主要用于安放界栏片和夹条：有的安放明界栏，有的安放暗界栏；有的既安放界栏片，也安放夹条；有的只安放夹条，无界栏片；有的界栏片两侧均有夹条，有的仅单侧（左侧或右侧）有夹条。仅仅从印本来看，要专门区分“界栏槽”和“夹条槽”有一定难度，因此，笔者笼统称其为“界栏槽（夹条槽）”，或简单称之为“界栏槽”。

而各种活字本边框的凹槽，外形也不尽相同：有的凹槽较大，有的凹槽细小；有的凹槽全暴露，明显呈锯齿形；有的凹槽微微显露，不甚明显；有的凹槽藏而不露，须细看才能觉察。

先来看看界栏槽。笔者所藏的活字本《明季南略》中，有明显的界栏槽（夹条槽）。

《明季南略》十八卷，清代计六奇编辑，自作序于康熙十年。牌记：都城琉璃厂半松居士排字本。9 行 20 字，白口单鱼尾左右双边。框高 15.7 厘米，宽 12.6 厘米。藏印有“番禺胡氏所藏图籍”、“幕韩”两印。（图 3—2—9～图 3—2—12）

计六奇，字用宾，号天节子，别号九峰居士，生于明天启二年（1622 年），无锡人。入清后，曾于顺治六年和十一年两次乡试不举。从此无意科举仕进，在无锡、苏州、江阴等地，以坐馆教书终其一生。计六奇为把明清之际的社会巨变记录下来以寄托故国之思，约自清康熙二年起着手准备《明季北略》和《明季南略》两书的写作，康熙十年两书写成，共 42 卷，北略 24 卷，南略 18 卷，按编年体记述明万历二十三年至清康熙四年 70 年间明清易代的史事，对研究明朝末年的农民战争和明清之际的民族斗争有重要的参考价值。

《明季南略》在清代被列为禁书。乾隆四十六年二月初八日奏准，两江总督萨载奏缴 37 种，《明季南略》为其中之一。奏曰：此书。不著作者姓名。内纪福王僭位四五两月事实。查系野史。应请禁毁。

《明季南略》注明为“排字本”，乃清代活字本的别称之一。用传统的活字鉴别方法来看，该书的活字特征较为明显，如部分书页版框四角有边框缝，字体墨色浓淡不一，栏线或有或无等。此外，一些书页版框歪斜，或栏线倾斜。

叶德辉先生的《书林清话》所记录的历代活字本种类不多，《明季南略》便是其中之一：京都琉璃厂半松居士印南疆绎史二十四卷，摭遗十八卷，恤谥考八卷，南略十八卷，北略二十四卷。[①]

杨绳信在《中国版刻综录》中收录了该书：都城琉璃厂半松居士印明季南略十八卷、明季北略二十四卷，清计六奇编。[②] 杨先生将其归类为木活字。

张秀民先生的《中国活字印刷史》亦对该书有所记载：计六奇《明季北略》、《明季南略》，道光北京琉璃厂半松居士活字。[③] 张先生亦将该书列为木活字。

曹之先生在《中国古籍版本学》中写到：半松居士姓氏不详，刻《贰臣传》、《南疆绎史勘本》等。另有木活字本《明季南略》、《明季北略》等。[④]

笔者曾在古玩市场上见到过《明季南略》的另一版本，虽注有"半松居士排字"字样，但风格与笔者所藏版本完全两样，当系晚清翻刻本。

清末时期，琉璃厂一些书坊用雕版翻刻前朝书籍，往往连牌记也一如其旧，打上诸如"半松居士排字"字样，或打上其他书坊排字之名，实际上这些所谓排字本是翻刻本。其实，不仅是一些"琉璃厂排字本"的牌记不可信，很多其他古书的牌记也不可全信。牌记、封面在古书版本鉴定中只是参考依据，而非主要依据，原因就在于牌记提供的信息有时不真实、不准确。例如，书版的版权转移，新主人在重新印书时，会更改牌记的某些内容，造成牌记与版本不符。又如，版是旧的，牌记是新的，内容也是新的，牌记与版本不符。还有一些是仿刻，仿造畅销书的牌记，两书版本上没什么关系，纯属仿冒。

笔者所藏《明季南略》活字特征明显，不应当是翻刻本，而是典型的活字本。

《田涛说古籍》一书曾提到琉璃厂半松居士：清代使用泥活字不太广泛，有确实证据为泥活字的印刷品不很多，北京琉璃厂半松老人道光印本《绎史》是其中较好的一部。[⑤]

---

① 叶德辉：《书林清话》，中华书局 1999 年版，第 204 页。

② 杨绳信：《中国版刻综录》，陕西人民出版社 1987 年版，第 519 页。

③ 张秀民、韩琦：《中国活字印刷史》，中国书籍出版社 1998 年版，第 114 页。

④ 曹之：《中国古籍版本学》，武汉大学出版社 2002 年版，第 383 页。

⑤ 田涛：《田涛说古籍》，逸明、春元编，国际文化出版公司 1993 年版，第 41 页。

半松老人与半松居士同为道光间北京琉璃厂梓人，应当是同一个人。既然他用陶活字刷印了《绎史》，很可能也用陶活字刷印了《明季南略》。

到底是陶活字还是木活字，还有待专家去考证。笔者更感兴趣的，是《明季南略》中有一些从未被人注意到的活字特征。

《明季南略》全书共18卷，笔者在第三卷里面有了新发现。

笔者仔细观察该卷的界栏线，发现在部分书页中，界栏线与上下边框交叉之处，多有一条细小的裂缝，这条裂缝的左右两边，又各有一条几乎等距离的细小缝隙，两条缝隙与中央裂缝的距离大约两三毫米宽，形成一左一右两个小方块。

笔者观察再三，发觉这种小方块有规律地分布在部分书页的上下边框中。那么，这些小方块是不是跟界栏槽有关联呢？

当今涉及活字印刷的各种文献甚少谈及活字的具体制作技术，也从未提及边框中有小方块的现象。笔者不得不求证于古人的著述。

宋代沈括的《梦溪笔谈》只是简介了毕昇的陶活字印刷概况，没有具体的细节。元代王祯所著《造活字印书法》，却有许多的细节描述：

作盔嵌字法：于元写监韵各门字数，嵌于木盔内，用竹片行行夹住、摆满，用木榍轻榍之，排于轮上，依前分作五声，用大字标记。

作盔安字刷印法：用平直干板一片，量书面大小，四围作栏，右边空，候摆满盔面，右边安置界栏，以木榍榍之，界行内字样须要个个修理平正。①

将王祯的描述译成白话，其大意为：以板木作模框，用竹片为界行，雕刻板木为字，锯开各作一字，然后排字作行，削成竹片夹紧，再用墨刷印。

边框处理：以木为边栏，右边先空，字摆满后，再安置右栏，用木榍塞紧，以竹为行。

现在难以见到古代活字印刷的器械与工具。虽然目前还有极少数博物馆保留了活字印刷的原始设备，个别书坊和印刷厂仍在继续使用活字印刷，但恐怕是采用清末民国时期的活字印刷技术，与古代的方法不一定相同。

---

① 徐忆农：《活字本》，江苏古籍出版社2003年版，第16—17页。

李致忠先生曾介绍活字如何排版：

活字排版印刷的书，不但模仿雕板印刷书籍的版式风貌，更重要的是它要靠四周的边栏将版中排好的活字圈紧，靠界行的竹木片将每行文字卡紧屑紧。所以活字版的边栏界行，不仅仅起边栏界行的作用，同时也有围紧屑紧活字以使之成为一版的作用。①

尽管边栏围捆得很紧，界片加楇得很牢，但由于它们是单件拼合，因而在边栏四角、界行与上下边栏之间的衔接，总不是那么紧密，总有一定间隔。特别是刷印书叶越多，版框就越发松散，因而上述衔接的地方出现的间隔越大。

鉴于缺乏其他的史料记载及实物，笔者只能根据王祯的描述，来推测古代活板印刷的具体程序，并分析为什么会在边框中出现小方块。

排印工人将一个个独立的活字字丁排在木盔里，夹上界栏片，配上夹条卡紧，空格用顶木顶住，或用空子等填料填塞，再用小竹片或纸片将高矮不平的字丁垫平塞紧。这几道工序，总起说来就叫固版。

与雕版相比，活版印刷的程序复杂得多，其中最为重要的技术就是固版。就像五花八门的活版印刷称谓一样，活字的固版方法也是花样繁多，不同的朝代，不同的地方，不同的印刷作坊，其固版方式各有差异。

固版的核心，在于如何处理边框与界栏之间的衔接，如何卡紧所有的字丁。

如果界栏片和夹条没有卡紧，字丁就会松动，敷墨铺纸来回刷印，则会出现字体笔划的重叠现象，致使字迹不清楚，影响刷印效果。

活版的字丁、边框大多为木质材料，敷一次墨，刷印一张，敷墨的次数多了，水墨浸透版框、字丁和界栏，整个版就逐渐膨胀松散开来。刷印需要一定的力度，才能均匀着墨。刷印的次数增多，活字字丁与界栏就有可能逐渐松动，印在纸上就会出现笔划的普遍重叠，直接影响印刷的清晰度，影响活字书籍的销路。

如何防止字丁松动就成为固版的一项关键技术。活版书如果刷印的册数不多，一般不会松散，如果刷印数量很大，活版就难免会逐渐松散。张秀民先生曾举例说，据包世臣所作的《试印编序》云："木字印二百部，

① 李致忠：《古书版本学概论》，北京图书馆出版社 2003 年版，第 84—85 页。

字划就胀大模糊。”

制作《明季南略》活版之时，古代工匠对该版的边框和界栏之间的衔接，事先经过了周密的计算。

该书半叶9行，行距大约13毫米，每一个字的宽度大约为7毫米，即字丁与两边栏线的距离大约各有3毫米。栏线与字丁之间为什么会留下这样宽的距离呢？

从沈括到王祯，所记载的活版排版，似乎都很简单：摆满一行字丁，嵌入一条界栏竹片，再摆一行字丁，再嵌入竹片，直到整版摆放完毕。其实，沈括和王祯仅仅描述了活版印刷的梗概，许多的技术细节并没有包含进去。

活版的行字字丁通常有两种宽度。第一种，大字字丁的宽度与行距相等，小字字丁则减半。明早期及以前的活字版，多采用这种宽行字丁。第二种，大字字丁的宽度比行距窄得多，小字字丁减半，必须在一行大字丁，或双行小字丁的左右两边，分别嵌入夹条，其宽度才与行距相一致。明中晚期及清代的活版，大多采用这种窄行字丁。

活版的固版是一项十分细腻的技术活。就《明季南略》而言，字丁与栏线之间的三毫米，是专门用于安放夹条的。

潘吉星先生在《中国金属活字印刷技术史》一书中专门描述过夹条的安放：

为使各行活字排列尽可能笔直，又不左右晃动，要在印版框架各行活字之间嵌入夹条，将活字夹紧。各行内空字部分，依空位长短不同而嵌入不同长度的顶木，防止活字上下晃动。①

其他有关活字印刷的文章和专著，极少提到活字字丁宽度的差异，也极少提到需要安放夹条。

其实，清人金简在《武英殿聚珍版程式》中已经谈到，除了采用隔行的界栏片之外，还需要安放各种规格的夹条，才能有效地卡紧活版。在《武英殿聚珍版程式》，金简这样描述各种规格的夹条及其用途。

一分通长夹条

用楠木或松木做成条片，宽五分，长五寸八分八厘，厚一分，凡书内整行大字靠整行大字，即用此夹摆。按，套格每行额宽四分，而大字木子

① 潘吉星：《中国金属活字印刷技术史》，辽宁科学技术出版社2001年版，第130页。

只宽三分，以之居中，则每行之两傍各空半分，二行计之则合空一分，故用一分夹条，方能恰合格线。

半分通长夹条

宽长如前，厚半分，凡整行小字靠整行大字者用此。盖小字木子每个宽二分，双行排摆则宽四分，尺寸与套格相符。本行原无庸夹条，但傍边若靠大字，则仍有半分之空处，故宜用半分夹条。

一分长短夹条

厚一分，长自一字起，至二十字止，凡双行小字下遇大字而傍行亦系大字者，视字之多寡，长短拣用。

半分长短夹条

厚五厘，亦自一字起至二十字止，凡大字下遇双行小字而傍行系大字者用此。若旁边均系小字，则全不用夹条，自然合格。①

简言之，一分通长夹条用于整行大字之间，半分通长夹条用于整行大字与整行小字之间，还有一分长短夹条以及半分长短夹条，亦各派用场。

金简如此详细介绍各种夹条的规格及用途，可见夹条对于活字版的重要性。武英殿聚珍版工序十分讲究，夹条的规格有严格限制。其实，宋元明清以来，活字版大多都采用夹条固版，夹条的规格和材料，各个书坊则各不相同。

朝鲜《世宗庄宪大王实录》卷六十五，谈到早期使用铸字的困难：

但因草创，制造未精，每当印书，必先以蜡布于板底，而后植字于其上；然蜡性本柔，植字未固，才印数纸，字有迁动，多致偏倚，随即均正，印者病之。余念此弊，曾命卿改造，卿亦为难。予强之，卿乃运智，造板铸字，并皆平正牢固，不待用蜡，印出虽多，字不偏倚，予甚嘉之。②

这段话记录了明朝宣德时期朝鲜改进活字技术的史实。其中，“造板铸字”是什么意思呢？潘吉星先生的解释为：朝鲜国王对本国技术现状很不满，强令改进，终于引进了王祯《农书》中介绍的条块挤塞法，而使劳动生产率倍增。潘吉星先生认为，朝鲜半岛的金属活字印刷始于 14 世纪，

① 徐忆农：《活字本》，江苏古籍出版社 2003 年版，第 43 页。

② 潘吉星：《中国金属活字印刷技术史》，辽宁科学技术出版社 2001 年版，第 164 页。

其铸字和排版技术均来自中国。

所谓条块挤塞法，便是指采用夹条以及其他材料进行固版的方法。

古代活字版是如何排版的呢？王祯在《造活字印书法》中作了简介：

用平直干板一片，量书面大小，四围作栏，右边空，候摆满盔面，右边安置界栏，以木榍榍之，界行内字样须要个个修理平正。[①]

潘吉星先生在实地考察了活字作坊的排版工序后，作了如下描述：

排字工接过捡字盘后，按照书稿上文字的顺序将活字植于印版上。先从印版左边开始，将活字逐个沿边框摆在印版上，上下活字挤紧，再在活字右侧嵌入夹条，以横木在夹条与印版右边框之间顶紧，继续植字。至满行后，在夹条右边再植若干字，取下横木，在活字右边放入另一夹条，再以比前一横木短一个活字的另外横木顶之，保证夹条不倒，而活字植入夹条之间。每满一行，放上夹条和横木，如此继续下去。排出半版至版心时，换一与印版板框直高相等的顶木，在上面植入书名、鱼尾、页码及出版者等内容。最后仍按前法从左向右排字，直到整版排满为止。

遇有注文，以小号活字双排植入每行之间，凡无字的部位以适当长度的顶木填充。发现有的活字偏低，则垫上适当厚度的竹片或纸片，与周围活字对齐，称为垫版。捡字时，如有个别冷僻字不见于字柜，则在此处先放入相当一个活字大小的顶木，继续排下面的字。此时由刻字工临时将冷僻字刻成木活字。将原放顶木取出，换上新刻的木刻字。整版排完活字并将各部分挤紧后，以一平板放在上面轻轻压平版面，再检查是否有不平之处，重新调整。至此排版完成，一人一天可排出两版。[②]

上述活字版排版，只是根据文献通常能想象到的，以及现在少数仍在使用的活字作坊的排版方法。至于其他的活字版排版方式，将另行叙述。

二 界栏槽与夹条槽的产生

就《明季南略》的活版制作而言，有如下几道特别重要的工序：

---

① 徐忆农：《活字本》，江苏古籍出版社 2003 年版，第 17 页。

② 潘吉星：《中国金属活字印刷技术史》，辽宁科学技术出版社 2001 年版，第 132—134 页。

——先计算每一行行字之间的距离，在上下边框对应各个界栏之处，每隔 13 毫米，事先挖好凹槽，即界栏槽，宽度约 6 毫米。

——造好作界栏的竹片、木片或者金属薄片。界栏片高度与字丁高度相同，界栏片长度大于上下版框之间的尺寸。界栏片两端大于版框的部分削低高度。

——制作好夹条，每条夹条宽度约 3 毫米，适用于夹摆大字，夹楔小字的夹条，宽度适当收窄。夹条高度略低于字丁，夹条长度大于版框尺寸。夹条两端长于版框的部分，高度与界栏槽的深度一致。

——排版时，一行字丁排满，两边摆放夹条，再夹入界栏片，界栏片和夹条的两头，分别塞进上下边框的界栏槽中。

——最后围上边框，即可开始刷印。

简言之，将字丁两边安放界栏片与夹条，界栏片和夹条两端塞进边框的界栏槽中，从而确保整版字丁不会松动，此乃活版《明季南略》最为核心的固版技术。

由于手工操作的原因，伸进边框中的界栏片和夹条，与界栏槽之间不一定严丝合缝，刷印后时不时会留下一条条或明或暗的裂缝，上下边框会隐约出现条状缝隙。如果夹条两头的高度低于界栏槽的深度，则会留下方形豁口，即通常看到的小方块。

严格地讲，上下边框刷印后所形成的与界栏对应的缝隙，是界栏槽，而界栏的一侧或两侧出现的小方块，是夹条槽。为了减少繁琐叙述方便，则统称为界栏槽。

由于手工操作的原因，夹条两端的高度不一，有时某个夹条凹陷进去，甚至一左一右两个夹条都凹陷了，敷墨后刷印出来，便会有一个个未着墨的小豁口出现在边框线上。有时连续几条夹条都凹陷进去，敷墨后刷印在纸张上面，就像锯齿形一样，形成多个小小的豁口。

这些小豁口，实际上就是界栏槽与夹条槽。

不同的活字作坊，其固版方式不一定相同，夹条槽的表现形式亦未必相同。除了前述在界栏片的左右两面各塞进夹条之外，有的只在界栏片的一侧塞进夹条，或左边或右边。比如前述《通鉴纪事本末》，界栏线的右侧多有小豁口，而左侧则没有。

于是，笔者将界栏线左右皆有的夹条槽称之为“双槽”，只有一边有夹条槽的则称之为“单槽”。单槽也好，双槽也罢，只是表现手法不同，其目的皆一样：使字丁牢固不动。

单槽和双槽较为隐蔽，但界栏槽往往十分明显，可是却极少有人去分析研究这种现象。张秀民先生曾注意过界栏槽的存在，他的解释则是：有的为迁就直行行线，或个别挤字，上下边阑断断续续，不能联成一线，有的形成明显的锯齿形。①

张先生并未作详细的阐述，迁就行线或挤字，为什么会出现锯齿形。笔者以为，所谓锯齿形的出现，不应该是因为迁就行线或挤字而造成的，只有夹条槽与界栏槽，才是合理的推论。

三　暗界栏槽

活字本《明季南略》中有一个十分有趣的现象，即少数几卷看不见界栏线。例如，卷一和卷二就没有界栏线，卷十三也没有，卷十二后半部分亦无界栏线。

没有界栏线的这几卷，却依然有界栏槽。既然有界栏槽，就肯定在排版时安放了界栏片，为什么印出来之后却没有界栏线呢?

笔者仔细分析之后，才找出个中原因。原来，与雕版相比，许多活字本的一大弊端乃是其界栏线断断续续，既不美观又失去韵味。要克服这一弊端却非易事，活版排版时，一行字排完，摆放夹条，再夹进界栏片，固版之后，界栏片高高低低，很难保证与字丁处在同一水平线上，印刷出来的效果，界栏线总是断断续续，难与雕版媲美。

清代武英殿的木活字印书，先印出完整的边框线和界栏线，再印文字，除了有固版的因素之外，也是为了活字的美观而精心设计的。

坊间印书人力物力有限，不可能事先做好边框界栏印在纸上，又不愿看到断续的界栏线，于是干脆将所有界栏片的高度降低，凹进活版之中，低于一排排字丁，这样，印刷出来不见了界栏线，倒显得清爽大方。这种看不见的界栏线，笔者称之为“暗栏线”。

有些书籍内容复杂，有大字，有小字，有句读，还有批注，界栏线有的宽，有的窄，不好处理，于是，也将界栏凹进去，成为暗栏线。

当然，雕版书籍也并非全部有栏线。笔者所藏的一块雕版，因有句读等符号，雕刻时便没有栏线。

① 张秀民、韩琦：《中国活字印刷史》，中国书籍出版社1998年版，第101页。

张秀民先生在谈到活字本的行线时，曾专门提到这一现象："有的行线因板面高低不平，印出来便成时有时无，间有全书无直行线的。"[①] 张先生所说的活字版全书无直行线，便是指的暗栏线。

为了保证质量，有的坊间事先在边框上挖好小小的界栏槽，一行字排好后，将低于字丁的界栏片镶嵌进边框的界栏槽中，或者干脆用夹条取代界栏片，这样排出来的活版，固版更好。印在纸上，明着看无界栏线。仔细察看上下边框，有时却能找到一个个不引人注目的小缝隙。

笔者再观察其他一些不带界栏线的印本，发现其上下边框果然存有秘密——在这些上下边框与行字的对应处，皆生出一些不明显的小凹槽。显然，它们都属于界栏槽。

刻工刊刻雕版时，刻刀偶然划破边框，也会偶尔露出一些小缝隙，或者小豁口，但不会有规律地普遍出现。只有活版印刷，才需要这种界栏槽，来安放界栏片。道理很简单，使用界栏片和夹条，活版更易于固版。那么，这种带有暗栏线的印本，暗地里带有界栏槽，当然应当归入活字本之列。

于是，笔者将这种与暗栏线相配合的界栏槽，简称为"暗界栏槽"。

活字本《日用择吉便览》中亦有暗界栏槽，可作为实证。

四　界栏槽实证

《日用择吉便览》的界栏槽

《日用择吉便览》，光绪十六年（1890 年）活字印本。框高 17.3 厘米，宽 10.7 厘米。上黑口或上下黑口，单鱼尾，四周单边。

牌记第一行："徽城唐氏多文阁谨遵"。牌记第二行："钦定协纪辨方书纂辑择吉便览"。牌记第三行："活字板排印以供日用"。牌记上的钤印很有意思，一方印为"新安唐氏"，另一方印刻有 52 个字："钦天监印造时宪书悉遵御制数理精蕴是刻则遵钦定协纪辨方故月表事宜与时宪书间有同异非逞臆见新安唐氏多文阁谨白"，显然是一份版本正误声明。

是书由朱墨双色刷印，前半部分主要是各种表格，其中有六叶红印，余为墨印。后半部分为"祭祀宜日"等内容，书叶均有 45°度边框缝。

---

① 张秀民、韩琦：《中国活字印刷史》，中国书籍出版社 1998 年版，第 101 页。

是书大多书叶无界栏线，一些书叶的上下边框与行字对应处，有规律地分布着边框被切开的痕迹，呈现出一条条细小的缝隙，即界栏槽，显示出书中的暗界栏。

仔细观察书中若干书叶的边框，可以较为清晰地看到几个小豁口的存在，这些小小的界栏槽有规律地分布于边框之上。例如，“月表”第三叶和第五叶，上框均有界栏槽。

《日用择吉便览》也有暗界栏槽的豁口。在《摘录协纪辨方逐日吉时》中，便能看到暗界栏槽。

由于是书标明为活字板排印，而书中又有较为清晰的界栏槽，因此，《日用择吉便览》为活字版中界栏槽的存在留下了确凿的证据。

《谌氏族谱》的界栏槽

界栏槽与夹条槽的存在，先前为什么没有引起版本学家的注意呢？笔者曾专门请教过一些专家学者，并到扬州广陵古籍刻印社和南京金陵刻经处请教了一些刻印师傅，他们当中的多数人认为，所谓界栏槽，不过是刻工在刻字时，沿着刻尺一刀顺便划下去，从而在边框与栏线交界处，在栏线的一边或两边留下的刀口罢了。他们说，这乃是版刻过程中不可避免、随处可见的“刀痕”。少数人则觉得这种有规律分布的印痕颇为蹊跷，因从未注意过这种印痕，是否活版所特有的现象，不敢妄断。

其实，笔者初先也以为雕刻过程中必然会产生类似“刀痕”。但仔细观察了一些雕版之后，发觉文字与界栏线两边的空白处，多是一小刀一小刀斜着刻出来的，并非一刀划到底。再者，单独一刀刻在木板上，印纸上不会留痕迹，要左右倾斜多划两刀，剔掉木渣，印纸才会留下缝隙。笔者仔细观察了很多界栏槽，特别是当这种界栏槽有规律地均匀分布之后，逐步否定了所谓“刀痕”的观点。

笔者所藏《谌氏族谱》，界栏槽与夹条槽的现象更能驳斥“刀痕”之论。

《谌氏族谱》，晚清活字本。框高26.5厘米，宽17.4厘米，白口四周双边。是书乃大型家谱之一，从一甲编排到九甲，每甲又分若干册。笔者所藏四甲卷首，记事从元末明初到清代光绪年间。（图3—2—13～图3—2—15）

书中一部分书叶带栏线，一部分没有栏线，但字体风格皆一致。不带栏线的书叶中，有一部分具有同一性。例如，其版心线均有相同的残损痕迹，证明该书为活版无疑。

书中带栏线的部分，不少书叶可以看到清晰的夹条槽。例如："四甲松岳公祭产记"、"四甲琼公碑会祭产"、"琼淑公祭产"、"四甲王老安人节孝传"等。

此外，一些不带栏线的书叶，其边框也有界栏槽与夹条槽。例如："四甲执礼二房坟山图序"、"四甲可升支义涵公蒋儒人造福篇"、"四甲执礼二公"等。

还有一种情况，正文部分不带栏线带夹条槽，空白部分却有栏线。例如："四甲执礼二房"。

《谌氏族谱》之中，一些带栏线的书叶没有同一性，一些不带栏线的书叶却具备同一性，个中原因，暂时不得而知。

《五牧刘氏宗谱》独特的界栏槽

笔者所藏的其他一些活字本，也有的带界栏槽。如《淮海堂祭礼录》中，一些带栏线的书叶有清晰的夹条槽，或带界栏槽，有时两个人名挤占一行，或三个人名挤占两行。不带栏线的书叶，在边框中能看到明显的同一性特征。四角均有边框缝，可见到夹条痕，墨色浓淡不一，是典型的活字本。（图 3—2—16）

《诸葛武侯行兵遁甲金函玉镜》，是书牌记注明：排字板。10 行 18 字，白口四周双边。框高 15 厘米，宽 10.9 厘米。书中上下框不时能见到界栏槽。其他活字特征：边框缝、鱼尾缝、浓淡不一等。

笔者所藏活字本《五牧刘氏宗谱》，其界栏槽十分独特，既非方形，也非缝隙，而是呈点状，圆形白点界栏槽。（图 3—2—17～图 3—2—18）

《五牧刘氏宗谱》2 册（乙字号和丙字号），光绪活字本，永思堂藏版。半叶 9 行 20 字，框高 22.8 厘米，宽 15.5 厘米，白口单鱼尾，四周单边。是书活字特征明显：边框和版心均具备同一性，有规整的边框缝和鱼尾缝，书口整齐划一，行字墨色浓淡不一。

打开乙字号第 1 叶，下框中有十多个小白点，间距约 1.5 厘米，等距离排列，形状圆溜溜，与栏线相对应，镶嵌在墨色之中。事实上，该册每叶的下框中，均有这种小白点。而上框的小白点则不甚明显，更多的是锯齿型或缝隙型。丙字号的前几叶下框，也可见到小白点，上框则多锯齿形。

这种与栏线相对应的小白点，也是界栏槽，是一种形式独特的界栏槽。至于书坊如何制作出这种独特形状的活版界栏槽，还有待进一步研究。

无独有偶，广州中山图书馆所藏活字本《棠荫比事》，也有这种独特的点状界栏槽。该书的书号为50/1867，牌记注明：同治丁卯仲春木樨山房摆板。在《聚珍本棠荫比事序》中写道，“以活字集印数百本俾广其传”。

书高20.4厘米，宽14.1厘米，有边框缝、鱼尾缝等活字特征，书口整齐划一。

《棠荫比事》上下边框之中，与每一条栏线对应之处，等距离排列着圆形的小白点，镶嵌于一条浓黑的墨色中。其《棠荫比事》的点状界栏槽，其形状，其位置，与《五牧刘氏宗谱》如出一辙。

界栏槽与夹条槽的外观形式丰富多样，既有条状和方形豁口状，也有不规则状，甚至还有点状。界栏槽与夹条槽主要作用于固版，能扎扎实实地安放各种竹木界栏条，抑或金属界栏条。界栏槽的发现与总结，对于活版与雕版的区分，具有重要的意义。只要正确掌握界栏槽的识别方法，辅以传统的鉴别方法，便可以有效地鉴定明清活字本。不仅如此，甚至还可以借助界栏槽和夹条槽，在宋元版本中搜寻出古老的活字本。

第三节　木纹边框

一　木纹边框的产生

（一）《八卦图》的神秘边框

笔者收藏有一册民国活字本《八卦图》卷一，其边框颇为独特。《八卦图》，民国三十四年张开唐刷印。9行22字，白口四周单边。框高20.7厘米，宽12.9厘米。书高23.2厘米，宽15.1厘米。软体字，麻纱纸。该书具有明显的活版一致性，活字本无疑。（图3—3—1～图3—3—2）

特别值得一提的是，该书前言部分，是一段珍贵的活字资料：

“径启者。敝坛前奉观音大士乩谕，开刻《八卦图》，全部计数八册。幸蒙各坛各方善人赞助，今已告成，惟全部虽经校正，但限于财力，系用活字版，字头不齐，间有无法排印者，以致借字充抵，不但句语参差，抑且错乱太大。兹印送即无法更正，特出启事声明，尚望阅书君子，若有错乱之处，深祈格外原谅并予以更正，不胜盼祷之至。谨启。民国三十四年重阳日行化坛，刷书人张开唐谨启。”

《八卦图》牌记则注明：虞克昌校正，姚舒虞誊录，张杨云报字，行化坛印送。

这段资料，反映了活字版粗糙排印的难得例证，且有印数和报字之人，实属难得的活版史料。

粗观此书，排印粗糙，字体歪扭，浓淡不一。书本质量很差。细观之，笔者却注意到一个有趣的现象：该书的边框与众不同，四角出头，沿水平方向延伸，呈“亚”字型。不仅如此，《八卦图》四周边框上面出现许多细小的纹路，或长或短，有时具有一定的方向性，或呈倾斜状，或呈横线状。这种纹路如此醒目，是如何产生的呢？笔者百思不得其解。一时间，《八卦图》的边框变得神秘起来。

（二）实地考察破解谜团

后来，笔者陆续在所藏其他活字本当中，也注意到这种不寻常的边框：充满细小的纹路，或倾斜，或水平，形状不一。笔者琢磨了许久，也没有悟出其中的道理。

孰料在浙江温州东源村参观时，笔者看到当地刷印的现代木活字本，也有这种带纹路的边框，真是格外惊奇。急忙请教村里从事木活字印刷多年的老师傅吴魁兆和王士生，才揭开了谜团。

原来，用于木活字印刷的木质边框，往往长期使用，排印各种内容的活字本。木质边框长期被墨汁浸透，质地逐渐松软，在长年不断的刷墨过程中，边框的肉质部分渐渐被棕刷带走了，只剩下筋络部分。原本平滑整齐的木边框，实际上已经慢慢变得凹凸不平了。当然，这种凹凸部分是很微小的，刷印工人往往没有觉察到，不过印在纸张上面，还是会留下各种细小的纹路。

各种材质的边框，其纹路是不一样的。即使同一种木料，因取料方向的不同，其横截面所显露的纹路方向也是不一致的。木质边框长期刷印，便会留下各种纹路的木纹。

雕版印刷通常不会出现木纹，因为一块木板雕刻完毕之后，一次性刷印的数量有限，一般不过百十部。若干年后将雕板再多次刷印，数量仍然不多，雕板的材质受损有限，边框印在纸张上面，十分完整。如若边框都被刷得只剩下筋络，那文字部分也早就刷坏了。

而活字作坊中，许多种书籍都采用同样的行款同样的规格来排版，这样可以节省材料节约时间，提高生产效率。因此，活字作坊的一套木质边框，往往连轴转般使用，一部书印完，边框刚刚干透，又开始下一部书的排印。这样，同一套边框连续刷印数以千计万计的书，木质损耗较大，渐渐地，边框印在纸张上面，便显现出木纹来。

于是，笔者将这种具有木纹的活字边框，称为“木纹边框”，简称为“木纹框”。

这种木纹边框，是识别活字本的又一标志。

二　木纹边框实证

（一）馆藏活字本的木纹边框

笔者在一些馆藏活字本中，已发现如下的活字本带有木纹边框：

1. 天津图书馆所藏活字本《重镌苏紫溪先生易经儿说》和《有竹石斋经句说》，均有木纹边框。

2. 国家图书馆所藏《唐荆川先生纂辑武编》，牌记注明“排字板”，有木纹边框。

3. 中山图书馆所藏的明代铜活字本《包何集》，既有边框缝和鱼尾缝，也有木纹框。该馆所藏活字本《一统志案说》，也有木纹边框。

4. 中山图书馆所藏活字本《棠荫比事》，10 行 20 字，白口单鱼尾四周单边，框高 20.4 厘米，宽 14.1 厘米。其木纹边框清晰可见。是书牌记写有“同治丁卯仲春木樨山房摆板”。

5.《北京文物精粹大系·古籍善本卷》所收图录《能改斋漫录》，注明为清乾隆临啸书屋活字印本，其版框便是典型的木纹边框。是书还有漂亮的金属栏线。

6.《中国国家图书馆古籍珍品图录》所收录的活字图录当中，《吴中水利通志》和《颜鲁公文集》均有明显的木纹边框。

（二）清代活字本《万历野获编》

笔者所藏几种活字本，也找到了明显的木纹边框。其中最为典型的，要算《万历野获编》。

清代活字本《万历野获编》，沈德符撰，钱枋辑。巾箱本。10 行 23 字，下黑口，双对鱼尾，四周单边。框高 14.9 厘米，宽 9.9 厘米。（图 3—3—3～图 3—3—5）

是书边框宽窄不一，有的整卷是宽边，有的整卷是窄边，有的一卷之中宽边窄边混杂。仔细观察便会发现，边框布满倾斜的纹路。其中，宽边的纹路更为明显。不难判断，书页的四周属于木纹边框。不仅如此，版心的鱼尾和黑口，也有明显的纹路，说明鱼尾和黑口也是木质材料所作。

查《中国古籍善本总目》子部，《万历野获编》三十卷，明沈德符撰，清活字印本，编号为 2251。但书中既未标明行款，又漏掉了收藏单位。再查《中国古籍善本书目》子部，《万历野获编》三十卷，明沈德符撰，清活字印本，编号为 7776，收藏者一家：南京图书馆。

《古籍印本鉴定概说》一书收录了《万历野获编》书影，作为活字例证之一。徐忆农女士《中国版本文化丛书·活字本》亦收录有《万历野获编》，书中既有详细的行款介绍，还附有南京图书馆藏品的书影，与笔者所藏为同一部书。

沈德符（1578—1642 年），字景倩，浙江嘉兴人。明万历四十六年（1618 年）举人。他从小随祖父、父亲居住北京。中年以后，祖父、父亲去世，他回到南方，仿宋代欧阳修《归田录》，开始把早年从祖父、父亲处听来的朝章故事，加上其他见闻，撰成《万历野获编》一书。

《万历野获编》是一部笔记体著作，全书共记事 1400 多条，内容非常丰富，上至朝廷大政、礼仪制度，下至民间传说、域外风情，无所不包。

《中国古籍善本书目》将《万历野获编》归类为子部杂家类，但《北京图书馆古籍善本书目》则将其归类为史部编年类。张秀民先生在《中国活字印刷史》活字本目录中，也将此书列入史部，并注明：沈德符《万历野获编》康熙。

资料显示，《万历野获编》在沈德符生前未曾刻印，直至清康熙初年，才由其子孙编成上中下三编钞本。康熙三十九年（1700 年）桐乡钱枋根据朱彝尊藏本过录为 30 卷本，以活字排印。康熙五十二年（1713 年），沈德符五世孙沈振以桐乡钱本为主，抄补 8 卷，抄成辑补本。清道光七年（1827 年）钱塘姚祖恩扶荔山房刻印 30 卷补遗 4 卷。同治八年（1969 年）姚祖恩子德恒又予以重校刊补，使这部书更臻完善。

徐忆农女士说：活字印本《万历野获编》仅见此帙。此本万历均作“萬厤”，“厤”为古体，不一定为避乾隆讳，但“弘治”作“宏治”，而成化、弘治连写作“成宏”，则显然避乾隆讳。当然，也偶有写“弘”的，可能此套活字造于乾隆前，而这部书印于乾隆后，只是具体时间不得而知。①

除了上述避讳字以外，笔者所藏之书还多处避“宁”字。从风格来看，不似康乾时期，当属清中期版本。

是书活字特征明显，用传统的活字鉴别方法来看，可看到如下特征：有明显的边框缝，右下角边框缝呈 45°，上下鱼尾和版心线之间有明显间隔，书口较为整齐，少数行字歪斜，字体浓淡不一，栏线若隐若现。

此外，用笔者所总结的新的活字识别方法，可找到如下特征：活印痕（顶木印痕，卷十第 4、23 叶，卷十三第 9 叶，边缘印痕，卷十二第 34 叶）等活字特征。

书叶中还出现了倒字。第十卷第 27 叶第 1 行，倒数第 4 字，李卓吾的“卓”字被倒置。卷十二第 12 叶第 15 行（即左面第 5 行），第 10 字“重”，也被倒置。

横置倒置现象，历来被视为鉴别活字的铁证。《万历野获编》的活字案例，可谓铁案如山。

（三）带木纹边框的其他活字本

笔者所藏的其他几种活字本，也带有木纹边框。

1. 清代印本《春草草堂集》，谢大舒著，谢昌隆祠梓。10 行 25 字，下黑口，单黑鱼尾，四周双边。框高 21.7 厘米，宽 13.3 厘米。

是书活字特征明显，边框缝呈 45°角，有鱼尾缝，字体歪斜，大小不一，浓淡不匀，书口较为整齐。

仔细观察该书的边框，便会看到有木纹。显然，这正是带木纹边框的活字本。

2. 清代活字本《地藏菩萨本愿经》，大字本，8 行 14 字，白口，双对鱼尾，四周双边，框高 22.3 厘米，宽 15.1 厘米。（图 3—3—6）

《地藏菩萨本愿经》活字特征明显：边框缝宽大，有鱼尾缝，字体歪斜，横排不齐整，浓淡不一。

除此之外，是书的边框有细小而倾斜的纹路，说明是木纹边框。

3. 朝鲜活字本《东医宝鉴》，有木纹边框。是书为高丽皮纸印本，10 行 21 字，白口双花鱼尾四周双边，版框高 24.8 厘米，宽 17.4 厘米，书

---

① 徐忆农：《活字本》，江苏古籍出版社 2003 年版，第 152 页。

品宽大。其木纹边框同时也是大黑框。

据《古刻名抄经眼录》载，《东医宝鉴》二十三卷，《目录》二卷，朝鲜阳平君许浚撰。万历四十一年（1613 年）朝鲜内医院刊本。每半页十行，行二十一字。白口，四周双边。此书为朝鲜宣宗（1613 年）命许浚编集，内容取材广泛，引用之书极博，其中部分国内已经失传，对研究中医古文献颇有裨益，向负盛名。①

4.《日用择吉便览》，光绪十六年活字版排印本。是书前半部分由各种不同的表格等组成，均系木边框排版，后半部分从“祭祀宜日”开始，则全部采用木纹边框排印。

5.《五牧刘氏宗谱》乙字号丙字号，清末永思堂版。是书有明显的木纹边框，框高 22.8 厘米，宽 15.5 厘米。边框与栏线对应之处有小白圆点。书中活字特征明显：有规整的边框缝和鱼尾缝，书口整齐划一，行字墨色浓淡不一。（图 3—3—7～图 3—3—8）

6. 民国活字本《朱氏麻科》，系用木纹边框制作，板框四角均有 45°度边框缝。8 行 19 字，白口，四周单边，或左右双边。框高 17.5 厘米，宽 11.2 厘米。版心由长方形墨迹取代鱼尾。（图 3—3—9）

是书牌记写明：“武冈文明轩出版，中华民国庚申年慈善会重刊。”卷首写有：“陶庄主人重刻。”书末附有特别注明：“此书武冈文明轩活字出版，如有善者邀集印送，功德无量。每本扣纸工钱八十文，另不板租。中华民国庚申年（1920 年）秋月，（陶庄）主人告白。”

7. 明万历活字本《太平御览》

书友杨天德藏有明万历活字本《太平御览》，11 行 22 字，白口线鱼尾四周单边。框高 21.2 厘米，宽 15.3 厘米。书高 27.8 厘米，宽 17.9 厘米。版心注明：宋版校正，饶氏仝板，活字印行壹百余部。（图 3—3—10～图 3—3—11）

是书一些书叶中，木纹边框十分明显，如七百卷第 3 叶，第 8 叶；七百零一卷第 5 叶，第 9 叶等。

木纹边框较为容易观察，结合一些传统的活字鉴定方法，便能综合下结论。具有木纹边框的活字本，多属于木活字印本。存世的各类活字本当

① 江澄波：《古刻名抄经眼录》，江苏人民出版社 1997 年版，第 129—130 页。

中，木活字印本应当占大多数，盖因其生产成本低，制作周期短。

第四节　金属栏线

一　金属栏线实证

传统鉴定方法涉及栏线的不多，仅仅提到栏线与边框之间往往有缝隙，栏线时断时续。其实，活版的栏线较为复杂，高低不平，弯曲歪斜，都与雕版不同。究其材质，不仅有竹片和木片，还有金属片。从印本上栏线的粗细与均匀程度，甚至可以判断活字本是否采用了金属栏片。

笔者所藏光绪版《五牧刘氏宗谱》，永思堂藏版。框高 22.8 厘米，宽 15.5 厘米，白口单鱼尾四周单边。是书排版刷印精良，书中活字特征明显：有规整的边框缝和鱼尾缝，书口整齐划一，行字墨色浓淡不一。特别值得一提的是，该书的栏线笔直精细，十分别致。（图 3—4—1～图 3—4—2）

手工雕刻的界栏线，如果仔细观察，印在纸张上面总会时粗时细，不太均匀。活字版的栏线，如果是竹片或木片，同样存在着粗细不匀的情况，与雕版区别不大。而《五牧刘氏宗谱》的界栏线与众不同，有一个明显特征：十分精细均匀。其实，这种精细的栏线既非竹片的印迹，也非木片的印迹，而是金属片的印痕。

这种金属界栏片，多出现在清中期以后，大约系由机器加工而成，精细程度高。印在纸上，栏线非常精巧美观，远胜于传统的竹木界栏片。

细巧精致的金属栏线，是活字本的一个重要特征。笔者将这种金属界栏片所印的栏线简称为“金属栏线”。

迄今尚无文献介绍活字版采用这种金属栏线，笔者苦苦搜寻资料，终于在民国三十一年苏士清所翻译的《活版印刷术》一书中，查阅到了使用金属界栏线的说明：

“再有作成行间的插条，是用锌、铅合金，或木材所制成的。但是木材条价格虽然低廉，一过湿气就膨胀，一干燥就收缩，而且容易跳动不十分好用。作为插条而且最多使用要算是五号八分的锌板……做栏线的材料原以黄铜为最结实而最合用，但第一因为价格的关系，第二因为制造容易的关系而采用锌或铅合金为制造原料。”①

这段话，道出了金属栏线的确切来历。木条虽低廉但很不稳定，不利于活字版固版，而使用金属界栏条则方便得多，尽管成本高出一大截。当然，仅仅根据印本的栏线痕迹，要想判断到底是黄铜或锌铅合金材料所为，既不现实也无必要，笔者笼统将其称为金属栏线。

具体说来，金属栏线具有典型的特征：同一根栏线上下基本一致，同一叶书每一根栏线均是同样粗细。尽管栏线有时断断续续，但每一段每一截栏线看上去都是同样的粗细规格。一句话，所有栏线的精度基本上是完全一致的。

笔者所藏活字本虽不多，却也能找出几种具有金属栏线的样本。例如：

1. 光绪活字本《日用择吉便览》，部分书页也有金属烂线。（图 3—4—3）

2. 笔者所藏同治活字本《芳坚馆题跋》中，皆有细巧的金属栏线。该书为巾箱本，精心排印。龚显曾在同治十三年所作序言中提到，“……仅存此册，曾录副本藏之行箧，今夏用活字版刷印百十部，稍广其传”。（图 3—4—4～图 3—4—5）

3. 活字本《诸葛武侯行兵遁甲金函玉镜》，金属栏线细巧精致。该书牌记标明“排字版”。（图 3—4—6）

4. 宣统活字本《改良上孟子集注》，牌记注明：宣统辛亥年仲秋月黄邑文裕盛书坊校正排印行。排印，即活字版。该书有金属栏线，时断时续。第 15—18 叶，则无栏线。

5. 晚清活字本《福建高僧传》。半叶 13 行 28 字，小字双行同。下黑口无鱼尾，四周单边。框高 22.5 厘米，宽 15.5 厘米。书高 28 厘米，宽 19.2 厘米。是书开本阔大，金属栏线细腻，有边框缝、界栏槽、活印痕等活字特征。

6. 笔者所藏清代活字本《明季南略》，其栏线匀细，规格统一，应当属于金属栏线。（图 3—4—7～图 3—4—8）

笔者通过其他途径，也找到了几种有金属栏线的活字版书影，譬如：

① 俊山幸男：《活版印刷术》，苏士清译，造纸印刷季刊社，民国三十一年初版，第 102 页。

1. 光绪活字本《性命书医学》，钱振锽著，星隐楼刊行。12 行 25 字，白口四周单边。有边框缝、鱼尾缝、木纹框等明显活字特征。是书有金属栏线，较为细腻。

2. 光绪活字本《吴越所见书画录》，陆时化编辑。10 行 21 字，白口四周单边。边框缝等活字特征明显。是书金属栏线较为精细。

3. 晚清活字本《青门诗》，邵长蘅著，储芳阁藏。9 行 20 字，白口四周单边。有边框缝等明显活字特征。书中金属栏线清晰，较为细腻精美。

4. 民国活字本《艺芸书舍宋元本书目》，文学山房聚珍板印，9 行 21 字，黑口四周双边。有边框缝、鱼尾缝等明显的活字特征。书中金属栏线清晰可见。

二　宋元时期已有金属栏线

制作金属栏线的这些金属片，薄而笔直，精度一致，用在活字版中替代竹片木片，再理想不过。但这种金属栏片的来历，是手工打造还是机器生产，是明代才出现的还是宋元就有，是铜片、铁片，还是合金片，等等，尚无明确的文献记载。

王祯《造活字印书法》中曾提到：后世有人别生巧技，以铁为印盔界行，内用稀沥青浇满，冷定，取平火上，再行煨化，以烧熟瓦字，排于行内，作活字印板。这里提到的“以铁为印盔界行”，应当是指以铁板为盔，以铁片为栏线。

王祯还提到，近世又有注锡作字，以铁条贯之作行，嵌于盔内界行印书。对于这段话的理解，以前大都认为是用铁丝将有钻孔的金属字模穿连起来。在 2008 年的学术研讨会上，方晓阳先生在《泥活字印刷工艺再研究》的学术报告中，提出了全新的见解。方先生认为，当时的金属活字模不可能有钻孔，“以铁条贯之”，并非指穿孔，而是以铁条作界栏，穿过活字模之间，作为金属界栏片。

沈括《梦溪笔谈》有一段记载：先设一铁板，其上以松脂、蜡和纸灰之类冒之。欲印，则以一铁范置铁板上，乃密布字印，满铁范为一板，持就火炀之。

潘吉星先生对此解释道：先从印版左边框起自上而下地摆字，摆满一行后，放入铁条为界行，再逐行摆字，加入薄铁条可使活字逼齐成行，亦起夹条作用。

从沈括到王祯，都记载有铁片作为栏线的事例，说明在宋元时代便有了金属栏线。

雕版印本的栏线与金属栏线大不一样。由于手工雕刻，往往规格不一致。比如，同一条栏线，上粗下细，或时而粗时而细。雕版栏线的相对粗糙与金属栏线相对的高精度相比，差别较为明显。

金属栏线往往有粗细两种，字里行间的栏线往往很精细，在目录、版末等显眼处，栏线往往要相对粗一些。①

（一）馆藏金属栏线活字本

《北京文物精粹大系·古籍善本卷》所收录的《能改斋漫录》，注明为清乾隆临啸书屋活字印本，其栏线即是金属栏线。

国家图书馆所藏《唐荆川先生纂辑武编》，牌记标明“排字板”，其金属栏线极细极精致。

《中国国家图书馆古籍珍品图录》收录的活字本书影中，仅从外观看，就有几种活字本的栏线疑似金属栏线，如《石湖居士集》、《曹子建集》、《会通馆集九经韵览》和《松鹤山房文集》。

广东中山图书馆所藏《棠荫比事》，牌记注明为“同治丁卯仲春木樨山房摆板”，其细腻的金属栏线十分整齐美观。该馆所藏的《一统志案说》，卡片标注为“道光七年清芬阁活字本”，亦有精美的金属栏线。该馆另一活字本《史姓韵编》，也有明显的金属栏线。

（二）石印本多有金属栏线

笔者藏有一本宣统元年的活字本《韬厂蹈海录》，卷一版末处注明为“苏城临顿路老毛上珍活字版摆印”，其细腻的金属栏线和铅字，已经是机器印刷的效果了。（图 3—4—9）

《韵对屑玉详注》，民国五年石印本，牌记注明“宝华阁机器板”，其栏线细腻整齐，典型的金属栏线。

笔者所藏其他晚清民国石印本，多有金属栏线。

---

① 潘吉星：《中国金属活字印刷技术史》，辽宁科学技术出版社 2001 年版，第 21 页。

三　金属栏线与雕版栏线的区别

需要特别注意的是，少数精刻精印的雕版栏线，可能会被当成金属栏线。笔者所藏的明内府司礼监本《大学衍义》，就是一例。

《大学衍义》，宋真德秀撰。8行14字，粗黑口，双鱼尾，四周双边。框高22.7厘米，宽16.6厘米。白棉纸，精刻精印。钤印："广运之宝"、"江东包氏天禄阁藏书印"。查《中国古籍善本总目》，《大学衍义》四十三卷，宋真德秀撰，明嘉靖六年司礼监刻本，八行十四字黑口四周双边。收藏者十六家。

是书开本宽大，纸墨精良，书体秀美，行格疏朗，充分显示了皇家气派。尤其值得一提的是，书中栏线笔直，上下一致，细腻精巧，几可与金属栏线媲美。若整册仔细察看，偶尔能见到粗细不一、局部弯曲的现象，方显出人工雕刻的痕迹。

少数金属界栏片由于磕碰等原因，出现局部扭曲，印在纸张上，便留下一些诸如S形状的栏线。凡有这种明显的S形栏线，当属于金属栏线。

例如，宣统元年铅活字本《韬厂蹈海录》，卷末空白处金属栏线明显弯曲。（图3—4—10）

又如，光绪铅活字本《白喉治法忌表抉微》，金属栏线扭曲成了麻花状。（图3—4—11）

再如，扬州广陵刻印社试制成功一批铜活字版，笔者实地考证时注意到，一些金属栏线由于轻微碰撞，不可避免会出现弯曲现象，碰撞较重时便会出现扭曲现象。（图3—4—12～图3—4—15）

金属栏线是区分雕版与活版的重要依据之一。有了金属栏线作鉴定参考，活字本的数量势必会有所增加。还有一点必须指出，有金属栏线的印本肯定是活字本，而没有金属栏线的则不一定。因为，金属栏线仅是活字本的一种特殊栏线，许多活字本并未采用金属界栏，仍是用传统的竹片或木片作界栏。

第五节 活印痕

一 活字模的印痕

（一）边缘印痕

史金波先生于《中国活字印刷术的发明和早期传播——西夏和回鹘活字印刷术研究》一书中，在阐述有关西夏文的活字特征时，提到西夏文活字印本中有边缘印痕现象。其中，《维摩诘所说经》、《大乘百法明镜集》、《三代相照言文集》、《德行集》等西夏文活字，均有边缘印痕。例如，史金波先生在论及《大乘百法明镜集》的各种活字特征时，对其墨迹印痕有如下描述：

很多页面有活字稍微倾斜而造成的活字边缘印痕。有的空字处印出空活字的边缘印痕，甚至近于墨钉。这也是由于印刷不精，未掌握好空活字的缘故。[①]

从该书列举的活字理由来看，显然，这种边缘印痕已经被作为判断西夏活字的主要依据之一。既然西夏文活字版存在着边缘印痕现象，并且已经得到公认，那么，中文活字版出现类似的现象也就不足为奇了。

不过，迄今几乎没有人提到中文活字版存在同样的情形。笔者经过仔细观察，发现中文活字本中，也存在活字边缘印痕。

边缘印痕的产生，大致有两种情形。其一，排版的时候，少数字丁出现严重倾斜，刷印在纸上，字丁的边缘墨痕也印在纸上了。其二，字丁并不倾斜，但邻近版面的空白处，刷印时纸张受到一定压力，将活字字丁靠近空白处一边的边缘墨迹暴露出来。尤其是暗界栏活字本，邻近空白处活字字模的边缘更容易显露出来。

1. 清代活字本《万历野获编》卷十二第 34 叶，左面第 5 行第 1 字，“少”字，便有边缘印痕。印痕出现在该字丁左上角，说明字丁往右倾斜，左高右低。

2. 清代活字本《临川吴文正公集》，卷八第 4 叶，最末一行中间位置，“之”字有边缘印痕，左高右低。

---

① 史金波、雅森·吾守尔：《中国活字印刷术的发明和早期传播——西夏和回鹘活字印刷术研究》，社会科学文献出版社 2000 年版，第 40 页。

3.《梅溪梁氏享谱》祠联第5叶：左面第5行“月”字，有边缘印痕。

4.《五牧刘氏宗谱》丙字号，敏斋公传第1叶：第6行“一”字，可见左下角边缘。

5.《李氏族谱》第九册第21叶：左面第1行“光”字，左边有边缘印痕。（图3—5—1～图3—5—2）

6.《邹氏宗谱》，民国三十三年重修本，开本宽大，四角边框缝明显，无栏线，典型的民国活字本。翻开是书，里面不时会发现一些活字的边缘有印痕。第15叶：左面第6行“文”字。第27叶：左面第8行“人”字。第125叶：左面第1行“下”字，第2行“血”字，边缘印痕较为明显。第126叶：左面第9行“长”字，左高右低，印出了左面的边缘，右边的笔画则模糊了。第169叶：左面第8行“月”，左右和下面的边缘都清晰可见，是典型的活字边缘印痕。

7.《谌氏族谱》，晚清活字本。少数书页带边缘印痕，部分书页具有同一性、边框缝、界栏槽等活字特征。

8.民国活字本《八卦图》。边缘印痕比比皆是，既有因字丁歪斜而留下的边缘痕迹，也有因邻近空白处所留下的边缘印痕。（图3—5—3～图3—5—4）

（二）偏心印痕

活字版排版时，字丁严重倾斜出现边缘印痕的情况较少，大多是由于没有垫平，字丁略有倾斜，或偏左或偏右，或偏上或偏下。这种略有倾斜的字丁印在纸上，便出现一部分吃墨多一部分吃墨少，一个单字的上下或左右便有浓淡不均的现象。而雕版是刻印在平坦的木板上，单字通常不会产生墨色浓淡不均的现象。因此，笔者将活版单字的这种墨色不匀的现象称为“偏心印痕”。例如：

1.《地藏菩萨本愿经》卷中第8叶：第3行第9字“礼”，左重右轻，左面第5行第2字“毁”，左重右轻。第27叶：第6行第6字“归”，上轻下重，左面第6行第12字“号”，上重下轻。

3.《春草草堂集》卷十二第2叶：第6行第9字“肆”，左重右轻。第4叶：第4行第9字“贤”，左轻右重。

4.《五牧刘氏宗谱》乙字号第2叶：左面第6行“孙”字，左重右轻。

5.《刘氏续修族谱》卷首掌衡公讳清越捐祭田碑第 1 叶：第 9 行“录”字，上轻下重。

6.《梅溪梁氏享谱》新序第 4 叶：左面第 2 行“雷”字，上重下轻。第 3 行“爰”字，上轻下重。

7.《释氏宗谱》因开本阔大，活字模较大，偏心印痕较为普遍。（图 3—5—5～图 3—5—6）

需要注意的是，工匠刷印时，如果在某处来回多刷了两下，某处印出来的墨色则可能略浓于他处，特别是在雕版印本中有这种情况。因此，判断偏心印痕时，应注意区别单字与周围其他字的墨色。活字版多有浓淡不一的现象，可多多观察墨色异样的字。

（三）连字印痕

张秀民先生曾提到，活字版中有连字现象：活字一般来说是单个的，但有时为了特殊的需要，也有几个字刻在一起的，浙江博物馆现保存有十多万个木活字，其中就有数个汉字刻在一起的。①

笔者经过细心观察，找到了活字版中的连字实证。

1. 数目连字

古代的历书，清代称为时宪书，大多为活字版印刷。在制造活字时，往往把两位数刻制成一个活字，以方便排版。

例如，清代活字本《日用择吉便览》中，红印第 4 叶昼夜自鸣钟时刻图，“十一”、“十二”均只占一个格，即两个数字被合成为一个字丁。

2. 术语连字

《李氏族谱》第二册，始祖步要公世系图当中，“第一世”三字黑底白字带纹饰，“第二世”三字亦然。这两个小黑块又出现在后面的始祖步要公世系纪之中，只不过墨色浓淡略有差异。（图 3—5—7）

这说明，“第一世”“第二世”两个小黑块，确系分别雕刻在一起的活版组合字。在家谱当中，世系图谱常用到这些术语。将一条由几个字组成的术语刻制成一个组合体，能提高活字版的排版效率。

3. 其他连字

除了数目连字和术语连字以外，活字本中偶尔也能见到其他连字。

例如，活字本《康氏五修族谱》卷一第 3 叶：第 8 行“欧阳”二字刻

---

① 张秀民、韩琦：《中国活字印刷史》，中国书籍出版社 1998 年版，第 105 页。

制为一个活字字丁，占一个格。(图 3—5—8)

4. 连字实物

笔者所藏的活字模实物当中，有不少连字字模，有两个字刻在一个字模上的，也有三个字刻在一起的，还有更多字刻在一起的。可见，连字字模在活字版中是一种普遍存在的现象。

(四) 某些活字印本缘何无边缘印痕?

需要注意的是，并非所有活字版印本都有边缘印痕。笔者曾经以为，只要仔细察看活字印本，便能找到边缘印痕。但在实际考察过程中，却发觉相当一部分活字版印本根本找不到边缘印痕。这一难题曾经困扰笔者数年，直到 2008 年 11 月笔者收集到一种特殊的古代陶活字字模，才揭开这一秘密。这批陶活字高度约 2.5 厘米，大号字约为 1.4 厘米见方，小号字约 0.9 厘米见方。仔细观察，这批泥字模颇为神秘，恰似水泥块似的灰白色，未曾着墨刷印过，既有阳文反体字，也有阴文反体字，还有空白字模。不知这批字模是否为清代吕抚所造，观其颜色其形状，似乎与吕抚当年的泥版字模较为相符。特别令人惊异的是，这些字模的底部和顶部，四个角全部被刻意磨去!

可见，古代一些活字作坊，早已注意到活字字模歪斜时，会在印纸上留下边缘印痕，影响印本的美观。因此，在制作字模之时，便精心打磨掉字模的四角，以免留下边缘印痕。

陶活字字模如此，金属活字字模的四角同样可以打磨掉，而木活字的四角就更容易被削掉了。事实上，笔者收藏的许多木活字字模确是这样，刻工在刻字时就十分小心，将笔画以外空白的地方，刻意削低许多，使其空白之处，不至于在纸张上留下印痕。

二 活字版的印痕

清代活字本《明季南略》一书中有种奇特的现象：偶尔见到一片片、一条条散乱的墨迹，出现在书页的空白之处。

例如，在目录的空白处，散见一块块墨迹，使得页面看上去很不整洁。在正文的字里行间以及空白之处，也会见到一些浓淡不一的墨迹。尤其在卷末的空白地方，更会出现大面积的墨块。

这些散乱的墨迹是活字印本所特有的现象吗?笔者查阅各种版本工具书，均未找到有关这一现象的记载。

经过仔细观察和分析这些墨迹，结合观察一些雕版板片，再和一些雕版印本比较，笔者终于得出结论，清代活字本《明季南略》中的墨痕，应该是活字版的特殊印痕。于是，笔者将活字版的这种特殊印痕表述为“活版印痕”，简称为“活印痕”。

活字排版固版之时，难以避免地会出现活版的夹条、顶木等高低不平，或左右倾斜，随时都可能产生活印痕。如果固版技术不过关，抑或排印工责任心不强，或者赶时间赶进度而无暇顾及，活字版中的活印痕便会比比皆是。反之，则较少留下活印痕。少数精心排版精心印刷的活字本，一册书从头至尾，甚至找不出一点点活印痕。

笔者反复细致观察活字版的各种墨迹，对活印痕种种不同的形式作出初步归纳。

（一）夹条印痕

偶尔在行字的左边或右边空白之处出现活印痕，便是由于夹条印痕所致。用于夹固活字字丁的夹条，其高度本来应低于活字字丁。但排版时偶有高低不平，或左右倾斜，刷墨敷印时，夹条局部沾上墨，刷印出来便在活字的旁边留下印痕。

仔细观察夹条印痕，就会看出，有些印痕成线条状，或细条状，能大致反映出夹条的轮廓。有些印痕成点状、小块状或散漫状，漫布在活字周围。

夹条印痕在一些晚清的活字本中比较突出，明代的活字本中，夹条印痕则没有那么明显。

总起说来，夹条本身细长，其印痕往往很清淡，不大引人注目。

（二）顶木印痕

顶木用于活字版的空格或空行，其宽度与活字字丁宽度相同，其长度则随空格的长度而不一致，其高度则低于活字字丁。排版时，顶木或高低不平，或左右倾斜，刷墨敷印时，顶木局部沾上墨，刷印出来便在活字的空格内或空行内留下印痕。

顶木面积较大，留下的印痕较为明显，甚至一目了然，多成片状或块状。

带有夹条的活版，顶木宽度较窄。有些活字版，行字之间没有夹条，只有界栏相隔，顶木的宽度便与行间距一致。因此，顶木印痕的宽度有时也能反映出带夹条与否

（三）横木印痕

《临川吴文正公集》卷七的卷末，有明显的版末印痕。左面第 3 行出现了顶木印痕和夹条印痕，第 5 行有“临川吴文正公集卷之七终”字样。后面 5 行则没有栏线，取而代之的是两条横木以及夹条的印迹。（图 3—5—9）

关于横木的作用，潘吉星先生在《中国金属活字印刷技术史》中谈到活字版排版时，有具体的描述：先从印版左边开始，将活字逐个沿边框摆在印版上，上下活字挤紧，再在活字右侧嵌入夹条，以横木在夹条与印版右边框之间顶紧，继续植字。至满行后，在夹条右边再植若干字，取下横木，在活字右边放入另一夹条，再以比前一横木短一个活字的另外横木顶之，保证夹条不倒，而活字植入夹条之间。每满一行，放上夹条和横木，如此继续下去。①

其他活字版的版末或卷末，通常用一块或几块木版取代栏线，或用几条夹条顶替。相比之下，使用两三截横木更省事，但却难以保证整个版面不松动。由此可见，《临川吴文正公集》的固版技术非常过硬。当然，从其留下的横木印痕来看，说明活字作坊仍是将效率放在第一位，印刷质量则是次要的。

迄今几乎没有其他文献记载横木在活版中的使用情况。潘先生在实地考察了当代活字作坊的排版技术之后，真实记录了横木的作用。《临川吴文正公集》乃康熙年间活字本，其卷末的横木印痕证实了当代活字排版仍然继承了古代的活字固版技术。

卷末不必排满栏线，而采用横木替代，一是说明古代活字作坊是如何为了提高效率而省工减料的，二是证明笔者所总结的版末印痕或卷末印痕，确实是活字印刷的基本特征之一。

（四）小卡印痕

活字版固版之时，为了卡紧行字界栏条等，常常在版面的边角旮旯地方塞进一些小薄片。这些小薄片通常是木片或竹片做成，即小木卡或小竹卡。为了叙述简略，统称为小卡。

有时候，小卡塞得不紧，露出一小部分，敷墨刷印后，留着印纸上，便会出现小小的墨迹。这种小卡留下的墨迹，笔者称其为小卡印痕。

① 潘吉星：《中国金属活字印刷技术史》，辽宁科学技术出版社 2001 年版，第 132 页。

例如，《谌氏族谱》“四甲蔡房贞玺公坟山记”第一叶第8行，“上”字与内栏线之间，印出一个小小的黑三角。邻叶倒数第3行，“母”字右下角，界栏线与内栏线交叉点旁边，也有一个小卡印痕。

（五）参差印痕

有些活字作坊排版时，因固版技术不过关，或为了赶时间草率排印，会留下一些参差不齐的特别痕迹。高低不一，便是活字版最常见的技术问题。相邻的字与字之间，字与边栏之间，栏线与字之间，鱼尾与栏线之间，等等，往往高凸的一部分墨迹浓黑而完整，低凹的部分墨迹则淡薄，模糊甚至缺损。这种现象，笔者称其为“参差印痕”。例如，活字版《沈氏宗谱》序言第5行“矣”、“其”之间便是“参差印痕”。又如活字版《圣帝大解冤经》，首叶“圣”字与边框间，第3叶“此”与边框间，第4叶“三、四、五”与边框间，均有“参差印痕”。（图3—5—10～图3—5—11）活字版《琅嬛青囊要》有很多参差印痕，如鱼尾与版心线之间，顶部字与上框之间等。特别是该活字版栏线时断时续，其实也是一种参差印痕。

（六）版末印痕

雕版书每一卷的最末一叶，即使大半叶无字，也往往会将版心、边框直至每一条栏线雕刻完毕，以保持整个版面的完整性。

活字版则不然，排印工为了赶速度，在一版书叶末尾的空白部分，往往在卷末的最后一叶，省工减料。例如，有时在书叶版末，在版心后面无字的整个半叶，只拼凑几条顶木，甚至拼凑一两块木板就了事。木板和顶木虽然凹陷进去，但刷墨时难免粘上墨，刷印在纸张上面，便会有淡淡的一片墨迹。这种版面，不但看不见一条条栏线，甚至连最末半叶的边框也没有。书坊获得了印刷的速度和效益，却牺牲了版面的完整性和观赏性。

以《明季南略》为例。是书半叶九行，首卷末叶只有三行字。于是，每隔两行的距离加一条栏线，版心之后，便是一整块木板。刷墨时，从右边起，只刷至版心左边一点点，印在纸张上面，出现由浓到淡的一大片墨迹，连半叶边框也没有印出来。卷七、卷十、卷十二的末叶大致一样。其余各卷，凡最后半叶无字的，版心之后都是一片墨迹，不见边框。

版末印痕在一些雕版当中也会出现。笔者在一些宋元版本的雕版中，见到较多的版末印痕。民国的雕版书中，也见到了版末印痕。因此，版末印痕还不能作为判断活字版的主要依据。

（七）空白印痕

活版无行字的地方，留下一片空白。有时候，出现大片的空白。这些空白之处，往往是用几段木条，或者用大块的木板来填充。刷墨时，空白处的木块会粘上墨，印在纸上就会出现或浓或淡的墨迹。

空白印痕可能在活字版的任何部位出现。版末印痕亦是属于空白印痕，位置仅限于版末。

活字本当中有些是节本，大多为两节本，也有少数三节本。有些书叶上栏没有文字，全部是空栏，或很少文字，大部分为空栏，这些地方往往会出现空白印痕。

《明季南略》一书中，便有许多空白印痕。

两节本《东莱博议》，卷三第25叶上栏，右边半叶无字，便用一块木板充塞，留下空白印痕，连边框线也没有，与上栏左边半叶形成鲜明对照。

（八）外围印痕

清代活字本《临川吴文正公集》，四周边框之外，可见到一道道墨迹，有的浓，有的淡，有的细，有的粗，有的长，有的短。这些印痕与边框之间均有一段距离。

活字本《邹氏宗谱》上下边框之外，几乎每叶都留下一道道印痕。这些印痕浓淡不一，粗细各异，长短不同。

明代活字本《太平御览》，上下框之外，亦有一条条墨痕，多为淡痕，偶有浓黑的墨痕。

笔者经过分析后认为，这些印痕是固版技术的又一种方式。

活字作坊的固版方式各不相同。有的作坊为了保险起见，制作成很厚实的字盔，将铁范、铜范或木范包裹起来，字盔的框栏既宽大又结实，甚至连为一体，能确保活版不会松散。

有的活版作坊技术不过硬，四周的围栏不甚稳固，尤其在刷印过程中容易松散，不得不在活版的外围四周进行加固，四围用木条钉在工作台上，将活版置于其中，拣字排版，活字版的边框则使用另外的薄材，如木条、铜条等。这样，挤得满满的一版活字，边框之外，还有厚厚的一层乃至几层框栏。刷墨时，外围的框栏免不了粘上墨，印在纸上，边框外面就会出现一道道若隐若现的框栏印痕，这便是外围印痕。

另外一种情形，便是活版排版框原本较大，而需要的实际版框较小，不得不在小版框之外加塞一些木条或木块。刷墨时，偶尔刷到这些固版材料上，便会在印纸的边框之外留下一条条深浅不一的痕迹。

笔者藏有民国版本《二十四孝宣讲》，磁县名善堂书局印行。8行21字，白口左右双边。在最初的几叶中，四周边栏外面，有浓黑的外围印痕。后面的书叶偶尔有外围印痕，但已不明显。此外，是书有金属栏线、界栏槽等活字特征。

（九）武英殿聚珍版也有活印痕

活印痕并非单独出现在某一册活字本中，而往往是多种活印痕综合出现。例如，清代活字本《临川吴文正公集》，卷七第33叶左面，既有夹条印痕，也有顶木印痕。

活字作坊为了节约成本，赶时间赶进度，粗制滥造的现象较为普遍，活字本留下各种活印痕不足为怪。就是人手众多、经费充足、讲究质量的殿版活字本当中，仍然可以找到活印痕的存在。

例如，笔者在武英殿聚珍版《马总意林广辑》中，也找到了一些活印痕。是书各卷既有夹条印痕，也有顶木印痕。其中，夹条印痕的墨色较为浅淡，一些顶木印痕墨色则较深。

《马总意林广辑》注明为乾隆武英殿聚珍原本，王庆椿广辑，9行21字。第21叶，文字印在了界栏线上，即所谓“压栏字”，证实确系内聚珍——先印边框界栏，然后刷印文字。

按道理，内聚珍属于宫廷精心排印本，但仍然留下了不少活印痕，可见在活字版印刷过程中，活印痕难以避免。

（十）墨迹再现顶木与夹条

顶木与夹条，是活字版固版技术中的一项核心技术。尽管金简在《武英殿聚珍版程式》中作了详细记载，但一直未引起版本学家的重视。原因之一，是没有见到过其他文献的类似记载，更没有见到过实物图片。实际上，少数古籍的墨迹中早已留下了蛛丝马迹。

笔者所藏光绪活字本《托素斋诗文集》，光绪活字版。牌记载明：闽汀黎愧曾先生著，汀州东壁轩重刷。《托素斋文集》第一卷末尾写明：闽汀东壁轩活印书局翻刷。

《托素斋诗集》第三卷的目录部分，便有明显的夹条、顶木的印痕。

目录共有 8 叶，每叶均有夹条印痕，尤其是第四叶，不仅夹条印迹清晰可见，还有明显的顶木印痕，与《武英殿聚珍版程式》中的记述完全吻合。（图 3—5—12～图 3—5—14）

《托素斋诗集》中这种反映夹条与顶木关系的印迹，十分有趣。笔者所藏其他一些古籍中，也有类似墨迹。例如：

1.《皇极会归宝忏》，光绪三十三年印本。6 行 15 字，白口四周双边，框高 19.7 厘米，宽 12.1 厘米。活字特征明显，界栏槽、活印线、活印痕、鱼尾缝等特征均有。

除了首卷少数书叶有栏线之外，其余四卷皆是暗界栏。在首卷第 32 叶，出现相连的一大片墨迹，四个长方形墨块为顶木，三条墨段为夹条，其中一夹条还延伸在墨迹之外。整块墨迹清晰地再现了活字本排版的细节，展示了顶木、夹条与界栏之间的固版关系。

2.《续修浦城县志》，清代印本。10 行 20 字，白口四周双边。框高 20.7 厘米，宽 15.4 厘米。书中有活印线、界栏槽、组合边框等活字特征。

在第三十一卷的卷末，出现了几乎半叶一整片墨迹。仔细观察，这片墨迹由 9 条顶木组成，均是通长顶木，与行字高度一致。墨迹的下端，贯穿了一条活印线。像这样由一条条顶木组合起来的墨迹较为少见。

活字版的卷末通常用一整块木板充塞版面，刷在纸上往往是一整片墨迹，有时则是两三块木板拼凑而成的墨迹。例如，《续修浦城县志》第二十九卷第 21 叶，也出现两大片墨迹，其中，右面几乎半叶的墨迹较为清晰，系由两条顶木和两块木板组合而成。墨迹的下端还出现了三个方孔，或许这些木板曾被剜过。

3.《邹氏宗谱》，民国活字本。第 10 叶版末大致可见顶木印痕和夹条印痕，第 19 叶版末则可见到版末印痕。

（十一）短夹条提高活版稳固性

巾箱本《武帝劝孝十八条》，光绪年间印行。9 行 21 字，白口四周双边。活字特征：活印线、活印痕、字体浓淡不一、大小不等。

在该书卷末，有一片奇特的墨迹，由一个个方格和细条组成。方格共 5 行，每行 15 格，共有 75 格，每格长宽均为 1 厘米。在笔者看来，他们是由 75 个空活字以及相应的夹条组成的。该书卷末或许没有适合的木板，于是用空活字以及夹条来充数。

所谓空活字，便是空白的字丁。在这片墨迹中，上下空活字紧密相联，左右则以夹条作为间隔。这片墨迹，既可以证明夹条的存在，又清楚地展示了每个空字与夹条的关系。

潘吉星先生在《中国金属活字印刷技术史》第131页上，描绘了“排版用的夹条”示意图，与金简在《武英殿聚珍版程式》中的记载相吻合，即一分通长夹条用于整行大字之间，半分通长夹条用于整行大字与整行小字之间，还有一分长短夹条以及半分长短夹条用于非整行。

由于有金简的文字记录，在人们的想象中，夹条往往是一根根与框高相等的通长条，夹在一排排行字之间。实际上，这种通长夹条只是武英殿活字版的专用夹条，或许在其他一些活字作坊也这样使用，但并不意味着是唯一的标准用法。因为活字版的排版技术在各个地区、在各个作坊是不尽相同的。

《武帝劝孝十八条》的墨迹表明，夹条并非通长型，而仅仅与一个个空活字高度相等。如此短的夹条，一个个单独使用，从表面看起来会影响排版的效率，但由于短夹条与每一个活字的边缘能够更紧密结合，反而能提高整个版面的稳固性。使用短夹条的另一个好处，便是随时可嵌入一条条竹片，卡紧容易松动的行字。

三　如何区别活印痕与纸张的墨渍

虽然，活印痕有各种各样的不同名称，但其具体形式只是留在空白之处的各种墨迹。因其总是黑糊糊的一块出现在空白之处，也有人形象地称之为“锅巴”。需要特别指出的是，必须仔细区分活印痕与书页上的其他墨渍痕迹。

纸张上的墨渍可能产生于如下几种情况：

1. 由于刷印后墨迹未干，纸张重叠堆放，墨迹相互粘连；

2. 刷印时拖动纸张，或堆放时拖动纸张，染上墨迹；

3. 雕版的空白之处面积稍大，刷印时纸张凹陷进去，沾上墨迹；

4. 昔人阅读时墨笔批校，墨汁沾在书页上；等等。

活印痕与墨渍最明显的区别在于，活印痕全部出现在书页的空白之处，不会覆盖在行字之上。而墨渍痕迹散落各处，有时覆盖部分文字，有时覆盖栏线或边框，有时分散在版框之外。

在笔者的系列鉴定新法之中，活印痕的外观形式最为复杂，有十余种表现形式。只要多加观察，区分出活字模与活字版的痕迹，便能较快地掌握。对于区分活版与雕版来说，活印痕是一种十分有效的鉴别利器。有了活印痕这一鉴别方法，再辅以其他传统识别方法，我们会发现，活字本的种类与数量，将会大量增加。

第六节　横排不齐

一　横排不齐的原因

2009 年 8 月 10 日，在参加第二届中国印刷史研究会换届工作暨学术研讨会前一日，笔者向魏志刚和张树栋两位老前辈汇报了自己的研究成果。在展示宋版《文苑英华》中有栏线插框活版现象的幻灯时，魏老忽然说道：有道理，行字底排很不整齐，不像雕版所为。

以前，笔者也曾留意到，某些书叶底排一行字不整齐，但一时没找到活版证据，只好搁置一旁。

从北京回到深圳之后，笔者去外地购买了一批活版实物，包括排版框、拣字盘、固版材料、排版工具、各型号活字等，又收到从孔夫子旧书网购买的排版框等活版实物，反复观察，仔细琢磨，颇有收获。笔者发觉，活字版在固版过程中，为了使得行字挤紧，排版工人往往在底排行字与版框之间，塞进一些竹木薄片，甚至塞挤一些小木块。由于某些作坊的活字模规格不完全一致，经过挤塞之后，底排行字与边框之间的空隙不等，便会出现底排行字不整齐的现象。

联想到魏志刚先生曾提到的底排不整齐现象，笔者便找出自己所藏的活字本，逐册逐叶仔细搜寻，果然看到有底排一行字不整齐的现象，某些活字本底排参差不齐十分明显。一番搜索下来，果然找到了诸多例证。

笔者还注意到，如果书叶为两节排列，或是多节排列，就像许多目录叶所看到的那样，每一节的最后一排字多有不齐整的现象。不仅如此，其他横排也常有参差不齐的状况。

兴奋之余，笔者特意打电话去北京，把这一现象告诉魏志刚先生。魏老先生说，他以前研究雕版与活版的关系时，曾注意到活版底排行字有不齐整的现象，因其研究重点不在活字版，所以没有把它上升为鉴定活字的一种新方法，因而没有继续探究。魏老先生希望笔者加快研究，早日将学术成果付梓。

经过仔细观察各种活字本以及活版实物，笔者发现，横排行字不整齐的现象，特别是最后一排行字参差不齐的现象，乃是活字版的一大特征，亦是鉴别雕版与活版之区别的有力证据。笔者遂将这一现象简称为“横排不齐”。

造成横排不齐的原因，主要是活字模的规格不统一，大的大，小的小，为了挤紧字模，不得不在边框与行字之间塞进一些薄片，包括小木卡和小竹卡。如此一来，行字与边框的间距不一致，留下少许距离，甚至留下大半个字距，产生了横排不齐的现象。

有的两节式或三段式版面，诸如目录、名单排列等，同样因为活字模的规格不一，有多个横排会产生不整齐的现象。

二　横排不齐的活版实证

笔者所藏活字本当中，相当一部分书叶皆有横排不齐的现象。某些底排中有一个字明显比邻字高出一头，有些则多个字高出常规位置，呈现出参差不齐的状况。不过，活字本并非每叶都有横排不齐的现象，需要仔细寻找才能捕捉到。

1. 活字本《八卦图》，第 8、10、16、23、28、35 叶均有明显的横排不齐现象。

2. 活字本《城步县志》卷九，横排不齐现象比比皆是，例如第 9、10、14、15、17、18 等叶均有横排不齐的情况。（图 3—6—1～图 3—6—2）

3. 活字本《地藏菩萨本愿经》，第 4、6、8、11 等叶亦有横排不齐的现象。

4. 活字本《临川吴文正公集》乃康熙年间刷印，虽排版较好，仍可见到横排不齐的现象。如卷六第 13、15、28 叶，卷七第 4、32 叶，卷八第 4、5、20 等叶。

5. 活字本《诸葛武侯行兵遁甲金函玉镜》，序 1、跋 3，卷一第 2、3、9 等叶，有横排不齐的现象。

6. 活字本《公善堂鸾章》，全书排版较为规范，偶尔可见横排不齐的现象，如卷二第 4、13、33 等叶。

7. 活字本《日用择吉便览》，“逐日吉星凶煞表”第 3、5、6、8 等叶，也有横排不齐的现象。

8. 活字本《圣帝大解冤经》，第 3、10、21、26 等叶，最末一排行字有横排不齐的现象。

9.《唱道真言》，系清中晚期活字本，书中有横排不齐现象。卷四 18 叶第 13 行，最末一个“问”字排不下，只能挪到第 14 行去，而第 13 行则少了一个字。(图 3—6—3～图 3—6—4)

10.《刘氏续修族谱》，晚清活字本，排印较为精良，书中偶见横排不齐现象。如卷九第 2 叶第 10 行，最末一个“喈”字排不了，不得不排在第 11 行。如此一来，第 10 行便缺少了一个字。(图 3—6—5～图 3—6—6)

11. 民国活字本《大泉林彭氏四修族谱》卷首，第 2、3、10 等叶，均可见到横排不齐的现象。第 8 叶第 8 行，“淑”字下有方形小卡印痕。

（一）整册书横排不齐

若活字版排印质量高，则很少有横排不齐的现象，反之，这种现象比比皆是。有些作坊的活字规格很不统一，加之固版方法不当，致使每叶书的底排参差不齐。例如：

1. 活字本《陕西兴平县乡土志》，具有同一性，由多副活版交替排印。由于挤字固版的原因，横排不齐的现象特别突出，每叶底排行字均参差不齐，目录亦是多个横排不齐整，看上去十分明显。(图 3—6—7～图 3—6—8)

2. 光绪活字本《托素斋诗文集》，边框缝均为 45°，具有同一性。全书排印较为精良，很难看到行字歪斜墨色轻重不一的现象。但由于活字模的规格略有差异，经过挤字固版之后，横排参差不齐的现象暴露无遗，几乎每叶书的底排，均可见横排不齐现象。(图 3—6—9～图 3—6—10)

3. 晚清活字本《新纂儒礼袖珍》，巾箱本，边框缝皆为 45°，且具有同一性。是书排印较为用功，几无行字歪扭的现象。同样地，由于活字模的大小略有差异，经过挤字固版，横排参差不齐的现象便显露出来，以致每叶书的最末一排，均出现横排不齐的现象。

（二）横排不齐的道教活字本

笔者所藏的几种道教书，底排常有参差不齐的现象，十分有趣。

1.《皇极会归宝忏》，光绪三十三年王卓堂刊印，全套 5 册 5 卷，半叶 6 行 15 字，四周单边，黑口居多，白口夹杂，一叶双版式。是书为大字本，排印较好，楷体字精美，几无歪扭现象。框高 20.1 厘米，宽 12.3 厘米。书高 23.5 厘米，宽 14.4 厘米。活字特征：鱼尾缝、边框缝明显，有界栏槽，有活印痕，有栏线弯曲等现象。第 32 叶有四块墨等相连，可见明显的顶木印痕和夹条印痕。

《皇极会归宝忏》一些书叶中，可见横排不齐的现象。例如，首卷第 7、8、10、16、17、18.19 叶等。首卷 23—33 叶，皆是捐款人名单，有排成两排的，也有排成三排的，均可见到横排不齐的现象。

2. 道教书籍《斗光度厄经 太阳真经》1 册，同治八年上湘大慈宫刊行。半叶 6 行 14 字，黑口白口，四周单边。框高 19.3 厘米，宽 11.7 厘米。书高 25.2 厘米，宽 14.3 厘米。是书由三套不同的活字模排版，其中两套是软体字，一套仿宋体。活字特征：鱼尾缝、活印痕、栏线断续等。

书中有横排不齐的现象，例如：第 1、2、4 等叶。此外，《太上三元赐福赦罪解厄消灾延生保命妙经》第 4 叶，有小卡印痕。

3. 《玉皇宥罪大忏》首卷 1 册，半叶 6 行 13 字，白口四周单边。框高 22.2 厘米，宽 13 厘米。大字本。活字特征：鱼尾缝、边框缝、活印痕等。

是书有横排不齐的现象，比如：第 4、5、8 等叶。

横排不齐的现象，是区分雕版与活版的又一特征。若活字模规格统一，或固版方式格外讲求，便不会产生横排不齐的现象，而多数活版作坊不具备这些条件。因此，只要细致观察，总能在活字本中找出横排不齐的现象。

第七节 活印线

一 古书中的活印线

2004 年 9 月，笔者收藏古籍不久，开始尝试寻找活字本。自以为所藏乾隆版《惠直堂经验方》是活字版，结果却遭到藏友的质疑。笔者不断找寻证据，以期找到答案。9 月 23 日，笔者在清代医书《伤寒附翼》中发现一种奇特的现象——书页中出现一条条神秘的白道子。（图 3—7—1）

两册书均有引人注目的白道子。这种白道子从书叶的边框穿破版心延伸到另一端的边框，有的出现在书页中部，有的出现在书页上部或下部，有时在两行文字之间，有时穿破少许文字。

笔者以为是发现了活字识别的新特征，急忙与书友切磋，结果因缺乏确凿的活字证据而遭到书友否定。笔者下决心寻找活字证据。这一找，便整整找了四年多！

2008年12月21日，笔者在深圳的旧书市场买到光绪医书《喉科种福》，从而揭开了白道子的神秘面纱。

《喉科种福》两册5卷，易方撰，光绪十四年富记局刊。8行20字，小字双行同，白口四周单边。框高18厘米，宽12厘米。书高24厘米，宽14厘米。字体宽大，无界栏。（图3—7—2）

是书活字特征明显，最突出的特征是鱼尾缝比比皆是，边框缝也较多，还有顶木印痕和其他活印痕等。

不仅如此，笔者又在书中发现了一条条白道，有的书叶中甚至有两条白道。

其实，古书的书叶中常有这样一道道较为明显的白道子。这些白道子从书叶的边框水平延伸，穿破两端的边框，有时穿破界栏和文字。白道子有的宽有的窄，分布在书页上中下不同的位置，甚至出现在无文字页的一片墨迹之中，格外醒目。

这些白道子都具有一个共同规律：水平方向笔直穿破所有界栏和两端的边框，或穿破文字。少数书页中的白道子并非水平延伸，而是有一定倾斜性。

在当今的各种版本文献中，很少有作者提到这种白道子。笔者请教过一些专家学者、古籍收藏者、古籍书店的老师傅等，他们异口同声地称这种白道子为“断版”，意为书板从中间断裂开了。

笔者以为，木板的自然裂纹应该粗细不一，长短不均，走向不规则，而上述白道子却是笔直地、水平地、同样宽度整齐地穿破边框、界栏和文字，贯穿于整个书叶。这种反复出现的笔直整齐的白道子，绝不是木板的断裂纹路。

反复琢磨之后，笔者意识到，这种白道子是某些活字本当中的一种特殊印痕。显然，这些白道子成了判断活字本的依据之一。这种白道子的形态恰似贯穿于整个书叶中的一条白线，于是，笔者依其形象称之为“活印线”。

二 “机器版”的活印线

晚清民国时期的“机器”版本，当属于石印技术之一，竟然也出现了与手工活字版类似的活印线，实在有意思。

目前，尚未见到有关“机器版”的文献表述，对其印刷源流和印刷过程所知甚少。从笔者手头几种机器版本来看，机器版乃是石印本的别称之一，属于当时新式的活字版，有些是手写体缩印本，有些则是金属活字版。

石印技术是晚清时传入中国的一种现代印刷方法，系根据石材吸墨及油水不相容的原理所创制，其基本程序是：将质地细腻的石灰石板打磨平整光滑，用油性墨在纸上写字绘画，用压力覆到石板上；揭去纸，再刷上薄薄的一层水，用墨滚在石板上滚动。这时有油性图文线条的地方因为没有水就获得油墨；相反，空白处有水不沾染墨。之后覆上纸，加压，就获得一份印刷品。

笔者所藏机器版本多为广东的石印本。有些机器版字体为手写体，有些则为铅活字。

1. 清末版《声律启蒙撮要》，而封面书名则是《活板声律启蒙》，牌记又标明“广州第七甫崇德堂活印”，意在强调该书为新式活版印刷。宣统三年重刊，32 开本。书中每叶均有一条细细的活印线，水平方向穿破边框、界栏、文字及版心。（图 3—7—3～图 3—7—4）

2. 清末版《机器对类引端》。宣统元年印本。牌记：广州学院前麟书阁活印。封面书名为《机器对类引端》，封二书名则是《初学对类引端》。32 开本，石印本。

初看之，是书与普通石印本一模一样。细观之，是书几乎每叶均有一条极细的活印线，水平方向穿破左右边框，穿破界栏、文字及版心。（图 3—7—5～图 3—7—6）

3. 民国版《机器成语考》，牌记注明为民国乙丑（1915 年）新镌，广州永汉北福芸楼印务书局机器板。活印线大多位于书页的中部或下部。是书有一些活字特征：有边框缝，牌记及正文中个别字倾斜，墨色浓淡不匀。另外，是书笔划普遍交叉。

4.《易经读本》，封面注明“石印精本”，牌记写明：羊城第七甫崇德堂机器板。书中每一叶均横贯一条活印线，其中有些活印线穿破文

字。（图 3—7—7）

5.《机器诗经读本》，年代不详。书叶之中均横贯一条活印线。

6.《同文堂四书正文》，封面书签标注：佛山镇十七间。字里行间均贯穿有活印线。

7.《明心宝鉴读本》，封面书签标注：佛山十七间同文堂板。书中同样贯穿活印线。

8.《易经》，封面注明：广东佛山镇英文堂校正。书叶中横贯活印线。

9. 宣统元年版《四书备旨》，注明：省城十七甫明经阁发兑。三节本铅字排印本。书叶同样有一条细细的活印线，水平方向穿破左右边框，穿破界栏，穿破文字及版心。是册共 53 叶，仅第 21 叶没有活印线。

10.《新增韵对屑玉津梁》，牌记表明：中华丙辰（1916 年）新刊，宝华阁机器板。清末民国间排印本，巾箱本，一条细细的活印线，穿破边框，穿行于字里行间。是书有边框缝、活印栏等活字特征。

三　“捆版绳”留下活印线

迄今极少有文献提到活版技术中需要使用线绳。清代雍乾时期，吕抚在《精订纲鉴二十一史通俗衍义》中，详细介绍活字泥版制作工艺时，曾提到线绳是泥版制作的工具之一。线：约长尺余，以细为妙，两头垂以泥饼，每印一行，两头牵线叩字，使无歪斜高低。[①] 不过，吕抚提到的线绳并非为了捆绑固版，只是校正字体的歪斜高低之用。

张秀民先生曾提到：活字本的边栏一般在四角交接处往往不甚严密，留有缺口，或显或不显。有的缺口一二分甚至半寸，因为字盘没有扎紧，或因刷印用力而松弛。[②] 张先生所说“没有扎紧”，当指没有用绳索扎紧，可惜张先生没有详述其因。

民国三十一年苏士清翻译的日本版《活版印刷术》，在关于活版的排版技术中，则明确提到了需要使用线绳固版，术语称为“捆版绳”，并简单介绍了具体的围捆方法：

“在一页已经排成以后，为不使版面散乱起见，必须用绳捆紧，这种绳类一般叫捆版绳……像这样工作排完一页之后，左手拿着捆版绳头，从

---

① 徐忆农：《活字本》，江苏古籍出版社 2003 年版，第 39 页。

② 张秀民、韩琦：《中国活字印刷史》，中国书籍出版社 1998 年版，第 100 页。

版面的左端，像捆钱口袋那样紧紧的绕上，再用摄子的尖端从上向下把绳头押进去，很结实的捆上。在这期间不应该结扣，一结扣上版的时候就不容易解开了，所以不结扣为合宜。”[①]（图 3—7—8～图 3—7—10）

无独有偶，李致忠先生的《古书版本鉴定》（修订本）也提到用绳索捆版：“一版字排好了，四周加围与字面同高但彼此不相连接的边条，一共四片，分上下左右，这就是所谓的边栏。与此同时，行行文字之间也要擗加各种材料但都与字面同高的薄片，以便撑紧各行文字。然后用绳索将边栏捆紧，以固定框内文字。尽管边栏围捆得很紧，界片加擗得很牢，但由于它们是单件拼合，因而在边栏四角、界行与上下边栏之间的衔接，总不是那么紧密，总有一定间隔。”[②]

如果说，民国三十一年出版的《活版印刷术》一书提到的捆版绳是用于机器版，那么，李致忠先生在《古书版本鉴定》（修订本）中提到的捆版绳，则肯定是用于手工活字版排版。上述两书提及的捆版绳，专门用于缠绕版框四角。《活版印刷术》一书还专门有附图，叫做“捆版的方式”。从侧面缠绕活字版四角的这种捆绑方式，不会在书页中留下任何痕迹。古代的一些活字作坊采取四角缠绕捆绑方式，其印本不曾留下活印线的痕迹。

然而，这种捆版方式也有明显的缺点：一是费事；二是不容易捆结实。

一副活字板，高度大约只有两厘米左右，在如此狭窄的面上捆绑，又要四角缠绕，绳索很容易滑落，难以捆绑结实，且耗费时间。所以许多作坊对此技术进行改良，采取横向捆绑的方式，在宽大的版面上动手捆绑，既方便快捷，又容易捆得结结实实。

众所周知，活字版（特别是木活字版）固版后，随着上墨刷印，字丁、界栏、夹条等，在浸泡了墨水以后，会逐渐膨胀。刷印的册数越多，刷印时间越长，活字版膨胀越大。一旦膨胀起来，字丁就可能出现松动，刷印出来便会模糊一片。若固版技术不过关，严重时整个活字版都会松散起来，无法刷印。

---

① ［日］俊山幸男：《活版印刷术》，苏士清译，造纸印刷季刊社，民国三十一年版，第163—165 页。

② 李致忠：《古书版本鉴定》（修订本），北京图书馆出版社 2007 年版，第 176 页。

例如，笔者藏有一册活字本《圣帝大解冤经》，全书共 30 叶，均具同一性，为同一副活版排印。敷墨刷印后，活版逐渐胀大，版心栏线靠近页码处，便渐渐出现膨胀点，到第 19 叶，终于分裂，此后，裂纹越变越宽，愈来愈明显。

诸如此类，一般的活字版都会在刷印中逐渐膨胀。为了防止字丁和界栏移动，一副活版排字固版完成后，在刷印之前，还有最后一道工序：捆绑一条绳子。工匠用一条细长的麻绳之类的线绳，横向将活字版紧紧捆住，打上死结，结头留在版框外。这样在刷印过程中即使膨胀起来，只会紧紧卡住字丁和界栏，版面不会松散。

“捆版绳”多属于结实细长的麻绳之类，事先需浸泡在桐油之类的油料中，浸泡一段时间，阴干后才能使用。浸泡过桐油后，捆版绳就不会粘上墨水。否则刷印在纸上，就会留下一道明显的墨线，破坏整个版面。也有一些作坊用特制的铜丝等金属细线做捆版绳。

各个地区、各个作坊的排版固版技术不同，使用的版框、界栏、字丁等也不同。同样是活版，有些完全依靠捆版绳固版，有些仅部分需要使用捆版绳。另有一些活版固版技术巧妙，边框事先固定死，甚至界栏也固定死，刷印时版面便不会因墨水浸泡胀大而出现散乱，因此，不需要捆版绳来固版。又如武英殿的“聚珍版”活版模式，也不需要捆绑绳。因此，有些活字本每页都有活印线，有些活字本中则只有少数书页留下活印线，大约是少数书页的固版存在问题，有些活字本则不存在活印线。

通常情况下，只需要横向捆绑一条线绳，就可以起到防止松散的作用。极少数活版，捆绑了两道甚至三道线绳，大概由于固版技术不过关所致。讲究的作坊，会细心地将捆版绳水平地镶嵌在两排字丁之间，位于书叶的中间位置，刷印后，两排字体之间留下一道细细的白线，往往看不出来。有些作坊为了赶时间赶进度，就很随意地将捆版绳横向捆绑起来，或置于书叶中间，或置于书叶上、下端，常常压在一排文字上，刷印后就会出现一排文字被从中间穿破的现象。有些粗制滥造的活字作坊，使用较粗的捆版绳，随便捆绑，甚至倾斜着捆绑，刷印后便会在字里行间留下一道道显眼的白线。

有些活字本的活印线“成双成对”排列。例如，连续两叶的活印线都在书叶中间同一位置，跟着连续两叶活印线在书叶上部同一位置，再连续两叶又在下部同一位置。诸如此类，整册书叶的活印线都是有规律地“二进制”排列。

两年前，笔者曾就此现象请教一位学者，回答是，这种“二进制”现象恰恰说明，此类白道子并非活印线，而是雕版拼合版的裂缝，且是双面拼合版，因此其裂缝的位置正好呈现双数排列。这种解释听起来挺符合逻辑，实际情况并非如此。

活字作坊因使用捆版绳，书上总会留下一条条白道。为了不让读者看出蹊跷，为了不泄漏活字版之商业秘密，工匠们便小心翼翼，每两叶在同一位置捆版，给人以双面拼合雕版的假象。当然，这只是一种推测。活印线“二进制”的现象，尚待进一步考证。

晚清民国时期，各地采用当时最为先进的石印技术，边框装饰各种图案，或白纸，或竹纸，印制的各类书籍数量浩大。由于受当时的活版技术限制，机器版仍需要使用“捆版绳”来固版，不过，纸张上所留下的活印线痕迹，普遍比手工活字版的痕迹细微得多。或许，机器版的“捆版绳”不再是线绳，而是采用细铜丝之类，更为牢实，版面更美观。

历史上记载活字印刷工艺的几种主要文献，如宋代沈括的《梦溪笔谈》，元代王祯的《造活字印书法》，清代金简的《钦定武英殿聚珍版程式》，清代翟金生的《泥板造成试印拙作喜赋十韵》等，都不曾提到使用“捆版绳”，因而，版本学家们也往往忽略了古书中的这一道道白线。

笔者曾问起一位在北方图书馆古籍部工作近30年的专家，是否关注过这道白道子，他并不知道笔者所言何物，及至当场拿来一册元版书，指着书页中的这道白线时，他才惊讶地说，哎呀呀，竟然从未注意到还有这种现象！笔者也曾拿着古书请教过一位南方的专家，他坦承从未研究过这一类东西。而他的一位年轻同事则不屑道：去计较这种小玩意儿，一点意义也没有！

其实，这小小的一条白道，恰恰能说明中国活字印刷的真实历史！

四 活印线证据

（一）活字本实证

1. 光绪版《日用择吉便览》。笔者所藏清代活字本《日用择吉便览》，牌记注明“活字板排印”，书中可以找出不少活印线。（图3—7—11）

是书开本不大，框高 17.3 厘米，宽 10.7 厘米。书中线条较细，仔细观察才会发现活印线的存在。例如，书叶“气候”的中部，有一条细细的白道子，即活印线，从右边框的中部开裂，穿破界栏线，穿破版心，再贯穿左面的界栏线，左边框的裂缝依稀可见。又如，“月表”第二叶，活印线不仅穿破左右边框和版心，还穿透了许多文字。

是书的活印线很细，或许是采用金属细线或者细麻绳围捆，才会有如此细小的白道子。当然，也与此书为小开本有关。

有趣的是，“月表”第四叶，一条活印线穿破边框、版心和所有文字，但这条线在左面大部分是白道子，中间和右面大部分却成了黑道子。究其原因，可能是捆扎的细线上沾染了部分墨迹，才出现了白道黑道合一的现象，成为一条新型活印线。

活字版《日用择吉便览》一书中的活印线范例，为判断更多的活字本提供了强有力的实物依据，成为活印线的铁证。

2. 晚清版《逆臣传》。（图 3—7—12）牌记：都城琉璃厂半松居士排字本。9 行 20 字，白口四周单边，有界栏。框高 15.4 厘米，宽 11 厘米。书高 23.1 厘米，宽 15 厘米。是书活印线普遍存在，几乎每叶都可见到明显的活印线。《逆臣传》其他主要活字特征：

边框缝：普遍存在，抬头转角处缝隙明显。

活印痕：上框外常有大块的活印痕。卷一第 4 叶第 5 行有参差印痕。

版末印痕：卷一第 25 叶，卷三第 14、27 叶，卷四第 5、25、28 叶，均有明显的版末印痕。

行字大小不一：卷一第 10 叶第 16 叶、第 17 行，第 16 叶第 1 行，第 18 叶第 1、6 行，第 23 叶第 15 行，第 24 叶第 5、8 行。卷二第 2 叶第 6 行。

横排不齐：卷四第 18 叶。

小卡印痕：卷一第 17 叶。

此外，《逆臣传》一书墨色浓淡不一，栏线时断时续。

3. 清活字本《诸葛武侯行兵遁甲金函玉镜》。牌记：排字板。10 行 18 字，白口四周双边。框高 15 厘米，宽 10.9 厘米。活字特征：活印线、边框缝、鱼尾缝、活印痕、参差印痕。（图 3—7—13）

4. 光绪活字本《皇极会归宝忏》，半叶 6 行 15 字，四周单边黑口居多白口夹杂，一叶双版式。框高 20.1 厘米，宽 12.3 厘米。书高 23.5 厘米，宽 14.4 厘米。活字特征：活印线、鱼尾缝、边框缝、暗界栏槽、活印痕、栏线弯曲、横排不齐。（图 3—7—14～图 3—7—19）

是书活印线众多，偶有倾斜的活印线，还有双活印线，即一叶有两条活印线。

5. 同治活字本《斗光度厄经 太阳真经》，半叶 6 行 14 字，黑口白口四周单边。框高 19.3 厘米，宽 11.7 厘米。书高 25.2 厘米，宽 14.3 厘米。活字特征：活印线、鱼尾缝、活印痕、栏线断续、横排不齐、小卡印痕等。

6. 晚清活字本《玉皇宥罪大忏》，半叶 6 行 13 字，白口四周单边。框高 22.2 厘米，宽 13 厘米。活字特征：活印线、鱼尾缝、边框缝、活印痕、横排不齐等。（图 3—7—20～图 3—7—21）

7. 光绪活字本《佛说高王观世音经》，半叶 6 行 15 字，白口左右双边。框高 20 厘米，宽 13 厘米，书高 26.4 厘米，宽 15.2 厘米。有句读。活字特征：活印线、鱼尾缝、边框缝、活印痕、暗界栏槽等。（图 3—7—22）

8. 光绪版《谌氏族谱》。书中少数书页有活印线。此外，书中有同一性、界栏槽、边框缝、边缘印痕等明显的活字特征。（图 3—7—23）

9. 康熙版《严陵张九仪增释地理琢玉斧峦头歌括》（简称为《地理琢玉斧》）。全书共 4 册，分为拨砂、鉴水、寻龙、点穴 4 卷，有大量插图。序言落款为：康熙辛巳仲春奉直大夫同知绍兴府事渔阳祖光佩题。跋的落款则是：康熙辛巳仲春望日门人陈綵。张九仪在《地理琢玉斧》的识语中有“殊原板字样细密，难于批阅，今特展开录之”的话语，大约表明该书为活版印刷。（图 3—7—24～图 3—7—25）

是书版式极为独特，一叶双版，每半页四周双边，9 行 20 字，无鱼尾，无界栏线。是书活字特征较为突出，其一是每页边框四角几乎都有明显的缝隙，即边框缝。其二是活印线横穿于许多书页之中，活印线穿破边框、文字，甚至穿破插图。此外，该书字体大小不一，字体歪斜，横排歪斜，缺乏行气，墨色浓淡不一。

10. 晚清活字本《福建高僧传》。半叶 13 行 28 字，小字双行同，四周单边。框高 22.5 厘米，宽 15.5 厘米。书高 28 厘米，宽 19.2 厘米。

是书开本阔大，活印线位置不固定。其他活字特征：有边框缝、界栏槽、金属栏线、活印痕等活字特征。

11. 晚清活字本《圣经集要》，卷十四《高上玉皇三教济世救劫宝忏》等。半叶 7 行 14 字，白口左右双边。框高 18 厘米，宽 12 厘米，书高 23.7 厘米，宽 14 厘米。

是书印刷质量较好，前面部分为硬体字，后面为软体字，栏线时有时无，活印线位置灵活。书中鱼尾缝明显，可见边框缝、界栏槽、浓淡不一等活版特征。

12. 光绪活字本《太乙救苦法忏》，光绪二十二年乐善堂印本。半叶 6 行 15 字，白口四周单边。框高 22 厘米，宽 12.6 厘米。书高 26.9 厘米，宽 15.6 厘米。

是书全部为软体字，排版质量较好。书中普遍有活印线，边框缝明显，可见界栏槽、小卡印痕、活印痕、浓淡不一等活版特征。

13. 光绪活字本《银河法忏》，光绪二十一年湖南乐善堂印本。半叶 6 行 15 字，白口左右双边。框高 22.3 厘米，宽 13.1 厘米。书高 27.4 厘米，宽 15.3 厘米。

是书均为软体字，字体较好，排版质量较高。书中活印线明显，且活印线位置多居中。是书普遍有明显的鱼尾缝，还有活印痕、边框缝、界栏槽浓淡不一等活版特征。

（二）“准活字本”的活印线

1. 清中期版本《济阴纲目》。武之望著，蜩寄藏板。10 行 25 字，白口左右双边。框高 19 厘米，宽 13.5 厘米。书高 26.6 厘米，宽 16.5 厘米。无界栏。是书普遍有活印线，另有鱼尾缝、边框缝、边缘印痕等活字特征。

2. 清晚期版《法国税则条款》。是书为《天津条约》之一。9 行 24 字，白口左右双边。框高 22.4 厘米，宽 15.1 厘米。书高 26.5 厘米，宽 17.1 厘米。有界栏。除了水平活印线，偶尔也有倾斜的活印线。此外，是书还有鱼尾缝、活印痕、边框缝等活字特征。

3. 康熙版《兰雪堂古事苑定本》。邓志谟编辑。9 行 21 字，白口左右双边。活字特征：活印线、边框缝、活印痕、鱼尾缝、浓淡不一等。

4. 清版《来瞿唐先生易注》。9 行 22 字，白口左右双边。框高 21.1 厘米，宽 13.8 厘米。活字特征：活印线、鱼尾缝、边框缝、活印痕、浓淡不一等。

5. 清版《太上说常清静经》。10 行 20 字，黑口左右双边。框高 18.6

厘米，宽 12.1 厘米。书高 24.1 厘米，宽 14.5 厘米。初看，是书初印本品相良好，字体独特精美，墨色浓黑，刷印精良，雕版无疑。细看，则发现有活字特征。一条细细的活印线，默默穿行字里行间。

如是雕版书，初印本不可能有拼合版痕迹。拼合版放置久了再印，因木板收缩，才可能出现一条拼合痕迹的白道子。这册《太上说常清静经》，精排精印，除了活印线，偶尔能看到界栏槽，末尾两叶有边框缝，综合判断，当是活字本。

笔者所藏清代版本中，许多书叶中都有活印线。上述所列，只是其活字特征更明显，更符合传统的活字鉴定方法。

笔者专门请教过国内图书馆的专家、古籍书店的师傅，以及一些有多年古籍藏龄的收藏界人士，他们都将活印线视为雕版中的“断版”现象。对于这种整整齐齐的“断版”，他们的解释有两种，其一是木板的断裂纹路所形成，其二是雕板不够大，由两块雕板拼合起来的。

五 拼合版现象

在存世的古代木刻板中，有一种特别的雕版，是由两块木板拼合起来的（极少数大型雕版由三块拼合而成）。（图 3—7—26～图 3—7—28）

古代的工匠先刨好两块木板，在两块板的衔接断面上分别仔细打孔，插入两三颗木钉，俗称枣核钉，将两块木板拼接起来，然后用木槌敲打，直至两块木板拼合得严丝合缝，再将木板两面的接缝处刨平，组成一块完整的长方形书版，然后再雕刻文字或图画。这种拼合而成的雕版，便是“拼合版”。

当然，拼合一大批雕版是相当费时的，且技术要求极高。由于年代久远，曾经严丝合缝的拼合版，如今看上去大都有一道裂缝，其中一些裂缝甚至已经相当明显。中国印刷博物馆所展出的古代雕版，就有几块属于拼合版。扬州广陵刻印社保留的清代雕版当中，有一部分是拼合版。笔者也藏有几块这种拼合雕版。

为什么古人不用整块木板雕刻，而要拼接木板呢？原因之一，可能是用来雕刻的木板主要是梨木、枣木、梓木等专用木材，有时板材太小，不能满足书籍的开本尺寸，而一时又找不到更适合的板材，不得不将一块块木板拼合起来雕刻。原因之二则可能是为了节约板材，将小块的木板拼接起来使用，以降低成本。

《古籍印本鉴定概说》一书中，陈正宏先生提到了拼合版："通常书版都是一块一块的完整的木板，但是由于刻印一部书需要数量较多的板木，为了节约木材，有些书版也用拼接的方法制作，常见的是两块狭长的木板横向拼成一块长方形的书版，中间以两三个木榫相连接。"①

笔者查阅其他文献资料，几乎没有见到有关拼合版的任何介绍。事实上，不仅许多古籍收藏者很少见到拼合的雕版，就连图书馆多年从事古籍研究的专家，以及古籍书店长年接触古书的老师傅，也很少见过拼合版。

拼合的雕版在雕版总数中占多大的比例，存世的雕版中有多少拼合版，这是一个未知数，也是一个很有趣的问题，相信以后会有人去进行专门的调查研究。

雕版之中拼合版可能只占极少数，因为在古代要收集通常规格的雕版木材，应该不会太难，事实上，除了枣树、梨树、梓树一类常用木板，还有许多木材都可以做雕版，一般来说没有必要去费力地衔接每一块小小的木版。

笔者注意到，古书中，特别是清代古书中，白道比比皆是。甚至有些巾箱版开本很小，也有白道。这类雕版原本就不大，实在没有必要去拼板。这些书籍中的白道子，显然不应该是"断版"痕迹。换句话说，这些白道子不是雕版痕迹，而是活版的特殊痕迹。

（一）拼合版的裂纹

雕版拼合版的裂缝，目前极少有人注意到，且不见有图片展示。为了叙述方便，笔者将雕版拼合版的裂纹简称为"拼合裂纹"。

拼合裂纹有几个特点：1. 笔直一条白道，穿破界栏、版心与边框，大多为水平方向延伸，少数呈倾斜状。或在两排文字之间，或穿破文字与界栏。这一特点，与活印线的特征大致相同。

2. 处在拼合裂纹线上的文字、界栏、版心与边框，尽管被穿破，但上下两部分墨色基本一致。

3. 被穿破的文字，视其拼合裂纹的宽度，文字比例有所拉长，上下两部分脱节。

4. 拼合裂纹的位置不固定，或在书页中间，或在上下两部分。

① 陈正宏、梁颖编：《古籍印本鉴定概说》，上海辞书出版社 2005 年版，第 148 页。

5. 同一册书中，有些书叶有拼合裂纹，有些则没有。裂纹或均匀分开，或一头细一头粗。有些拼合版变形较大，一头看不出拼合裂纹，一头裂纹则很明显。还有的书页中间看不出拼合裂纹，两头则能看出。

6. 雕版拼合版如系双面版，相邻的两叶纸张，其拼合裂纹往往处在书页的同一位置。但双面板在刷印过程中，如果一面印毕，发觉拼合裂纹太明显，用木槌敲打两下，再翻过来刷印，则另一面的拼合裂纹可能变细，甚至消失。

7. 由于部分书板干缩变形，导致拼接处出现偏移现象，印刷在纸张上，上下两部分有轻微的错位。

（二）有“拼合裂纹”的古书

笔者的藏品中，部分古书含有拼合版裂纹。

1. 清超大开本《六家文选》。梁昭明太子著，李善注。笔者所藏为卷第三十八，影宋精刻，字大如钱。11 行 18 字，小字双行同，白口左右双边。框高 24.5 厘米，宽 18.7 厘米。书高 32.7 厘米，宽 22 厘米。（图 3—7—29～图 3—7—30）

是书因开本阔大，整叶书版规格为 37.4 厘米×24.5 厘米，故而用两块木板拼合而成。该书是后印本，不是初印，不过，离初次刷印的时间不算太长。由于书板有轻微收缩，部分雕版拼接处产生了一道裂纹。这道“拼合裂纹”很细，宽的地方不过 1 毫米，裂纹两边墨色均匀，字迹、栏线和版心均清晰，无浓淡不一现象。

2. 明大开本《欧阳南野先生文集》。嘉靖精刻本，10 行 20 字，白口四周单边。框高 19.7 厘米，宽 15.3 厘米。书高 29.1 厘米。（图 3—7—31）

是书拼合裂纹较多，有的裂纹宽度达到 5 毫米。一些书页有均衡的拼合裂纹，有些书页只能看到一头有拼合裂纹。书中的拼合裂纹附近，墨色均匀。另外，书页中有清晰的断板现象，即不规则的木板断裂纹路。

3. 明版《资治通鉴纲目前编》。7 行 18 字，小字双行同，白口四周单边。框高 20.8 厘米，宽 14.6 厘米。

是书多有拼合裂纹，拼合裂纹两边，字体和栏线墨色均匀一致，见不到积墨现象。是书为双面雕版刻印，每两叶的拼合裂纹位置大致相同，偶有两叶拼合裂纹位置上下错开较多，当是双面板两面的版框位置并不完全一致所致。

特别值得一提的是，《资治通鉴纲目前编》天头部分的文字，不是雕版，而是活字，且是后来套印上去的。天头这部分文字的墨色与版框内的墨色有差异，且天头文字浓淡不一，有边缘印痕。

是书开本不算太大，书坊为了节约成本，先拼合雕版，再套印活字，旨在降低成本。

其实，一些相当于16开的明清古书，不少书坊都采用拼合版来雕刻。例如，笔者所藏一块拼合雕版，版心书名《丹桂籍》，框高19.5厘米，通宽28.2厘米，整个版框便略小于《资治通鉴纲目前编》。

六　活印线与拼合裂纹的区别

活印线与拼合裂纹有相同的特征：笔直一条白线穿破边框、文字、界栏与版心，多为水平方向延伸，有时呈倾斜状。但细细观察，活印线与拼合裂纹有明显的区别。

（一）弯曲与笔直

活印线多为水平直线或倾斜直线，但因捆版绳的缘故，线绳有时挂住字丁一角，便会弯曲，印在纸张上则留下弯曲的活印线。

拼合版无论水平拼接或是斜线拼接，拼接之处总是笔直的，通过枣核钉牢固拼合在一起，才便于雕刻。因此，拼合裂纹始终是笔直一条线，不可能弯曲。

（二）是否有参差印痕

活字版排版完毕，线绳横向捆绑，便凸出于版上。敷墨刷印时，如果不小心处理，凸起的捆版绳便容易成为一道分界线，一边墨色浓黑，一边则淡薄模糊，甚至墨迹缺损，形成典型的参差印痕。而活版作坊往往因赶时间赶进度，快速敷墨汁快速刷印，活印线两边的墨色明显浓淡不一，参差印痕突出。

而拼合版则不同，两块版面高度一致，拼合裂纹两边墨色较为均匀，一般不存在浓淡不一的参差印痕。

（三）积存墨汁与否

尽管捆版绳经过特殊处理，不易沾墨，但敷墨时，如果不小心谨慎，捆版绳底部的字丁上，便容易积存稍多的墨汁，刷印在纸张上，这些字丁就容易出现浓黑的痕迹，甚至模糊不清，墨色明显浓于其他字。同样的道理，活印线上的边框和界栏线，也容易出现积墨的印迹。

拼合版两块版面高低一致，拼合裂纹处，通常不会出现某个字墨色明显浓黑甚至模糊的现象，边框与界栏线也不会出现模糊一团的现象。

总之，活印线上一般都有因捆版绳凸起而带来的各种墨痕，拼合版裂纹一般都是一条“干净”的白道。

第八节　多管齐下，破译活字密码

五年前，一条小小的活印线，促使笔者开始探索活版鉴定的新路。活印线的发现，将改变活版鉴定的格局，而活印线的总结，尚未彻底完成。显而易见，活字版中普遍存在着活印线。但其形成的真正原因，尚待继续探讨。捆版绳只是其中的一种解释，但不一定是完全合理的解释，也不会是全部的阐释，或许不久的将来，便会有更合理的解释。

传统鉴定方法之中，断版裂版的误判产生了严重的后果。笔者痛切地感到，正是由于这条硬性规则，造成对断版现象的错误判断，导致活字本鉴定矫枉过正，从而淘汰了太多的活字本，致使中国活版印刷史长期“蒙冤”。现在，终于到了该正本清源的时候了。

同一性、活印线、界栏槽、活印痕、金属栏线、木纹边框、横排不齐等，可以说是古代活字本中暗藏的几套密码。多少年来，人们一直试图解开中国古代活字印刷的种种谜团，先贤们付出了不少心血，但由于方法不当，始终未能破译这些密码。

与传统的活字识别方法相比，笔者发现的系列活字鉴别方法更为方便快捷，容易掌握，可以使人一目了然。

具体说来，判断活字本可以从以下几个方面入手。

第一，观察边框。

判断一部书是否为活字本，可以首先从边框着手。先看边框有无同一性，可结合版心观察。再看边框有无界栏槽。如果偶尔见到边框有单槽或者双槽，或者小豁口，切不可轻易下结论。一定要看到它们有规律地出现，反复多次出现，才能确定为界栏槽。

如果边框粗黑醒目，可能是活版大黑框。如果是木纹边框，也很可能是活字版。如果横排不齐，同样可能是活字本。

第二，看活印线。

观察活印线，要注意以下几个方面。一是从整篇书叶的左右边框观察，大多在两边同一水平位置有断裂点。两边断裂处的宽度不一定相同。二要看两边断裂点之间的所有界栏、版心、文字和插图，是否被整齐切断。值得注意的是，有些活印线并不切断文字或插图。此外，并非每一篇书叶都有活印线，少数活印线呈倾斜状态。

第三，捕捉活印痕。

活印痕总是出现在书叶的空白之处，往往较为醒目。顶木印痕出现在一行的中间，夹条印痕则在两边，板末印痕往往在卷末。其他如边缘印痕、参差印痕、外围印痕等，都容易观察到。

第四，利用传统鉴定方法。

只要加以细心观察，大多数有活字密码的印本，都能找出活字的某些传统特征，如边框缝、鱼尾缝、字体大小不均、字体歪斜、墨色浓淡不匀、栏线时断时续等。将传统方法与笔者的新方法结合起来，就更容易判断各种活字本。

第四章

断版与笔划交叉现象

许多专家学者都认为：活字本不可能有断版现象，也不可能有笔画交叉现象；凡是有断版有笔画交叉现象的，就不可能是活字本。大多数文章和专著也持这种观点。其实，正是因为这两条硬性“原则”，导致活字鉴定出现重大失误。

第一节　活字本有“断版”现象

版本学中的术语“断版”，指的是雕版中出现的裂纹，即循着木纹弯弯曲曲出现的白道。李致忠先生的《古书版本鉴定》，对断版现象有较为详尽的解释：雕版印刷的书籍，特别是一书的后印本，常有粗细不同、走向不同等不规则的未着墨的白道子出现，这是雕版印书所特有的现象……每次刷印完了，书板收起多年，这就会因潮湿到干而发生裂板现象。这种书版再拿来印书，其裂缝处由于成了深深的口子而无法着墨，着了墨也印不出来。所以印制的书叶就出现没墨的白痕白道。这种白道是由于书版断裂而造成的，所以行话就称断版。依靠这些断版现象，非但可以用来判断一书是初印还是后印，可以用来判断两部书、三部书是否为同一版本，还可以用它来判断一书是雕版印刷还是活字印刷。①

笔者查阅的许多版本学著作，都认为断版现象仅仅是刻本中才会出现的一道道粗细不同、长短不均、走向不规则的未着墨的白道子。

其实，活字本当中，有时也会出现这种白道子。笔者所藏活字本虽不多，但也能找出一些“断版”现象。为便于区分，笔者将活版中的这种

---

① 李致忠：《古书版本鉴定》（修订本），北京图书馆出版社2007年版，第177页。

“断版”称为“活版裂纹”。（图 4—1—1～图 4—1—11）例如：

1. 民国活字本《朱氏麻科》，有“断版”现象。《朱氏麻科》书叶右边框有裂纹，伤及文字，活版裂纹较为明显。

2. 活字本《淮海堂祭礼录》一书，则有数处“断版”现象。边框开裂，裂缝将文字划开。

3. 活字本《巫氏房谱》，其中一叶边框上便有 3 处“断版”，左框 1 处，右框 2 处。因该书具有同一性，这一副有 3 处活版裂纹的边框在书中重复使用。

4. 活字本《刘氏三修族谱》，版心“两仪堂”三字为三连字，刻在同一块木条上。木条开裂，显出“断版”现象。《刘氏三修族谱》具有同一性，有裂缝的“两仪堂”字条多次重复使用。

上述活字本之所以出现与雕版相同的断版现象，笔者分析，原因大致如下：

其一，活版刷印时，纸张上附着有异物，诸如小纸屑、小木屑、毛发之类。有的异物恰巧附着于边框和文字之上。而刷印工人往往要赶时间，不曾注意到这些细枝末节。后来移动纸张，异物被抖落掉，印纸上便出现少许未着墨的地方，有的看上去恰似“断版”现象。

其二，大多数活字版的边框本身是木质的，由于长期反复使用，堆放当中不断产生碰撞，这些木质边框上面难免会留下各种划痕，甚至较深较粗的划痕，敷墨时不吃墨，印在纸上就是一条条白道子，看上去很像断版。

其三，活版的边框为木质边框，长期使用，不断浸泡，多次收缩，便会自然出现裂纹，印在纸上，也会出现裂缝，与雕版中的某些断版现象完全相同。如图 4—1—7 和图 4—1—8，版心鱼尾轻微破裂，便属于此类情况。有些木质边框本身有细微的裂缝，在刷印过程中被墨水泡胀，裂痕渐渐增宽增大，印在纸上，就跟断版无甚区别了。

其四，木活字版当中，字模和填充材料均为木质，有些会出现裂纹，印在纸上，其形状与雕版的某些断版现象一模一样。图 4—1—9～图 4—1—11，版心的连字模出现裂纹，便属于此类情形。

其五，印纸本身有褶皱，刷印后纸张被抚平后，便留下“断裂”痕迹，容易误为断版现象。如活字本《遁窟谰言》，许多书叶都有褶皱痕迹，看上去很像“断版”。（图 4—1—12～图 4—1—13）

第二节 “断版”概念应慎用

带有活印线的古书，以前通常都被认为是雕版而非活版。之所以被作为刻本，主要原因还是因为这些活印线常常被视为断版现象。

《中医古籍版本学》有这样一段话：由于雕板是整块的，因此，裂纹往往形成一根根线形空白。这些空白线既是判断雕版两书印刷先后或是否同版的重要依据，同时也是判断一书是雕版还是活字版的可靠依据。因为活字排版是拼接的，不存在断裂现象，即使边栏、界行或单个字有开裂的，也只能是局部现象，绝不可能在版面上形成长条线形空白。①

于断版的概念根深蒂固，导致活字鉴定中矫枉过正，致使众多活字本长期被埋没。其实，就断版现象本身来说，亦是十分复杂的。一些活字本的边框就有不少裂纹，看上去极像是断版。如笔者经眼的清末铅活字本《潜庐续稿》，在许多书页的边框都可以见到裂纹，这些裂纹不规则，有时还延伸到文字之中，与断版痕迹毫无区别。如果事先不知道其为铅活字，仅凭“断版”这条禁令，恐怕就会将其归入刻本之列。

张秀民先生也提到，“其实活字板中并非没有这种断裂痕，如乾隆末年活字本《京畿金石考》是木活字，所以会发生断裂，若是磁字就不会断裂”。②

断版现象一直是传统的活字鉴定中的硬性规则之一，用以判别非活字本。版本学界公认为，有断版、裂版的印本通通不是活字本。如此，很容易将活版的活印线视为断版，也容易将活版中的断裂现象误判为断版。

为此，笔者呼吁，在判断活字的过程中，要特别注意活版裂纹，“断版”概念千万要慎用。

---

① 吉文辉、王大妹主编：《中医古籍版本学》，上海科学技术出版社 2000 年版，第 110 页。

② 张秀民、韩琦：《中国活字印刷史》，中国书籍出版社 1998 年版，第 51—52 页。

第三节　活字本笔划交叉

在绝大多数版本学家及研究者看来，活字的笔划绝不会交叉，否则，就不是活字。许多书籍文章所列的活字鉴定方法，都明确指出：活字绝没有交叉现象。笔者曾仔细观察过一些活字本书影，发现笔划交叉现象确实存在。

从陆续收藏到的一些活字本当中，笔者找到了不少笔画交叉以及笔画侵占的活字，证实活字本确实存在笔画交叉或笔画侵占的现象，有的活字本甚至普遍存在这种现象。

而传统活字鉴定的“常识”，有两条最铁的原则，其一，活字无断板，其二，活字无交叉。殊不知，版本学家们的错误鉴定，却导致以讹传讹，后果之一，便是令古代活字本的种类和数量“锐减”，活版印刷退居于支流的可怜地位。

一　清代活字本笔划交叉

笔者反复观察，发现活字笔划交叉或笔画侵占的现象虽然不算很多，但也绝不是偶然出现。现以笔者所藏的部分活字本为例：

1. 光绪活字本《日用择吉便览》，牌记注明为活字本。红印表格中有多处笔划交叉或笔画侵占现象。“祭祀宜日”等也多次出现笔划交叉现象。如第 3 行“初七”之间，第 5 行“初六”之间，第 7、9 行“初七”之间，第 11 行“初九”之间，第 13、19 行“初六”之间；“十一月用”、“十二月用”之间等。（图 4—3—1～图 4—3—2）

2. 光绪活字本《礼仪便览》，版心注明活版。书中普遍出现笔划交叉现象。

3. 光绪活字本《梅溪梁氏享谱》。新序第 3 叶第 5 行：“今”、“诸”之间，第 4 叶第 6 行：“效”、“奔”之间。（图 4—3—3～图 4—3—4）

4. 光绪活字本《谌氏族谱》。第 300 叶版心：“敬”、“支”之间，第 302 叶版心：“敬”、“支”、“世”之间。第（页码缺失）叶左面：第 3 行“大”、“仑”之间。四田河公清门祭产第 2 叶第 3 行：“宝”、“竹”之间。四甲忠详公祭产会序第 10 行：“变”、“卖”、“获”之间。

5. 宣统活字本《字类标韵分韵撮要合编》，书中注明：广州学院前麟书阁活版。该书活字间笔划交叉的现象较为普遍。例如第 1 叶，第 1 行“字”、“汇”、“总”三字间，第 2 行“线”、“屑”之间，第 5 行“宾”、“禀”之间，等等。

6. 民国活字本《康氏族谱》。卷一第 1 和第 10 叶第 1 行：“汉”、“寿”之间，大字笔划侵占。（图 4—3—5）

7. 民国活字本《李氏族谱》。第六册第 1—24 叶：版心“侗”、“仁”之间左右笔划交叉。从这 24 叶版心来看，或许是临时专门刻制的组合字，并且刻制了数个这样的组合字。

8. 宣统活字本《改良上孟子集注》，牌记注明“排印”。是书多有笔画交叉现象，如第 1 叶第 4 行“将有”之间，倒数第 2 行“贤者”之间，倒数第 1 行“民攻之”之间，第 4 叶倒数第 7 行“养其父”之间，等等。

二　明代活字本笔划交叉

1. 《晏子春秋》

涵芬楼影印版，民国石印本，牌记注明：上海涵芬楼借江南图书馆藏明活字本影印。该影印版边框做过描抹等处理，看不到边框缝等特征，不过，书中字体歪斜，浓淡不一，栏线时断时续，活字特征依然明显。（图 4—3—6～图 4—3—8）

该书普遍有笔画交叉或侵占现象。仅以第 10—12 叶三叶为例：第 10 叶第 16 行，“安”、“简”之间，第 18 行“危”、“覆”之间；第 11 叶第 7 行“诛”、“赏”之间；第 12 叶第 1 行“随”、“其”之间，第 6 行“之”、“事”之间，第 10 行“之”、“为”、“请”之间，第 12 行“夫”、“昔”之间。

这几处笔画交叉，十分明显。其实，这三叶中还有一些虽不太明显，但也是笔画交织在一起的现象。

2. 《蔡中郎文集》

涵芬楼影印版，民国石印本，牌记：上海涵芬楼影印明兰雪堂活字本。目录注明：正德乙亥春三月锡山兰雪堂华坚允刚活字铜版印行。是书为著名的明代活字本。

书中多处有活字笔画交叉及侵占的现象。如序言第 1 叶第 2 行“汉”、“蔡”之间，第 5 行“门”、“答”之间，第 11 行“颂”、“替”、“述”之间；第 2 叶第 1 行“建”、“安”之间，第 7 行“元”、“年”之间；第 3 叶第 4 行“宗”、“庙”间，第 10 行“多”、“相”之间，等等。

除了上下活字交叉，还有左右笔画交叉及侵占的现象，出现在西行小字之间。如目录第 1 叶第 13 行“碑”、“碑”之间；第 3 叶第 10 行“君”、“碑”之间；卷一第 2 叶第 11 行“职与”之间；第 3 叶第 1 行“域”、“馁”之间等。

3.《高常侍集》

涵芬楼影印版，民国石印本，牌记：上海涵芬楼藏明活字本。书中偶有活字笔画交叉的现象，如卷二第 1 叶第 1 行“常”、“侍”之间，第 6 行“峰”、“携”之间；第 2 叶第 9 行“赠”、“崔”之间。

4.《渭南文集》

涵芬楼影印版，民国石印本，牌记注明：上海涵芬楼借江南图书馆藏明华氏活字本影印。书里偶见活字笔画交叉，如卷一第 3 叶第 2 行“声”、“教”之间，第 4 行“逾”、“盛”之间；卷十二第 13 叶第 1 行“寝”、“衰”之间，“或”、“传”之间；卷十七第 15 叶第 14 行“寿”、“膏”之间，第 18 行“楚”、“多”之间，等等。（图 4—3—9～图 4—3—11）

活字倒置：《渭南文集》卷三十一第 9 叶第 6 行，“嘉定元年十二月乙亥山阴陆某谨识”，其中，“识”字倒置。（图 4—3—12～图 4—3—13）明代祝允明曾为该书作跋文，对华理用活版排印《渭南文集》大加赞赏：“盖光禄华公活字新本，凡五十卷，视马考又过之。”

5.《太平御览》

万历活字本，11 行 22 字，白口线鱼尾四周单边。框高 21.2 厘米，宽 15.3 厘米。书高 27.8 厘米，宽 17.9 厘米。版心注明：宋版校正，饶氏仝板，活字印行壹百余部。

是书有活字笔画交叉及侵占现象。如卷六百九十九第 1 叶“览”、“卷”之间，第 9 叶第 12 行“览”、“卷”之间。（图 4—3—14）

三　馆藏活字本笔划交叉

此外，笔者在一些馆藏活字本中也发现有笔划交叉现象。

1.《纪载汇编》，国家图书馆分馆藏，书号 5129。牌记：都城琉璃厂排字本。第一册第 5 叶第 1 行：“大”、“宝”之间，第三册第 1 叶第 5 行

"戮"、"灭"之间，第四册第6叶第2行"镇"、"常"之间。

2.《明季稗史汇编》，国家图书馆分馆藏。牌记：都城琉璃厂留云居士排字本。卷二第18叶第5行："庙"、"康"之间，"继"、"之"之间，"旧"、"辅"之间。

3.《桂苑笔耕集》，广州中山图书馆藏，书号90/2.1，注明"高丽铜活字"。卷五第3叶第7行"日"、"新"之间，卷十六第1行"十"、"六"之间，第9叶第4行"蛮"、"之"之间。

四　西夏文活字版笔划相交相插

张秀民先生曾指出：新发现的《吉祥遍至□合本续》一书，也有字与字交叉的情况。有人根据字与字之间不能交叉，来作为区分雕板、活字的依据，是不全面的。[①]

史金波先生对西夏文中的某些笔划交叉现象，有详细解释。在谈到宁夏武威出土的西夏文《大方广佛华严经》时，史金波先生说：……其中"大方广佛华严经契卷"9字，上下字之间有相交相插现象……第三行译为……这两行字上下字之间也有相交相插现象，字体和文中的活版字不同，而与第一行前9字相同。这三行中出现的非活字版现象是饶有兴味的。原来此种《大方广佛华严经》有80卷，每卷卷首的经名、译者和校者都相同。聪明的西夏人便把这些每卷都不变的字制成一块大活版，排版时整个嵌入版中，等于一次拣排几十个字，然后再将各该卷的数目字以活字排上，前三行就这样十分便捷地排完了。这种以字为单位的活字版中加有大块的木雕活版，是活字版印刷在一种特殊条件下的灵活运用。[②]

从上述两段话可以看出，西夏活字版中确实存在行字笔划交叉的现象。笔者对西夏活字版素无研究，不过，史先生所说活字版加大块雕版的现象，在汉文活字本当中，也同样存在。

例如，某些活版家谱的标题相同，内容不同，拆版时，相同的版心边框保留，相同的标题也保留，只更换不同的文字内容。这样，版心、边框

---

① 张秀民、韩琦：《中国活字印刷史》，中国书籍出版社，1998年版，第105页。

② 史金波、雅森·吾守尔：《中国活字印刷术的发明和早期传播——西夏和回鹘活字印刷术研究》，社会科学文献出版社2000年版，第53页。

和标题均具有同一性。笔者所藏《康氏族谱》中，就反复出现这种标题活字固定的现象。

又如，一些活版家谱的标题往往不用活字排，而用一条雕版字替代。同一副活版排印，这条雕版字便反复出现，也具有同一性。

五　笔画交叉原因解析

少数活字本当中，时不时会出现相邻文字笔画交叉的现象，大多为上下交叉，亦有左右交叉的情形。活字本为何会出现笔画交叉的现象呢，目前仍是一个谜。

按常理来看，活字字丁如同印章，如同麻将牌，可以近距离排列，可以紧贴在一处，但两个字丁的笔画不可能相互交叉。

既然传世的一些活字本当中，确实存在着相邻文字笔画交叉的现象，说明坊间存在着某些特殊制作法，所制作的活字字丁并非是上下规格一致的立方体，而是不规则的异形活字丁。

笔者推测，这种异形活字丁，不是正立方体，而是锥形方体，即 V 型字丁，或变化立方体，即 T 型字丁。无论是何种字丁，其顶部有文字的截面，皆略大于底部的截面。两个异形方体靠在一起，两个底部之间会出现间距，但如果两个异形字丁顶部被镂空，笔画便有可能相互交叉。顶部相互咬合，底部的距离便有所接近，甚至紧紧贴在一起了。

顶部的文字，笔画之外的空白处被切去，笔画之间便形成空隙。相邻的两字，笔画若恰呈鸳鸯形态，如"大"与"小"上下排列，"小"便可挤进"大"的空隙之中，呈犬牙交错之状。而这种鸳鸯形态，在相互两个汉字中出现，比例是非常高的。

韩国学者曹炯镇在《中韩两国古活字印刷技术之比较研究》一书中曾指出：早期朝鲜活字是不规则的，所印书有字与字重叠现象，而那时的印书方法是将活字植入蜡中固定的。艾俊川先生在《谈活字本的鉴定——以排印工艺特征为中心》一文中提到，北京大学图书馆刘大军先生指出，这种朝鲜活字不同于我们常见的长方体活字，其形状不规则，是随形的，遇有两字笔画互补，就容易发生交叉。①

① 艾俊川：《谈活字本的鉴定——以排印工艺特征为中心》，《文津学志》（第三辑），北京图书馆出版社 2010 年版。

中国古代的活版印刷，没有统一的规范，风格不统一，更不存在相互观摩和技术交流的情况。活字字丁如何制作，用何种材料制作，制作的型号标准，都是各地作坊的商业秘密，通常不会外传。活字作坊之间，相互封闭，偶尔或有偷师学艺的情形。

有些坊间制作精度较高，不论是雕刻的木活字、陶活字和金属活字，还是铸造的陶活字或金属活字，字丁规范，即同种型号的活字丁，长宽均一致。排活版时，直接紧密排列，布满一行就行。有些作坊较为讲究，一字一间隔，多使用小木块等间隔材料，拉开字距，保持版面的美观。这样的活字作坊，所印刷的活字本便不可能出现活字交叉现象。

有些活字作坊技术不过硬，制作不规范，所造的活字丁规格不一。例如，雕刻的木活字，宽度大体一致，但高度则不一致。因汉字的笔画悬殊很大，比如“一”和“讚”字之间，笔画相差悬殊，雕刻出来，就有了明显的个体差异：“讚”字不免会超出通常的规格，个头要膨大一些，而“一”字的个头则会略小于通常规格。像这样因字体的大小不一，一行字从上排到下，难免有时候可能装不下，有时候又可能装不满。因每一行的字数，每一叶的行数，都必须依照原稿排版，作坊不可能自作主张。若一行字装不满倒好办，拉开字距，填充木块竹屑就行。若一行字装不下，便是个大麻烦。

木活字若装不下，还可用刻刀削去多余的部分，临时“瘦身”挤进去。而一些铸造的陶活字和金属活字，“身板”十分硬朗，要“瘦身”却不易。为了解决此类问题，一些活字作坊所采取的方法之一，便是制作异形活字丁。

由于异形字丁有缝隙，有空间，装不下时，相互挤一挤，就能缩小间距，有效解决排版问题。这样，某些字丁的笔画刚好能挤进相邻的缝隙，便形成了活字笔画交叉的现象。

以上活版笔划交叉原因分析，推测的成分居多。各地作坊五花八门的刻字和铸字技术不一，排版和固版方法各异，必然还有其他一些具体原因，留待以后继续探讨。

第 五 章

活字整版

第一节　明代活字数量探秘

笔者藏有一套上海涵芬楼影印的明代活字本《晏子春秋》。这两册明代活字缩印版，存在着一大毛病：边框全部作过修正描抹处理，难以观察原书的活版边栏结构。（图 5—1）

当年，编者为了书籍的销售，给古书照相之后，将原件模糊的边框一律涂黑，统统将四角拉直，看上去既“清晰”又“美观”，无意中极大地破坏了原貌，严重干扰了活版的研究。

更有甚者，某些图书馆的工作人员出于好心好意，将善本书模糊或断裂的边框、栏线等仔细涂抹，统统补齐，这种“善意”的举动恰恰是对活版研究最大的破坏！时至今日，这种破坏仍在继续！

记得前两年在某图书馆看到，一位年轻的技术人员将古书拆卸，用电子设备对每叶古书扫描，然后做修正，将四角框得整整齐齐。其实，不论是雕版还是活版，很多古书四角一般都不会是垂直九十度精确，这正是古老的手工印刷的可贵之处。

尽管明活字本《晏子春秋》的边框被动了手脚，但并不妨碍笔者观察该活字本的版心和版面。一番仔细观察之后，笔者惊奇地注意到：《晏子春秋》不具备活版同一性。

活版的同一性，系指一种活字本，在边框、版心、文字、版面等方面，具有完全的一致性，是由同一副乃至数副活版排版并印刷而成。

《中国古籍善本总目》史部第 395 页，著录《晏子春秋》为明活字印本，清丁丙跋。是书今藏于南京图书馆，旧为海盐马玉堂、丁氏八千卷楼所藏，有“笏斋珍藏之印”、“古盐马氏”等藏书印。

晏婴为春秋时齐国大夫，历仕灵公、庄公、景公三世，长于辞令，主张诛不避贵，赏不遗贱，反对厚赋重刑。《晏子春秋》系后人依托采缀其言行而成。

笔者所藏《晏子春秋》为涵芬楼影印版，共两册，首册 95 叶，二册 85 叶。从全书的字体风格来看，应有两种不同的风格。首册 1—9 叶，第二册外篇 1—6 叶，这 15 叶的风格与其他书叶差别较大，一是栏线整齐，二是笔画交叉现象比比皆是。以第一叶为例，目录部分第 1—9 行，每行都有笔画交叉的文字，正文 9 行当中，每行同样都有文字笔画交叉。其他书叶虽然也有笔画交叉的现象，但远远没有如此普遍。另外，其他书叶栏线时断时续，文字歪斜，浓淡不一，活字特征十分明显。而这 15 叶，活字特征则不明显。由于涵芬楼影印版的边框及四角作过处理，笔者未能目测原版，不敢妄断。凭直观，递修版的可能性较大。

《晏子春秋》是明代活字本，却不具备活版同一性，每一版排版完成刷印完毕，并不拆版，而是整版保存以备再印。活版整版保存，必然要求活版作坊的活字库存量十分庞大。因而，研究《晏子春秋》一书的活字字丁数量，便是一个十分有趣的新课题。

《晏子春秋》半叶 9 行 18 字，180 叶，除去一些空白行，全书共计约 5 万余字。书中常用字不过数千字，而某些字却频繁出现，如“晏”、“子”、“景”、“公”，等等。具体来说，每叶版心均有“晏子”二字，这两个小号字出现在 180 叶中，个个字形不同。而书中大号字“晏子”，几乎每叶皆有，且不止一处，则全书中的大号“晏子”二字，数倍乃至十多倍于书叶之数（180 叶），即“晏子”二字有上千之多。但因不具备活版同一性，上千的“晏”、“子”当中，却没有体貌完全相同的字。

《晏子春秋》中“公”字亦数量众多，笔者粗略统计，第一册中，“景公”二字出现 253 处，第二册里“景公”出现 162 处，两册合计 357 处（不包括另外 15 叶 58 处）。书中除了“景公”二字，还有“公”、“庄公”、“灵公”、“鲁昭公”、“晋平公”等，因此，全书中“公”字之频密，乃数倍于“景公”之数（415 处）。因不具备同一性，书中的“公”字，体貌长相均不一致。

除此之外，《晏子春秋》中一些常见字亦数量庞大，如“一”、“十”、“人”、“也”，等等，尤其以“之”字为最。书中每叶均有数个乃至十多二十个“之”字，如第二册第 35 叶有 24 个“之”。全书的“之”字之多，当为书中之冠。然而众多的“之”字中，却没有两个是完全相同的。

第二节　活字整版比雕版更经济

明代活字本《晏子春秋》无活版同一性，说明该书不是即印即拆，而是活字整版保存。所谓活字整版保存，是指一副活版刷印完所需数量，并不拆版，而是像雕版的版片一样，保存起来，便于以后随时刷印。

读者不免会提出疑问：既然要整版保存，还不如干脆采用雕版，何苦又要费事地使用活版呢?!

其实，这里面有两方面的原因，其一，活版比雕版快捷，其二，活版比雕版经济。

一　雕版与活版速度对比

一般而言，雕版有大号、中号和小号三种字体。所谓大字本，字大如钱，即指 16 开本以上，每行字在 15 字以下的印本。此类大字体，雕刻起来相对容易，雕刻速度较快，但每叶刻不了多少字，雕版耗材甚多。一般的长篇大著多在序跋中使用大字，正文则用中、小号字。只有少数讲究的版本，少数有经济实力的人，才全部使用大字刻书。

中号和小号字，往往在雕版中交替使用，雕刻速度相对较慢，小号字通常是双行，尤其雕刻速度缓慢。根据刘尚恒先生在《徽州刻书与藏书》中所言，明代刻工每日大约能刻一百十多个字。这个数字未注明是指雕刻中号还是小号字，大约是对中、小号字混合而言。

一叶雕版通常有数百字，一个刻工往往要数日才能雕刻完一块版。一部古书常常有数万数十万字，需要多名刻工日夜不停雕刻，动辄要数年十数年才能雕刻完毕。

然而，雕刻数十万单个的活字，需要的刻工可大为减少，可节约大量的人力，因为雕刻单独的活字，比刊刻雕版要快得多。而这一现象，却极少被注意到，几乎没有文献资料提及，雕刻活字快过雕版。

事实上，一叶雕版往往有栏线，有边框，有版心，甚至有句读有符号(插图本除外)，雕刻时既要顾及左右栏线，又要照顾上下文字，下刀就得格外细心，稍不留神，便会切掉邻字的笔画。刻工只能一小刀一小刀，慢慢刻字。因此，必须要有经验的熟手才能刊刻。

而活字的字丁，事先锯成单独的小木方块，紧紧夹在刻盘上，就像雕刻印章一样。在单独的方块上刻字，没有栏线和邻字，不受格外约束，下刀容易，且刻盘可来回转动，极为方便。因此，刻一个活字的用时，比雕版刻一个字的用时少得多。一个刻工每天可雕刻数百个活字，效率数倍于雕版。

二 雕版与活版费用对比

雕版对板材要求颇高，只能使用质地均匀、易于刊刻、干湿收缩度不大的木材，诸如梨木、枣木、梓木等。像松板一类的木料虽质地软、纹理顺，但所含树脂过多，容易翘曲变形，不适于雕版。如果板材规格偏小，还得将两块板拼合起来，尤其费事。因此，一部著作付梓，需要大量上等板材，耗资巨大。一些精美考究的版本，光是备料，就得耗时若干年。

活版则不然。刻制单个的木活字，不需要大型板材，甚至不必一定要梨、枣、梓木，硬度适中的木料均可制作活字丁，因其体积小，几乎不存在曲翘变形的问题。只要有足够的储字柜，按照声韵分门别类存储，雇佣三五个刻工，每日便可产生大量的活字。

活字的数量有了保障，排版印刷就容易了。有三两个排字工，每人每天各自完成若干副活版排版，交由印刷工刷印，印毕装订成册，活版则保存在库房，以备随时再版印刷。如此，便完成了活版制作的流程。而制作活字本的费用，则毫无疑问大大低于雕版。正是由于低廉的成本，高效的产出，古代许多作坊才用活版替代雕版，赢取经济效益。

笔者还藏有上海涵芬楼影印的明代活字本《蔡中郎文集》、《渭南文集》和《高常侍集》，另有明活字影印本《孟浩然集》。这几种明代活字缩印版，均无活版同一性，说明它们都是活字整版保存。

第三节 活字整版保存实证

一 明代活版整版保存

（一）《太平御览》活字整版保存

笔者曾借来书友杨天德先生的一册明活字本《太平御览》（卷六百九十九—七百二），反复观察仔细研究。是书乃万历活字本，11 行 22 字，白口线鱼尾，四周单边，框高 21.2 厘米，宽 15.3 厘米，书高 27.8 厘米，宽 17.9 厘米。该册书共 4 卷 38 叶，版心注明：宋版校正，饶氏仝板，活字印行壹百余部。（图 5—2～图 5—3）

粗观此书，边框缝明显，行字歪斜，浓淡不均，有木纹边框，活字特征明显。仔细观察版心、边框和版面，却发现该书并无活版同一性。

既然无同一性，说明活字本《太平御览》并非即印即拆，而是整版保存。一千卷书，每卷按 9 叶计，也要 9，000 叶，总字数近 500 万。如此巨量的一部书，全部整版保存，说明几个问题。其一，该作坊实力强大，既有很强的经济实力，也有足够宽大的库房存放活版。其二，该活版作坊活字的库存量庞大，才能应付如此巨大的排版量。其三，说明制作一千卷的活版，比一千卷的雕版更为经济快捷。

查阅资料，明万历二年（1574 年），福建建阳游氏印《太平御览》一千卷，书中注明：宋版校正，福建游氏梓制活板，排印一百余部。又注：闵中饶世仁、游廷桂整摆，锡山赵秉义、刘冠印行。张秀民先生对此书颇为称奇：奇怪的是这两部书不在建阳印，而在江浙印，可见他们的工作流动性很大。

（二）《渭南文集》活字整版

笔者藏有影印明活字本《渭南文集》，牌记注明：上海涵芬楼借江南图书馆藏明华氏活字本影印，前有吴宽序文，后有祝允明及华珵跋文。（图 5—4）《中国古籍善本书目》显示，国家图书馆藏有此书。《中国国家图书馆古籍珍品图录》录有此书影，著录为：明弘治十五年（1502 年）锡山华珵铜活字印本。

然而仔细观察，发觉涵芬楼影印本与国图藏本虽大体一致，却不是同一版本，其中一些字丁的笔画略有不同，甚至文字亦有异。如卷一首页第 5 行，“天子”二字，国图所藏则为“夫子”。《活字本的源流与鉴定》一文中，刊登了南京图书馆所藏《渭南文集》卷十九第 18 叶的照片，则与涵芬楼影印版完全一致。南京图书馆便是江南图书馆的前身，目前尚未见到任何资料谈及此活字本有两种版本，不知是否华氏印完拆了版，后来又重新排版刷印此书，抑或是其他书坊以活版翻刻所为，有待以后研究。

不过，《活字本的源流与鉴定》一文提到的“泉”字重影，涵芬楼版则没有重影。一些活字本中，少数文字有重叠印痕，但并不能说明就一定是活字松动的现象。因为，雕版书叶中亦有同样的情形，常常可见到文字的重叠印痕。究其原因，乃是刷印时不小心，纸张偶有移动时所致。笔者在南京金陵刻书处观摩时，就亲眼见到，女工刷印雕版时，一不留神，纸张局部移位，印纸上便出现了重影。

涵芬楼影印本《渭南文集》，大部分书叶的边框做过描抹，好在还有一小部分保留了活版书的原始状态，边框缝隐约可见，某些字丁与下框间的参差印痕亦清晰可见。如卷一第3叶，“教”、“奔”、“惟”等字，与下框所对应之处，均有凹痕，显示出文字与边框之间有明显的参差印痕。另外，此书墨色浓淡不一，栏线断断续续，偶有字体歪斜，且有个别字倒置，活字版无疑。卷三十一第9叶第6行，“嘉定元年十二月乙亥山阴陆某谨识”，其中，“识”字倒置。明代祝允明所作跋文中，对华理用活版排印《渭南文集》大加赞赏：“盖光禄华公活字新本，凡五十卷，视马考又过之。”①

笔者详细观察影印本《渭南文集》，发觉版心、版面和边框均无同一性，也就是说，该书并非即印即拆，而是活字整版保存。全书共50卷12册，半叶9行17字，每叶约300字，每册70—80叶不等，平均以75叶计算，则12册×75叶×300字＝270000字。如此，《渭南文集》全书约27万字。

《渭南文集》并未注明是铜活字，盖因华氏向有“活字铜版”，故而人们认为该书是铜活字或金属活字。试想，将27万颗铜活字排入活版，长期保存，无法用铜活字排印其他书籍，长期挤占资金，对于书坊来说，无异于停业。因此，笔者大胆推测，华理的书坊应当有多套活字，除了木活字以外，可能还有陶活字和金属活字，可以轮番排印书籍。不具备活版同一性，说明《渭南文集》并非铜活字，也不可能是金属活字，而以木活字的可能性最大。

二　清代活版整版保存

笔者所藏清代活字本中，《明季南略》、《逆臣传》、《芳坚馆题跋》和《礼仪便览》，分别在牌记、序言和版心中注明为活字本，具有明显的活字特征。

---

① 《渭南文集》，上海涵芬楼影印本，第十二册末。

例如，《礼仪便览》目录中有“吉礼拜千”一篇，但从卷一 12—31 叶，版心中分别出现“吉礼拜千”、“吉礼拜干”、“吉礼拜于”，因为“千”、“干”、“于”三字形状相似，该书活字排版时，便混为一团。三个字不仅在版心相混淆，在版面文字上也混用。如果是雕版，便不会出现这般普遍的文字混乱现象。

《明季南略》、《逆臣传》、《芳坚馆题跋》和《礼仪便览》均为活版书，但这几种活印本却不具备同一性，无论边框或是版心，每叶均不同。这就说明一个问题，这些活版并非印毕即拆版，而是整版保存起来，以备将来刷印。

笔者收藏的宗教书籍当中，《佛说高王观世音经》、《皇极会归宝忏》、《玉皇宥罪大忏》、《斗光度厄经 太阳真经》、《圣经集要》、《太乙救苦法忏》、《银河法忏》等活字本，版心和边框均无同一性，说明其为整版保存的活字版。

例如，《皇极会归宝忏》，光绪活字本，半叶 6 行 15 字，四周单边，黑口白口夹杂，一叶双版式。活字特征：鱼尾缝、边框缝、活印线、界栏槽、活印痕、栏线弯曲、横排不齐。是书无同一性，并非即印即拆，而是活版整版保存。

这种可以长期保存的活字版，这种替代雕版的活版，笔者称之为“活字整版”。

三　活字整版出现于宋元时期

迄今为止，很少有版本学方面的文章提到活字版可以长期保存，几乎没人研究过活字整版。

仔细研读沈括的《梦溪笔谈》，颇有意思：先设一铁版，其上以松脂蜡和纸灰之类冒之，欲印则以一铁范置铁板上，乃密布字印，满铁范为一板，持就火炀之，药稍镕，则以一平板按其面，则字平如砥。[①] 其实，沈括所描述的最初的活版，存在着两种可能性。其一，即印即拆，便是人们熟知的活版情形；其二，印毕不拆，继续保存，随时更正并再版，直到若干年后，不需要再版时，再行拆版。这种情形，便是活字整版。

到了元代，王祯更是在《造活字印书法》一书中，具体介绍了活字整

① 张秀民、韩琦：《中国活字印刷史》，中国书籍出版社 1998 年版，第 2 页。

版的应用：后世有人别生巧枝，以铁为印盔界行，内用稀沥青浇满，冷定，取平火上，再行煨化，以烧熟瓦字，排于行内，作活字印板。为其不便，又有以泥为盔界行，内用薄泥将烧熟瓦字排之，再入窑内烧为一段。亦可为活字板印之。[①]

王祯这段珍贵的文献，所记录的两种活字版，实际上相当于雕版，可以长期保存，随时刷印。

第一种，铁盔＋沥青＋陶活字。沥青热胀冷缩变化大，这种活字版暑天易变软，冬天易龟裂，所以只能在春秋两季刷印。刷印时若活版有所变形，可在火上再行煨化，对整版或局部作相应调整。若刷印了众多版次之后，不再需要长期保存，又可将活字版放置火上煨化，取出活字，重新排印新版。

第二种，泥盔＋薄泥＋陶活字，排版完毕，入窑烧成陶版。这种烧制的陶活字陶版，可以随需随印，长久保存，是实实在在的活字整版。

徐忆农女士认为：这种方法是以活字制成整版，如果不再拆开，就克服了活版不能留整版的缺陷，此记录或许对后世泰山瓷版和吕抚泥版印刷有某种启发。[②]

有人认为，从原文上下文来看，王祯所说的沥青活版，肯定是即印即拆，不会长久保留。而所谓泥盔＋薄泥＋泥活字的活字版，仍不是为了长期保存，而是用毕再打碎泥盔，取出活字再排印，并非是活字整版，而仍属于即印即拆的活版。

于是，有人据此而实验，烧制了这种泥版，结果很难把经过烧制的“薄泥”从陶活字字丁上剥离下来。即使剥离出来的陶活字，自身往往也被搞坏，无法重新排版。

潘吉星先生指出：用含黏土的一般细土作的稀泥为粘药，泥活字植于泥制印版上，将整版入窑内烧固。用毕，打碎泥版，取下活字再用。这种方法看似经济，但可行性不大，从技术上判断是行不通的。我们不认为将活字版整版逐块入窑烧造是合理的，因而这种方法无法推广。没有证据显示王祯或其他人实践过这种方法，故其所述或出于误传。[③]

① 李致忠：《古书版本学概论》，北京图书馆出版社 2003 年版，第 74 页。

② 徐忆农：《活字本》，江苏古籍出版社 2003 年版，第 17 页。

③ 潘吉星：《中国金属活字印刷技术史》，辽宁科学技术出版社 2001 年版，第 36 页。

不过，王祯所描述的，当是有所依据，不至于杜撰。只不过王祯的描述是为了铺垫其后的木活字版，并没有详细阐明这种烧制的泥版是相当于雕版的活字整版。因此，这种入窑烧制的活字版，应该属于活字整版的一种。因为实践证明，烧制成陶版之后，再来拆版，再来修整一个个字丁，一是很麻烦，二是容易将字丁损坏。

王祯所记录的，仅是宋元时期所出现的活字整版。其使用的地域、使用的时间、使用的效果等，均无从稽考。不过，活字整版出现在宋元时代，是极有可能的。因为，到了明代，官府已经在公开使用活字整版了。

《利玛窦中国札记》对此有记录。这部由耶稣会传教士利玛窦写作于明万历时期，由金尼阁整理的历史巨著，于1615年首次在德国出版。书中详细展现了明朝社会与生活的真实画卷。殊为可贵的是，利玛窦在介绍明代中国的政府机构时，专门提到了明朝官府使用的活字整版：

“至于一般的大臣则分为两个明显的等级。第一等也是更高一级的是在朝廷里主管各部的大臣，他们被看作是治理整个国家的典范。第二等包括各省的全部大臣或省长，他们治理一个省份或一个城市。有五六大本全国政府官员的花名册，刊载有这两等中的每一个大臣的名字。这种花名册在全国都有出售。他们不断在修订，在皇都北京每月订正两次，由于印刷是用特制的活版，修订并不困难。全书内容只包括整个政府各部官员的姓名、地址和品级。如果要使花名册保持及时更新，就必须经常修订。”①

这段记载显示，官府使用特制的活版，每月两次修订政府官员花名册。试想，每月修改两次版本，大量刷印，是不可能采用雕版印刷的。所谓“特制的活版”，应当是指活字整版，既可长期保存，又可在需要的时候，更换部分活字字丁，重新刷印。

从上述各种记载来分析，明代这种特制的活版恐怕不需要入窑烧制，因为烧制的陶版增减字丁十分困难。或许是采用木活字整版，或许是其他材料其他方式。总之，选取适当材料的活字，使用适当的介质，制作成活字整版，随时更改，长期保存。

关于活字整版，清初王士祯《池北偶谈》有一段话可作参考：

---

①［意］利玛窦、金尼阁：《利玛窦中国札记》，何高济等译，广西师范大学出版社2001年版，第36—37页。

益都翟进士某，为饶州推官，甚暴横。一日集窑户造青磁《易经》一部，楷法精妙，如西安石刻《十三经》式，凡数易然后成。[①]

有研究者认为，翟氏在饶州景德镇烧制的青磁《易经》，应当是陶活字版。有学者认为陶活字版的说法有些牵强，是磁版的可能性更大。

活字整版之例证，还可参考叶德辉先生《书林清话》中一段颇有意思的记载：

昆山吴大有印《小字录》不分卷，见《黄记》。云“陈思纂”次一行后，有“昆山后学吴大有校刊”一行。《瞿目》云，“吴郡孙凤以活字本印行，此板后归昆山吴氏”。于“陈思纂”次一行添出“昆山后学吴大有校刊”一行，书中剜改之迹显然。按瞿说非是，活字印本随聚随散，安有以板归人之理？此明为两人，一以活字印行，一即据活字本重刊。瞿误以二本为一本耳。[②]

叶德辉先生认为，“吴郡孙凤以活字本印行，此板后归昆山吴氏”，乃瞿氏之谬误。笔者以为，如果反过来看，活字整版当时就存在，瞿氏之记载无误，实乃叶德辉先生之误会，也不无可能。历史上，曾有过泥版印刷方式，能保持活字整版的风格。但是否与昆山吴氏的版相同，尚无可考。

瞿冕良先生在《中国古籍版刻辞典》中，对“泥版”一词有两种解释。其一，即泥活字本。其二，在活字排印基础上发展的一种印刷技术，1804 年由英人斯坦荷普（Earl of Stanhope）所创造。其法以泥复于排成活版之上压成阴文，以铅等混合金属熔浇其上，即成阳文铅版，用以印刷大部头书，既免活字不敷应用之弊，重印时又不须重排。我国澳门之花华圣经书房（1844 年设立）、上海市林西报馆、著易堂及申报馆初期印刷，亦用此法。[③]

李致忠先生认为，斯坦荷普的发明不是泥版，而是泥模铅版。真正用泥制版来印书，始自清雍正末年至乾隆初年的吕抚。

---

① 李致忠：《古籍版本知识 500 问》，北京图书馆出版社 2001 年版，第 32 页。

② 叶德辉：《书林清话》，中华书局 1999 年版，第 203 页。

③ 瞿冕良：《中国古籍版刻辞典》，齐鲁书社 2000 年版，第 391 页。

第四节　活字整版的可行性

王祯《造活字印书法》所介绍的活字整版，在制作中必须解决两大问题，一是要铸造大量的活字字丁，二是解决烧制陶版的技术问题。

要制作活字整版，势必要制作数量浩大的字丁，不过，大量重复的字丁铸造起来相对容易。

潘吉星先生指出：实际上毕昇胶泥活字原料是烧制陶器用的一般黏土，是大自然提供的现成原料，廉价易得。烧制胶泥活字以前，需首先选好黏土，晒干后捣碎、过筛。加水制成泥浆，过滤、沉淀后得到细泥，半干后捣细，以模具制成形状及大小一致的泥坯，即烧固前的活字块，呈可塑状态。①

潘吉星先生还介绍了制作胶泥活字的两种刻字方法：一是用刀直接在泥块上逐个刻出阳文反体字，但相当费工费时；二是先在木块上刻出阴文正体字作为母模，再像盖图章那样将字模按印在泥坯上，形成含阳文反体字的泥字块，操作简便、迅速。实践表明第二种方法切实可行。②

制作胶泥活字，粘土消耗虽多，却比耗费木材省钱。可以肯定，用胶泥活字整版制作一部书，跟木板雕刻一部书相比，在时间和费用上，前者更胜一筹。此外，在长期保存方面，陶活字整版亦比木质雕版具有明显的优势：不怕虫鼠咬，不怕潮湿霉变，不易曲翘变形，不会轻易破裂。因此，用活字整版替代雕版是完全经济可行的。

古代陶活字烧制技术方面，从无文字记载，一直是个谜。张秉伦先生和刘云先生在《泥活字印刷的模拟试验》一文中写道：罗振玉以为泥字不能印刷，胡适以为火烧胶泥作字，似不合情理……为了掌握温度，我们是把阴干的泥活字放在马弗炉中加以焙烧的，其烧成温度为600℃，结果所有泥活字无一开裂现象，也不像一般人所想象的那样“非常脆弱，一触即破”，而是个个“坚贞如骨角”。那末，经过600℃高温焙烧的泥活字能否进行印刷呢？为此，我们用自制的泥活字按毕昇遗法亲自进行了排版印刷试验。结果证明，并无“泥埏体粗”、“字迹模糊”的现象，而是黑色均

① 潘吉星：《中国金属活字印刷技术史》，辽宁科学技术出版社2001年版，第20页。

② 同上书，第20—21页。

匀、字体清楚，不乏赏心悦目之感。[①]

如此看来，王桢所载入窑烧制陶活字整版，技术上可行，宋元时期已经开始流行了。明代官府所印政府花名册，可能已对活字整版进行了技术改造，不是采用烧制泥版，而使用木活字整版了。这种方法一直延续到清朝。

木活字整版保存，一般来讲，有两种可能性。其一，每隔一定时间需要再版，再版时需要不断更新内容，例如家谱、方志一类，不宜刻雕版。其二，成本低于雕版，活字整版保存更加经济。

雕版的寿命，大约可刷印两万多次，但每次以刷印一二百份为宜，阴干后再用。若保存得当，可使用一百多年，甚至数百年。活字整版保存，一样可使用数十年甚至上百年，而成本则明显低于雕版。

扬州广陵古籍刻印社所研制成功的活版，许多都是整版保存。例如，其木活字版上，增加一块木板做盖子，便可以堆放一层层木活字版，能很好地保护活字版。这种方法其实很简单，并不会增加多大的成本。（图5—5～图5—7）

古书以红印本蓝印本为贵，广陵刻印社标新立异，采用不同的颜料刷印不同的活版，例如，陶活字版（泥活字版）用红色，铜活字版用蓝色，木活字版用黑色，所刷印的线装书籍古色古香，鲜艳夺目，惹人喜爱。

第五节　古代文献记载误导后人

从某些文献来看，活版耗时耗材耗巨资，异常艰难。例如，徐兆稷、冯兆张、李瑶、翟金生、林春祺等人，在亲自体验了制作活版的经历之后，均是大吐苦水。

明代嘉定徐兆稷借活板印刷其父徐学谟的《世庙识余录》后，感叹道："是书成凡十余年，以贫不任梓，仅假活板印得百部，聊备家藏，不敢以行世也。活板亦颇费手，不可为继，观者谅之。"

清初冯兆张自筹刊刻《冯氏锦囊秘录》不成功，独自诉苦道："向年

① 上海新四军历史研究会印刷印钞分会编：《活字印刷源流》，印刷工业出版社1990年版，第238—241页。

误听梓人，创成活版，疲精瘁神，二载始竣。但字少用多，不耐久印，无如索者日众。今版废书完，势必数十年之心血，一旦付之流水。”①

清道光李瑶艰难完成《南疆绎史勘本》后，沉重叹息道：“不足，则罄我行装，投诸质库；又不足，则乞贷市侩，耐尽诽嘲。自夏历秋，工徒百有余指，岌岌欲溃，亦不啻尔时……糜用平泉三十万有奇，所以历识集事之难于此者，藉以示吾后人，知卖文为活之难乎其为难也。”②

翟金山于道光间好容易印完《泥版试印初编》，自叹道：“一生筹活版，半世作雕虫；珠玉千箱积，经营卅载功。”③

林春祺用铜活字印刷了《音学五书》等书，在他所写的《铜板叙》中慨叹道：“是春祺不惜耗赀二十余万金，辛苦二十年，半生心血，销磨殆尽，岌岌乎黾勉成此，庶亦勿忘夫祖与父之夙志云尔。”④

上述各人亲身惨淡经历，足以说明筹措活版的艰难程度。再加上武英殿聚珍版如何耗费巨额银两，于是，人们便得出一个结论，活版印刷的成本远远高于雕版。

其实，这些假象掩盖了古代真正的活版印刷实情。比如，武英殿的巨额开销，乃皇宫气派，费用自然不会少。不过，既然要制作活字，就像金简所计算的一样，成本本身会大大低于雕版：“臣详细思维，莫若刻做枣木活字套版一分，刷印各种书籍，比较刊版，工料省简悬殊。”

至于徐兆稷、冯兆张、李瑶、翟金生、林春祺等，皆是读书人，要么是家贫无力付梓，要么是想有所创新，才动笔记录了自己的活版制作经历。说到底，皆非活版印刷的专业人才。俗话说，隔行如隔山。因为缺乏专业技术，缺乏资金，缺乏专业顾问，缺乏伙伴合作，他们从筹措材料，到排印实践，每一步都是独自摸索，困难重重。因此，每一步都是十分缓慢又格外笨拙的，耗时数十载并不奇怪。

专业的活版印刷作坊，情形则完全不同。作坊老板多是祖传活版技艺，精于此道，从不愿提笔写文章，公布自己作坊的活版技术秘密，以防他人参与竞争。活版作坊雇有专业的刻字匠，长年雕刻制作木活字，比刊

---

① 任继愈主编：《中国国家图书馆古籍珍品图录》，北京图书馆出版社 1999 年版，第 210 页。

② 吉文辉、王大妹主编：《中医古籍版本学》，上海科学技术出版社 2000 年版，第 109 页。

③ 徐忆农：《活字本》，江苏古籍出版社 2003 年版，第 53 页。

④ 张秀民、韩琦：《中国活字印刷史》，中国书籍出版社 1998 年版，第 58 页。

刻雕版速度快得多。

例如，元代王祯请人刻字，3万多木活字两年便创制完成。如果是娴熟的专业工匠，则刻制木活字的速度会更快。

又如，张秀民先生在《清代的木活字》一文中，便记载了一段木活字之最的史料。“据每会理（Mei Hwei—li）说：有某知县（疑为广东省的知县）出资不到一千元，刻成木活字三十六万个。在一八六七年梅氏曾见到他的一盘活字，刻的很精美，字体大小与理雅各译的经书一样。”“大家知道武英殿木活字的数量是最多的，而这位某知县的木字竟比它多十一万，比朝鲜政府的黄杨木字又多四万，真是创亚洲木活字的新记录。可惜他的印本连他自己的姓名都不可考了。”①

活字书坊每天产生大量的活字，各种型号具备。还雇请专业排字匠，专司排版，另有印刷匠专司刷印。印毕，活版便整版保存，可随时再版，亦可随时更新。

一些书坊则铸造陶活字或金属活字，其速度亦远远胜过雕版。例如，文献记载，朝鲜李朝时期的“铸字所”，数月内便铸成数十万字。

活字整版保存，不需要使用梨木枣木等专业板材，作坊利用普通木板做底板，可节约一大笔资金。雇请活字刻字匠，比起雇佣雕版刻工更划算，因为制作活字单字比刊刻雕版更容易，而采用活版排印，明显比雕版缩短周期。

有了这些有利条件，我们没有理由不相信，活字整版保存，完全具有可行性，其优越性甚至超过雕版。当然，追求汉字的书法之美，请著名书家手书上版，就不可能采用活版排印，此情则另当别论。

李兴才先生亦指出：“中国自古重文轻工，印刷工艺被文人视为雕虫小技而不屑一顾，自无人愿为着墨著录。而从事印刷工艺、懂印刷技术之人，又不能执笔著印刷史。”②

因此，徐兆稷、冯兆张、李瑶、翟金生、林春祺等一批文人，所记载的活版印刷情形，并不能代表中国古代真正的业内技术水平。相反，这些

① 张秀民：《清代的木活字》，上海新四军历史研究会印刷印钞分会编：《活字印刷源流》，印刷工业出版社1990年版，第196页。

② 张树栋编校、李兴才审订：《当代中华印刷史文选》，印刷传播兴才文教基金会2006年版，前言第8页。

记载还误导了一大批研究者，得出活版如何艰难如何耗费的错误结论。

如果假以时日，这些读书人不断摸索，反复实践，其活版制作水平自然会逐渐提高。例如，翟金生在道光二十四年所印《泥版试印初编》，看上去技术十分粗糙，但两年之后，他再用陶活字刷印《仙屏书屋初集诗录》，工艺则成熟了许多。

第六章

铜版与切划字

第一节 铜版与铜活字之争

举凡论及中国古代的活版印刷，许多作者都要详谈陶活字（泥活字）、木活字和铜活字。而明代铜版的史料较多，尤其是无锡华氏和安氏的活字铜版，更是被广泛引用于书本和文章之中。不过，明代的“铜版”到底是不是“铜活字”，却长期存在着争议。

潘天祯先生的文章《明代无锡会通馆印书是锡活字本》，寻找了一些证据，“既乃范铜板、锡字”；“继而为铜版、锡字以继之；”“乃范铜为版，镂锡为字；”“为铜板、锡字翻印以行”。潘先生指出：其实，铜版是指摆活字所用之版，字和版在我国古代活字印刷工艺上从来是两个不同的组成部分，制造的材料也往往不同。潘先生列举了毕昇陶活字铁范、武英殿的枣木子和摆字楠木槽板的具体例证，并认为，华燧会通馆印书实际为“锡活字铜版”，而不是“铜字版”，只不过因为书本印有“活字铜版”字样，被误认为“铜活字”而已。潘先生还认为，无锡华坚、安国所印的“活字铜版”，也不能说一定是铜活字。①

而张秀民先生则认为，“我国真正的铜活字印刷，仍不得不以明代华燧会通馆所制的为最早。”② 张先生认为，明代各种“活字铜版”，不是铜活字便是金属活字，“而清龚显曾误以为兰雪堂双行本为木活字。”

据赵前先生统计，华燧会通馆使用金属活字摆印了 11 种 1800 多卷，

① 上海新四军历史研究会印刷印钞分会编：《活字印刷源流》，印刷工业出版社 1990 年版，第 141—144 页。

② 张秀民、韩琦：《中国活字印刷史》，中国书籍出版社 1998 年版，第 32 页。

“多则数百卷，少则 10 卷，已经显示出活字印刷书籍的优越性。”①

至于华氏所使用的活字，到底是否金属活字，尚难断定。若是金属活字，是铜活字还是锡活字，抑或是铜锡合金，或锡铜合金，很难界定，统称为金属活字更合适。正如李致忠先生所言，“好在铜、锡只不过是不同的金属，于书籍生产方式无关紧要。”②

明代的许多活版，或称“活字铜版（铜板、同板、仝板）”，或称“铜版活字”等，笼统称为“铜版”。这种铜版书，许多地方均有印刷，除了最著名的无锡铜版以外，仅江苏就还有常州、苏州和南京使用铜版，另外还有浙江、福建、广州等地采用铜版。

一　明代铜版：铜活字与铜范活字

明代活字本，古玩市场难寻觅，拍卖场则价格高昂，工薪一族的笔者难以承受。虽数年搜求，不得其一，仅藏得几种影印版。不过，作为资料研究，明活字影印本亦可发挥一定作用。

（一）《蔡中郎文集》

《蔡中郎文集》，上海涵芬楼影印明兰雪堂活字本，书中注明：正德乙亥春三月锡山兰雪堂华坚允刚活字铜版印行。藏印“兰雪堂华坚活字板印行”。此书浓淡不一，且有配版，并非仿真活字翻刻版。因是缩印本，且四周边框作过描抹，仅凭目测，很难断其为铜活字、陶活字或木活字。

半叶 7 行，双行 13 字，每叶大约 360 字。第一册 69 叶，包括序言和目录，第二册 63 叶，全书共计 132 叶，大约 46000 字左右。

《蔡中郎文集》共十卷，并无活版同一性，并非即印即拆，而是整版保存，实际需要活字 4 万多个。如果是镌刻或铸造 4 万多个铜活字，再配以 132 副铜范，成本定会高昂，远远高于雕版。如果刻制 4 万多个木活字，则成本会低于雕版，理由详见活字整版一章。如果雕刻或铸造 4 万多个陶活字，则成本不会高于雕版。

（二）《太平御览》

书友所藏明铜版《太平御览》（卷六百九十九—七百零二），乃明万历

① 赵前：《明本》，江苏古籍出版社 2003 年版，第 45 页。

② 李致忠：《古书版本鉴定》（修订本），北京图书馆出版社 2007 年版，第 33 页。

活字本，半叶 11 行 22 字，白口线鱼尾四周单边。该册书共 4 卷 38 叶，版心标明：宋版校正，饶氏仝板，活字印行壹百余部。

纵观铜版《太平御览》，鸿篇巨制，高达一千卷，而无活版同一性，并非即印即拆，而是全部整版保存。一千卷书，每卷按 9 叶计，也要 9，000 叶。书中空行众多，每叶按照 300 字计算，全书的字数也高达 270 万字。《太平御览》一千卷全部整版保存，只有该活版作坊活字的库存量庞大之极，才能应付如此巨大的排版量。

如果按照张秀民先生的观点，明代的铜版书皆是金属活字，则《太平御览》要么是铜活字，要么是锡活字或铅活字。试想，如此庞大的金属活字数量，需要多大的财力去支付，不要说民间的作坊，便是官府甚至皇宫的印刷厂，也难以承受。

一些文献当中，确实称某些铜版为“铜字”。例如，明谢启元《杂记》云：“近世大家多镌活字铜印，颇便于用。其法盖起于宋庆历间时布衣毕昇为活板……其法比铜字则更廉矣。”① 清初安璿谈及安国铜版时说：“翁闲居时，每访古书中少刻本者，悉以铜字翻印，故名知海内。今藏书家往往有胶山安氏刊行者，皆铜字所刷也。”②

既然清晰明确称“铜字”，应当是指铜活字，或称金属活字。笔者也曾在古玩市场见到二十多颗古老的铜活字，因价格高昂，只购买了两颗铜活字作标版。至于明代铜活字的金属成分，是铜铅合金，抑或铅铜合金，则是另外的问题了。将铜活字、铅活字、锡活字统称为金属活字，这种表述当然更为准确。

明代铜活字是镌刻还是铸造，时至今日，仍无定论。笔者以为，既有镌刻，也有铸造。因当时信息闭塞，各活字作坊自己按照祖传经验制作活字，或自己摸索创新活字。之所以要制作铜活字，主要是因其耐久坚固。一套铜字可用数十年，字迹模糊之时，还可重新回炉，再造新字。而一套木活字寿命恐怕难以超过十年，陶活字的寿命可能也不过十数年，如果每日里频繁刷印，则报废更快。铜活字虽造价高昂，但长远盘算，还是经济合算。只不过，经济实力不强的作坊难以制作铜活字，即使制作铜字，其数量、型号都有限，不大可能用于大部头书籍的排印。

① 张秀民、韩琦：《中国活字印刷史》，中国书籍出版社 1998 年版，第 37 页。

② 徐忆农：《活字本》，江苏古籍出版社 2003 年版，第 33 页。

因此，笔者以为，所谓明代的“活字铜版”或“铜版活字”，要看其是否具备活版同一性。不具备同一性的铜版，绝大多数应当是木活字，其余则可能是陶活字，外加铜范。具备同一性的铜版，仍有一部分木活字或陶活字，其余才是铜活字，或金属活字，外加铜范。

所谓铜范，乃是在宋代毕昇铁范的基础上所作的改良。铁范装上松香纸灰，摆上陶活字与界栏，在火上加热，松香变软，再用木板压平，冷却后自动结为一个整体，好似一副雕版一样，便可刷印。沈括所记录的毕昇的这种原始活版印刷方法，因铁范传热慢，沾染墨水又容易生锈，难以满足活版的大量生产。早在南宋时，周必大就开始用铜范替代铁范了。

铜范传热快，不生锈，比铁范轻巧，因而到了明代，普遍采用铜范。不仅铜范替换了铁范，其他材料也不断得到改良。例如，元代时，一些作坊使用沥青铺底，替代了松香。明代时，铜范之中不再是只有一种陶活字，而增加了木活字以及金属活字。并且，改良了以前即印即拆的传统做法，某些活版刷印后不急于拆版，而是整版保存数年之久，随需随印，直到不再需要刷印时，这才拆版，取出活字重新排印新版。

二　清代铜版不等于铜活字

各种文献一般对明代铜活字或金属活字着墨甚多，清代的铜版则较少论及。普遍的看法是，清代除了内府早期的铜活字工程可圈可点以外，其余的铜版印本种类和数量都十分有限。《简明中华印刷通史》指出：清代后期铜活字印书更为少见。[①]《中国古代印刷术》则说，清代的铜活字印本书，流传至今和见于著录的只有十多种，数量远比明代为少。[②]

文献所记录的清代铜版数量稀少，且几乎没有铸造活字的记载。潘吉星先生提出：就清代而言，铸字技术已在中国有400年以上持续不断的发展史，已趋于更加完善与成熟，怎么能想象会突然发生技术大倒退，不用

① 张树栋、庞多益、郑如斯著：《简明中华印刷通史》，广西师范大学出版社2004年版，第166页。

② 李万健：《中国古代印刷术》，大象出版社1997年版，第103页。

铸造，反而以手逐个刻成?！这是违反技术发展规律的。[①]

《中国典籍史》认为，清代用铜活字排印的书种数不多，但规模较大。传本中有康熙二十五年（1686年）吹藜阁用铜活字排印的《文苑英华律赋选》；康熙五十二年（1713年）用铜活字排印的陈梦雷的《松鹤山房诗集》；道光年间用铜活字排印的顾炎武《音学五车》中的《音论》上、中、下三卷，《诗本音》十卷。[②]

张秀民先生指出：清内府铜字本《图书集成》，是大家所熟知的。至于清代民间是否有铜活字，过去很少有人注意。[③] 张先生的《中国活字印刷史》列出了11种清代铜活字印本，并详述了《文苑英华律赋选》为铜版的缘由：

康熙年间吹藜阁印本《文苑英华律赋选》，标注有“吹藜阁同板”。同板就是铜板的简写。钱陆灿在序言中说，“稍简汰而授之活板，以行于世”。该书封面说是铜板，序言也说是活板，其为铜活字板无疑。[④]

张秀民先生认为，清代铜板书虽不及明代之多，而除江苏、浙江、福建外，又有北京与台湾，流行的范围却更广泛，而规模之大，雕刻之精，也胜过明代了。尤其值得一提的是林春祺的铜活字。清中期福田书海的铜活字，为福州林春祺所造。他从18岁起就捐资兴工镌刻铜活字，花了20多万两银子，辛苦了20年，终于照《洪武正韵》笔划，刻成楷书铜字大、小各20余万字，古今字体悉备，大、小书籍皆可刷印。林氏所刻40余万个铜活字，比康熙内府所刻者几乎多一倍，也超过了朝鲜任何一批铜字数量，规模之大，在亚洲制造金属活字史上是罕有其匹的。[⑤]

铜活字本何以在清代未曾普及开来呢？笔者试图解开这个谜团。

“铜活字”这个今天常用的名称，在清代却有不同的叫法。上世纪六十年代，张秀民先生在《清代的铜活字》一文中介绍过铜活字的不同名称：铜活字或称“活字铜板”，或称“铜字板”，或名“聚珍铜板”，亦名

① 潘吉星：《中国金属活字印刷技术史》，辽宁科学技术出版社2001年版，第93页。

② 李致忠、周少川、张木早著：《中国典籍史》，上海人民出版社2004年版，第244页。

③ 张秀民、韩琦：《中国活字印刷史》，中国书籍出版社1998年版，第88页。

④ 同上。

⑤ 同上书，第91—92页。

"铜摆板"，又简称"铜板"，有时简写为"仝板"，或"同板"。[①]

笔者收藏有一些牌记注明为"铜板"的晚清古书，例如，《铜板诗经删补》、《铜板四书遵注合讲》、《铜板五方元音》、《增订铜板诗韵集成》等。那么，这些"铜板书"是否就是铜活字版呢？笔者曾请教过一些藏家，大都认为是雕版而非活字版，不过是书商为了招徕生意故意在牌记上标注"铜板"罢了。至于为什么要如此标注，多认为是标新立异，追逐时尚。

笔者再查阅文献史料，张秀民先生谈到"铜板"是铜活字的简称，但缺乏具体例子，另有少数文章持同样观点，也难以找到具体证据。有的文章认为，这些"铜板"书究竟是铜活字，还是铜板木活字，或铜板金属活字，尚待进一步考证。

除了活字版以外，"铜板"是否就是在一整张铜版上面镌刻印书呢？

李致忠先生对此表示否定："印刷史上有过铜版印刷吗？真正铸造或刻制铜版用以印书，我认为不太可能。因为铜版的造价太高了，技术上也有不少难题。但历史上又确曾有过一些说法，至今难以解读。"[②]

三　铜版书中的"铜雕版"

笔者收藏有一张铜质印版，内容为佛教的《往生神咒》等，有600多字，全部为反字。此版长约41厘米，最宽处约20厘米，厚约1毫米。印版造型独特，由大小三个圆环及指引手势组成。大环为《大悲陀罗尼径》，直径19厘米，小环分别是《往生神咒》和《解冤结咒》，直径约10厘米。掌心有"往生西方"四字。(图6—1～图6—2)

仔细观察，该版文字并非雕刻，系铸造而成。字体为楷书，非常工整，图案和符号俱为精致。铜版的年代不详，从老旧程度看，应是清代印版。

该铜版为印版无疑，因铜版上留有30余个小孔，系钉木板之用。

笔者藏有一方民国小铅版，高9.4厘米，宽8.3厘米，厚约1.1毫米。铅版有129个反字，内容为商家启事，落款"卢氏谨启"。该铅版既

① 上海新四军历史研究会印刷印钞分会编：《活字印刷源流》，印刷工业出版社，1990年版，第162页。

② 李致忠：《古籍版本知识500问》，北京图书馆出版社2001年版，第34页。

非雕刻，也非铸造，而是酸腐蚀制品。版上有 6 个小孔，用细小的钉子钉在一方同样大小的木板上，木板的厚度为 2.1 厘米。铅版与木板结合在一块，便是一块现成的印版，敷墨即可刷印。

同理可证，铜版《往生神咒》钉在木板上，便可刷印。

从铜版《往生神咒》可以看出，古代采用铜版印刷，当不是不可能。既然工艺复杂的铸造铜印版可以完成，在铜版上雕刻就不算太难了。清代以来有大量刻铜制品存世，铜墨盒便是其一。

铜质印版虽然造价较高，但其厚度不足铜钱，只要开本不大，书坊应该是可以承受的。

翻阅标有“铜板”字样的晚清书籍，多有相同的特征：两节本或三节本，字体十分细小。与晚清通常的活字本相比较，特别是与各种活字家谱相比较，这些“铜板”小字节本大多不具备相同的活字特征，尤其是字体太小，不符合通常的活字字体。

笔者所藏“铜板”书中，有些袖珍本，字体比木雕版小得多。仔细观察，这些“铜版”书实际上是铜质雕版，笔者简称为“铜雕版”。

1.《铜板四书遵注合讲》，巾箱本。全名为《酌雅斋四书遵注合讲》，牌记注明：《铜板四书遵注合讲》，太末翁克夫汇阅，内附人物考，不惜重资，校对无讹。卷末印有“乾隆己卯菊月淮阴孚征曹咸宁校正敬镌”字样。书中偶尔能见到古人圈点与校对的墨迹，如《论语》卷六第 17 叶，有极细的朱笔和墨笔圈点。

是书版框高 13.6 厘米，宽 9.5 厘米，两节本，白口单鱼尾四周单边。书叶上栏大下栏小，小字字体极细小，仅约两毫米见方。上栏小字 26 行，行 32 字。下栏 9 行 17 字，小字双行同。第一册最后 7 叶上下栏合一，全部为小字本，半叶 26 行，行 53 字。如此细小的版框，一叶竟有 2700 余小字，平均每平方厘米达 10.8 个字，稠密的地方更是达到 12 个字！

雕版有没有这样细密的行字呢？笔者所收藏的各种雕版当中，有一批袖珍雕版。这些袖珍版不是书版，而是经版，刀法细腻精致，笔画清晰工整。这些袖珍版宽不过 9 厘米，长不过 26 厘米，刻满密密麻麻的经文。每块雕版上面有一般均 5 篇相同内容的经文，多的一版有 9 篇相同经文，每版加起来最多达 1100 多字。然后将这些袖珍雕版用内部枣核钉拼合起来，成为一张较大的雕版，便可刷印。

袖珍版当中，还有一些不同规格的小巧雕版，而最神奇的微型雕版，要数《解冤往生神咒》。这是一款极为精巧的雕版，长 8.4 厘米，宽 2.2 厘米，6 行 21 字，包括标题，每平方厘米多达 7.5 字。每两块微型雕版连为一体，中间用枣核钉拼合起来。这种微型版，已属于微雕技术，需要技艺精湛的老师傅精雕细琢才能完成。这些经文应当是精简浓缩过的版本，篇幅不大，才适宜这样精雕。

而前述《酌雅斋四书遵注合讲》，比微型雕版还要小巧得多，如此细小而稠密的行字，是木刻雕版吗？笔者认为不可能，原因有三。其一，在木板上镌刻如此细小如此众多的行字，相当于难度极大的微雕技术，所耗费的时间必然十分漫长，一般坊间难以承受。其二，雕版在保存过程中，容易摩擦碰撞，小字的笔划很容易被碰掉，从而无法辨认，所以不宜镌刻这样细小的微雕板。其三，四书一类读本属于普及本，这样细小的巾箱本并非偶尔可见，在坊间还较为普遍。

《铜板四书遵注合讲》如此小巧，不可能是木刻版，因此，这套“铜板”书应该是铜雕版。只有铜雕版，字体如此细密，笔划才能如此清晰完整。

2.《铜版四书味根录》，光绪版。牌记：光绪丁丑年镌，每部纹银壹两二钱，《铜板四书味根录》，校对无讹，京都琉璃厂东头宝善堂重刊。是书为巾箱本，两函十六册，半叶 9 行，有时两个半行分隔开，行 36 字，小字双行同，白口四周双边。框高 12.5 厘米，宽 9.9 厘米。白纸精印。

小巧的开本，细密的字体，清晰的笔划，《铜版四书味根录》当属于铜雕版。

3.《增订铜板诗韵集成》，同治巾箱本。牌记：同治甲戌新镌，经馀厚藏板。框高 13.3 厘米，宽 8.8 厘米。字体细密，笔划清晰，开本小巧，同样是铜雕版。

4.《铜板五方元音》，光绪版，巾箱本。牌记：光绪癸卯春镌，《铜板五方元音》，三义堂梓。是书字体虽不算细小，但书中阴文字、方框、圆圈等符号众多，铜雕版才便于如此镌刻。

5.《增订铜板诗韵集成》，光绪巾箱本。牌记：光绪辛巳新刻，成文信藏板。框高 14.2 厘米，宽 10 厘米。精刻铜雕版。

从这几部“铜板”袖珍本来看，共同特征是：开本小巧，字体细密，笔划清晰。这些特征，应当是铜雕版的基本特征。

四 铜版书中的活字版

当然，铜板书并非只有小字板，常规版亦常见。笔者收藏有几套普通开本的铜板书，仔细观察，并不属于铜雕版，而是活字版。

1. 《铜板诗经删补》，书名《监本诗经删补》，清早期版，牌记上面写着《铜板诗经删补》几个大字。牌记上另有采辑名家批评，徐笔峒先生著，两仪堂藏板等字样。是书为两节本，白口四周单边，下栏 9 行 21 字，小字双行同，上栏很窄，字体与下栏小字一样大，显得极不协调。框高 19 厘米，宽 13.3 厘米。

书中有许多明显的活字特征，例如：书中许多字体明显倾斜，字体大小不一，间距不等无行气，墨色浓淡不一，许多地方版框歪斜，有鱼尾缝、活印线、活印痕、大黑框等。另外，卷一第 37 叶第一行，大字与边框之间，夹杂了两个字和一个偏旁，“文”、“阝”、“便”。而这个地方本不该有任何小字出现。

还有一个特点是错字较多，书中朱笔和墨笔改错别字的地方很多，如卷一 26 叶，一页之内竟将三个“北”字错排为“比”字。

牌记注明为《铜板诗经删补》，既称“铜板”，必有其道理，加上书中的活字特征明显，该书应是活字版。究竟是铜活字，还是铜范木活字，或铜范金属活字，尚无法断定。

2. 《铜板四书遵注合讲》，书名《酌雅斋四书遵注合讲》，大开本。牌记注明：《铜板四书遵注合讲》，太末翁克夫汇阅，酌雅斋藏板。

是书卷末印有“乾隆己卯菊月淮阴孚征曹咸宁校正敬镌”。一函六册，开本较宽大，版框高 23.8 厘米，宽 16.5 厘米。是书为两节本，版式特别，一叶双版四周双边，无鱼尾，上栏大下栏小。上栏小字 26 行，行 32 字。下栏 9 行 17 字，小字双行同。第一册最后 7 叶上下栏合一，全部为小字本，半叶 26 行，行 53 字。

是书有较多较明显的活字特征：边框缝、界栏槽、暗界栏槽、空白印痕、夹条印痕、版末印痕、组合边框、版框歪斜、一叶双版等活字特征。是书排版密实，字体笔划相互交叉。

3. 《铜板四书朱注原本》，书名《大学集注》，道光十三年印本。牌记：《铜板四书朱注原本》，蜀南何雨崖校正。

是书为两节本，下栏9行17字，小字双行同，白口左右双边。有活字特征。

4.《硃套铜板青云诗注释》，书名《青云诗集》，牌记：奉提督学院颁行，《硃套铜板青云诗注释》，大文堂藏板。

是书由杨逢春、萧应槐辑。上栏朱印，9行10字，小字双行同。下栏墨印9行18字，小字朱印。白口单鱼尾左右双边，无栏线。框高18厘米，宽10.9厘米。

活字特征：边框缝、界栏槽、暗界栏槽、活印线、组合边框、活印痕等。

笔者的藏龄很短，但所藏的铜版已有好几种，四书类铜板就不下四种。由此可见，清代的"铜板"活字本并不少。

笔者所藏清代袖珍书中，有字体十分纤细的活字本。

《礼仪便览》，夔石周琅著。每册前面几叶的版心下端写明：照琴书屋活板。牌记注明：光绪十五年（1889年）清和月照琴书屋藏板，羊城十七甫五经楼发兑。与通常所见的活字风格相比，除了偶有边框缝，首叶行字有倾斜之外，《礼仪便览》的活字特征不明显，属于精心排版的活字版。

是书开本较小，框高15.6厘米，宽8.6厘米，白口单鱼尾，四周双边。全书多为两节本，下栏13行，行29字，小字双行同，框高11.2厘米，宽8.1厘米。上栏21行，行12字，框高4.4厘米，宽8厘米。

《礼仪便览》字体较细。以最小字号的上栏半叶为例，在35平方厘米的面积上，能印刷252个字，平均每平方厘米，即指甲盖大小的地方，要印7.2个字。

无独有偶，《日用择吉便览》，光绪十六年（1890年）活字印本。书中"月表"一叶的字体最小，半叶20行，行48字，而框高则是17.4厘米，宽10.7厘米。其字体的大小和细密程度，与《礼仪便览》大致相等。

《日用择吉便览》和《礼仪便览》有一个共同点，如此细小的活字字体，印在纸上却十分清晰，排列整齐有序，晚清活字雕刻和排版技术之高超，由此可见一斑。

《日用择吉便览》和《礼仪便览》中如此精细的活字，是用什么材料制成的呢？笔者以为，木活字或者陶活字的可能性很小。在软绵的胶泥字坯上雕刻这么细小的字体，不可取。做成这样细小的木活字，耐久性差，且木字刷印时遇水墨会不断膨胀，这么多的行字很难调整，不适宜于坊间提高效益。

笔者认为，最大的可能性，是金属活字，即由铜质为主的铜锡铅合金所制成的“铜活字”。

潘吉星先生指出，一般所谓铜活字，实际上是铜—锡—铅三元合金活字的俗称，或称青铜。活字材料以铜为主，将它与锡、铅制成合金材料，可使熔点降低，熔液易于浇注，铸件的硬度适中，又节省费用。[①]

从印纸上看，金属活字与木活字、陶活字极难区分，也极少有文献资料谈到三者之间的差别。姚伯岳先生指出，铜活字墨色较浮而不匀。若系刀刻，字画粗细不定，若系模铸，则点画波折不露锋芒。铜活字的这些特点，对于一般人而言，是很难掌握的。[②]

《遁窟谰言》，金属活字版。框高 12.4 厘米，宽 9.9 厘米，牌记：申报馆仿聚珍版印行。该书刷印时，纸张上有众多皱纹，刷印后再压平，褶皱痕迹明显。如果影印或复印，很容易误为“断板”痕迹。

袖珍本《新铸铜版校正诗韵集成》，光绪三年版，三元堂藏版。框高 14.2 厘米，宽 8.1 厘米。是书序言已写明：凡兼收之韵与夫疑似者，则改为阴文，以期醒目。又恐既久漫漶，铸为铜版，以公同好。书中每叶四角都有 45°边框缝，鱼尾缝明显，活字版无疑。

光绪袖珍版《尚友录》，牌记：光绪庚寅仲夏上浣埽叶山房校刊铜版。框高 12 厘米，宽 8.1 厘米。半叶 12 行 24 字，小字双行 42 字（实排 39 字）。该书排印精良，大字约 4.5 毫米见方，小字约 2 毫米见方。栏线行距 6.5 毫米，小字十分清晰。全套书每叶四角都有 45°边框缝，金属栏线，典型的活字版。

上述两种袖珍铜版，从字体来看，很像是晚清流行的铅活字，尽管书名有铜版二字。不便轻易定为铜活字，亦不能随便定为铅活字，还是笼统称为金属活字版较好。

---

① 潘吉星：《中国金属活字印刷技术史》，辽宁科学技术出版社 2001 年版，第 106—107 页。

② 姚伯岳：《中国图书版本学》，北京大学出版社 2004 年版，第 291 页。

第二节　切划字

《中国国家图书馆古籍珍品图录》收录有明活字本《颜鲁公文集》书影，注曰：唐颜真卿撰。明嘉靖锡山安氏馆铜活字印本。半叶十三行，行十六字，白口，左右双边。框高 19.6 厘米，宽 14 厘米。赵元方跋。有“元方心赏”等藏印。①

仔细观察，便会发觉书影中有些字与别的活字不同，例如，从右往左数：第 1 行“文”，第 5 行“七”，第 6 行“先”、“王”，第七行“於”、“使”，第十二行“子”字等。这些字的共同特点是，笔划交叉之处均被人为地切开，或横竖，或撇捺，各个方向的交叉点都像是被刀子划开一样。

《颜鲁公文集》中这些字的笔划为何被分开呢？或许是雕刻铜字时，顺手将交叉之处划开。或许，是铸造的铜字，在制模时需要将交叉的笔划切开，以便浇铸时铜液能均匀流入字模中。

无独有偶，笔者所藏活字本《巫氏房谱》，也有这种切开笔划的字。（图 6—3～图 6—5）

《巫氏房谱》，清代精印本，9 行 22 字，白口四周双边。框高 24.4 厘米，宽 15.3 厘米。是书一叶两版式，边框四角均为 45°边框缝，版心和版框均具有同一性，至少由三副活版交替排印，鱼尾缝明显，书口整齐划一，为典型的活字版。

书中许多行字，切划痕迹明显。特别是版心“巫氏房谱”四个大字，切划一目了然。三副活版的版心有三组大字，笔划全部切开，尽管每组字切开的部位略有差异。

这种切开笔划的字，笔者称其为“切划字”。

切划字专门将笔划切开，很可能不是刀刻的活字，而是铸造活字。因铸造所需，必须将笔画切开，才便于浇铸。中国有关铸造活字的记载少见，而朝鲜历史上则屡见不鲜。

① 任继愈主编：《中国国家图书馆古籍珍品图录》，北京图书馆出版社 1999 年版，第 207 页。

一　朝鲜铸字记载

卡特先生指出，朝鲜用金属活字印行的书籍，大部分是国王敕印本。封面大字和跋文，都有撰人手书后，镂版雕印。在封面上普遍都注明本书用活字刊印。[①]

中山图书馆馆藏活字本《桂苑笔耕集》，书中也夹杂一些笔划被切开的活字。该书书号90/2.2，注明为高丽活字本。10行19字，黑口无鱼尾左右双边，框高20.5厘米，宽14.8厘米。高丽皮纸印刷。活字特征：边框缝、活印痕、木纹框、字体倾斜等。

朝鲜铜活字使用普遍，留下了不少文献资料。《中国活字印刷史》写道：现在所知的最为详细的铸字法，见于15世纪末朝鲜学者成俔《慵斋丛话》卷三："大抵铸字法，先用黄杨木刻诸字，以海浦软泥平铺印板，印着木刻字于泥中，则所印处凹而成字，于是合两印板，熔铜，从一穴泻下，流液分入凹处，一一成字，遂刻剔重复而整之。"[②]

这段话简略介绍了铸字的工艺过程，并未详细反映刻字是否需要把笔划切开。不过，我们容易想通这个道理，如果不将交叉的笔划切开，铜液就无法灌进每一笔划之中。

张秀民先生在《中国印刷术的发明及其影响》一书中，列举了朝鲜历代铸造活字的情况，并指出："朝鲜大规模铸铜活字，是从十五世纪初开始，并且都是由政府来主持的。"[③]

张秀民先生后来在《中国活字印刷史》一书中，对"朝鲜铸造金属活字年表"进行了修正，将原先表中所列铸字次数由20次增加到34次：内铅字二次，铁字六次，余均铜字。每次铸字30万者两次，次为20万，少亦8万或6万。[④]

朝鲜历代的铸造活字均有记载，说明朝鲜使用铸造活字十分普遍。张秀民先生指出，实际上十三世纪初高丽王氏王朝已开始铸字印书了。李奎报代晋阳公崔怡《新序详定礼文跋》："……遂用铸字，印成二十八本，分

① ［美］卡特：《中国印刷术的发明和它的西传》，吴泽炎译，商务印书馆1957年版，第195页。

② 张秀民、韩琦：《中国活字印刷史》，中国书籍出版社1998年版，第141页。

③ 张秀民：《中国印刷术的发明及其影响》，人民出版社1958年版，第118页。

④ 张秀民、韩琦：《中国活字印刷史》，中国书籍出版社1998年版，第138页。

付诸司藏之。”崔怡用铸字印成《详定礼文》五十卷，时代大约在高宗二十一年（1234 年）。[①]

《中国活字印刷史》一书中介绍了朝鲜印本：过去官私著录，凡是朝鲜本，都称高丽本，实际上多为李朝印本，真正高丽时代印本太少。北京图书馆藏有李朝铸字本、雕本约 500 种。[②]

据《中国所藏高丽古籍综录》统计，国内 51 个单位所藏 1911 年以前出版于高丽的古籍有 2028 种，其中木活字本 397 种，铜活字本 86 种。此外，还有少数铁活字本和瓢活字本。收藏高丽古籍最多的是北京图书馆，有 394 种，其次是台北中央图书馆，有 330 种，第三是辽宁省图书馆，有 324 种。[③]

黄建国先生在《古代中韩典籍交流概说》一文中指出，有五千年悠久历史的中韩两国，其文化交流源远流长。在古代中、韩、日、越四国共同创造的“汉字文化圈”中，贡献最多的，除了中国外，就是韩国。宋朝与高丽在典籍交流方面另一个突出之处，就是高丽既学会了中国雕版印刷术，又学会了北宋毕昇发明的胶泥活字及其后的木活字印刷术，并首次发明铸造金属活字，主要是铜活字印刷。这比欧洲谷腾堡使用活字印刷约早四百年，在世界印刷史上占有重要地位。活字印书在李朝时期最为发达，据说，印书中有大半为活版之本。总计李朝 460 年间前后铸铜字共 20 次，铸造出的铜活字约二三百万个。[④]

黄建国先生认为，虽然活字印刷是中国发明的，但应该说李朝活字印书，比中国印得多印得好。朝鲜本校勘细致，雕刻、排印精工。李朝政府对校书馆刊印书籍，定有赏罚制度：凡无错误的，监印官上报请赏，校对人给予提升。至于有错误的，开始时规定：若每一卷有一个字差错的，则监印官、排字工各打三十大板；印刷工若每一卷有一个字印得过浓或过淡者，亦打三十大板。每错一字罪再加一等，并计字论罪，以后改为每一卷错三个字以上者才受罚。如此严厉对待排印工为世界所

---

① 张秀民、韩琦：《中国活字印刷史》，中国书籍出版社 1998 年版，第 135 页。

② 同上书，第 143 页。

③ 黄建国、金初升主编：《中国所藏高丽古籍综录》，汉语大词典出版社 1998 年版，前言第 1—2 页。

④ 同上书，第 218、227、236 页。

罕见。①

高丽印本，字体大，书品更大；且纸好墨佳、装订精致，外观上有很多书比中国线装书美观大方；加上门类齐全，内容完整，错字少，并有不少佚书与异本，因此曾引起中国学术界和藏书家的重视，千方百计加以收藏。

《中国活字印刷史》也高度评价朝鲜印本：我国对朝鲜本一向有好评，因为内容全，错字少，间有轶书与异本。引用色白如绫、坚韧如帛的高丽纸，墨色浓黑而均，粗线装订结实，大字大本，无一不佳。②

二 中国铸字记载

韩国之所以和中国争夺金属活字的发明权，主要原因是中国缺乏金属铸活字的记载。朝鲜学者李洸说："铸字印书，创自本朝，非中国所有也。"③ 所谓"本朝"，指朝鲜李氏王朝。

朝鲜历代如此频密地铸造活字，按理说，中国也应该有铸造活字，可是古代却很少有文献记载。张秀民先生在《中国活字印刷史》一文中曾专门提及铸造活字：

元王祯《造活字印书法》中谈到"近世又铸锡作字，以铁条贯之，作行，嵌于盔内，界行印书"。这是我国用金属活字印书的最早记载。王氏文中明白地指出："铸锡作字"，可见锡活字是铸造的，而不是在锡上直接刻字。既是铸造，那么一定要经过刻字模、熔锡、浇铸、修整等工序。④

徐忆农女士所引用的明嘉靖九年（1530 年）山东布政史司刻本《农书·造活字印书法》，说法略有出入："近世又有注锡作字，以铁条贯之作行，嵌于盔内界行印书。"⑤

明确提到铸造活字的还有一条记载：与安国同时的同乡秦榛所撰"安

---

① 黄建国、金初升主编：《中国所藏高丽古籍综录》，汉语大词典出版社 1998 年版，第 236—237 页。

② 张秀民、韩琦：《中国活字印刷史》，中国书籍出版社 1998 年版，第 143 页。

③ 张秀民：《中国印刷术的发明及其影响》，人民出版社 1958 年版，第 115 页。

④ 张秀民、韩琦：《中国活字印刷史》，中国书籍出版社 1998 年版，第 20 页。

⑤ 徐忆农：《活字本》，江苏古籍出版社 2003 年版，第 16 页。

国墓志铭”说“铸活字铜板，印诸秘书，以广其传”。[①]

张秀民先生指出，“中国铸字比15世纪初朝鲜朝鲜大规模铸字要晚约80年，在华家开始用活字印刷之前，朝鲜已铸金属活字近10次。”[②] 张秀民先生特别介绍了清代广东佛山一位书商铸造锡活字印刷彩票“白鸽票”和“山票”的情况：

佛山镇有一位唐姓书商，为了印刷这两种彩票，在道光三十年（1850年）开始铸造锡活字，在当年五月以前就铸成了两副活字，字数超过15万。他的铸造方法：是首先在小块木头上刻字，把笔划刻清楚，用刻好的木字印在澄泥上，再把熔化的锡液浇入泥模中，一次铸四个活字……他花了1万元以上的资本，前后造成三副锡活字，统共20多万个。他不但在造模、铸字与排印方面得到成功，并且也解决了中国墨不易被金属活字所吸收的问题。印成的书本大字悦目，纸张洁白，墨色清楚，这在印刷技术上是难能可贵的。

他几乎用了两年的时间，在咸丰元年（1851年）印成了元代史学家马端临的名著《文献通考》三百四十八卷，钉成126册，凡19348面。不过在书上并没有印上出版者自己的姓名，因此这位书商兼印工的名字不可考，我们只知他姓唐而已。[③]

张秀民先生说记录的佛山唐姓书商铸造锡活字的故事，是迄今较为详细的铸造活字史料。可惜故事的主人公身份不明，甚至姓名也没留下，十分可惜。

三　金属活字铸造技术

《中国金属活字印刷技术史》开辟了专门一章《中国传统金属活字的铸造技术》，是迄今为止最为详细介绍金属活字铸造技术的专著。

潘吉星先生在书中谈到：如古书所述“铸字印书”、“范铜为板”、“铜板活字”或“活字铜板”等，都表明活字材料为铜质，以铸造方法制成。古人谈到“铜板印行”、“镂铜为板”或“范铜为板”出版篇幅较大的书

① 张秀民、韩琦：《中国活字印刷史》，中国书籍出版社1998年版，第39页。
② 同上书，第143页。
③ 同上书，第95页。

时，应理解为铜活字印本，而不是铜版印刷品。①

潘先生指出：铁虽便宜且产量大，但熔点1535℃，铸活字难度较大。锡比重7.3，熔点232℃，铅比重11.3，熔点327℃，二者也较便宜，且易熔化，但皆软而可延，铅的硬度只有1.5，都不适于作活字。而铜的比重9.0，硬度3.0，熔点1083℃，导热性46，熔点介于铁与锡、铅之间……用纯铜仍不合算。必须与其他金属制成铜的合金才是理想材料。

活字材料以铜为主，将它与锡、铅制成合金材料，可使熔点降低，溶液易于浇注，铸件的硬度适中，又节省费用……因此一般所谓铜活字，实际上是铜—锡—铅三元合金活字的俗称，或称青铜……当然，所谓锡印版和锡活字，绝不可能以纯锡为之，因其硬度不够，自然是用锡合金……还有铅活字，同理亦应理解为铅合金制成。②

《中国金属活字印刷技术史》总结了古代金属活字的铸造工序：第一步写字样。第二步刻木质字模。第三步以黏土及砂配制铸范造型材料。第四步将铸范造型材料于砂框中舂实。第五步将字模及浇道模的1/2先后压入砂框内铸范的造型材料中。第六步将另一空的砂框扣在有铸模的砂框上，加入型砂并舂实以构成铸腔。第七步将合拢的两个砂框翻转180°，小心将上面的砂框取下，则字模与浇道模落在下面的砂框中。第八步将字模及浇道模从下面的砂框中小心取出，则上下二砂框各形成半个铸范空腔。第九步使砂框内铸范阴干，再于窑内烧固。第十步配制合金材料，先后按熔点高低顺序将各金属放入坩埚中熔化。第十一步预热砂型，金属液沿浇口浇注于其中。第十二步金属液冷却凝固后，打开铸范，取出平面形树枝状铸件。第十三步将活字从树枝状铸件中取下，逐个修整。③

四　活字本中的切划字

（一）馆藏切划字活字本

笔者将国家图书馆所藏明代活字本《颜鲁公文集》与高丽活字本《桂

① 潘吉星：《中国金属活字印刷技术史》，辽宁科学技术出版社2001年版，第104—105页。

② 同上书，第105—108页。

③ 同上书，第125—126页。

苑笔耕集》比较，发觉夹杂的这些切划字均有相同特征。不过，这些活字到底是刻字，还是铸字，尚需考证。

中山图书馆所藏活字本《隆平集》，也夹杂有许多这种笔划被切开的“切划字”。图书馆卡片注明：宋曾巩撰，赵孟旦等校，清活字本，有明显的活字板特点，避乾隆讳，不避“宁”，约为清中期活字本。查《中国古籍善本总目》，《隆平集》二十卷，宋曾巩撰，清活字本。收藏者一家：广东省中山图书馆。

《隆平集》二十卷，四册。序言落款为万历丁酉年，从裔孙思孔撰。8行22字，白口，单黑鱼尾，四周双边。框高19.7厘米，宽13厘米。书高25.2厘米，宽15.6厘米。藏印有“任卿”、“任卿过眼”、“范熙玉印”等。是书活字特征十分明显：每叶四角均有明显的边框缝，呈45°；边框缝均有同一性，当为同一副版框所排印；边框为大黑框，宽达4毫米；全书浓淡不一，书口较整齐，字体有歪斜，有金属栏线。

中国明清活字本《颜鲁公文集》和《隆平集》，均有切划字，说明活字版当中确实存在切划字。不过，这两部书中，切划字只是夹杂其中。这些活字也许是铸字，也许是刻字，又也许，刻字与铸字混合排版。

（二）个人所藏切划字活字本

笔者所藏清代活字本中，也能找到更多切划字的例证。

1.《沈氏宗谱》，同治活字版。该书一叶两版式，白口单鱼尾四周双边，框高24.6厘米，宽14.8厘米。《沈氏宗谱》为典型的清代活字本，边框四角均有边框缝，浓淡不一、字体歪斜等现象十分明显。书中夹杂许多切划字。

2.《吴氏宗谱》，道光活字版大开本，边框四角均为45°边框缝，具有同一性，为同一副活版排印。书中夹杂不少切划字。（图6—6～图6—8）

3.《春草草堂集》，谢大舒著，9行24字，下黑口单鱼尾四周双边。框高21.8厘米，宽13.3厘米。是书边框缝统一，均为45°角，鱼尾缝明显，字体浓淡不一，书口整齐划一，是典型的活字本。书中夹杂着许多切划字。（图6—9～图6—10）

4.《公善堂鸾章》，清代活字版，书中夹杂有一些切划字。（图6—11）

5.《方氏族谱》，民国二十三年印本，夹杂有许多切划字。

6.《康氏五修族谱》，民国三十六年印本，书中夹杂有切划字。

7.《新编纲鉴韵语》，清代活字本，版心和书叶夹杂着切划字。

8.《算林必法》，晚清活字本，全书行字均为切划字，大字小字都是明显的切划字。《算林必法》，刘昌言编辑，吴怡和堂印本，9 行 24 字，白口四周双边，暗界栏。书高 20.2 厘米，宽 11.5 厘米。是书虽是活字本，但行字排列齐整，有边框缝，无鱼尾缝。

以上均为确认无疑的活字本，但均能找出众多切划字，说明切划字确实是活版的一大特征。

五　雕版中的切划字

笔者藏有一些清代的雕刻板，其中一块板所刻为《论语集注》，雕版上的文字笔画，看上去与“切划字”差不多。

该板为双面板，系《论语集注》卷三的前两叶。书板为两节本，版心刻有“传经堂藏书”。板框高 20.8 厘米，宽 14.7 厘米，下为粗黑口，双鱼尾，左右双边。书板下栏的大小字以及上栏的小字，凡笔画交叉之处，皆被刻刀切穿，看上去全部都像是“切划字”。另外，此板因放置久远，一些地方漫漶，笔画一塌糊涂，已无法辨认。不过总起看来，仿宋字书体工整，雕刻技艺娴熟，当属精刻版。

前述微型雕版《解冤往生神咒》，也有切划字。其中一块组合版，两块小版均有明显的切划痕迹。

笔者估计，当初刻工雕刻时，凡一横一竖，皆一刀刻到底，并不顾及笔画交叉与否。这样下刀，速度可能快捷得多，且一刀下去，笔画交叉的地方，切开之处看不出来，印在纸上，也不会留下切开的痕迹，因为木质有韧性。因此，初印之时，雕版中不会出现“切划字”。不过，雕版因长久放置，干裂收缩，原先十分细微的刀痕，便逐渐显露出来，形成“切划字”。

第七章

活版套印与插图

第一节　套印与活版印刷

套版印刷是古代印刷术的重要组成部分，被公认为与雕版印刷和活字印刷鼎足而立。但有关套版印刷的史料却极为匮乏，其发明时期也众说纷纭。肖东发先生指出，公元 10—13 世纪，我国印刷工匠们已经开始探索在一张纸上印出有不同颜色的成品。可以说，宋、辽、金是中国古代彩色套印的发端时期。

在现今的文献资料中，一般都认为套印技术属于雕版印刷的范畴。李致忠先生就将其称为“雕版套色印刷”，并指出，“元代在雕版印刷技术上的一大突破，是出现了套印技术”。“明代雕版印刷技术的发展与进步，还表现在套印技术的发展上”。①

陈先行在《打开金匮石室之门：古籍善本》中，谈到元代套色印本《金刚般若波罗蜜经》时说，“这是在同一块板上先后刷印朱墨两色，虽与后来的套板朱墨或多色印刷本不同，但作为套色印本之滥觞，其在雕版印刷史上的地位与价值是不言而喻的”。②

然而，笔者在研究活版印刷之时，发现套印本并非仅仅属于雕版印刷，有一部分套印本实际上系活版印刷。

例如，笔者所藏《刘氏续修族谱》朱墨套印本，边框和版心均具有同一性，活字特征明显，是典型的活版双色套印本。（图 7—1～图 7—2）

《刘氏续修族谱》卷首，光绪三十三年刊印，朱墨套印。框高 22.8 厘米，宽 15.7 厘米。套印部分共有 50 叶，其中，朱色龙纹皆为同一刻版，而墨色文字部分则由甲乙两副活版排印。甲乙两个不同的版，版心有两种

---

① 李致忠：《古书版本学概论》，北京图书馆出版社 2003 年版，第 57、61 页。

② 陈先行：《打开金匮石室之门：古籍善本》，上海文艺出版社 2003 年版，第 162 页。

不同的字体风格，如不详察，其细微的差异便不容易看出来。例如，版心上端“刘氏续修族谱”六字，中间“卷首”两字，下端“彭城堂”三字，甲乙两版的风格略有不同。此外，版心线和边框线的缺损状况，两版也各不相同。

甲版 32 叶：圣谕 1—18 叶，奉天诰命 1—2 叶，谥文敏公敕第 2—3 叶，诰敕 1—10 叶。乙版 18 叶：谥文敏公敕第 1 叶，诰敕第 11—27 叶。

笔者所藏《刘氏四修族谱》卷首中也是活版套印本，印于民国二十年。虽然同是彭城堂所印，行款开本纸张颜色等基本一样，但民国版的套印部分已减少了一半有余，龙纹图案亦大不一样，由清代的五爪龙变成了民国四爪龙。此外，《四修谱》行字略小，排版和刷印质量远不如《续修谱》。

该册套印部分有 24 叶，仔细观察其版心，便会发现是由甲乙两副活版所排印。不仅文字的细微差异两个版一样，连版心线的缺损状况也一样。其中，甲版 1—8 叶，乙版 9—24 叶。

一　文字套印本

笔者收藏的一些套印本，不属于雕版，而是活字本。最典型的则是清代活版套印本《朱批谕旨》。（图 7—3～图 7—4）

《朱批谕旨》，朱墨双色套印，半叶 10 行 21 字，白口四周双边。框高 21 厘米，宽 16.2 厘米。书高 29.6 厘米。此书原为内府本，但坊间翻刻本较多，笔者所藏为翻印残本，大约系清中期版本。

是书排印较好，版心文字和边框均具有同一性，由多副活版交替排印。朱色套印有大小两种字号，字迹较为清晰。

笔者还藏有其他一些活版文字套印本，例如：

《朱批注释东莱博议》，巾箱本，9 行 25 字，白口四周双边。活字特征：大黑框、边框缝、暗界栏槽、活印痕等。

《鉴史提纲》，巾箱本，9 行 20 字，白口四周双边。活字特征：活印线、金属栏线等。

《澹香斋试帖》，牌记：《朱批七家诗选笺注》，巾箱本，8 行 21 字，小字双行同，白口四周双边。活字特征：活印线、金属栏线、边框缝等。

《杜工部集》，光绪二年翰墨园六色套印本，8 行 20 字，黑口双鱼尾左右双边，无栏线。是书工艺考究，卷首和最末两卷有栏线，无套印，其余各卷则无栏线，带套印。五家评论分别用紫、蓝、朱、黄、绿五色，正文则墨印，正所谓五颜六色，令人赏心悦目。(图 7—5～图 7—6)

笔者见过此书的几种翻刻本，质量均较差。笔者所藏系精心排版精细刷印，并未留下显著的活字特征。不过，卷首和最末两卷的栏线却是金属栏线。在大块空白处可见黑色活印痕，偶尔可见彩色印痕。有暗界栏槽和界栏槽，偶见边框缝和鱼尾缝。卷五目录第四叶，字体明显向右倾斜。

绝大多数版本学方面的著作，几乎从未谈到套印本当中有活字版这一现象。大约只有张秀民先生，曾专门提到这个问题：

至于活字本而用两色或三四色套印则极罕见。真正的活字朱墨套印，有《朱批谕旨》。内府套印本《万寿衢歌乐章》为乾隆五十五年由金简奉旨交聚珍版排印。《四库提要》当为乾隆以后民间印本，凡朱、墨、蓝、绿四色，用白纸印，灿然悦目。一般套印有多至五六色者，而在活字本中，此本当称“白眉”。①

笔者藏有十多册清代时宪书，主要是同光时期的历书，均为朱墨双色套印。仔细观察，均为活版套印本。其共同的活版特征表现为，四角均有边框缝，版心小黑口与上下边栏之间均可见黑口缝，在狭窄的栏线之间有诸多活印痕。

少数历书出现偏心字痕，例如《大清同治十一年时宪书》，“年神方位之图”中，“神”、“方”、“位”三字均有偏心印痕。

这批清代历书，规格大小不同，有普通开本，亦有袖珍本，风格大致相同，大约系民间书坊排印，版印粗糙，小字密密麻麻，难以辨认。

其中一册《大清光绪十二年朱批时宪书》，排印较为精良。是书开本较大，书高 25.6 厘米，宽 15 厘米，字体较好，小字清晰可辨。

而一册《大清宣统四年时宪书》，则已进入民国年代，大约系满清小朝廷在宫中使用的“老黄历”，开本与前述一册大致一样。

历书的小字通常很多，要用通常的活字排印极为困难。笔者以为，书坊大约事先将许多内容刻制在一条条的金属板上，这些狭窄而长条的金属条，更适合刻制细小而冗长的文字。

笔者所藏的这些历书，都不具备同一性，说明书坊是整版保存，一年当中多次刷印，直到印量足够满足市场的需求，再拆版。等到官方公布了

---

① 张秀民、韩琦：《中国活字印刷史》，中国书籍出版社 1998 年版，第 102 页。

新年日历，便更新资料，排印来年的历书。

历书年年不同，一般来讲，书坊不可能专门刻制一套雕版，只使用一年而报废，如此成本势必太高。而历书在民间需求量较大，用活版排印则更为经济实用。史金波先生已证实，黑水城出土的一批汉文历书残页，当属于南宋嘉定四年（1211 年）的活字本。既然宋代已经开始用活版排印历书，清代的历书多属于活版印刷，便有据可依，不足为奇。

二　插图套印本

孔夫子旧书网曾拍卖过光绪年间的围棋谱，尽管边框四角均为 45°，与活版的边框相同，但从图片来看，棋谱部分当为雕版套印本。（图 7—7～图 7—8）

如果将插图套印本称为活字本，或称为活字印刷，皆不妥帖。因为它既有活字，也有雕版。将文字套印本称为活字本，似乎还说得过去。但是，将图画套印本称为活字本，则颇为不通，容易产生歧义。笔者以为，可将活版印刷与套印结合起来，统称为“活印本”，似乎更为确切。

笔者收藏有嘉庆年间翻刻的《芥子园画传》第二集彩色套印本。

《芥子园画传》第一集成书于康熙十八年，彩色套印。直到康熙四十年才出版第二集彩色套印本。笔者所藏为梅谱、菊谱和竹谱 3 册（缺兰谱），彩色套印。书中注明嘉庆庚申清和月芥子园李氏镌藏，嘉庆庚申孟春芥子园焕记重镌。

该书文字部分为 9 行 20 字，无鱼尾，四周单边。图画分为起手式和画谱两类，起手式有 35 叶，画谱有 66 叶，其中彩图 36 幅。基本颜色：红、黄、墨绿、翠绿、赭、灰、黑七种颜色，每种颜色又有浓淡之分，色彩甚为斑斓。

该书系翻刻本，失去了许多康熙原版的精神，加之稀墨刷印，有些模糊。虽然如此，仍可展现清代彩色套印的复杂技艺。

该书最为明显的活版印刷特征是，几乎每一叶的四角都有清晰可见的边框缝，文字部分如此，图画部分亦然。此外，尚有界栏线断续、版框歪斜、版框大小不一等。

由于前贤皆认定套印本乃雕版印刷，所以极少有人去研究套印本与活版印刷的关系。藏书家韦力先生讲，在传统收藏中，套印本不受重视，到民国年间大藏书家陶湘的藏书专题之一是明代闵凌刻套印本，才第一次将套印本作为一个正式的藏书专题。

三　黑色套印本

笔者所藏《李氏族谱》，不仅书的版心和边框具有同一性，其边框四角均有统一的边框缝。更有甚者，书中出现了几个倒置字。例如，第一册第 14 叶：右面第 4 行，“上”字倒置，左面第 10 行，“臣”字倒置。第四册“第九支二房公世系图”第 1 叶：第 3 行“国”字倒排。因此，该书是属于典型的活字版。

《李氏族谱》的一个亮点，是书中与众不同的插图。家谱中通常带祠堂坟茔等插图，多为雕刻上板的简图。然而，《李氏族谱》中的插图却是手工绘制并影印而成。

《李氏族谱》刷印于民国三十二年（1943 年），正值民族危难的抗战年代。族谱序言中说：……其次则多数宗人以国家当强暴之侵凌流亡，或后日之不免谁非有亲属之联系者，设万一不幸而有骨肉分离之事，实则佐证者有谱牒，虽远至重洋，时经多载，终不难于回合，以故全宗活动。

正因为考虑到劫后余生的族人可能会在战后的废墟中寻找祖先的踪迹，族谱中的许多插图描绘十分详细，并附有文字说明。仅举前面两幅插图为例：

第一幅插图乃手绘的祠堂位置地形图，十分细致。其一，附带 14 种图例：柳树、茔坟、桂树、杂树、河流、松树、陆地、鱼、路线、船、水纹、桥、山形、行人等。其二，图中配有题词一首《题咏》：古木千章秀，名花两树香。虎腰峰势峻，龙口沐流长。艇戏溪头叶，虹眠水上梁。渔儿新垱泳，蝉鸣柳枝黄。第二幅插图题词：《祠堂图》，民国纪元第一癸未之年春三月清明后十日绘于同里李氏宗祠，云山。

《李氏族谱》第一册主要是各种坟茔图，全部插图均是先手绘，后石印，并按照一定比例缩印在纸张上，最后再套印上活版边框及版心。

由于是先影印，后套印，所以两次印刷的墨色差异很大。比如，插图的颜色明显比边框和版心的颜色深而黑。另外，一些插图中书写的字溢到了边框之上，成为“压栏字”。例如，第一幅图中，图例的“图”字溢到了边框的内栏之外。又如《栗山嘴茔图》中的“栗”字压住了边框的内、外栏。特别是《周家冲张家山茔图》，题词有 13 行，其中 9 行都压住了边框的内栏，有几行还压住了外栏。

通常所说，套印是指朱墨双色套印，或者多色套印，但《李氏族谱》这种活版套印却都是墨色。因此，笔者将这种套印本叫做“黑色套印”。

实际上，武英殿聚珍版所采用的特殊套印方法，就是“黑色套印”。金简在《武英殿聚珍版程式》中，在介绍刷印方法时，曾谈到活版套印。“至套刷，本系常法，然用之于画图套色。套边，偶为之耳。今逐部逐篇用此，其中墨气条线均不得草率从事，亦宜令艺精者为之。”

武英殿工人事先做好套格，用整版雕出边框和行格，再用整版刷印格纸，然后再将摆好的活字套印在格纸上。只不过，由于都是同一种墨色，故很少有人将武英殿聚珍版归类为套印本。另外，武英殿聚珍版中所特有的“压栏字”，正是区别内聚珍和外聚珍的主要方法之一。这与《李氏族谱》中的“压栏字”几乎如出一辙。

四　活印彩色套版

笔者藏有一套医书《效验引编》，4 册，不分卷，为红蓝双色印本。是书年代不详，避讳“宁”字，当为清晚期印本。行款字数不一，白口，单鱼尾，四周双边。框高 22.4 厘米，宽 13.8 厘米。版心上端印“效验引编”，中间有各分类名称和页码，下端印“临安药局”。（图 7—9～图 7—10）

全书共 160 余叶（缺失数叶），其中蓝印 145 叶，红印 20 叶。第一册有 8 叶红印目录，其余 12 叶红印分散在各册之中，作为各门分类之首叶。

《效验引编》手写上板，各书叶版面大小不等行款不一，书体有楷书、行书和行草，似为同一人所书，字体漂亮，书法功底深厚，似典型的雕版风格。

然而，从全部蓝印书叶的边框和版心来看，具有明显的同一性，且边框四角均有规范的 45°边框缝，毫无疑问为活版套印本。

仔细观察蓝印书叶的边框和版心，可以看出由甲乙丙丁四副版框排版，每一副版的版心线以及版心的部分文字相同。每一幅版的边框也基本相同。甲版 44 叶，乙版 35 叶，丙版 41 叶，丁版 25 叶。

全书共 4 册，介绍不同的病症及其药物。第一册：目录、补益门。第二册：脾胃门、饮食门、小儿门、妇女门。第二册：痰饮门、风寒门、诸火门、眼目门。第四册：疮疡门、胶膏门、各种药酒、加增各方。现将各册书中的不同活版分列如下：

第一册（41 叶，其中红印 9 叶）：

甲版：补益门 1—3、7、11—20 叶。

乙版：补益门 4—6、8—10、28—34 叶。

丙版：补益门 21—27 叶。

第二册（39 叶，其中红印 4 叶）：

甲版：妇女门 2—12 叶。

乙版：小儿门 2—9 叶。

丙版：脾胃门 36—42 叶，饮食门 2—10 叶。

第三册（40 叶，其中红印 4 叶）：

甲版：痰饮门 2—6 叶。

乙版：风寒门 2—8 叶，眼目门 2—8 叶。

丁版：风寒门 9—16 叶，诸火门 2—9 叶。

第四册（44 叶，其中红印 3 叶）：

甲版：疮疡门 2—15 叶。

丙版：各种药酒 2—7 叶，加增各方 1—12 叶。

丁版：胶膏门 2—10 叶。

套版活印，在一些带有插图的活字版当中可以找到。特别是家谱中的许多插图，通常采用雕版刻图，再套在活版版框内，一次刷印而成。一些家谱中用雕刻图案作底板，文字排列期间，再用红色刷印，亦属于活版套印技术。

五　雕版与活字混合版

笔者藏有一块特殊的木雕版，约系晚清民国时期民间七月半印冥币之类所用。长 16.5 厘米，宽 9 厘米，厚 2.5 厘米。板上刻有 5 行共 27 字，其中，有 3 处 5 个木活字镶嵌在雕版上，包括年号、祖辈名称和姓氏。有两处为连字，分别是“天运”和“世祖”。（图 7—11～图 7—13）

从这块特殊的雕版可以看出，坊间根据顾客的要求，可随时移植不同内容的活字，然后刷印。这种雕版加活字的混合版，在中国古代早已出现。潘吉星先生在论及“铜活字印刷的发明”时，提到宋、金时期印制纸钞的铜版留有凹处，供植入活字刷印，如金代陕西东路壹拾贯交钞印版（1215 年），有 8 处放铜活字的凹空。潘先生认为，“由于印版为铜版，所填塞的活字自然是铜活字。因此，宋、金纸币是铜版印刷和铜活字印刷相结合的产物”。[①]

既然早在宋金时期就有金属混合版印制钞票，民间使用木质混合版的情况则应较为普遍，如清明时节印制各种冥币等，如道场中临时印制各种印张等。使用金属雕版耐久性好，可长期反复使用，坊间配备相应的金属活字，或配备相应的木活字和陶活字，根据需要随时植入，便可灵活印刷所需之物。

第二节　插图本与活版印刷

书籍之有插图和书籍的产生基本上是同时出现的。敦煌出土的唐咸通九年（868 年）刻印的《金刚般若波罗蜜经》，是现存世界上最早标注年代的出版物，其扉页插图雕刻十分精美。

据《徽州刻书与藏书》所载，插图本是指以文字为主、图画为辅的图书，图画是书籍内容的补充和辅助品。徽刻插图本包括有：志书插图、宗族文献插图、小说故事插图、戏曲插图、诗词曲插图、兵书插图、宗教书插图等。徽刻图谱书则有书画图谱、器物图谱、山水图、博戏图等。[②]

版本学中一般都将插图本——或曰版画——归类于雕版印刷。笔者在对插图本作过一番初步研究之后，认为不少插图本应该属于活版印刷，而非雕版。

魏隐儒先生在谈到清代活字印本时曾提到：清康熙时编辑了这部一万卷的大类书——《古今图书集成》。书中文用铜活字排版，插图用木板刻印。[③]

这段话有力地证实了活字本确有插图。笔者在图书馆馆藏活字本中，也找到了部分插图本。例如：

首都图书馆所藏《红楼梦》，首卷有插图。插图的版式与正文不同，

① 潘吉星：《中国金属活字印刷技术史》，辽宁科学技术出版社 2001 年版，第 41 页。

② 刘尚恒：《徽州刻书与藏书》，广陵书社 2003 年版，第 201—213 页。

③ 魏隐儒：《中国古籍印刷史》，印刷工业出版社 1988 年版，第 222 页。

边栏四角有弧形花纹装饰。是书的活字特征，一是有活印痕，如上下边框外有外围印痕，呈线状。二是鱼尾缝和边框缝明显，上下或左右边框均有出头的现象。

天津图书馆所藏《精订纲鉴二十一史通俗衍义》，清代吕抚活字泥版，亦有插图。

国家图书馆所藏《唐荆川先生纂辑武编》，书号为11975，书中带有火炮插图及其他插图。是书正文部分版框为金属框，不太受墨。插图版的版框更宽，似木框，吃墨好。是书牌记注明为“排字版”，书口整齐，有明显的边框缝，有鱼尾缝，金属栏线及其细腻极为工整，加之金属边框，是典型的带插图活印本。

笔者所藏的一些活版家谱中，带有不少插图，如《刘氏续修族谱》（图7—14）、《吴氏宗谱》（图7—15）、《李氏族谱》等，亦属于插图活印本。

第 八 章

活字本的标点符号及版式

中国近代史上，书籍在社会大众中广泛使用，与标点符号的普遍采用密不可分。19世纪末，西方的标点符号被引入中国，得到教育界、知识界和出版界的广泛认同，加上20世纪初期新文化运动的兴起以及平民教育的推广，使得知识的传播方式和传播速度在中国产生了飞跃，促进了中华文化的繁荣和发展。

其实，在中国浩如烟海的传世古籍中，绝大多数都没有标点符号，给后人的阅读及理解带来诸多不便，也引起无穷的学术争论。古人著书写作，几乎都不使用标点。历代学者多自矜好古，似乎加了标点就会降低身份而成了“章句陋儒”，故而加标点或许会受到讥讽嘲笑，无标点才是“正统”和“时尚”。雕版印刷出现之后，坊间刻书为了省事和节俭，往往也不加标点。

不过，中国传世古籍中，少数古籍还是是有标点符号的。这些古籍中有多少种标点符号呢？20世纪50年代末张涤华估计有26种，2002年管锡华《中国古代标点符号发展史》一书中统计有46种，分为线、框、圈、点、复合号及不规则号6大类。[①] 由于从未有过官方统一的规定，这些标点符号往往由著书者、刻书者、抄书者、批校者随意自创，散见于数千年来的各种古籍之中。

笔者查阅《中国国家图书馆古籍珍品图录》，所收录的240余种善本书影中，仅有10多种带有标点，几乎都是清一色的小圆圈，而所收的10种活字本书影中，见不到标点。其他书籍的活字本书影中，也极难见到标点。

---

① 管锡华：《中国古代标点符号发展史》，巴蜀书社2002年版，第336页。

尽管古籍中有数十种标点符号之多，但最主要的仅是一种符号——小圆圈。这种小圆圈，包括句，也包括读。句，是语意完整的段落，读，则是语意未完语气可停的更小段落。两者统称为句读。

活字本中的句读，以前并未引起专家学者的注意。然而，这些活版句读或符号本身，便是一个个独立的实体，就像一个个字丁一样，只不过大小体积不同而已。研究这些活版的句读，对于研究活版的排版和固版，对于鉴别活字本的真伪，都有十分重要的作用。

笔者所收藏的活字本数量有限，带有句读的，或带有其他符号的活字本很少，仅就笔者所藏的一些活字本，以及所观察分析的一些现象，列举于后。

第一节　句读的位置

活版的句读，不论是小圆圈，或是小顿点，一般来说，是单独刻为一个字模的。句读本身要占据一定空间，为了排版和固版的方便，常常将其排在两行活字之间，即居于相邻两行字的中间位置。

不过，笔者仔细观察过，有些活版的句读，却与行字的距离很近，甚至紧贴行字，显然，他们不像是单独刻制的，这又作何解释呢?

后来，笔者在扬州广陵古籍刻印社考察时，才解开了这个谜团。原来，广陵刻印社研制成功一批瓷活字，并排版刷印了一批书籍。笔者仔细观察，发现许多瓷活字旁边还带有一个小圆圈——句读。有了这种带句读的活字，便可照着带句读的古书排印，而无需单独安插句读在行字之间。(图 8—1～图 8—2)

既然广陵刻印社有这种专门带句读的活字模，想必古代的一些专门从事活版印刷的书坊也有。书坊带句读的字模，其数量有两种可能。一是每个单字都带句读，且许多常用字要大量储备，当然，这需要庞大的数量，没有足够的经济实力是难以做到的。二是特制带句读字模，专门排印某些带句读的书籍。不过，如此一来，活字版就只能排印同一种书，如需长期刷印该书，活版就得整版保存。

当然，还有一种可能性，即钤盖句读和符号。事先刻制好小圆圈或小顿点，照着原书钤盖句读或符号。如果所印书籍数量不多，可一叶一叶钤盖，如印数太大则不可能钤盖。当然，临时钤盖句读需特别细心，否则很容易出差错。

一 句读居中

《唱道真言》句读

笔者所藏《唱道真言》，系清中晚期活字本。半叶8行20字，白口四周双边。框高19.6厘米，宽12.1厘米。书高24.8厘米，宽14.3厘米。该书具有活版同一性，四周均有45°边框缝，还有鱼尾缝、浓淡不一等活字特征。

《唱道真言》无栏线，全部是软体字，书中的句读有两种：一种是圆圈，相当于句号；另一种是顿点，相当于顿号和逗号。其中，顿点的形状颇像顿号。由于制作不甚规范，圆圈和顿点大的大小不一。（图8—3）

该书的句读，位于文字的右下侧，居于两行字的正中间，较为醒目。凡句读位置居于左右两行字的正中间，笔者便称为句读“居中”。若句读位置靠近文字旁边，则称为句读“居边”。

《公善堂鸾章》句读

《公善堂鸾章》，清中晚期活字本，8行22字，白口四周双边。是书具有活版同一性，四周边框缝明显，亦有鱼尾缝、浓淡不匀等活字特征。

《公善堂鸾章》无栏线，书中的句读主要是小圆圈，相当于句号。亦有顿点，相当于逗号、顿号。该书的圆圈和顿点均居中，排在左右两排文字的正中间。

二 句读既居中又居边

《明季南略》句读

笔者所藏清代活字本《明季南略》也有句读——小圆圈。是书规格不一，有些书叶有界栏，有些无界栏。圆圈有大有小，无栏线者用大圈，有栏线则用小圈。无栏线的书叶，大圆圈均居中，有栏线的各卷，小圆圈均居边，即文字的右侧。唯卷十第15—20叶，圆圈有大有小，一些圆圈居于栏线正中，将栏线分隔开。

《皇极会归宝忏》句读

光绪活字本《皇极会归宝忏》，半叶6行15字，四周单边黑口居多白口夹杂，一叶双版式。活字特征：鱼尾缝、边框缝、界栏槽、活印线、活印痕、栏线弯曲、横排不齐等。

是书以圆圈和顿点作句读，多数句读均居边，但有时既居中又居边，如首卷第12—22叶，顿点作句读，又居中又居边。（图8—4～图8—5）

三　句读居边

《朱氏麻科》句读

民国活字本《朱氏麻科》，注明“武冈文明轩活字出版”，具有活版同一性，四周均有45°边框缝，还有木纹边框等活字特征。该书的句读也是小圆圈。

与前述几种活字本的句读相比，《朱氏麻科》的小圆圈极其精细，直径仅约一毫米，而该书的大字高约7毫米，宽约8毫米，小字高约5毫米，宽约4毫米。正因为《朱氏麻科》句读的体积小，排版上就不受局限，可以像雕版一样，紧傍文字，灵活摆放。

《朱氏麻科》的句读一般在大字的右下侧，夹在上下两个大字之间。小字之间也有句读，或在上下两个小字间，或在上下左右四个小字的中间位置。

由于每一行的句读数量不一，各行的字数也不尽一致，从19字到22字不等。虽然直径只有一毫米，但有句读的相邻两字的距离，通常还是明显宽于无句读的字距。

《斗光度厄经　太阳真经》句读

同治活字本《斗光度厄经　太阳真经》，半叶6行14字，黑口白口四周单边。活字特征：鱼尾缝、活印线、活印痕、栏线断续、横排不齐、小卡印痕等。

书中部分内容以圆圈作句读，这些句读均居于行字的右下角。

《玉皇宥罪大忏》句读

晚清活字本《玉皇宥罪大忏》，半叶6行13字，白口四周单边。活字特征：鱼尾缝、边框缝、活印线、活印痕、横排不齐等。

是书句读既有顿点也有圆圈，有时居于右下角，有时夹在二字之间。（图8—6）

《佛说高王观世音经》句读

光绪活字本《佛说高王观世音经》，半叶6行15字，白口左右双边。框高20厘米，宽13厘米，书高26.4厘米，宽15.2厘米。活字特征：活印线、鱼尾缝、边框缝、活印痕、暗界栏槽等。

是书句读为小圆圈，居边，有时则夹在上下二字之间。（图 8—7）

《圣经集要》句读

晚清活字本《圣经集要》，半叶 7 行 14 字，白口左右双边。框高 18 厘米，宽 12 厘米，书高 23.7 厘米，宽 14 厘米。书中鱼尾缝明显，可见边框缝、界栏槽、浓淡不一等活版特征。是书句读为小圆圈，居边，多夹在上下两字之间。

《银河法忏》句读

光绪活字本《银河法忏》，光绪二十一年湖南乐善堂印本。半叶 6 行 15 字，白口左右双边。框高 22.3 厘米，宽 13.1 厘米。书高 27.4 厘米，宽 15.3 厘米。书中普遍有明显的鱼尾缝，还有活印痕、边框缝、界栏槽浓淡不一等活版特征。

是书句读为顿点和小圆圈，均居边。句读有时紧贴行字。

武英殿活字本句读

《北京文物大系·古籍善本卷》第 137 页，收录了清初武英殿活字本《四书章句》的书影，句读也是小圆圈征。该书有栏线，句读居边，位于文字的右下侧。有时栏线被句读隔断，多系参差印痕所致。

与《朱氏麻科》不同之处，《四书章句》的句读紧贴于文字，甚至与文字交织在一起。出现这种情况，似乎是制作木活字时，四角事先被切掉了，或排版时，将相邻木活字的边角切掉，以便挤进句读。另一种可能，则是活版套印好之后，再钤盖句读。

书影中个别字附有半圆圈，乃是仿照原书所作的读书记号，并非句读。

四 活版句读位置分析

从上述活字本的句读和符号来看，主要有三个特点：一是居中，二是居边，三是参差印痕。

第一、标点符号居中，可以归结为一个原因，居中才便于排版。有栏线的活字本，两排文字之间除了栏线，可能还有夹条用于固版。无栏线的活字本，两排文字间多用顶木固版，抑或加上夹条。如同单个活字字丁一样，一个标点、一个符号其实也是一个字丁，其底部或方形或圆形，是一个小小的方柱体或圆柱体，柱体底部或略大于标点。

句读或符号居中，多见于无栏线活字本，或暗界栏活字本。句读居中，两边各镶嵌一个夹条就成，既能保障固版，又不必花费时间找填充材料。活版标点的位置居中，看上去则较为机械呆板，不如雕版的句读位置灵活。不过，带有标点的雕版印本当中，有时也可见到标点居于两排行字之间的正中位置。

第二、民国活字本《朱氏麻科》句读居边，夹在上下两字之间，主要是句读体积小，排版好看，跟雕版几乎一样。

武英殿活字本《四书章句》，句读则挤在两字的边角，紧贴文字，活字本《明季南略》少数书叶也有此现象。看上去，他们跟某些雕版的句读位置几乎一模一样。或许古人刻活字时，连句读刻在了一起，就像现代扬州广陵古籍刻印社制作的活字一样，将标点与文字合刻成一个单独的字丁。或许古人排版时，将相邻木活字的边角切掉，以便挤进句读。或许，是活版排版时忘了排上句读，或为了赶时间抓效率故意不排句读，后来用手钤盖上去的。另外，偶尔在印纸上也会见到行字与标点挤在一起的情况，其实就像活字之间有时也会出现笔划交叉的现象一样。

第三、因活版高低不齐，容易产生参差印痕，即标点与栏线之间，标点与边框之间会出现参差印痕。例如，许多小圆圈看起来与栏线之间还有一定的距离，但多数栏线却在有小圆圈之处断开，说明是参差印痕。一行栏线之中如果有若干小圆圈，栏线也会断裂成若干截，形成若干个参差印痕。亦有一些标点不见得高于栏线，并不显示参差印痕。

雕版书的句读与符号，位置很灵活，见缝插针，常常与行字笔划连在一起，一般不会隔断栏线。例如，笔者所藏明代经厂本《大学衍义》，书中句读并不靠近栏线，往往挤在两个字之间，甚至渗透到笔划之内。《大学衍义》乃宋儒真德秀撰，明嘉靖六年司礼监刻本，8 行 14 字，粗黑口，双鱼尾，四周双边，钤有“广运之宝”大印，属于明代内府精刻本。

五　带符号的活字本

《高歌集》符号

《高歌集》，道光活字本，8 行 16 字，黑口无鱼尾，四周单边。框高 15 厘米，宽 10.5 厘米。书高 20.6 厘米，宽 12.2 厘米。

是书无栏线，无鱼尾，四周均有边框缝，文字与边框间的参差印痕较多，文字间亦有明显的参差印痕，活版无疑。《高歌集》虽无句读，却有众多符号——小圆圈。（图 8—8～图 8—10）

前人读书时，看到一些重要的段落，或精彩的句子，便顺手打上圈圈点点。后人翻刻再版此书，往往将这些圈、点一并附上。《高歌集》中的小圆圈，多为一字一个圈，少数句子中，每个字有两个圈。这些小圆圈均居中，夹在两排文字当中。右边第一行的个别小圆圈，有时高出边框，便出现参差印痕，如第 3 叶。偶有小圆圈与文字交织现象，如第 3 叶第 5 行“聆”字。

《改良上孟子集注》符号

宣统活字本《改良上孟子集注》，牌记注明“排印”，书中金属栏线明显，有界栏槽，当为活字本。

是书有两种符号，大圆圈和小圆圈，均用于分隔段落。大圆圈作为大字分段之用，小圆圈用于小字分段。

《新体中国历史》符号

清末民初活字本《新体中国历史》，10 行 23 字，白口四周单边。是书具有活版同一性，四周边框缝。版心注明，浏阳小学教员养成所讲义，笔者所藏为卷三卷四。有趣的是，全书虽无句读，却有另一种符号——括号。

书中众多书叶使用括号，有上括号和下括号，每个单括号占一个字，居于上下两字之间。

《礼仪便览》符号

《礼仪便览》，光绪十五年照琴书屋活字版，每一卷的前几页书叶的版心，均注明“照琴书屋活板”字样。

是书的符号主要是圆圈，大小不同的圆圈。有的圆圈起分段作用，有的圆圈做替换用，相当于“某某某”之义。每个圆圈大体占一个字格，摆放在上下两字之间。

第二节　活字本的独特版式

一　大黑框

张秀民先生在谈到活版的边栏时指出，活字本的边阑粗细极不一致，有的很细，有的大粗黑边。[①]

活版为什么会留下粗黑的边框呢？现在难以见到真实的古代活版排印框，笔者追寻其滥觞，注意到了毕昇排印活字所使用的工具——铁范。

铁范乃古代排印活字的一种铁盘，四周有较宽的边框。铁框印在纸上，效果相当于雕版的边框。人工雕刻的边框一般不会太宽，否则太耗材。铁框则不然，每一边皆有相当的宽度和厚度，能将整版活字牢牢框住。那么，这样的铁框作为活字的边框，印在纸上应该较为粗黑、醒目。这种宽大的边框印痕可以成为活版印刷的标记之一。

笔者将这种宽大粗黑的活版边框称为“大黑框”。

其实，不仅仅是毕昇使用的铁范才有大黑框，宋元明清的活版也该有大黑框，不仅木活字有大黑框，其他活字也因该有，因为道理是一样的：粗大的边框才容易固版。而雕版为了节省材料，一般不会雕刻很宽的边框。

《中国国家图书馆古籍珍品图录》第 204—211 页收录了 10 种明清活字本，每一种均有宽大醒目的边框跃然于纸上，足以为大黑框的存在作证。

笔者所藏活字本当中，《皇极会归宝忏》、《圣帝大解冤经》、《城步县志》、《巫氏房谱》、《公善堂鸾章》、《朱氏麻科》等，均有大黑框。（详见前面章节图片）

不过，大黑框在识别活字方面只能起到参考的作用。因为少数雕版书籍为了讲求版式的美观大方，同样留下了宽大的边框。

就活版本身而言，大黑框的宽度也不一致。因为各个朝代、各个地区使用活版印刷的器具、材料和工具皆有所不同，刷印的效果也不一致，难以一言以蔽之。比如，有的活字本边框就很窄。

笔者推测，这是为了尽可能与雕版的边框保持一致而刻意加工的。如前所述，宽大的边框才易于固版。于是，坊间对边框表面进行加工，将边框内沿保留一条边，外沿一部分削低，如此这般，本来粗大的边框刷印在纸上就变成为窄窄的边框了。

有些活字本的边框一忽儿粗，一忽儿细，可能与刷印时的力度以及边框表面削去部分的高低有关。

---

① 张秀民、韩琦：《中国活字印刷史》，中国书籍出版社 1998 年版，第 100 页。

二 组合边框

笔者在研究活字版边框的时候，注意到一种特殊的现象：一些活版的边框原本单一，有时候却变成了两条平行的黑边框。这种现象的产生，可能是由于固版所需，在原来的边框之外再增加一条，使得整个版框更稳固。

另外一种情况类似于“木纹边框”的产生缘由，乃是由于活版的木质边框长期刷印，某些地方整条木纹的肉质都被刷掉了，于是一条边框印在纸上，印痕看起来像是两条边框。于是，笔者将这种在印纸上看起来像是两条边组合而成的印痕，形象地称为“组合边框”。

1. 活字本《日用择吉便览》，“月表”第 6 叶上下框、“上官宜日”上下框等处，都能清晰地看见组合边框的痕迹。

2. 活字本《万历野获编》，卷十第 18 叶，上框有明显的组合边框痕迹。

3. 《谌氏族谱》，光绪活字本。第 301—302 叶，四周边框均出现了宽大明显的组合边框。

4. 《托素斋文集》，光绪活字版。牌记载明：闽汀黎愧曾先生著，汀州东壁轩重刷。第一卷末尾写明：闽汀东壁轩活印书局翻刷。是书卷三至卷六的上框中均可见到组合边框的印痕。

5. 《皇极会归宝忏》，晚清活字本，是书许多书叶出现组合边框现象。

三 一叶双版

查阅了一些版本学方面的专著之后，笔者注意到极少有学者研究过活字印本与雕版印本在版式上的异同。

张秀民先生曾简略地谈到过这一点：活字本仿照雕板，中间有板心隔开，一全页折叠为两半页。其中偶有板心特别宽大，每半页四周双边各自成一系统，看起来似乎是半页各排一板，这类狭窄的板面是极罕见的。[①]

笔者收藏有一部康熙间《严陵张九仪增释地理琢玉斧峦头歌括》，（简称为《地理琢玉斧》），便是张秀民先生所指的半页各排一板的活字本。是

① 张秀民、韩琦：《中国活字印刷史》，中国书籍出版社 1998 年版，第 100—101 页。

书版式极为独特，一叶双版，每半页四周双边，无鱼尾，无界栏线。活字特征：边框缝、活印线、字体大小不一、字体歪斜、横排歪斜、墨色浓淡不一。总之，该书是一部版式独特的典型活字本。（图 8—11）

活字本《巫氏房谱》，排印精良，典型的一叶双版式。每半页四周双边，四角边框缝均为 45°角，有栏线。版心有鱼尾及文字。少数书叶有抬头，抬头与边框之间有明显的缝隙。因该书具有同一性，无抬头的地方，则用另一段边栏填充。（图 8—12～图 8—14）

活字本《水钩子观音桥渡合册》，亦属于一叶双版式。每半页四周双边，四角边框缝同为 45°角。

四　一叶两半版

有些活字本版心线粗黑，每半叶看起来，单独成为一版，只不过因为边框贯通全叶，将其分为两个半版。例如：

1.《亲睦堂捐薄》，道光十三年印本。是书 8 行 18 字，四周双边，版心宽，有鱼尾，版心两线粗黑，成两半版。

2.《春草草堂集》，一叶两半版。是书为典型的活字本：边框缝统一为 45°角，书口整齐划一。

3.《新纂儒礼袖珍》，鹿苹堂印本，巾箱本。一叶两半版，四角均有 45°缝隙。

4.《刘氏续修族谱》，一叶两半版，朱墨双色套印，精心排印。

此外，一些宗教经书活字本中，多为一叶两半版。例如，《太上神咒》、《高王经》、《皇极会归宝忏》、《玉皇宥罪大忏》等，均是版心线粗黑，鱼尾缝明显。

五　活版的鱼尾

古籍的鱼尾多在书口中出现，有单鱼尾、双鱼尾、顺鱼尾、对鱼尾之别。鱼尾的作用主要是以尾叉来标示中缝线，以便折叶时取作标准，是折叠书叶的标记。

古人把中缝线设计成鱼尾形象，既美观又实用。鱼尾将版心分为三个部分，中间一般用来题写书名、卷次、叶数；上部原多印有一叶字数，后多刊印书名；下部原多记刻工姓名，后多记出版家斋堂名号或丛书总名。

鱼尾因形象不同而名称各异：全涂黑的称黑鱼尾，线中空白的称白鱼尾，由平行线构成的称线鱼尾，鱼尾下部为曲线型的称花鱼尾。

张秀民先生谈到，活字本中有鱼尾全无者，因为花样愈多排板技术愈困难，故一般活字本板心多比较简单而整齐。[①]

（一）线鱼尾

笔者观察众多活字本之后，发觉其鱼尾除了黑鱼尾之外，线鱼尾（或称白鱼尾）占有相当大的比例。因此，线鱼尾是活字本的一大特征。由于笔者所见不多，是否有线鱼尾者都属活字本，尚不敢妄下结论。

笔者从少数活字本的图录中，找到了线鱼尾的佐证。

《中国版本文化丛书·活字本》：

102 页：《鹖冠子》，明弘治碧云馆活字本，线鱼尾。

121 页：《四友斋丛说》，明隆庆活字本，线鱼尾。

128 页：《栾城集》，明活字本，线鱼尾。

139 页：《钦定古今图书集成》，清雍正内府铜活字本，线鱼尾。

155 页：《学海类编》，清道光活字本，线鱼尾。

163 页：《音学五书》，清道光活字本，线鱼尾。

《北京文物精粹大系·古籍善本卷》：

94 页：《太平御览》，明万历活字本，线鱼尾。

136 页：《四书章句》，清初武英殿活字本，线鱼尾。

（二）长方形“鱼尾”

民国活字本《朱氏麻科》，版心的鱼尾被长方形的墨块所取代，不成其为“鱼尾”的形状了。是书大多书叶有上大下小两块长方形墨块，有的只有一块，间或全无。有的墨块上下各有一条线，有的则没有线。从粗糙的墨迹来看，版心的长方形墨块当是金属制品，与金属边框相匹配。

（三）鱼尾参差印痕

活版书的鱼尾与雕版鱼尾不同。雕版的鱼尾与版心的高度和宽度一致，印痕与版心线无二。而活版的鱼尾多属于安插在版心，宽度与版心往往有距离，会出现鱼尾缝，许多专家学者早已注意到了。而一个被人忽视的问题，则是活版鱼尾的高度与版心线往往不一致，刷印在印纸上，便会

---

① 张秀民、韩琦：《中国活字印刷史》，中国书籍出版社 1998 年版，第 102 页。

出现参差印痕。例如，活字本《皇极会归宝忏》的鱼尾，与版心线之间不仅有缝隙，还有参差印痕。

六　黑口缝

活版的黑口不同于雕版的黑口，前者系安插在版心，与边框之间存在缝隙，后者则与边框为一个整体，一般不会有缝隙。线黑口和小黑口与边框之间的缝隙，有时不甚明显，而大黑口与边框间的缝隙，以及大黑口与版心线之间的缝隙，则较为明显。为了叙述方便，笔者将黑口与边框和版心线之间的缝隙，统一简称为“黑口缝”。

1. 活字本《万历野获编》，小黑口与下边框之间，有明显的黑口缝。

2. 活字本《高歌集》，小黑口与上下边框之间，均有明显的黑口缝。

3. 活字本《春草草堂集》，小黑口与下边框内栏之间，约有 0.7 厘米的距离，十分显眼。

4. 活字本《福建高僧传》，大黑口与下框之间，黑口缝隐约可见。

经过仔细观察，笔者注意到，某些活版书的大黑口，不仅与版心线和边框之间有黑口缝，而且还有细微的参差印痕。如活字本《福建高僧传》的一些书叶中，除了黑口缝，大黑口与下框间，还有参差印痕。又如活字本《皇极会归宝忏》，大黑口与版心线和边框之间，既有黑口缝，也有明显的参差印痕。（图 8—15～图 8—16）

5. 石印本《云林石谱》，铅活字本，版心小黑口与上下边框之间均有黑口缝。

第三节　活字本缘何如此之多

如果说，中国古代的活版印刷十分普及，为什么不见有多少活字模和活字版保存下来呢？

张秀民先生曾指出：朝鲜的几百万铜字，有的在 15 世纪就已散失，有的字体不好改熔再铸，而最大的损失是被丰臣秀吉的侵略军烧毁或抢夺而去。19 世纪铸字所失火，烬余完字只剩十七万五千余。[①]

朝鲜历代所铸造的活字模皆是由政府部门掌管，尚且损失如此惨重，

---

① 张秀民：《中国印刷术的发明及其影响》，人民出版社 1958 年版，第 123—124 页。

中国各种活字模的消失，便不足为怪了。武英殿的铜活字模后来改铸钱币，算是有史料可查的活字模的终极归属。中国的活字模绝大多数为坊间制作与保管，随着活版技术的更新替代，机器石印技术特别是铅版技术逐渐代替了传统的手工作坊，活字模自然被淘汰掉。经过历代兵火战乱，特别是经过文革十年浩劫，古老的活字模几乎丧失殆尽。

目前，古玩市场多见各种规格的“木活字”，其实绝大多数并非真正的古代木活字，而是现代机器批量生产的仿品，并无收藏价值可言。笔者到国内许多古玩地摊搜寻过，除了在广州和长沙的古玩市场上买到一些真正的活字模以外，其他地方极难见到古代活字模的踪影。

笔者所藏古籍数量虽少，其中却不乏活字版。如此看来，海内外存世的古籍，尤其是清代古籍，可能许多都是活字本，而不是以前所认为的那样，活字本仅及雕版百之一二。

人们之所以认为活版书籍稀少，是因为有先入为主的概念。从明代安氏华氏的活字铜版，到晚清民国的活字本，大都一眼能看出：字体大小不一，浓淡不均，行字歪斜，边框缝鱼尾缝明显。其实，这样的活字本大多属于粗制滥造品，它们只是活字本当中的一小部分。

其实，大多数活字版所印的书，是精心聚版的。尤其是宋元时代，活字作坊精益求精，力求与雕版风格一致，故宋元活字本大多不是版本学家想象的那样。及至明清时代，活字仍是精心排印。例如，《江苏活字印书》谈到，常州的排印工在清代最负盛名，书法家包世臣曾经说过：“常州活版字体差大而工最整洁，始维以供修谱，间及士人诗文小集，近且排《武备志》成巨观。而讲求字划，编排行格无不精密。”①

清龚显曾赞叹说，“明人用木活字板刷书，风乃大盛”。② 到了清朝，活版印刷之风则更甚。自从乾隆四十一年《钦定武英殿聚珍版程式》介绍了详细的印书方法之后，各地官府纷纷仿效，带动广大私家作坊，可谓邹缨齐紫。

这从大量存世的活字谱牒和方志，可见一斑。家谱族谱多用活字本，如福建建阳县图书馆所藏族谱 24 部，仅有 1 部为刻本，其他 23 部均为活

① 江澄波：《江苏活字印书》，江苏人民出版社 1997 年版，第 9 页。

② 张树栋、庞多益、郑如斯著：《简明中华印刷通史》，广西师范大学出版社 2004 年版，第 162 页。

字本。

一些专门刻印家谱的刻工，农闲一到便挑起“谱匠担子”，四处游走。许多地方还有专门的修谱制谱班子，由五六人或七八人组成，内分纂修、图像、排字（兼刻短缺字）、刷印、杂工等，而以包头（经理）总其成，成谱时间视族谱分量多寡而定，少则一两月，长则半载即可完工。①

张秀民先生在《中国活字印刷史》中指出：我国古代重视门阀，故谱牒之学甚盛，而隋、唐及其以前的谱牒尽皆亡佚。家谱在元、明又兴起，清代大盛行，以各种名称出现，有宗谱、族谱、家谱、家乘、大宗谱、小宗谱、世谱、瓜帙谱等名。至于统谱、通谱、合谱、全谱、大同谱，往往合同姓数族为一编。近谱、支谱、房谱，范围较小，指一房一派而言。最通行者为家谱与宗谱两名，多用木活字印。②

过去宗法社会重视血统关系，为防止异姓乱宗等流弊，家谱概不许外传，谱中多有明文规定。又以为祖宗之灵爽于是乎在，故虽亲友亦不得借阅，而为子孙世袭珍藏，视为传家之宝，或定“如有收藏不谨，腐烂虫伤，同族议罚”的规定。除非子孙不肖，它很少流落到外边，因此也不易买到。③

家谱同方志一样也是一种连续性出版物，有所谓 15 年一小修，30 年一大修之说。古人称 30 年为一世，故一般谱中多规定 30 年须重修，否则谓之不孝。④

家谱一般印数自七八部至十数部，或二三十部，也有多至四五十部甚至 100 部的，每部编成字号，由各房珍藏。

中国人历朝历代都兴印刷家谱。传世的家谱有多少，各种说法不一。《中国谱牒研究》指出，目前上海图书馆共藏有中国家谱 12000 种，近十万册。据有关专家的介绍，仅江西一省民间保存的家谱就在 4 万部以上，福建、湖南、浙江等地的藏谱量也十分可观。⑤ 2009 年出版的《中国家谱总目》，共计收录了中国家谱 52401 种，计 608 个姓氏。据统

---

① 林应麟：《福建书业史》，鹭江出版社 2004 年版，第 703 页。
② 张秀民、韩琦：《中国活字印刷史》，中国书籍出版社 1998 年版，第 69 页。
③ 同上书，第 70 页。
④ 同上书，第 73 页。
⑤ 上海图书馆编：《中国谱牒研究》，上海古籍出版社 1999 年版，第 395—396 页。

计，正在编纂之中的《中国家谱总目》，将收录海内外传世的家谱约51000种。

除了家谱和方志中有数量众多的活字本以外，一些经常性更换内容的书籍也多采用活字印刷。例如历书，或称时宪书，由于年年更新，不大可能年年刻板。与日历相关的一些书籍亦多用活字。又如，各种科举考卷和录取通知、各级缙绅录等，几乎年年更换，但形式和内容大多雷同，故而用活版更经济。

这些内容的书籍年年更新，需要量很大，官府和民间都大量采用活字版。由于有时效性限制，如果使用雕版刊刻往往只能使用一两年，但因以后几乎都不会再版，势必形成很大的浪费。这些书籍的刷印质量参差不齐，多数不注明系活字印刷。各种文献资料统计活字本时候，这些书籍往往被忽略了。它们的种类和数量有多少，很难统计，但绝对不在少数。

第 九 章

实地考证及活版实物收集

第一节 考证馆藏活字本

笔者所研究的活字版本，主要来源于笔者自己的藏品，无论品种和数量，仅可谓沧海一粟。在这种基础之上所得出的结论，是缺乏说服力的，也难以被读者接受。

2005 年，笔者专程前往北京和天津，先后到国家图书馆、首都图书馆和天津图书馆，考证馆藏活字以及宋元珍籍，随后又数次到广州中山图书馆，考证馆藏活字本，以取得活字版的第一手资料。

考证的方式，主要是查阅各图书馆的馆藏活字本，进一步证实笔者所发现的鉴别活字的新方法，包括界栏槽、活印痕、活印线等。同时，亦对传统的活字鉴别方法作进一步的考证。

由于时间所限，笔者在国家图书馆分馆的普通古籍室查阅了两天，又在国家图书馆主馆的善本阅览室考证了两天。接着，笔者又利用两个半天，分别到首都图书馆和天津图书馆进行考证。然后，又数次到广州中山图书馆查阅。以下是笔者考证所取得的主要依据（凡原书牌记注明为活字版者均用楷体标注），惜因时间仓促，抄录时部分书籍遗漏了书号。

国家图书馆

1.《南疆绎史》书号：5176

都城琉璃厂半松居士排字本

界栏槽：普遍存在。上下框既有双槽，也有界栏槽。有的界栏槽凸出于边框线。

活印痕：版末印痕常见，亦有顶木印痕。

书口：很不整齐。

2.《皇清奏议》书号：4987

都城国史馆琴川居士排字本

活印痕：有版末印痕和夹条痕。

界栏槽：普遍存在，上下框既有双槽，也有界栏槽。

鱼尾：普遍有鱼尾缝。

书口：不整齐。

活版裂纹：边框、栏线和行字等处有较多裂纹。如卷一目录第 5 叶，有多道裂纹，不仅边框和栏线断裂，多个文字亦裂开。

倾斜字体：少数活字雕刻成倾斜的字丁，而非排印时倾斜。有时一整版的字体风格与其他版大不一样。

3.《纪载汇编》书号：5129

都城琉璃厂排字本

界栏槽：上下边框为双栏，内线多见界栏槽，外框则少见。

活印痕：多见版末印痕。

书口：不整齐。

活版裂纹：偶尔能见到活字版中的裂纹，如第四册《戴重事录》第 1 叶，左右边框均有裂纹。

字体交叉：字距小，少数文字笔划交叉。例如，第一册第 5 叶第 1 行“大”、“宝”二字笔划交叉。第三册第 1 叶第 5 行“戮”、“灭”二字笔划交错。第四册第 6 叶第 2 行“镇”、“常”两字笔划相互交织。

4.《明季稗史汇编》

都城琉璃厂留云居士排字本

界栏槽：普遍，双槽及豁口均有。卷一第 29 叶界栏槽凸出。

活印痕：可见顶木印痕和版末印痕。

鱼尾：有鱼尾缝。

书口：很不整齐。

字体交叉：字距小，少数文字笔划交叉。如卷二第 18 叶第 5 行“庙”、“康”之间，“继”、“之”之间，“旧”、“辅”之间，笔划均相互交叉。

活版裂纹：偶见。如卷二第 31—32 叶。

5.《明季北略》书号：2873

都城琉璃厂半松居士排字本

界栏槽：普遍。双槽、豁口均有，界栏槽凸出。

活印痕：版末印痕、夹条印痕均有。

活印线：偶尔可见活印线。如卷二第 17—18 叶，活印线略微弯曲。

书口：不整齐。

活版裂纹：边框、行字与栏线等处有较多裂纹。

字体：是书由几种不同的活字字体组成，其中有一种倾斜字体。

6.《圣安本纪》书号：8578

古槐山房集印本

界栏槽：上框可见单槽。许多书页在界栏槽之处填充过印墨，如卷四第 14 叶，有五处界栏槽被墨填充过。

边框同一性：边框的同样位置留下同样的印记，如上框有同样的缝隙，左框有同样的磨擦痕迹。

7.《读史集快》书号：4241

活印痕：有夹条印痕。

版式：一叶双版式。版心两条粗线与上下边框之间有明显缝隙。

书口：十分整齐。

8.《世庙识余录》

界栏槽：偶尔可见。

活印痕：可见夹条印痕。上下边框之外，有不少条状的外围印痕。

鱼尾：版心没有鱼尾。

国家图书馆电脑查询系统中，注明为活字本的有数百种，但许多书的书名不同，书号却一样。另外，像琉璃厂各书坊所印的排字本，则没有归入活字本当中。因此，在国家图书馆查找活字本，并不是一件容易的事情。

天津图书馆

藏书家周叔弢先生晚年将所藏的 400 多种活字本捐献给天津图书馆，成为藏书界一段佳话。而今，这些活字本成为天津图书馆的一大特藏。

该馆将周叔弢先生所捐活字本编写成册，笔者按图索骥，查阅了部分活字本。

1.《吴都文粹》书号：S52342

界栏槽：界栏槽较多，但豁口形状不规整，大多不是方形。

活印痕：上下边框之外有许多外围印痕。

书口：不整齐。

鱼尾：普遍有鱼尾缝。

2.《太平御览》书号：S2705

明游氏活字印本，卷四百二十一至四百三十。

活印痕：有边缘印痕，偶见夹条印痕。普遍有外围印痕。

界栏槽：可见零星的界栏槽。

鱼尾：线鱼尾。

3.《国朝文纂》书号：S2416

活印痕：有顶木印痕、夹条印痕、外围印痕。

4.《台湾外记》

活印痕：上下及左右边框外均有外围印痕。

鱼尾：有鱼尾逢。

书口：较整齐。

同一性：右边框相同位置均有断点。

5.《重镌苏紫溪先生易经儿说》

活印痕：有顶木印痕和边缘印痕。

书口：较整齐。

边框：金属边框。边框逢呈45°角。

鱼尾：有鱼尾逢。

天津图书馆所藏活字本，只有一部分在牌记、序跋或版心注明为活字版，其余并未标明是活字本。不过，按照传统的活字识别方法来看，其活字特征十分明显，证明周叔弢先生晚年对活字本有相当的研究。可惜至今没有读到周先生悉心研究活字的心得体会。

首都图书馆

《红楼梦》

活印痕：上下边框外有外围印痕，呈线状。

鱼尾缝：明显。

边框缝：明显，上下或左右边框出头。

插图：首卷有插图。插图边栏四角有弧形花纹装饰。

书口：较整齐。

广州中山图书馆

1.《仙屏书屋初集》　书号：50/1846

泾翟西园泥字排印

活印痕：夹条痕，卷一第3—4叶。边缘印痕较多，如卷九第1叶好几个字均有。顶木痕和外围印痕也较普遍。

边框缝：有边框缝。

书口：不整齐。

2.《泥版试印初编》　书号：50/1844

猷州翟西园自造泥斗板

活印痕：边缘印痕很多很明显，有顶木痕。

界栏槽：有。

书口：不整齐。

栏线：弧形。

版末：有的版末无栏线，边框若隐若现。

3.《铜板诗本音》　书号：50/1908

福田书海铜活字板

鱼尾缝：线鱼尾，有缝隙，且横线与折线不交叉。

边框缝：有边框缝。

浓淡：字体墨色十分浅淡。

书口：整齐。

4.《棠荫比事》　书号：50/1867

同治丁卯仲春木樨山房摆板

边框缝：有边框缝。

鱼尾缝：有鱼尾缝。

栏线：金属栏线。

书口：整齐。

界栏槽：点状。上下两条边框的中间，与每一条栏线对应之处，均有一个未着墨的空白圆点。

印数：聚珍本棠荫比事序：以活字集印数百本，广其传。

5.《桂苑笔耕集》

高丽活字本

活印痕：夹条痕，如卷一第1叶，卷十七第7叶，卷二十第1叶。

字体交叉：字距小，很多字相互交叉，如卷五第3叶第7行“日”、“新”，卷十六第1行“十”、“六”，卷十六第9叶第4行“蛮”、“之”。

边框缝：金属边框，有边框缝。

鱼尾：无鱼尾。

书口：整齐。

其他：少数字体歪斜明显，浓淡不一，栏线与边框之间的缝隙明显。

通过考证几家图书馆的馆藏活字本，笔者总的感觉是，不同时期、不同地方、不同书坊的活字印刷，所采用的技术均不同，固版方式花样百出，各有奇招。

有些活字书坊固版技术过硬，几乎没有留下明显的活字印刷痕迹。如文学山房所刷印的活字版，就十分讲究工艺，除了有较为明显的边框缝和金属栏线以外，很少留下其他活版痕迹。相比之下，北京琉璃厂各书坊的排字本，就十分粗糙，活字痕迹比比皆是。

应当指出的是，有些学者并不认为琉璃厂的排字本属于活字版。在他们看来，诸如“琉璃厂半松居士排印”字样，诸如《明季稗史汇编》、《明季南略》、《明季北略》等，均属于清末雕版翻刻本，虽然封面都印着“排印”字样，但实际却是翻刻本。

不过，就笔者见到的国图所藏琉璃厂排字本，不应当是翻刻本，而应是实实在在的活字本。而笔者在古玩市场确实见到过质量粗糙的翻刻本，同样印有“琉璃厂半松居士排印”等字样。

广东中山图书馆藏有翟金生的两种陶活字印本，笔者专门比较了翟氏两种陶活字的异同。

翟金生（1775年—?），字西园，安徽泾县秀才，经30年的不断研制，造成大、中、小、次小、再小等五副不同字号的陶活字，共约十万多个，终于在道光二十四年（1844年），用陶活字印出《泥版试印初编》。两年之后，又用陶活字印出《仙屏书屋初集诗录》。

	《泥版试印初编》，道光二十四年	《仙屏书屋初集诗录》，道光二十六年
牌记：	自造泥斗板	泥字排印
边框：	粗黑，有界栏槽	中等宽度，无界栏槽

栏线：	粗糙，弯曲，宽窄不一	较为精致，直，行距一致
行距：	行窄	行宽
字距：	字体宽度 7 毫米	字体宽度 6 毫米
边框缝：	无	明显
鱼尾缝：	明显	无
版心：	黑口双鱼尾	白口单鱼尾
墨色：	浅淡	较深
外围印痕：	无	有

将二者比较可以看出，《泥版试印初编》工艺粗糙，而《仙屏书屋初集诗录》则成熟许多。

两书的相同之处：白纸印刷，浓淡不一，少数字体歪斜，字体缺损状况差不多。

由于时间所限，笔者对国家图书馆等几家图书馆所藏活字本的考证做得很不充分，目力所及，百之一二。亦没有机会去故宫博物院、北大图书馆等进行考证。因此，目前难以对活版印刷进行较为系统的总结。但通过对几家图书馆的考证，笔者对传统的活字鉴定方法所存在的谬误，也有了更为全面的认识。

馆藏活字资料有力地证实，传统的活字鉴别方法中，所谓活字笔划绝不交叉、书口整齐划一、活字版无裂纹的说法，皆是很片面的说法，会误导读者。

而笔者所拜读过的许多版本学专著，以及大量有关活版印刷的文章，对于活字鉴定的方法，对于中国的活版印刷历史，大多是人云亦云。可见，真正对活版印刷做过深入研究的学者极少。

图书馆考证，证实了笔者的大胆推断：明清两代，活版印刷之风昌盛无比，存世的明清古籍之中，活字本的种类和数量完全有可能与雕版匹敌！

第二节　实地考证印刷术之乡

一　东源村——木活字印刷村落

2006 年 6 月，笔者专程到温州东源村、扬州广陵刻印社和南京金陵刻经处等地，考察各地活字印刷和雕版印刷的情况。

位于浙江省温州市瑞安县平阳坑镇东源村的“中国木活字印刷文化展示馆”，由古宅改造而成，占地 1670m^2。东源村用木活字印制族谱起始于清代乾隆元年，已有 270 余年历史。现在村中仍有不少人操持活字印刷，被誉为木活字印刷村落。（图 9—1～图 9—5）

展馆内陈列了文字图片资料，从事木活字印刷多年的一些师傅连同他们的作坊都搬进了馆里，参观者可以观看到木活字印刷操作的全过程。

东源村陈列着许多清代家谱排版框，这些古旧的世系图框是事先特制的，做成一个个固定的木框。不仅木框是固定的，就连界栏条的两头也牢实地插进了上下边框之中，一些短小的暗界栏条也插进了横隔栏之中，事先敲钉死。这样，界栏条与边框完全固定为一个整体。将木活字移植到这种牢固的木范中，固版十分方便。从传统的活版技术来看，东源村的固版技术非常先进。

排版时按照既定的家谱版式排列，家谱的名称则刻制成一个连字条。不同的版面，标题常常相同，不用更改，其版心的内容往往不变，只是页码适当变更。这种活版的制作方式，便决定了其刷印的家谱不可避免地具有同一性的特征。

笔者仔细观察了东源村展馆展示的各种家谱，大都能看出，边框和版心均具有同一性。由此，证明笔者关于同一性的发现是经得起实践检验的。同时也说明，清代的活字印刷，在明代的基础上，依然继承了毕昇的活版印刷方法，并且加以发扬光大。

二　广陵刻印社——活版印刷术发扬光大

历史上的扬州，是中国雕版印刷的中心之一，也有过活字印刷的辉煌历史，曾印行过《太平御览》等活版古籍。扬州广陵古籍刻印社在抢救和保护活版制作工艺方面做了大量艰苦的工作，张永林等师傅反复试验，不断探索，先后成功研制出木活字、陶活字（泥活字）、铜活字、锡活字和磁活字，成为目前采用多种活版印刷的单位。（图 9—6～图 9—7）

广陵刻印社的全套活字制作工艺，从选题策划、购置原材料、工艺配方、温度控制、雕刻、铸造、排版、刷印、装帧等，大致有三十多道工序，形成了流水作业。所出版的《唐诗三百首》，综合使用五种活字，制成古香古色的线装书，深受读者喜爱。

笔者在广陵刻印社考察时，注意到一些不寻常的现象。例如，刻印社将各种活字版整版保存起来，根据需要随时刷印。又如，广陵研制的瓷活字上有小圆圈，便于排印有句读的古书。还有，广陵刻印社的库房中存有大量雕版，其中不少是拼合版。

笔者在参观时，拿出几本古书请教，有的师傅认为是雕版，有的师傅说是活版。看来，这些多年接触活字模与雕版的师傅，仍然难以区分雕版与活版印本。

笔者还参观了扬州双博馆，观看了该馆的雕版印刷演示，以及馆藏的大量清代雕版。

三　金陵刻经处——雕版印刷薪火相传

南京金陵刻经处始建于同治五年，系由晚清学者杨仁山先生一手创办，旨在使佛典广为流通，普济众生。抗战时期，金陵刻经处损毁严重，1980 年得到完全恢复，翌年恢复刻印流通业务，深受国内外佛教界赞誉。(图 9—8)

笔者参观了各个车间及各道工序，实地观看了雕版印刷过程，向师傅们详细了解雕版的一些实际知识，并请教了一些问题。

笔者拿出几册古书，请教关于活印痕的问题。师傅们认为，雕版的栏线如果狭窄，就不可能“带脏”，对于一些古书栏线之间的墨渍，他们认为不可理解，认为雕版书不该出现墨渍泛滥现象。

笔者以前认为，活字版因字丁松动，刷印中会出现重叠现象。恰好《中国国家图书馆古籍珍品图录》中，一些活字有重叠现象。孰料，笔者在金陵刻经处亲眼见到，雕版印书过程中也会出现笔划重叠现象。师傅说，有时不小心，纸张轻微错动，或刷子用力不当，偶尔会造成笔划重叠。了解到这种情况，笔者感到，活版与雕版的笔划重叠现象实在难以区别，因此，目前暂时不把重叠现象作为判断活字本的依据，留待以后再研究。

第三节　个人所藏活版实物

数年来，笔者四处寻觅，多方探访，搜集了一些木活字、陶活字（泥活字）和铜活字实物，也收藏了一些活版排版工具和固版实物，例如，完整排版框、半成品排版框、检字托盘、装字盘、固版材料、大中小各号木活字、大中小各型活字盘等。

1. 活版排字版，成品。已多次刷印。超大版，版框长 76.5 厘米，宽 27 厘米，高 2.3 厘米。有大号字和中号字，还有特大号字。排字版上有夹条、顶木和空子。（图 9—9～图 9—11）

2. 活版排字版，半成品。超大版，版框长 85 厘米，宽 26.8 厘米，高 3.8 厘米。

排字版有暗界栏。填塞物有大块木板，有小木块，亦有小卡子。（图 9—12～图 9—14）

3. 拣字盘。超大盘，长 67 厘米，宽 26.5 厘米，高 3.3 厘米。共有 62 行，每行 21 格，第一格可放 3 个字（连字条），最多可拣字 1426 个。拣字盘由铁皮交叉而成，制成一个个小方格。（图 9—15～图 9—16）

4. 拣字小托盘。可装 300 余个单字。盘内多为连字，除了双连字，亦有三连字和四连字。拣字托盘的隔字栏片插进狭长的槽中，恰似某些排字版的界栏槽。（图 9—17～图 9—18）

5. 排版填充材料。各种型号的顶木、界栏片、横木、大小方块、长短木条、小木卡等。（图 9—19）

6. 各种型号木活字。特大号木活字，大、中小号木活字，带边框的木活字，木活字连字条等。（图 9—20～图 9—21）

7. 其他活字。铜活字、陶活字（泥活字）、铅活字以及铅字模等。其中一款陶活字，未曾着墨刷印过，且有反字，疑似吕抚所制泥版活字。（图 9—22～图 9—23）

活字本难收集，活版实物更难寻觅。千辛万苦收求的这些活字实物和排版固版材料，既丰富了笔者的研究材料，也证实了笔者先前的一些理论推测。

第 十 章

发现宋代活字本

第一节 筛选《中华再造善本》

由于迄今仍没有发现公认的宋代活字印本实物，学术界对宋代活字本基本持否定态度。“宋代用活字印过什么书，缺乏记载，清代以来藏书目录中著录了七八种宋活字本。但甲以为活字，乙或以为刻本，丙以为宋活字，丁又以为明活字，大致多凭主观臆测，不甚可信。”①

魏隐儒先生在《古籍版本鉴赏》中提到，董康在清徐志定泰山磁版刊印的《周易说略》上题识说：“湘中叶焕彬以所藏有宋胶泥版《韦苏州集》自诩。后叶氏粥诸沪上，并未见到此书。”叶氏所藏是否宋胶泥活字印本不得而知。②

魏先生还提到，北京中国书店1957年访到的蓝印活字本《毛诗》，经查《天禄琳琅书目》著为宋活字本。可能是据《唐风·山有枢》诗中的“佶”、“构”、“慎”等字避宋讳缺末笔而定。经认真考核鉴定，与正嘉间铜活字印本字体、纸墨、风格相似，因确认《毛诗》为明正嘉间活字印本，并非宋泥活字印本，予以纠正。③

清代藏书家及版本学家孙从添在《藏书纪要》中曾记录说，宋刻有数种：蜀本、太平本、临安书棚本、书院学长本、士绅精刻本、各家私刻本、御刻本……铜字刻本、活字本。诸刻之中，惟蜀本、临安本、御刻本为最精。④

---

① 张秀民、韩琦：《中国活字印刷史》，中国书籍出版社1998年版，第10页。

② 魏隐儒：《古籍版本鉴赏》，北京燕山出版社1997年版，第105页。

③ 同上。

④ 潘吉星：《中国金属活字印刷技术史》，辽宁科学技术出版社2001年版，第58页。

然而，多年搜寻未果之后，当今文献几乎公认，传世的宋版书中，不存在活字本。

沈括在《梦溪笔谈》中记载，北宋时期毕昇已掌握了成熟的陶活字技术。与雕版相比，活版印刷又快又省钱，为什么存世的上千种宋版书当中，却始终不见活字本呢？这一奇怪现象，令许多研究者百思不解。有学者认为，宋金元等早期印本，有必要重新鉴别，以确定是否存在早期活字印刷品。

史金波先生在《鉴定早期活字印刷品的意义和方法刍议》一文中指出：在没有文字记载的情况下区别雕版印刷品和活字印刷品确有相当的难度。但这种鉴别工作又是非常重要的。早期活字印刷品十分珍贵，鉴别出早期活字印刷品可以填补早期活字印刷实物的空白，丰富我国的活字印刷品的库藏，有助于早期活字印刷的研究。作为活字印刷术的发明国，对我们的家底应摸清楚。目前各地所藏早期印本中是否有活字印刷术品，应重新调查研究。如果我们掌握了鉴别活字印刷品的方法，就可以从过去的库存中、或新发现的文献中把活字印刷品鉴别出来。①

史金波先生不仅大声疾呼开展调查行动，还身体力行，到天津图书馆亲眼观察更多的活字本，掌握第一手资料。遗憾的是，不少人认为，馆藏的宋元印本，早已经过专家学者们无数次的鉴定，基本上不存在遗漏的可能。

笔者下决心揭开这个最大的秘密，于是，在宋版书影中反复探寻，翻阅了数十种《中华再造善本》的宋版影印本，又数次去国家图书馆，查阅宋版书原版。碍于国图的规定，一般读者要查阅宋元版，只能借助胶片或影印本观察。因颈椎病等缘故，旋转的胶片机总令笔者头晕目眩。几年当中，凭借单位介绍信及朋友的帮助，笔者有幸亲手接触了四五种宋版原版书。笔者又在国图“文明的守望”珍品展中，隔着玻璃窗目睹了十多种宋版。几番造访国图，虽因种种原因不能确定，笔者仍坚信国图藏有宋版活字本。

2006年底，笔者在第六届中国印刷史研讨会上大胆提出，存世的宋版书中，应当有一批活字本，可惜并未引起与会者重视。

---

① 史金波：《鉴定早期活字印刷品的意义和方法刍议》，《中国印刷》2004年第1期，第82页。

一晃几年过去，宋版书始终难以接触，而宋本书影往往一部只有一叶，实在无济于事。2009年2月，笔者开始全面查阅《中华再造善本》。先到广州中山大学图书馆细查，后来得知深圳市图书馆藏有全套《中华再造善本》，每日里便泡在深圳图书馆，细细查阅。

但凡在国内图书馆查阅，总是很费事：先要检索书名，再详细填写书名书号，等候工作人员取书，看完后及时归还，再填书单，再等待。图书馆善本室中午往往要歇息两个小时，如此一天耗费下来，难得查看几部书。

幸运的是，笔者在深圳图书馆却省略了上述麻烦，享受了诸多“特权”。原来，全套《中华再造善本》价值超凡，800余部线装书标价高达300多万元。深圳图书馆斥巨资购得这套宏帙，为特区送来传统文化之精髓，可谓大手笔。与大多数藏有《中华再造善本》的图书馆一样，珍籍上架以后，少有人问津。特藏部工作人员听说笔者要挨个儿翻阅这几大柜子线装书，深感意外，便让笔者一次性填一张书单，并破例赋予笔者“特权”：自己去书架取书，看完后自己归还到书架上。笔者利用每天上午和中午的时间，带着阅览证、笔记本、放大镜和笔进馆，工作人员打开柜门锁，任凭笔者随意取阅。特藏部还提供书目、推车等多项服务，甚至免费让笔者多次拍照。

《中华再造善本》唐宋编部分有424种800余函，金元编部分有326种，笔者依照经、史、子、集顺序，耐心地一一查阅。但要从这套影印丛书中寻找活字证据，殊为不易。

其一，宋元版被“动了手脚”。

《中华再造善本》四百多种唐宋编，三百多种金元编，保持原风貌的寥寥可数，绝大多数的宋版书，都作了精心修饰：边框及四角，或涂抹，或描抹，或剪裁，变得四角垂直；书叶栏线断裂之处，细线补充完整；版心断裂栏线处，细笔填补；版心空白处，甚至增加了鱼尾、书名等。这些宋版书看上去是“美观”多了，殊不知，这番良苦用心却适得其反——活生生毁坏了活版信息。

记得当年修补长城，便存在很大的争议。国人的做法是整旧如旧，使其看上去与原物一致，才是完美的。而西方维修文物古迹，则是用明显的颜色加以区分，古老的和新修补的，要一目了然。古籍修复，历来有“整旧如旧”之说，但对于活版研究者来说，这种对活版信息的破坏，是难以逆转的。比如说，活版印本的特征之一，是书口整整齐齐。但《中华再造善本》中的许多宋版书，书口均是整齐划一，却并非是活版。对于以后的研究者，会增加人为的困难。

古籍保护固然十分重要，但绝不应破坏原书的历史风貌。笔者在国家图书馆翻阅过宋版《资治通鉴纲目》八行十七字本，其边框栏线的断裂之处，均被墨笔涂抹过，蝴蝶装也早改为线装。笔者庆幸，自己珍藏的同一宋版《资治通鉴纲目》第三十卷，不仅边框栏线未作任何涂抹修正，且保存了蝶装原貌，实属难得。

翻开《中华再造善本》，一些宋代雕版书的书口，从上框、书名、鱼尾到下框，整齐划一。按照一些教科式的说法，书口整齐划一是活字本的基本特征。再如，一些宋版的版心钤盖了书名，看上去便是具备了活版同一性。笔者曾"惊喜"过好几回，以为发现了宋版活字本，结果仔细用放大镜看，才看出墨色有所不同，连呼"上当"。

笔者担心，如果不详细注明《中华再造善本》中所描抹过的边框、栏线、鱼尾的话，后辈学者研究活版书时，难免会在《中华再造善本》上闹笑话。

其二，《中华再造善本》递修版问题十分复杂。

许多宋版书，宋、元、明历朝递修，对于读者来说，很难分清哪些是宋版，也就无法研究宋代活版。一些书的版本著录过于简单，只笼统地说是"宋刻本"，其实里面有多种递修。笔者在研究过程中，见到这些递修本，不得不放弃研究。

其三，原版漫漶。

《中华再造善本》许多影印的宋版书漫漶严重，根本无法有效地观察活版信息。尽管如此，笔者仍然耐心地逐一查找。经过不懈努力，笔者翻阅完全部700多种宋元版，终于找到了宋版活字的多种证据。

2009年8月，在北京印刷学院举行的中国印刷史研究会学术研讨会上，借助电脑幻灯和大屏幕，利用大量图片和实物证据，笔者向专家学者介绍了自己的一系列鉴定活版的新方法，并公布了新发现的两种宋代活字本，引起与会者的强烈关注。

第二节　发现宋代活字本《文苑英华》

一　《文苑英华》的活字特征

《文苑英华》一千卷，存一百三十卷。北宋李昉等辑，南宋经周必大勘补，于嘉泰四年（1204 年）定本梓行。半叶 13 行，行 22 字。框高 22.1 厘米，宽 16 厘米，开本宏朗，精印精装。（图 10—2—1）

《中华再造善本》中的《文苑英华》，高清晰度仿真影印，4 函 13 册，定价高达 16610 元，足可见其珍贵程度。

《文苑英华》的活字特征：界栏槽、边框缝、鱼尾缝、活印痕、边框歪斜、栏线弯曲、栏线断续等。突出特征则有上下界栏槽、四角边框缝、栏线插边框等。现以《文苑英华》中的前 4 册为例，笔者几乎逐页记录了其活版特征。（数字包含卷数和叶（页）数，如 252—1、3、5，分别表示 252 卷的第 1、第 3 和第 5 叶）。

栏线插边框：（图 10—2—2～图 10—2—5）

《文苑英华》一些书叶中，栏线插进边框之中，十分奇特。例如，251—1、8，255—3，295—10，200—7，613—6，620—5，608—1，610—3、4、621—2，645—18，652—7，655—3，657—3，658—6，662—4 等。其中，卷 645—18 叶，一叶当中竟然出现 4 处栏线插进版框的现象。

书叶四角均有边框缝：（图 10—2—6～图 10—2—8）

《文苑英华》书叶多有边框缝，有些书叶的四角均可见到边框缝。例如，255—2，615—4，608—5，655—4，669—8、12、14，675—9，681—7、9、11，684—9，686—6，695—14 等。其中，卷 255—2 叶，上下边框均有界栏槽，且木纹清晰可见。卷 681—7 叶，界栏槽清晰，栏线断断续续，边框木纹隐约可见。

《文苑英华》中的界栏槽、木纹框、边框缝、鱼尾缝等活版特征如下：

界栏槽：（图 10—2—9～图 10—2—18）

《文苑英华》中，许多书叶有界栏槽。这些界栏槽多为槽状，亦有点状，还有弧形状，根本不可能是雕版所为。例如：251—1、8，252—1、3、4、6，253—2、5，254—3、4、6、7，255—1、2、3，258—1、2、3、5、6、7、8、9，260—4、6、7、9，292—1、2、5、9，293—9，294—3，

295—10，296—3、4、7、8、9、10，297—7，299—2、3、4、7、11，601—5，602—7、8，605—2、9，606—2、5、6，607—1、2、5、8，608—1,610—1、3、4、6，612—1、2、3、4、6、7、8、9，613—1、2、4、5、6、7、8、9、12，614—1、2、7，616—1，619—3、4、6、9、10、11，620—1、2、3、5、6、7 等。

边框缝：

《文苑英华》书叶的边框缝众多，除了前述四角边框缝外，更多的单角、双角或三角边框缝散见其中，例如：251—3、4、5、8，252—1、3、6，253—2、6、7，254—1、2、3、4、5、7、8、9，255—2、3、7，256—1、3、6、7、8，257—4、6、7，258—4、5、6、8，259—6、7，260—1、3、4、5、6、7、9，291—1、2、4、5、6、8，292—1、2、3、5、7、9，293—3、4，294—6、7，295—1、2、3、4、5、6、10，296—2、4、5、7、8、9、10、11，297—3，298—3、4、10，299—5、6，300—5、6、10，601—2、3、4、7、8，602—4、5、6，603—1、3，604—3、4、6、8，606—1、2、5、6，607—4，608—3、4、5、7，609—5，610—5，611—8、9、10，612—1、2、3、4、5、7、9、10，613—2、3、6、7、9，614—1、2、4、5、6、10、11，615—4、5、6、9，617—1、4、5，618—5，619—7、8、9，620—2、3、4、5、6 等。

鱼尾缝：(图 10—2—19～图 10—2—23)

《文苑英华》一些书叶有鱼尾缝，有些鱼尾缝还带参差印痕。例如：291—1、3，292—4、7，293—1，295—2，611—6，612—8，613—13，615—10，617—8，618—4、5、8，619—4 等。

栏线弯曲：(图 10—2—24～图 10—2—31)

《文苑英华》中，一些书叶的栏线弯曲，有些甚至大弧度弯曲。例如：232—3、4，234—9，293—3，294—7、251—1、3、5、7，252—6，253—3、7，256—9，291—9，293—8，612—1，613—1、2、6，615—8 等。

边框歪斜：(图 10—2—32～图 10—2—37)

《文苑英华》一书中，有些书叶的边框变形歪斜，某些书叶边框严重歪斜。例如：254—7，257—7，291—9，292—10，601—8，608—11，613—1、2，615—10，633—8 等。

许多清代活字本都有歪斜的边框。例如，笔者所藏活字本《地藏菩萨本愿经》、《城步县志》、《五牧刘氏宗谱》、《梅溪梁氏享谱》、《八卦图》、《托素斋文集》等，书叶中有许多版框歪斜现象。

雕版印本不大可能出现明显歪斜的版框，因为木工事先制作雕版时，就要用角尺等工具量划，木板的四角一般都是直角。刻工刻制雕版，亦需要角尺、刻尺等工具，先画好版框轮廓，再下刀雕刻。因此，一部书中明显歪斜的版框多次出现，就应该是活字本。

此外，《文苑英华》一书中偶有偏心字痕。如卷645—4叶第7行，“陆、同、光”三字。同叶第21行，“仰、人”二字间有参差印痕。书中偶尔可见字体歪斜现象，如卷297—4叶，版心旁的字体较为倾斜。浓淡不一的现象也有，如卷292—7叶，卷611—2叶和卷614—8叶等。偶有栏线扭曲现象，如232—11，253—1等。

小卡印痕：（图10—2—38～图10—2—43）

《文苑英华》书叶中，偶见小卡印痕。例如，238—6，608—1，613—1等。

横排不齐：（图10—2—44～图10—2—47）

笔者在宋版《文苑英华》中，也看到有横排不齐的现象。例如：606—3、4，613—2，623—4，633—8，645—16、18，等等。

《文苑英华》一书中的其他异常现象：

字数不等：（图10—2—48～图10—2—49）

《文苑英华》半叶13行22字，但偶有书叶字数不等。例如，卷606—4，第1、4、19、20、21行各有24字，第2、3行为23字，其他各行则为22字。又如，卷645—4叶第6—7行字数不等。

阴文边线弯曲：（图10—2—50～图10—2—52）

《文苑英华》书叶当中，有许多阴文黑条，十分醒目。仔细观察，这些阴文字条虽出现在界栏片之间，但阴文条的边线与栏线之间往往不平行，弯曲现象较多。这种现象说明，这些阴文字并非雕版所刻写，而是另行刻制在一条条长短不一的木条上，再镶嵌进界栏片之间。例如：293—5、6，297—6，642—4，645—11、16，等等。

很少有人关注活版中的阴文字，张秀民先生则注意到活字版中有阴文字现象：活字本中为引人注意，或用少数黑地白字的阴文字。①

---

① 张秀民、韩琦：《中国活字印刷史》，中国书籍出版社1998年版，第99页。

栏线断断续续：（图 10—2—53～图 10—2—58）

仔细观察宋版《文苑英华》的栏线，便会看出栏线断断续续的现象很普遍。有些书叶甚至整片整片栏线缺损。一般来讲，初刻的雕版栏线通常不会断断续续，只有久置的雕版才会碰断栏线和文字的笔画，出现栏线时断时续、文字笔画残损的现象。周必大的《文苑英华》系精印本，字迹清晰，文字笔画十分完整，但栏线缺损却较为普遍，可见其并非雕版，而是活版。盖因活版的界栏片较为细长，有弹性，经过固版挤压后，界栏片容易变性，时而隆起，时而凹陷，故而在印纸上留下断断续续的痕迹。

大黑框：偶见书叶的边框粗黑，即大黑框现象，例如：623—8、10、11 等叶。

抬头：卷 648—8 叶有抬头。

此外，卷 648—11 叶版心页码“十一”用阴文。

版心出现墨等

《文苑英华》最为令人不解的现象，是版心出现墨等。版心最下面通常有刻工的名字，但在《文苑英华》某些书叶中，刻工的位置却以墨等来代替。例如 237—9、294—7、634—7 等书叶，竟然都在版心留下了墨等。（图 10—2—59～图 10—2—63）

李致忠先生在《古籍版本知识 500 问》中写道：雕版印书的版面上，常有文字大小的黑墨块出现，这是因为雕版时文稿的某些字未定，等待考证、校勘之后写上去刻好再印，所以称为墨等。又由于其墨块形状有似钉帽，所以也称为墨钉。宋版书中墨等现象也不稀见，这也不能就一定说明刻书家粗率。相反，有时为严肃起见，考不出来的文字宁可放在那儿以待来哲，自己也决不轻率妄改妄加。这到真是墨等了。①

一般说来，墨等是因为文字考不出来才暂时出现。而《文苑英华》某些书叶中，在版心刻工的位置，却出现墨等，而同一卷的前后书叶中，往往都有一个具体的刻工名字，难道刻工不清楚该刻自己的名字么？例如，卷 294 第 7 叶，版心下面有墨等，而该卷前后书叶的同一位置，刻工名字均为“丁万”。

《文苑英华》并非每叶都有刻工名，有些卷只出现一两回刻工名字。例如，卷 237 第 9 叶，版心有墨等，该卷共 9 叶，只有第 1 叶有刻工名

---

① 李致忠：《古籍版本知识 500 问》，北京图书馆出版社 2001 年版，第 44—45 页。

"景年"。

周必大的《文苑英华》素来被认为是雕版，而雕版版心用墨等替代刻工名，无论如何都解释不过去，而活版则是唯一的解释。或许，当时有两个不同的排印工人，同时在排同一卷书，只是各自的书叶不同。某排印工刚接手这一卷，一时不知别人是用的哪一个名字安在版心，顺便放一个墨等进去，等问清楚了再来替换，后来由于疏忽忘记询问了，结果就把墨等留在了版心中间，并印在了书叶之上。

综上所述，正是由于排印工的粗心大意，无意间在版心置放墨等，却正好留下了活版的证据。

二　雕版与活版成本对比

《文苑英华》全书共1000卷，每卷叶数不等，少则11、12叶，多则18、19叶，平均按12叶计算，全书约12000叶。半叶13行22字，每叶约560字，全书总计约6720000字。

《文苑英华》经多名专家鉴别，定为刻本。如若是雕版，雕刻《文苑英华》需要多少刻工呢?

刘尚恒先生曾在《徽州刻书与藏书》中举例，明代刻工每天只能刻一百十多个字。林应麟先生也在《福建书业史》中提到，刻工一天能刻百来字。照此类推，《文苑英华》每叶约560字，每个刻工约需5天方能雕刻完1版。

若雇佣50名刻工，每一天大约可刻字5500个。

50人×110字＝5500字

6720000字÷5500字＝1221天

按此推算，每天需要刻工50人，每日不间断雕刻，耗时3年又4个月，才能雕刻完《文苑英华》这一巨著。

此外，还需要大批梨木、枣木或梓木板材，制作6000余块雕版。另需印刷工人及杂工若干，从事刷印。据记载，《文苑英华》从嘉泰元年到四年，耗时约4年。

如此巨大的雕版工程，耗费如此众多的人力物力和财力，已是耄耋之年的周必大老先生，纵使有万贯家财，也是一笔巨额开销。

如果采用活版排印《文苑英华》，按照潘吉星先生在《中国金属活字印刷技术史》所说，活版一人一天可排出两版。若有5名排印工，每天可排10版。《文苑英华》共约12000块版。

12000版÷10版=1200天

除了排印工，亦需要刻工和印刷工。印刷工专门从事刷印工作，刻工则每天制作活字（刻制木活字）。比起雕刻印版的低效率来说，刻工制作活字数量大，速度快，效率高，完全能满足排印的需求。

与雕版相比，在同等时间内，采用活版排印《文苑英华》，大约只需要五分之一的人手，甚至更少，可节省一笔庞大的费用。由于用普通木材替代专用板材，又可节约一大笔板材费。此外，若干年后，一旦《文苑英华》不再需要刷印，便可全部拆版，用于排印其他书籍。

三　活字本"刻工"解析

《文苑英华》之所以被认为是雕版，一是有断版，二是笔画交叉，三是有众多刻工。此外，版心的手写体，书中的阴文字体等，也是雕版的特征。

断版现象和字体笔画交叉，雕版有，活版亦有，前面已有多例实证，不再赘述。至于版心的手写体，活字作坊本来备有各种手写体字丁，包括页码与数字等，以求与雕版一致，故不足为怪。阴文部分，活字作坊可能请人专门雕刻，一排排阴文恰似顶木，镶嵌在版框之中。

活字本版心有无"刻工"？答案是肯定的。张秀民先生在论及明代活字的发展时曾提到：关于明木活字排印工姓名所知者，比铜活字印工更少。仅有《鹖冠子》板心有"宁"字……《黔南类编》板心有"陈敬所刊"字样。[①]

张先生还详细记录了活版排印工（刻工）的姓名：明代活字排印工除上述福建饶世仁、游廷桂，无锡赵秉义、刘冠四人外，可考者有邹（昶）、时明、王奎、芦宽、广、员、魁、庆倪等，皆为华氏兰雪堂印工。又有张矣、张嵩、陆细、李太、王鼎、王顶、王槐、许宁、永宁、赵等10人，均为安氏馆印工。[②]

仅从13册《文苑英华》的版心看，"刻工"有数十人之多。到底这些名字是否真有如此之多，还是个未知数。翟冕良先生曾在《版刻质疑》一

---

① 张秀民、韩琦：《中国活字印刷史》，中国书籍出版社1998年版，第31页。

② 同上书，第46页。

书中指出：书中刻工，由于署名前后不一，容易误一人为二三人者。至于去姓刻名，去名刻姓者则更多。刻工镌自己姓名时，亦漫不经意，每任意简化或取字形相同而笔画较少者，研究时必须注意。[①]

《文苑英华》的这些刻工，一部分是排印工，一部分可能是雕刻活字的工人。其中一些书叶版心的刻工位置，竟然有墨等。如是雕版，自然会雕刻自己的名或字，而绝不会留下墨等。而排印时，可能一时没找到合适的字，先拿一块墨等填充，结果在印纸上留下墨等。

综上所述，南宋周必大的《文苑英华》，无疑是存世的宋代活字本。

南宋绍熙四年（1193 年），周必大以胶泥铜版刷印过《玉堂杂记》，已有明确的文献记载。尽管年事已高，有过丞相之高位，但周必大并不保守，尝试用沈括记载的活版方法，并将铁板改为铜板，即铁范改良为铜范，成功刷印自己的著述。比之雕版，活版的低成本高效率之好处，周必大已是充分领略。

成功采用胶泥铜版印书之后数年，周必大老先生发宏愿再出版《文苑英华》，自然更应该采用活版，而不会采用雕版大大增加开销。《文苑英华》开本疏朗，字体较大，很少小字，非常适宜于活版排印。可以看出，周必大事先早已做出规划，令人以活版排印《文苑英华》。

第三节　发现宋代活字本《东莱先生音注唐鉴》

一　具有活版同一性

国家图书馆所藏《东莱先生音注唐鉴》，是笔者发现的又一宋版活字本。

《北京图书馆古籍善本书目》著录：《东莱先生音注唐鉴》二十四卷，宋范祖禹撰，吕祖谦注，宋刻元修本，刘启瑞校并跋，四册，十一行十九字小字双行二十四字白口左右双边。[②]

《中华再造善本》中的《东莱先生音注唐鉴》（简称《唐鉴》）影宋版，半叶 11 行 19 字，小字双行 24 字，白口左右双边。注明为宋刻元修本，框高 18.8 厘米，宽 12.8 厘米。全套 4 册，标价 1640 元。是书因有笔画

---

① 翟冕良：《版刻质疑》，齐鲁书社 1987 年版，第 43 页。

② 北京图书馆编：《北京图书馆古籍善本书目》，书目文献出版社，第 1148 页。

交叉的现象，又有断版现象，故一直被视作雕版。(图 10—3—1)

笔者经过仔细观察，发现《唐鉴》其实不是雕版，而是活字版。书中具备许多活字特征，例如：同一性、木纹框、活印线、活印痕等。其中，同一性是《唐鉴》最明显的活字特征。(图 10—3—2～图 10—3—17)

《唐鉴》一书的版心，多处具有同一性，某些书叶的版心，不仅文字一模一样，甚至连鱼尾也完全一样。例如：

卷一 7、8 叶“唐”字一样；卷二 4、5 叶“唐二”两字以及鱼尾完全相同；卷六 7、8、9、10、12 叶“唐六”两字及其鱼尾完全一致；卷七 2、4 叶“唐”字相同。另外，卷一 5、6 叶两处鱼尾不仅外形相似，从其木纹的纹路来看，也是一样的。

《唐鉴》版心中共有 4 处文字的同一性，每一处“唐”字，不仅外形完全一样，细细观察，连每一处笔画中的断点，每一处缺损，都是一模一样的。不过，这 4 个“唐”字并非同一个字。

从《唐鉴》的书口来看，普遍参差不齐，并非整齐划一。

二 版心系原版所有

《中华再造善本》多为黑白翻印，许多宋版书的版心做过改动，增添了一些书名卷次等，要仔细观察墨色，才能看出来。笔者担心《唐鉴》的版心是后人所添加，通过放大镜再三观察，基本上排除了这种可能性。尤不完全放心，笔者又专门去到国家图书馆查对。

鉴于国图的严格规定，笔者无法看到《唐鉴》的原版。好在国图有《唐鉴》的胶片，且是彩色胶片，比《再造善本》的黑白本清晰得多。笔者仔细查看，《唐鉴》的版心并非后来用毛笔添上去的，也不是后来刻在木块上钤盖上去的，而是原书就刷印上了。

面对着胶片，笔者又询问国图善本部的工作人员，一位女职员说，当年她参与了翻拍工作，这些宋版书的版心均未做过任何人为的改动，可以肯定是《唐鉴》原版书的版心。

笔者又请来国图善本部专家赵前先生进一步确认。赵前先生亦表示，当年曾经手宋元版的翻拍工作，始终忠实于原版，绝对没有在版心处做过任何添改，胶片中《唐鉴》的版心绝对是原版。

由此，笔者终于彻底放心，《唐鉴》版心确实有多处具有同一性。由于同一性是活版鉴定的铁证，因此可以确认，宋版《唐鉴》无疑是活字本。

除了同一性之外，《唐鉴》还有一些活版证据。（图 10—3—18～图 10—3—26）

木纹边框：该书的书叶普遍有木纹框。

活印线：卷六 9、10 叶，卷二十 5、6 叶。

活印痕：卷十九 9 叶。

板框歪斜：卷二十 6 叶。

浓淡不一：卷一 9 叶第 5 行。

栏线断续：是书带栏线，但栏线基本上看不见，仅书叶上下两头偶尔能看到短短的一截。

递修本与活字版的关系，目前少有文献记载。好在张秀民先生《清代的木活字》一文，留下了记录：成都龙万育节约俸银，制造聚珍板……育曾于嘉庆十四年（公元 1809 年）排印顾炎武《天下郡国利病书》，过了一年，得书一百二十部。嘉庆十六年（公元 1811 年）他又印成清朝地理学家顾祖禹的名著《读史方舆纪要》，每页板心有“敷文阁”三字。后来他的板归蜀南桐华书屋薛氏，字多残缺漫漶，薛氏又加以修补。[①]

既然清代有活字递修版的明确记载，说明活字版当中确实存在着递修版。因此，宋刻元修《东莱先生音注唐鉴》系活字版，就不足为怪了。

虽然未能亲手翻阅《东莱先生音注唐鉴》原版，但影印本的诸多活字特征，特别是版心的 4 处同一性，足以证实其为活字本。《唐鉴》的版心，已为国家图书馆专家确认系原版所有，而活版同一性，是鉴别活字本的铁证。因此，笔者相信，《唐鉴》是国家图书馆所藏又一宋代活字本。

第四节　宋元活版亟待甄别

一　探索宋版《王摩诘文集》

国家图书馆所藏宋版《王摩诘文集》，是笔者正在探索的宋代活字本。（图 10—4—1～图 10—4—3）

---

① 张秀民：《清代的木活字》，上海新四军历史研究会印刷印钞分会编：《活字印刷源流》，印刷工业出版社 1990 年版，第 195 页。

《北京图书馆古籍善本书目》著录：《王摩诘文集》十卷，唐王维撰，宋刻本，袁褧题款，顾广圻跋，六册，十一行二十字白口左右双边。《中国古籍善本总目》亦著录为宋刻本，北京图书馆出版社 2001 年影印版注明为宋蜀刻本。

从国图影宋版 4 册 10 卷来看，《王摩诘文集》至少有三种不同的风格，不论字体大小还是书写方式，均有较为明显的差异。

第一种，书法潇洒。《王摩诘文集》中，一部分字体很典雅潇洒，如卷二前四叶和卷三前六叶。这些字的特点：个体大，笔画舒展，书法功底较好，具有典型的宋代风格。此外，这些字行气较好，整叶栏线清晰，有些像雕版。

第二种，书法拘谨。《王摩诘文集》有些字体书法差一大截，较为拘谨，例如卷四 4—12 叶，书写刻画都很局促，字体略小，行气一般，栏线较为清晰。

第三种，书法糟糕。《王摩诘文集》中有些字体书法糟糕，几无书法功底可言。例如卷二 9—11 叶，卷三 7—8 叶，书写刻画均无功力，毫无行气，栏线断断续续，与前后书叶反差强烈。又如：卷二第 3 叶第 16 行，前 8 个字书法很差，与众不同，形成强烈反差。

笔者仔细观察后认为，宋版《王摩诘文集》至少由三套活版排印，书中边框缝众多，横排不齐现象较为突出。此外，多数书叶栏线断断续续，浓淡不一现象较为明显，栏线多呈弯曲状，行气普遍较差。具体的活字特征，分布于不同卷次页码中，例如：

边框缝：首叶，目录 1、4、11、12、13 叶，卷一 1、3、11、13 叶，卷二 1、2、4、6、9、15、16 叶，卷三 2、4、5、6、8、11、16 叶，卷四 1、2、8、11 叶，卷五 2、7、8、9 叶，卷六 1、2、3、4、5、6、13、14 叶，卷七 5、6、7、11、12、15 叶，卷八 2、9、10 叶，卷九 2、3、4、8、9、13、14、16 叶，卷十 2、5、9、14 叶。

横排不齐：卷一 2、10、13 叶，卷二 2、3、14、15、21 叶，卷三 2、6、10、14 叶，卷五 3、6 叶，卷九 12 叶，卷十 5、6、13 叶。

界栏槽：目录 1、8、12 叶，卷二 11 叶，卷三 14 叶，卷七 18 叶，卷十 6、11 叶。

栏线插框：卷七 7、18 叶。

浓淡不一：卷一 9 叶，卷二 4、23 叶，卷三 2 叶，卷四 8、9 叶，卷五 1、3、6、7 叶，卷六 7、8 叶，卷七 13 叶，卷八 2 叶，卷九 10、12 叶，卷十 5、9 叶。

栏线弯曲：目录 11 叶，卷一 5、6、13、14 叶，卷二 11、15、22、23 叶，卷三 7、16 叶，卷四 5 叶，卷五 7 叶，卷八 1、2 叶，卷九 15 叶，卷十 3、7 叶。

行字歪斜：卷一 13 叶第 21 行。

版框歪斜：卷二 11 叶。

活印痕：卷一 14 叶。

鱼尾缝：卷九 11、12 叶。

字数不一：卷二 4 叶第 9 行，卷二 18 叶第 2 行，卷七 3 叶第 22 行。

墨等形状奇特：卷八 5、7、8、14 叶，卷九 4 叶。

错别字：卷五 1、3、4、8 叶，版心的书名均有错字，“诘”字或误为“吉”字，或误为“洁”字。

《王摩诘文集》是宋蜀刻本的代表之一，与之同一时代同一行款的还有几种。如《王摩诘文集》最终证实为活版的话，宋代蜀刻本中同样行款的珍籍中，便会有不止一种活字版。

二　探索宋版《张承吉文集》

上海古籍出版社出版的《宋蜀刻本唐人集丛刊》，影印了国家图书馆所藏的宋版《张承吉文集》，框高约 19.5 厘米，宽约 14 厘米，半叶 12 行 21 字，白口左右双边。《中国古籍善本书目》等著录此书为雕版。笔者仔细观察之后，认为很可能是活字版。（图 10—4—4～图 10—4—6）

边框缝：卷一 3、8 叶，卷二 1、3、4、5、6 叶，卷三 6 叶，卷四 1、2、3、4、7 叶，卷五 2、3、4、5 叶，卷六 2、7 叶，卷七 1、7 叶，卷八 1、8、10 叶，卷九 1、2、5、7、10 叶，卷十 1、2、4、5、6、7、10、11 叶。

横排不齐：卷六 1 叶，卷七 2、5 叶，卷八 10 叶，卷九 1 叶，卷十 2、10 叶。

界栏槽：卷一 5、7、8 叶，卷四 5 叶，卷五 1、2、5 叶，卷六 1、2、3、5、7 叶，卷七 1 叶，卷八 2、3、5、11 叶，卷十 1、4、5、11 叶。

栏线弯曲：目录10叶，卷一10叶，卷二6叶，卷三7叶，卷六3、4叶，卷七1、7叶，卷八3、5、7、8叶，卷九10、11叶，卷十3、5叶。

行字歪斜：卷一10—1、4行，卷五5—2行，卷九6—8行。

小卡印痕：卷一9叶。

叠字符号：卷十3、9、11叶。

《张承吉文集》是宋代蜀刻本的另一种行款，如果此书最后确定为活字版，宋代蜀刻本当中的活字本数量，一定会有增加。

三　更多宋元版亟待探索

《中华再造善本》唐宋编

除了蜀刻本，宋代珍籍中还有相当一批书可能也是活字本。从《中华再造善本》的唐宋编来看，《周易正义》、《大唐六典》、《宋书》、《吕氏乡约》、《许用晦文集》、《离骚草木疏》等，都有较多的活字特征，可能都是活字本。

另外，唐宋编中，《周易上经》、《周易本义》、《大易集义》、《群经音辨》、《鲍氏国策》、《律》、《路史》、《梁书》、《资治通鉴》、《通典》、《通鉴纪事本末》、《汉官仪》、《重雕改正湘山野录续录》、《大藏经纲目指要录》、《西山先生真文忠公读书记》、《謦隅子歔欷琐微论》、《张文昌文集》、《赵清献公文集》、《淮海集》、《司空表圣文集》、《骆宾王文集》、《丁卯集》等也有一些活字特征，也有可能是活字本。

《中华再造善本》金元编

《中华再造善本》的金元编当中，《孔氏祖庭广记》、《观音偈 邙山偈》等，均有明显的活字特征，很可能是活字本。

金元编中，《四书经疑问对》、《读四书丛说》、《仪礼集说》、《五服图解》、《尔雅》、《幽兰居士东京梦华录》、《后汉书》、《通鉴释文辩误》、《通志》、《牧民忠告》、《新雕注疏珞琭子三命消息赋》、《周子通书训义》、《棠阴比事》等，也有一些活字特征，可能也是活字本。

此外，元代至元六年庆元路儒学所刷印的书中，有相当一部分活字特征较为明显，例如《通鉴答问》、《汉艺文志考证》、《汉制考》、《小学绀珠》、《玉海》、《六经天文编》、《急救篇补注》、《诗考》、《周易郑康成注》、《诗地理考》、《通鉴地理通释》等，也可能是活字本。

如前所述，仅仅从《中华再造善本》来判断宋元版当中的活字本，是非常困难的。因影印的关系，一些书的边框被修补过，难以看清原貌；一些书是否递修版，很难判断；一些版心人为地增加了内容，增加了识别的困难；一些手抄的书叶，容易误为刷印……

《中华再造善本》是一项宏大的工程，其意义与作用毋庸置疑。不过，由于工程过于庞大，《中华再造善本》还是存在一些瑕疵。例如：将一部明代晚期的《刘子》误为宋版，尽管后来影印了真正的宋版《刘子》。又如，唐宋编中一些书注明为宋刻本，实际上是宋元递修本或宋元明递修本。再比如，《大唐六典》有多处书叶重复装订。此外，将清初汲古阁“毛抄本”《芸居乙稿》列入唐宋编，很不合理。

除了《中华再造善本》，还有很多种优秀的影宋版和影元版。例如，20 世纪 70 年代上海古籍出版社的影印本，80 年代中华书局的《古逸丛书》，本世纪北京图书馆出版社的影印本等。有些按照原版大小影印，有些保留了宋元版的原始边框，并未做过修正。这些保持原样的复印本，对于探索宋元活字，均具有很高的价值。

第五节 大力宣传千年活版印刷史

中国和韩国的活字发明权之争不过十来年，由于媒体的大量报道，引起网民的普遍关注。而中国和西方活字印刷发明权之争，已有上百年历史，却鲜有人知。事实上，有关活字发明权归属于中国还是德国，在欧洲已经争论了 400 多年。

根据钱存训先生在《中国古代书籍纸墨及印刷术》一书中的资料，葡萄牙诗人加西亚·德·雷森德（Gareia de Recende，约公元 1470－1536 年）在 16 世纪曾提出，谁是印刷术的发明者？他在一首诗歌里问道，印刷术最初发明，究竟是在中国还是德国？意大利历史学者保罗·朱维厄斯（Paulus Jovius，公元 1483－1553 年）早在 1546 年刊行的《现代史》一书中，记录了欧洲的活字印刷术是从中国经由俄罗斯而传入：“现在那里（广州）有印书的人，用和我们相同的方法印刷历史和礼仪的书籍……因而我们可以很自然地相信，在葡萄牙人到达印度以前，这种对学术有无比重要的书籍就通过西徐亚人（Scythians）和莫斯科人（Moscovites）传到我们这里。”[①]

李约瑟在《纸和印刷》的序言中指出：“人们很难相信谷登堡对在他前五个世纪就已在中国大量流行的印本书一无所知。现在就有一些当时的资料证明他确是知道中国的印刷术的，虽然他可能不知道在他四个世纪前就成为活字印刷发明人的前辈手工业者毕昇。有大量的证据证明，在谷登堡时代之前，中国的印刷与书籍生产已为当时的整个世界所称羡。”[②]

最早提出欧洲活字印刷和中国无关的，大约是意大利人吉多·潘奇洛里（Guido Panciroli，1523—1590 年），他在《新发明》一书中指出：活字印刷在中国虽属古已有之，但在门兹（Mentz）所发现的则属于现代之物。”英国人约翰·巴格福（John Bagford，1659—1716 年）在《论印刷术的发明》一文中写道：“很多学者认为我们的印刷术是受到中国印刷的暗示，但我绝不同意，因为当时我们对中国尚无所知。”[③]

数百年来，尽管欧洲学术界一直存在着活字发明权之争，但西方主流社会普遍认为，活字印刷术完全是欧洲人的发明。因此，一般西方人只知道德国谷登堡发明了活字印刷术，而从未听说中国有更早的活版印刷。

千禧年来临之前，美国时代公司评选出过去一千年对人类影响最大的 100 件事，谷登堡印刷术高居第一位，而事实上的印刷术发明国中国却被抛在脑后，足以令中国人痛心疾首！

可喜的是，2008 年北京奥运会上，中国古代活字模的绚丽表演，向全世界庄严宣告：活字印刷术的发明权非中国莫属！2009 年法兰克福国际书展，主宾国中国再次展示了悠久的活字印刷史，给许多西方学者留下了深刻印象。

然而，像奥运会、主宾国书展这样的大型外宣活动毕竟不多，持续影响力毕竟有限，难以根本扭转西方人对活字印刷发明权的固有认识。继奥运会和主宾国书展之后，中国应当抓住机遇，继续广泛宣传自己的四大发明，尤其应让西方人明白，正是中国的活字印刷术，才促进了世界文明，带来了今天的信息革命。

---

① 钱存训：《中国古代书籍纸墨及印刷术》，北京图书馆出版社 2002 年版，第 253—254 页。

② 同上书，第 331 页。

③ 同上书，第 250、252 页。

当今世界，文化是重要的软实力。中国在经济上已经是公认的世界强国，但在加强文化辐射方面，任重而道远。

中国的活字印刷术之所以被西方人质疑，极其重要的原因是缺乏宋代的活字印刷品实物。笔者总结的一系列活版鉴定方法，笔者发现的馆藏宋代活字本，为破解宋代活字之谜提供了一条崭新的途径。

国家有关部门如能组织专家鉴定小组，重新审视馆藏宋版书，提取原版，通过详细观察，再配合电脑扫描仪等现代分析设备的运用，采取多种手段综合判断，一定能从馆藏宋版书中，甄别出更多的活字本，从而彻底改写中国的活版印刷史。

另一方面，应组织专门的人力物力，特别是组织懂阿拉伯语、德语、俄语等外语的学者和研究生，收集广泛的资料，集中研究中国活版印刷术的西传路线。前些年，虽有一些学者做过活字印刷术西传的研究，但规模不大，成果不甚显著，影响较小。

笔者以为，应在国家有关部门的统一组织下，分成若干小组，配以各种设备，沿着成吉思汗蒙古大军进军欧洲的路线，沿着陆上和海上的丝绸之路，沿着传教士的传教之路，沿着历代考古探险旅行者的路线，奔赴中亚、南亚、阿拉伯、俄罗斯、欧洲、美洲等地，广泛寻找图书馆史料，努力搜寻民间资料和实物证据，实地拍摄各种考察活动资料，综合整理，描绘出活字印刷术西传的系列图册，用铁的事实，向西方，向全世界证明中国千年活版印刷术对人类的巨大贡献。

参考书目

叶德辉：《书林清话》，中华书局1999年版。

张秀民、韩琦：《中国活字印刷史》，中国书籍出版社1998年版。

张秀民：《中国印刷术的发明及其影响》，人民出版社1958年版。

［美］卡特：《中国印刷术的发明和它的西传》，吴泽炎译，商务印书馆1957年版。

钱存训：《中国古代书籍纸墨及印刷术》，北京图书馆出版社2002年版。

钱存训、郑如斯编订：《中国纸和印刷文化史》，广西师范大学出版社2004年版。

史金波、雅森·吾守尔：《中国活字印刷术的发明和早期传播——西夏和回鹘活字印刷术研究》，社会科学文献出版社2000年版。

潘吉星：《中国金属活字印刷技术史》，辽宁科学技术出版社2001年版。

李致忠：《古书版本学概论》，北京图书馆出版社2003年版。

李致忠：《古书版本鉴定》，文物出版社1998年版。

李致忠：《古籍版本知识500问》，北京图书馆出版社2001年版。

张树栋、庞多益、郑如斯：《简明中华印刷通史》，广西师范大学出版社2004年版。

徐忆农：《活字本》，江苏古籍出版社2003年版。

上海新四军历史研究会印刷印钞分会编：《活字印刷源流》，印刷工业出版社1990年版。其中：

张秀民：《铜活字的发明与发展》。

张秀民：《清代的木活字》。

张秀民：《清代的铜活字》。

恒慕义：《中国活字印刷术之检讨》，刘修业译。
柯浦：《浅释活字印本》。
丁瑜：《我国雕版印刷术与活字印刷术的比较研究》。
徐苏：《我国古代的活字印刷术为什么发展缓慢》。
张秉伦、刘云：《泥活字印刷的模拟试验》。
罗伟国：《华氏与铜活字》。

中国印刷博物馆编：《中国印刷史学术研讨会文集》（1997），印刷工业出版社1997年版。其中：
魏志刚：《关于我国金属活字版（公元1148年）记述与物证》。
牛达生：《金属活字起源之我见》。

《中国印刷史研究文辑》（2001），中国印刷博物馆、北京印刷学院、印刷史研究室编。其中：
饶立华：《中德学者关于活字印刷的通信》。
史金波：《现存最早的汉文活字印本刍证》。

中国印刷技术协会印刷史研究委员会、中国印刷博物馆编：《中国印刷史学术研讨会文集》（2006），中国书籍出版社2006年版。

魏志刚：《中国活字版印刷术发明的技术经济意义》，《北京印刷学院通讯》1986年第2、3期。

史金波：《鉴定早期活字印刷品的意义和方法刍议》，《中国印刷》2004年第1、2期。

张树栋编校、李兴才审订：《当代中华印刷史文选》，印刷传播兴才文教基金会2006年版。

魏隐儒编：《古籍版本鉴定丛谈》，山西省图书馆印1978年版。

魏隐儒编：《中国古籍印刷史》，印刷工业出版社1988年版。

魏隐儒：《古籍版本鉴赏》，北京燕山出版社1997年版。

尹晓冬、尹铁虎：《泥活字印刷实证研究比较》，北京印刷学院。

毛春翔：《古书版本常谈》，上海古籍出版社2003年版。

翟冕良：《版刻质疑》，齐鲁书社1987年版本。

杨绳信编著：《中国版刻综录》，陕西人民出版社1987年版。

肖东发：《中国图书出版印刷史论》，北京大学出版社2001年版。

姚伯岳：《中国图书版本学》，北京大学出版社2004年版。

曹之：《中国印刷术的起源》，武汉大学出版社1996年版。

曹之：《中国古籍版本学》，武汉大学出版社 2002 年版。

任继愈主编：《中国国家图书馆古籍珍品图录》，北京图书馆出版社 1999 年版。

张展主编：《古籍善本卷》，北京出版社 2002 年版。

曲德森主编：《北京印刷史图鉴》，北京艺术与科学电子出版社 2008 年版。

赵前：《明本》，江苏古籍出版社 2003 年版。

张丽娟、程有庆：《宋本》，江苏古籍出版社 2002 年版。

吴希贤辑汇：《历代珍稀版本经眼图录》，中国书店 2003 年版。

南京国学图书馆编：《盋山书影》，北京图书馆出版社 2003 年版。

刘承干等编：《嘉业堂善本书影 故宫善本书影》，北京图书馆出版社 2003 年版。

陈先行等编著：《中国古籍稿钞校本图录》，上海书店出版社 2000 年版。

林申清编著：《宋元书刻牌记图录》，北京图书馆出版社 1999 年版。

中国印刷博物馆编、罗树宝主编：《中国古代印刷史图册》，陈善伟译，文物出版社、香港城市大学出版社 1998 年版。

史金波等主编：《俄藏黑水城文献》，上海古籍出版社 1997 年版。

国立故宫博物院（中国台北）编：《故宫图书文献选萃》，1971 年版。

翁连溪编校：《中国古籍善本总目》，线装书局 2005 年版。

中国古籍善本书目编辑委员会编：《中国古籍善本书目》，上海古籍出版社 1998 年版。

天津图书馆编：《稿本中国古籍善本书目书名索引》，齐鲁书社 2003 年版。

北京图书馆编：《北京图书馆古籍善本书目》，书目文献出版社 1987 年版。

瞿冕良编：《中国古籍版刻辞典》，齐鲁书社 2000 年版。

王重民：《中国善本书提要》，上海古籍出版社 1983 年版。

黄燕生：《古籍善本》，中国水利水电出版社 2005 年版。

陈先行：《打开金匮石室之门：古籍善本》，上海文艺出版社 2003 年版。

黄裳：《清代版刻一隅》，齐鲁书社 1996 年版。

黄建国、金初升主编：《中国所藏高丽古籍综录》，汉语大词典出版社 1998 年版。

江澄波编著：《江苏活字印书》，江苏人民出版社 1997 年版。

刘尚恒：《徽州刻书与藏书》，广陵书社 2003 年版。

林应麟：《福建书业史》，鹭江出版社 2004 年版。

韦力：《古书收藏》，辽宁画报出版社 2004 年版。

逸明、春元编：《田涛说古籍》，国际文化出版公司 1993 年版。

陆昕：《闲话藏书》，学苑出版社 2002 年版。

艾俊川：《谈活字本的鉴定——以排印工艺特征为中心》，《文津学志》（第三辑），国家图书馆出版社 2010 年版。

陈国庆：《古籍版本浅说》，中华书局 1964 年版。

雷梦辰：《清代各省禁书汇考》，北京图书馆出版社 1997 年版。

黄燕生、林岩编著：《版本古籍鉴赏与收藏》，吉林科学技术出版社 1999 年版。

吉文辉、王大妹主编：《中医古籍版本学》，上海科学技术出版社 2000 年版。

管锡华：《中国古代标点符号发展史》，巴蜀书社 2002 年版。

刘振东：《中国儒学史・魏晋南北朝卷》，广东教育出版社 1998 年版。

李致忠、周少川、张木早：《中国典籍史》，上海人民出版社 2004 年版。

李万健著、肖东发审定：《中国古代印刷术》，大象出版社 1997 年版。

［美］保罗・尼德汉姆：《古登堡与印刷术》，庞丽霞译，中国电力出版社 2006 年版。

项翔：《近代西欧印刷媒介研究——从古腾堡到启蒙运动》，华东师范大学出版社 2001 年版。

杜泽逊：《文献学概要》，中华书局 2001 年版。

［意］利玛窦、金尼阁：《利玛窦中国札记》，何高济等译，广西师范大学出版社 2001 年版。

张振铎主编：《古籍刻工名录》，上海书店出版社 1996 年版。

江澄波编：《古刻名抄经眼录》，江苏人民出版社 1997 年版。

张绍勋编：《中国印刷史话》，商务印书馆 1997 年版。

叶树声、余敏辉：《明清江南私人刻书史略》，安徽大学出版社 2000 年版。

上海图书馆编《中国谱牒研究》，上海古籍出版社 1999 年版。

中国书店编印：《中国书店三十年所收善本书目》，1982 年版。

陈正宏、梁颖编：《古籍印本鉴定概说》，上海辞书出版社 2005 年版。

[日] 俊山幸男：《活版印刷术》，苏士清译，造纸印刷季刊社，民国三十一年初版。

曹洪奎编：《活字排版工艺》，轻工业出版社 1979 年版。

后　　记

从2004年开始探索中国古代活版印刷的奥秘以来，笔者所饱受的磨难——艰深、迷失、孤独、喜悦、激动、怀疑、茫然、曙光、困惑，周而复始，难以言表。

几年前，深圳一位书友曾劝告笔者：你非要撰写活字印刷专著，难度太大，不如就以你目前已有的活字鉴定心得，写一篇文章发表算了。这就像主攻山头阵地，对方火力太猛，你硬要往上冲，徒劳而已。

国家图书馆一位资深专家几年前也曾对笔者提出忠告：有关活字印刷的各种结论，是史学界印刷界几辈专家学者潜心研究的学术结晶，要想推翻上百年的活字结论，一定要慎之又慎，要做大量的艰苦的学术研究工作，譬如，应将同一部古籍的各个不同版本进行类比，才更有说服力。

对此观点，笔者深为赞同，但却无力采纳。医学上一条新的治疗理论要想获得通过，必须要经过许多年实践，达到相当数量的临床病例证明才行。科技界一个新的重大观点，通常必须获得统计学所需要的足够论据才能成立。

如果将各大图书馆所藏的各种活字本实物进行比较，便能系统地研究“活版学”，读取更全面的活字信息，从而总结出更加全面的活字识别方法，得出更加科学的结论。如果将各大图书馆珍藏的宋元古籍集中起来，反复筛选，就容易发现早期活字本并确定其种类和数量，进而全面展示中国活版印刷术的发展概况。而这项工作决不是个人的力量所能完成的，即使国家权威部门出面协调，也未必能组织实施。

学术研究，理当慎重而精细。然而，多查阅一些馆藏活字本，多请教一些专家学者，对半路出家无名小卒的笔者来说也是十分困难的。因为本职工作所系，很难有时间有机会到外地查阅资料；因为研究的“课题”受限，很难从专家学者的资料库里找到现成答案。

按道理，笔者还应该再多花几年时间，搜集研究更多的证据，再将更加成熟的结果公之于众。可是，由于业余时间全身心伏案研究与写作，加之工作压力大，笔者长年的颈椎病腰椎病益发严重，几年以来一股子坚韧不拔的劲头，渐渐开始松泄，自感学术研究难以为继，不得不作一个阶段性的整理。

另外一个重要原因，则是引言中述及的使命感与责任感。笔者注意到，在和西方与韩国关于活字发明权的学术论战中，中国学术界因缺乏早期活字实物而无法完全令人心服口服。与此同时，网上不少帖子全盘否定中国古代活版印刷术，这种谬论如果不及时揭露，将会贻害青少年。因此，笔者不得不匆忙杀青，用自己所取得的研究成果，用大量确凿的实证，奋起反驳。同时，作为抛砖引玉，希冀引起学术界的共鸣，捍卫神圣的华夏印刷文明史。

笔者深切体会到，活版印刷史研究，必须大胆解放思想，冲破某些理论禁锢，例如：凡是活字版，笔画就绝不可能交叉；凡是有断版现象的，就绝不可能是活字版。

笔者在传统的活字鉴别方法之外独辟蹊径，提供了一种全新的思维模式，以便学界重新审视迷雾重重的古代活版印刷史。笔者斗胆提出了活版同一性、界栏槽、活印痕、活印线等系列活版识别新模式，并由此发现了一批宋代活字本，证实传世的古籍中不乏活字本。这些新发现，这些新方法，是否经得起广泛的实践检验，还有待于权威部门组织专家学者加以充分论证。

笔者提出，中国古籍的活字本种类和数量可能并不比雕版印本少，如果看看数量浩大的家谱和方志，再看看家谱和方志中数量众多的活字版，就不难得出如此结论。

笔者通过实物验证，传世的宋元版存有不少活字本。这种大胆的结论出自一个业余研究者之笔，自然令某些专家学者不屑一顾，一笑置之。不过，笔者坚信，自己在活版探索的艰难历程中洒下了点点滴滴的汗水，留下了实实在在的足迹。时间会慢慢证明一切。

学术探索之路，孤寂艰深。幸而，笔者总能遇到贵人，并得到其无私帮助。

2005年，笔者初访中国印刷博物馆，请教古稀之年的副馆长魏志刚教授。素不相识的一老一少，聊起活版印刷史，彼此投机。从此，笔者时常向魏老汇报自己的研究进展，魏老不仅每每给予鼓励和指导，2006 年还欣然邀请笔者在第六届中国印刷史学术研讨会上发言。著名学者张树栋先生亦亲笔来信，将笔者的文章收入研讨会文集。

2009 年的学术研讨会上，由于魏老鼎力相荐，中国印刷技术协会武文祥理事长和副理事长、北京印刷学院院长曲德森教授做出专门安排，笔者得以有机会向专家学者做专题汇报，并荣幸成为中国印刷史研究委员会的一员。笔者近一小时的学术报告，结合大量的图片实证，引起与会者的普遍兴趣，研讨会主持人之一、中国科学院研究生院教授方晓阳先生以及张树栋先生等均给予好评。

中国社会科学院学部委员、西夏活字研究专家史金波研究员，更是在会上对笔者的学术报告给予热情的褒扬。数年前，史金波先生便提出，各地所藏早期印本中是否有活字印刷品，应重新调查研究。笔者采用全新的鉴别方法，发现了一批存世的宋代活字本，正好印证了史金波老师的观点。每每谈起这个话题，史老师在电话中总是兴奋不已，甚至一聊就是一个多小时。史老师不仅对笔者给予诸多学术指导，鼓励后辈大胆创新研究，还热心向中国社会科学出版社推荐拙稿。在黄燕生编审的大力支持下，拙作得以顺利出版。

此外，还有诸多人士给予笔者各种形式的帮助，在此一并由衷感谢！

当然，笔者能取得这些学术成果，离不开家人的倾力支持与辛勤付出。夫人陈熙不仅承担了全部家务，还专门自学古书修复技术，悉心装裱诸多破旧的古籍，并帮着寻找活字例证。儿子邹润墨放弃寒暑假休息，认真设计反复修改电脑版幻灯报告，一同赴京参与学术活动。

本书 300 多幅图片中，宋版《文苑英华》和《东莱先生音注唐鉴》拍自《中华再造善本》；《泥版试印初编》选自《活字本》；《兼明书》选自《中国古籍稿钞校本图录》；《太平御览》拍自书友的藏品；围棋谱选自孔夫子旧书网，其余图片均拍自笔者九月宋斋的藏品。

几度冬夏，闭门谢客，废寝忘食，艰难执着地探索，一段心血总算付梓。本是业余尝试，不精理论，不精版本，谬误实属难免，相信方家当会体谅。

随着北京奥运会活字模的惊艳舞动，随着法兰克福书展活版历史的真实再现，代表古老华夏文明的活版印刷术再度震撼全球！笔者翘首企盼更多有识之士投入到这项研究中来，全面论证中华古老的活版印刷术对促进世界文明所作出的巨大贡献！

邹　毅

2009 年冬于鹏城九月宋斋

图 2—1　光绪活字本《日用择吉便览》　牌记注明：活字板排印

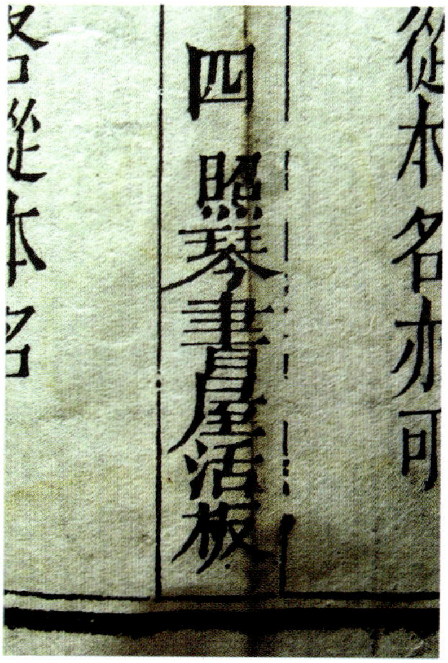

图 2—2　光绪活字本《礼仪便览》　全套四册，每册前几叶版心下端均写明：照琴书屋活板

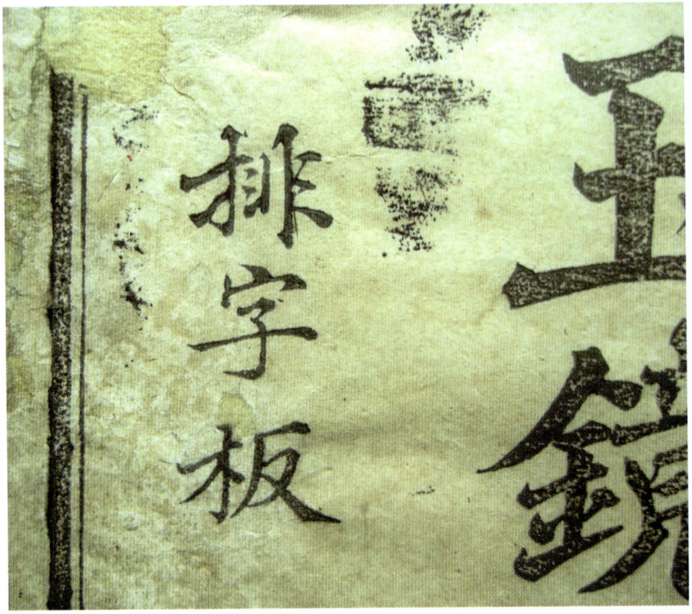

图 2—3　活字本《诸葛武侯行兵遁甲金函玉镜》　牌记注明：排字板

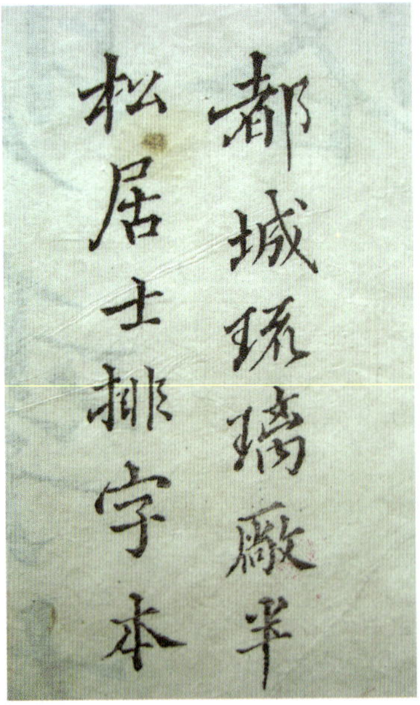

图 2—4　活字本《明季南略》　牌记：都城琉璃厂半松居士排字本

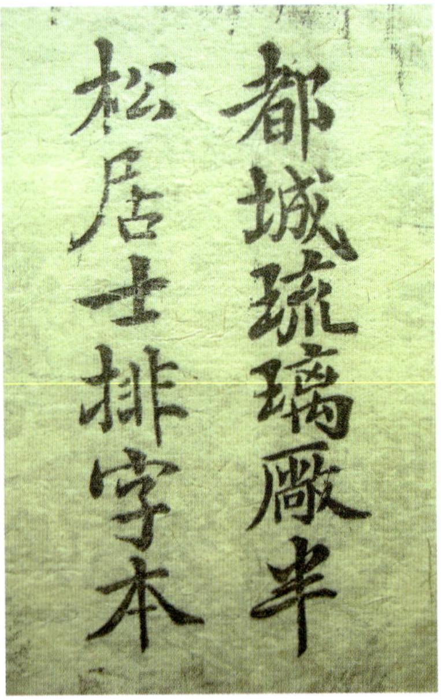

图 2—5　活字本《逆臣传》　牌记：都城琉璃厂半松居士排字本

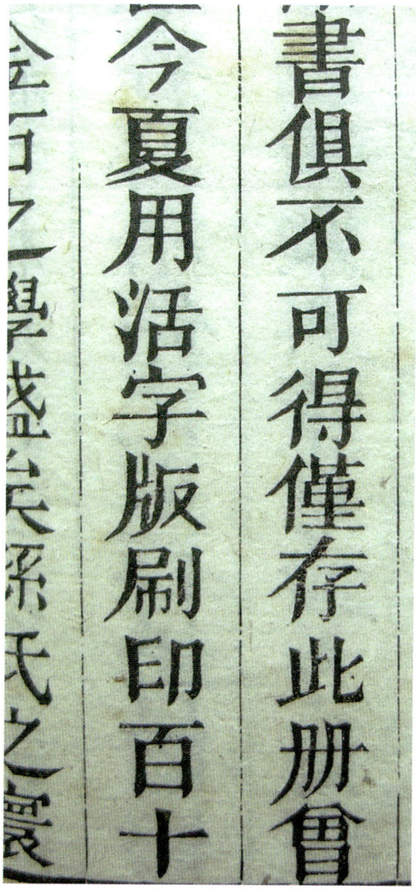

图 2—6

同治活字本《芳坚馆题跋》 龚显曾在序言中提到："今夏用活字版刷印百十部，稍广其传。"

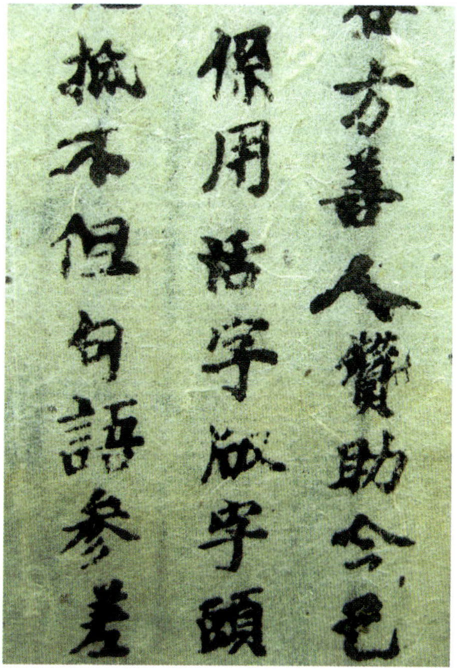

图 2—7

民国活字本《八卦图》 前言提到："全部虽经校正，但限于财力，系用活字版，字头不齐，间有无法排印者，以致借字充抵，不但句语参差，抑且错乱太大。"

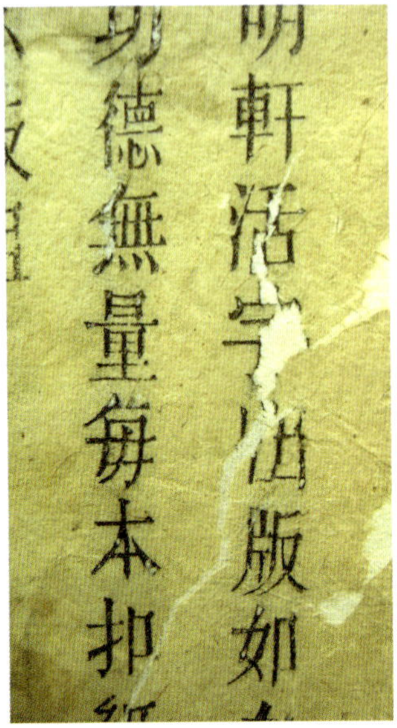

图 2—8　**民国活字本《朱氏麻科》**　书末注明：武冈文明轩活字出版

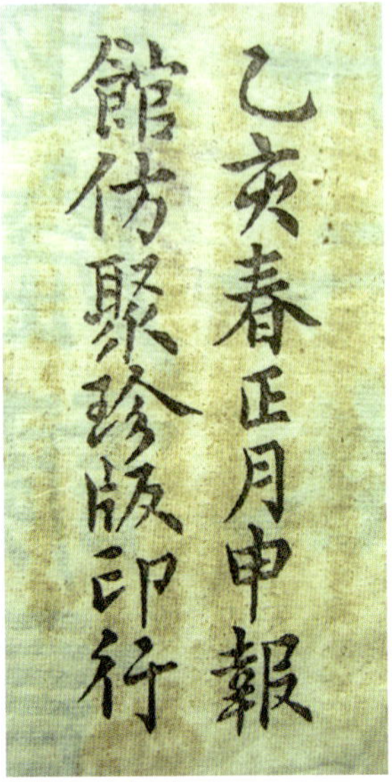

图 2—9　**民国活字本《遁窟谰言》**　牌记：乙亥春正月申报馆仿聚珍版印行

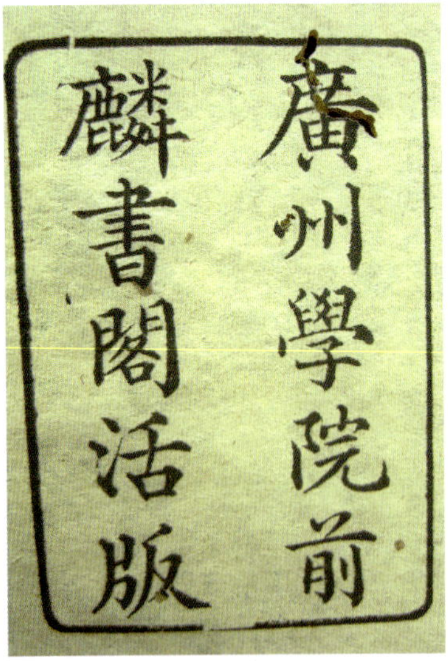

图 2—10　**宣统活字本《字类标韵分韵撮要合编》**　牌记注明：广州学院前麟书阁活版

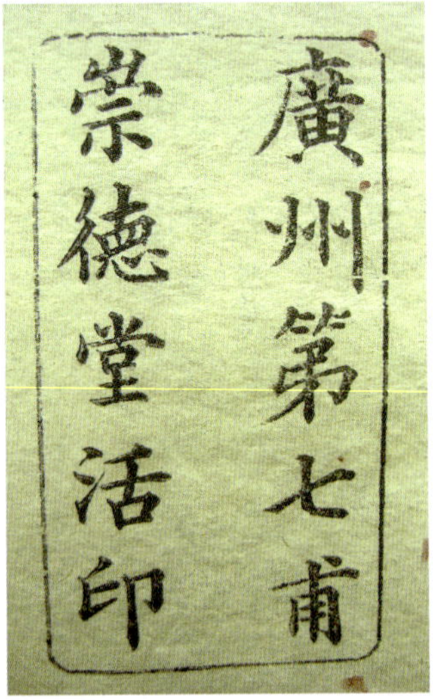

图 2—11　**宣统活字本《声律启蒙撮要》**　牌记标明：广州第七甫崇德堂活印

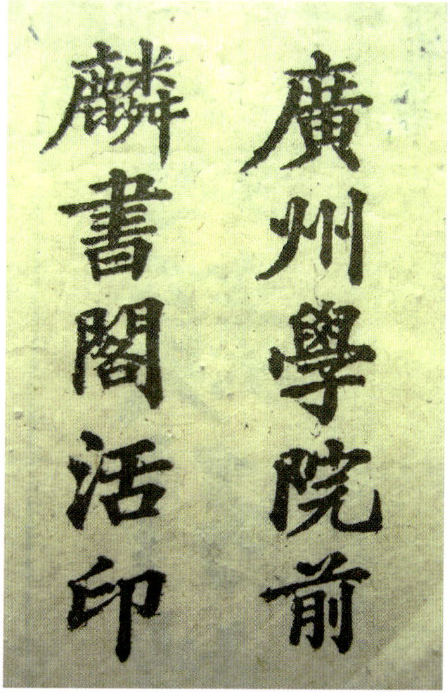

图 2—12

宣统活字本《机器对类引端》 牌记：广州学院前麟书阁活印

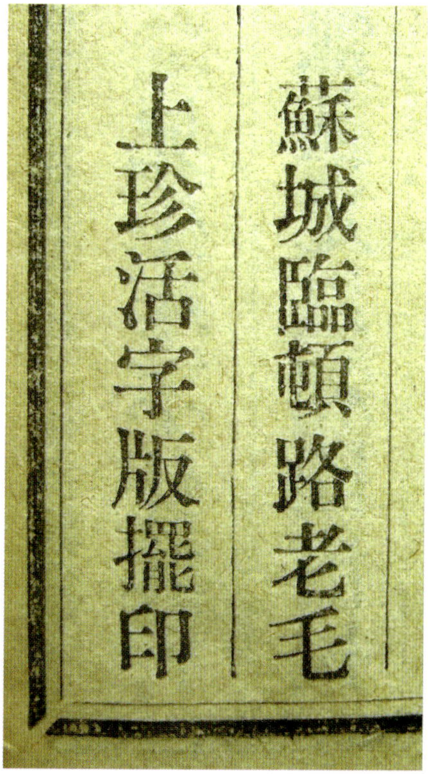

图 2—13

宣统活字本《韬厂蹈海录》 卷末处注明：苏城临顿路老毛上珍活字版摆印

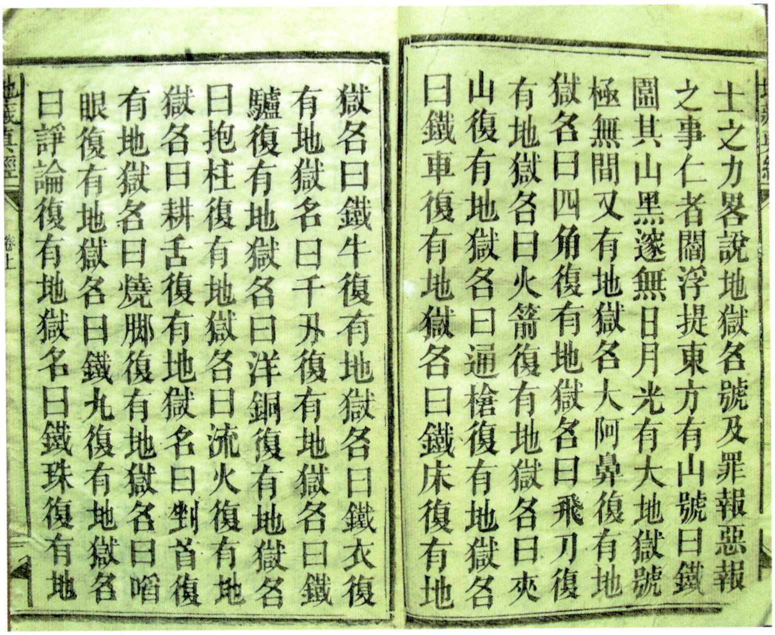

图 3—1—1　晚清活字本《地藏菩萨本愿经》　由两副活版交替排版刷印，具有同一性

图 3—1—2　《地藏菩萨本愿经》　边框同一性。注意观察边框转角处，外栏与内栏有相同缺损，与图 3—1—3 比较

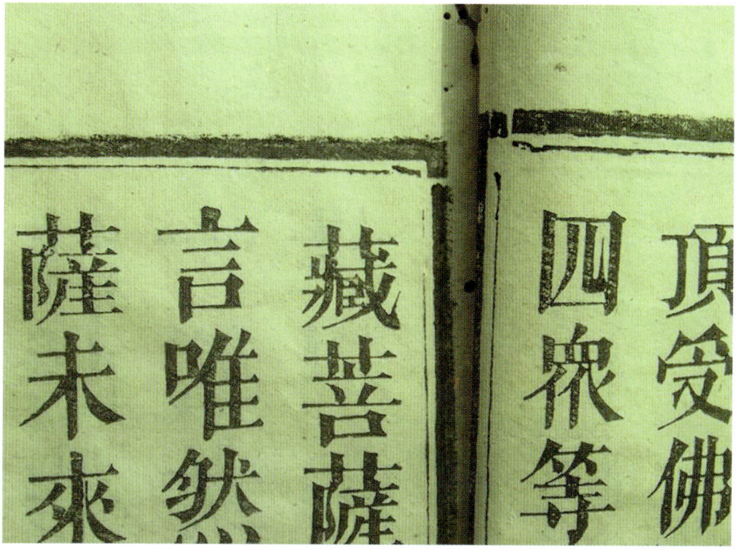

图 3—1—3 《地藏菩萨本愿经》 边框同一性。边框转角处外栏与内栏与图 3—1—2 的缺损完全相同

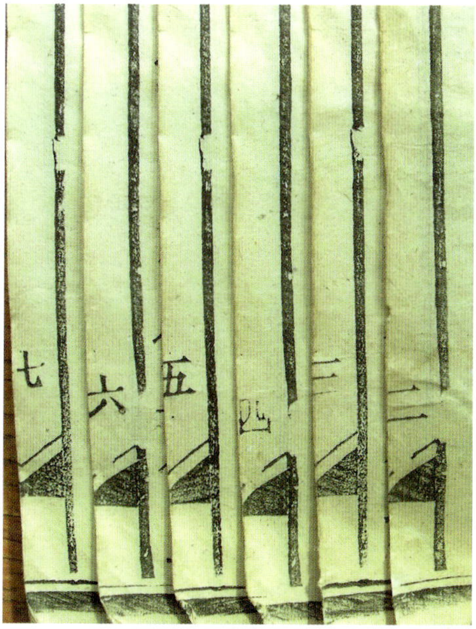

图 3—1—4 《地藏菩萨本愿经》 由两副活版交替排印。单叶的版心线上均有相同缺损，鱼尾相同，双叶版心线与鱼尾线均有相同缺损

图 3—1—5 《地藏菩萨本愿经》 由两副活版交替排印。单叶的文字和版心均相同，与双叶的文字和版心均相异

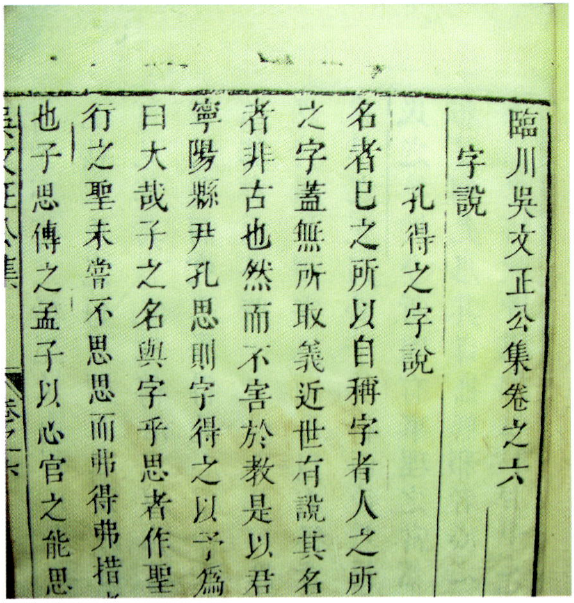

臨川吳文正公集卷之六

字說

孔得之字說

名者已之所以自稱字者人之所之字蓋無所取義近世有謂其名者非古也然而不害於教是以君寧陽縣尹孔思則字得之以予爲曰大哉子之名與字乎思者作聖行之聖未嘗不思思而弗得弗措也子思傳之孟子以心官之能思

图 3—1—6 康熙活字本《临川吴文正公集》 具有同一性。该书由至少七副活版交替排版，交替刷印，每一副活版不仅版心上端“临川吴文正公集”各字的字迹一模一样，而且边框的残损状况也大致相同

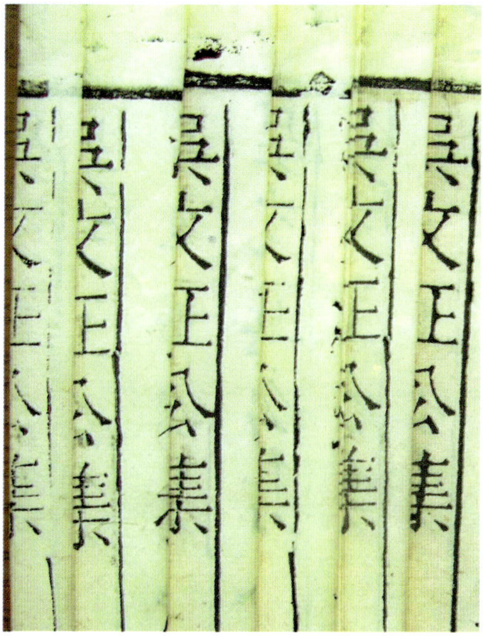

图 3—1—7　《临川吴文正公集》　版心文字同一性。图示部分由三副活版组成

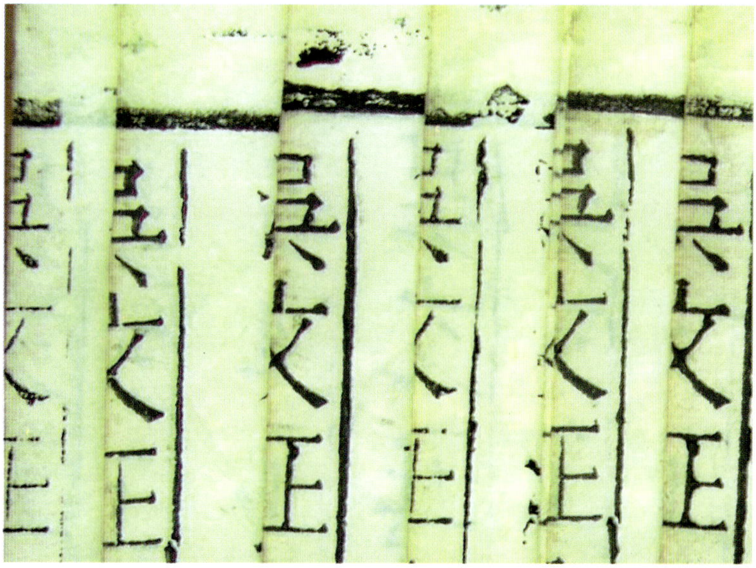

图 3—1—8　《临川吴文正公集》版心文字　注意观察“吴”字笔画最后的一划，便能看出由三副不同的活版交替排印

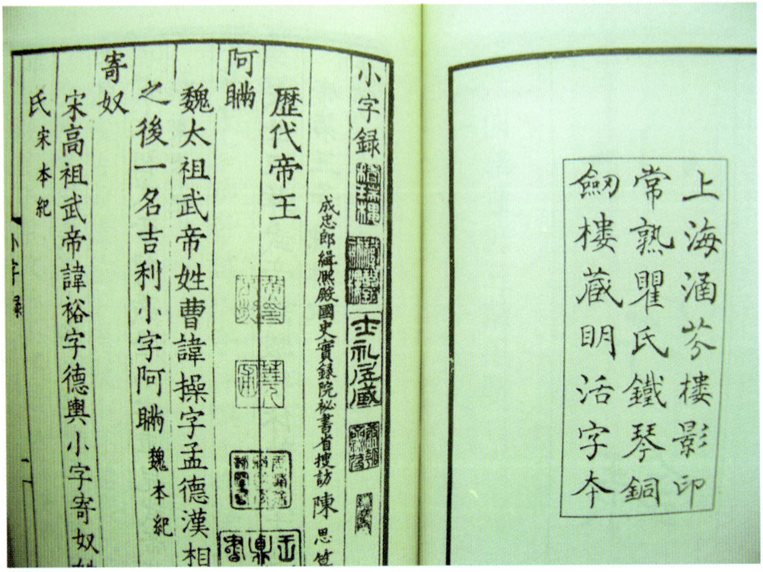

上海涵芬樓影印
常熟瞿氏鐵琴銅
劍樓藏明活字本

小字錄
成忠郎緝熙殿國史實錄院秘書省搜訪陳思
歷代帝王
阿瞞
魏太祖武帝姓曹諱操字孟德漢相
之後一名吉利小字阿瞞 魏本紀
寄奴
宋高祖武帝諱裕字德輿小字寄奴
氏 宋本紀

图 3—1—9　明代活字本《小字录》　现藏于国家图书馆。《北京图书馆古籍善本书目》著录为：宋陈思辑，明活字印本，黄丕烈跋

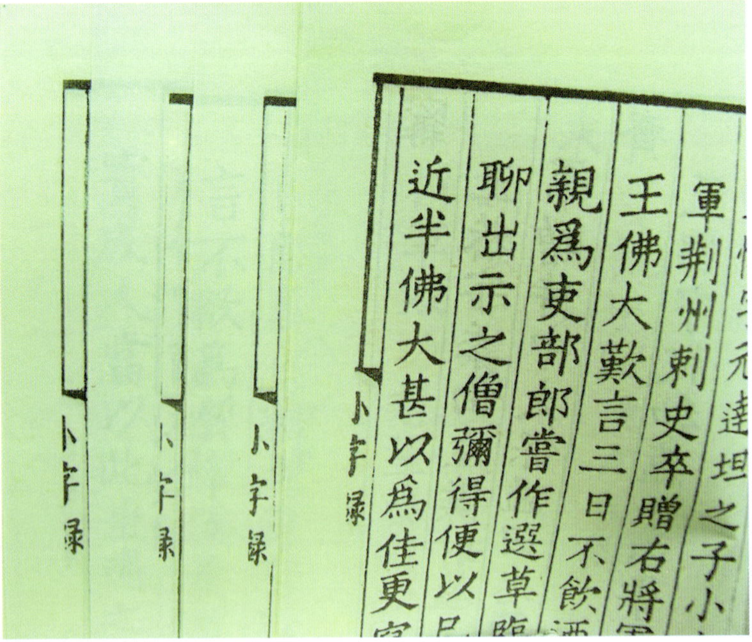

軍荆州刺史卒贈右將
王佛大歎言三日不飲
親爲吏部郎嘗作選草
聊出示之僧彌得便以
近半佛大甚以爲佳更

图 3—1—10　明活字本《小字录》　从版心文字观察，该本由两副活版交替排印

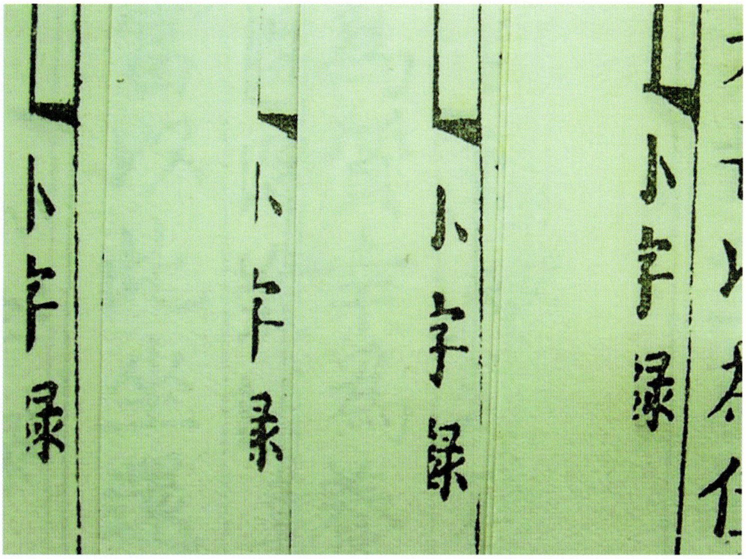

图 3—1—11　明活字本《小字录》　从“小”和“录”字笔画的最后一点可以明显看出，图示中间两叶为同一版，两边的两叶为另一个版

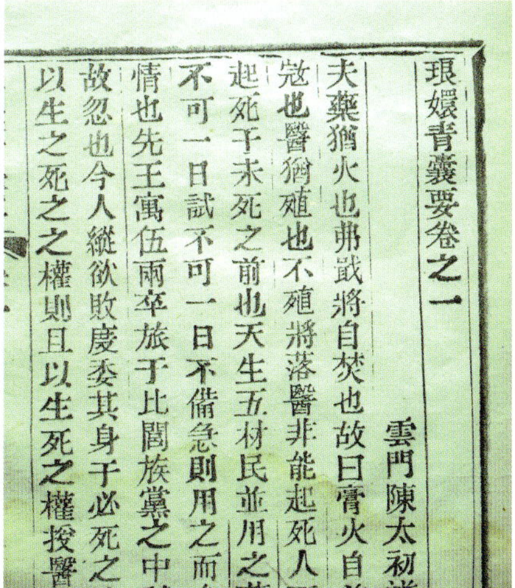

琅嬛青囊要卷之一
雲門陳太初遂軒編
夫藥猶火也弗戢將自焚也故曰膏火自煎也山木自
寇也醫猶殖也不殖將落醫非能起死人而肉白骨也
起死于未死之前也天生五材民並用之藥猶兵也兵
不可一日試不可一日不備急則用之而怠則弛之者
情也先王寓伍兩卒旅于比閭族黨之中試不敢以怠
故忽也今人縱欲敗度委其身于必死之地而予他人
以生之死之之權則且以生死之權授醫醫又以生死

图 3—1—12　嘉庆活字本《琅嬛青囊要》　由三副活板交替排印，有 45°边框缝

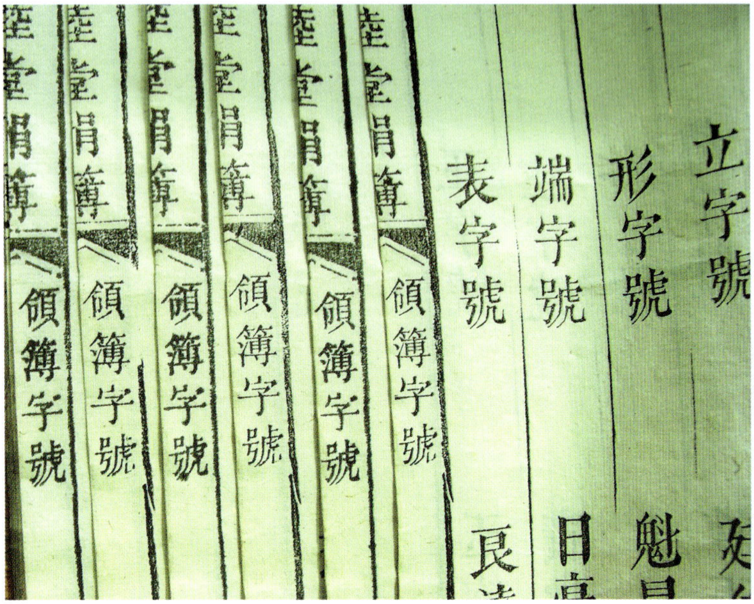

图 3—1—13　道光活字本《亲睦堂捐簿》　具有同一性，版心文字由两副活版交替排印

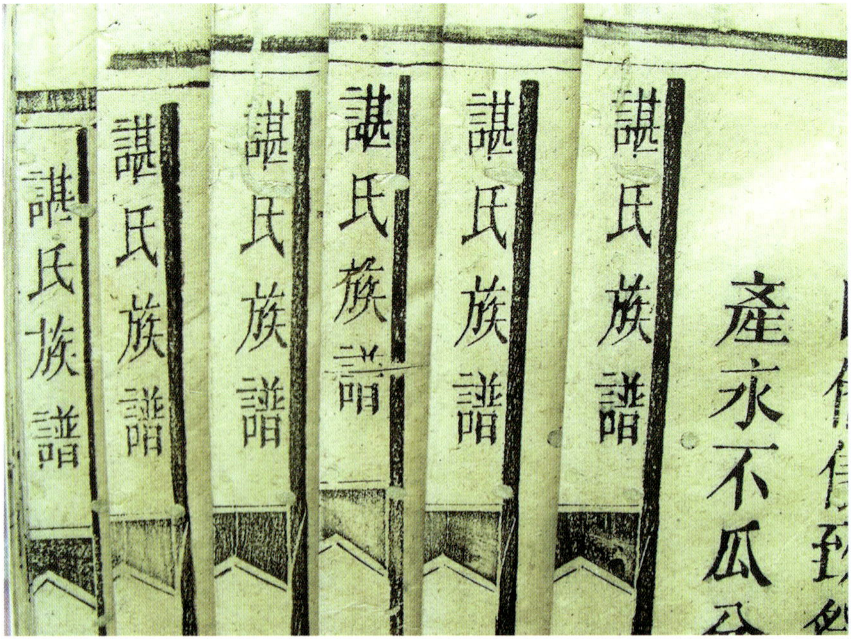

图 3—1—14　活字本《谌氏族谱》　其为大型宗谱，版心文字具有同一性

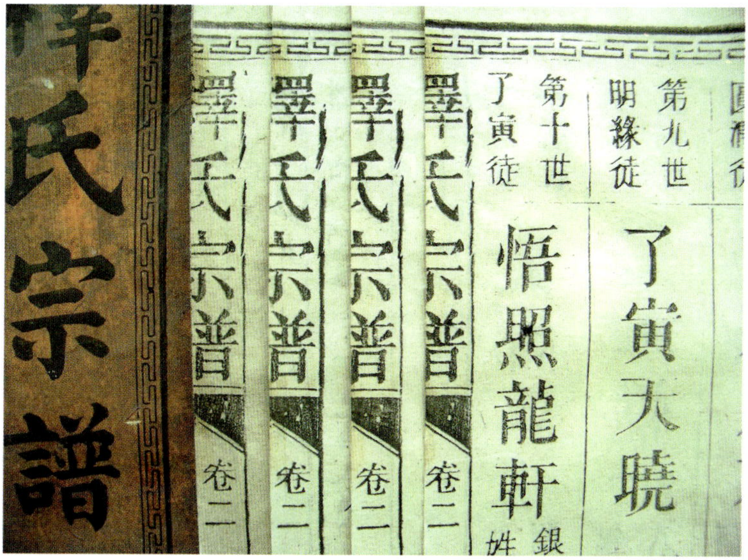

图 3—1—15　咸丰活字本《释氏宗谱》　版心文字具有同一性。该书为佛教寺庙宗谱，具有丰富的佛学史料

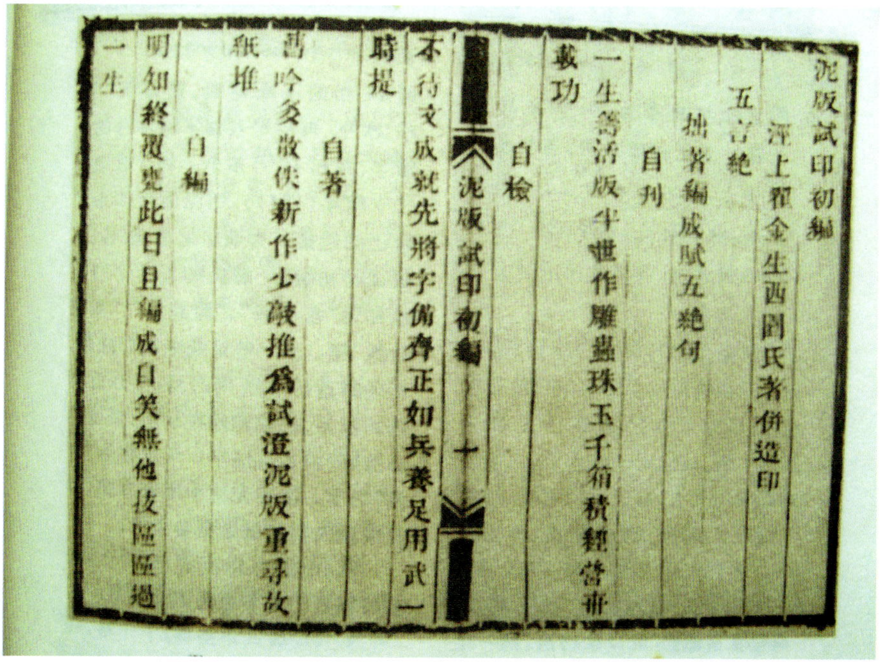
泥版試印初編
涇上翟金生西園氏著併造印
五言絶
拙著編成賦五絶句
自刊
一生籌活版半世作雕蟲珠玉千箱積經營廿
載功
自檢
泥版試印初編　十
不待文成就先將字備齊正如兵養足用武一
時提
自著
舊吟多散佚新作少蔵推爲試澄泥版重尋故
紙堆
自編
明知終覆瓿此日且編成自笑無他技區區過
一生

图 3—2—1　清代翟金生的活字本《泥版试印初编》　上下边框有明显的凹槽

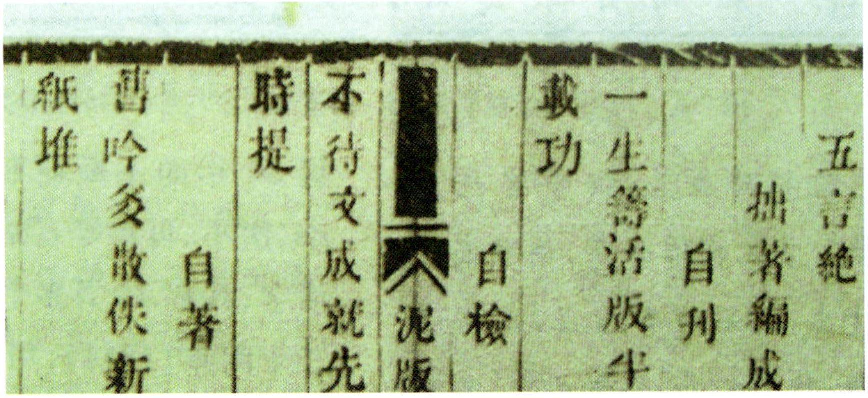

五言絕
拙著編成
自刊
一生籌活版半
載功
自檢
泥版
不待文成就先
時提
自著
舊吟多散佚新
紙堆

图 3—2—2　《泥版试印初编》　一些界栏线甚至深入到了边框的凹槽之中

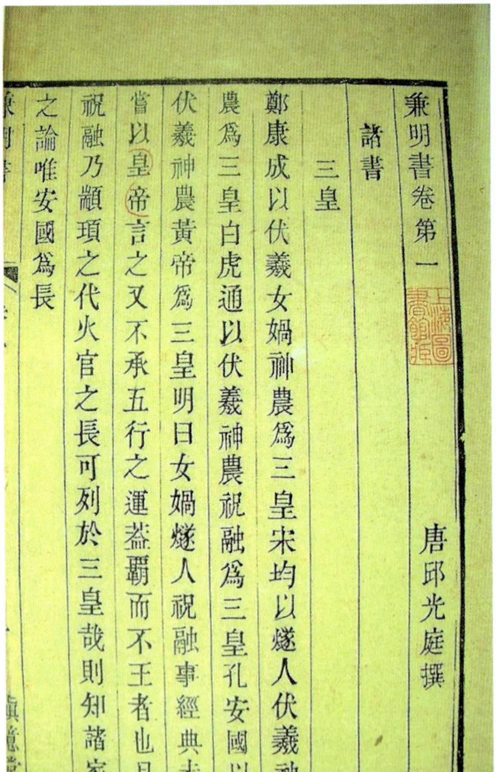

兼明書卷第一　　唐邱光庭撰
諸書
三皇
鄭康成以伏羲女媧神農爲三皇宋均以燧人伏羲神
農爲三皇白虎通以伏羲神農祝融爲三皇孔安國以
伏羲神農黃帝爲三皇明曰女媧燧人祝融事經典未
嘗以皇帝言之又不承五行之運蓋霸而不王者也且
祝融乃顓頊之代火官之長可列於三皇哉則知諸家
之論唯安國爲長

图 3—2—3　《兼明书》　清朝嘉庆十六年璜川吴氏木活字排印

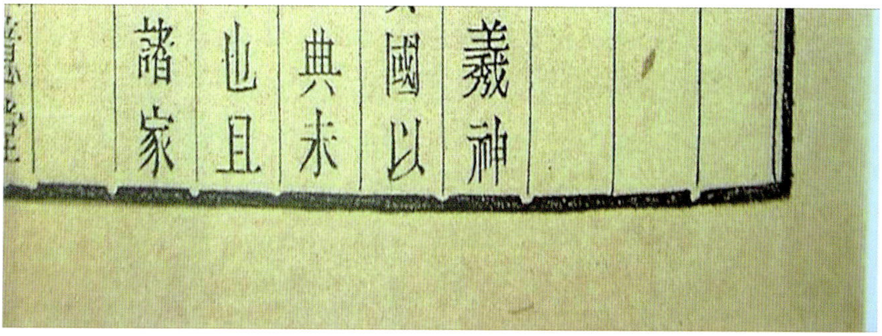

義神
國以
典末
也且
諸家

图 3—2—4 《兼明书》 边框凹槽同样有规律地上下分布，界栏线同样插进了边框的凹槽之中

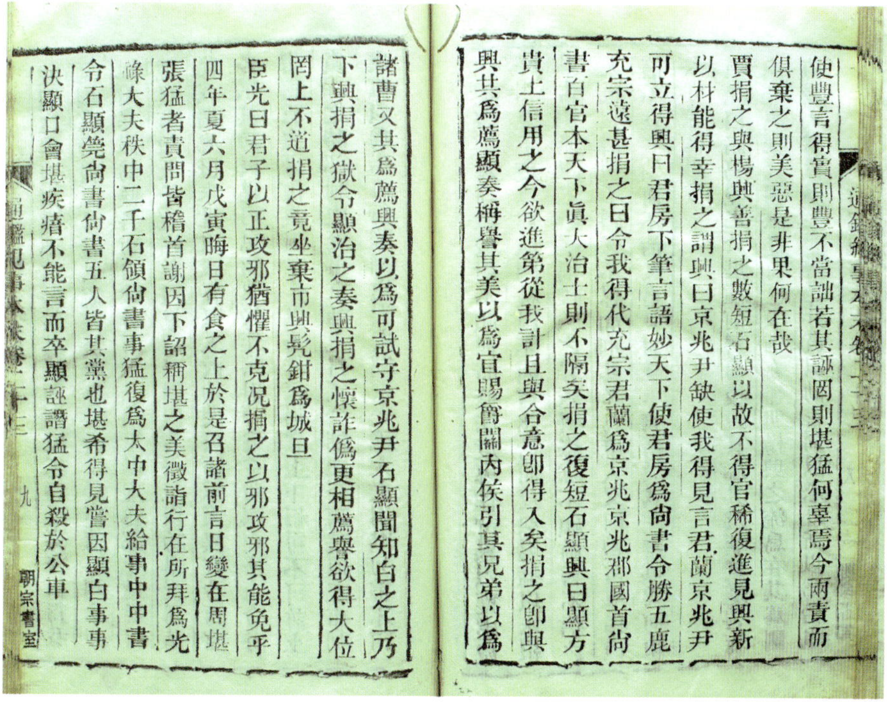

使豐肯得實則豐不當誚若其誣罔則堪猛何辜焉今兩責而
俱棄之則美惡是非果何在哉
賈捐之與楊興善捐之數短石顯以故不得官稀復進見興新
以材能得幸捐之謂興曰京兆尹缺使我得見言君蘭京兆尹
可立得興曰君房下筆言語妙天下使君房爲尚書令勝五鹿
充宗遠甚捐之曰令我得代充宗君蘭爲京兆京兆郡國首尚
書百官本天下眞大治士則不隔矣捐之復短石顯興曰顯方
貴上信用之今欲進第從我計且與合意即得入矣捐之即與
興共爲薦顯奏稱譽其美以爲宜賜爵關內侯引其兄弟以爲

通鑑紀事本末卷二十三　九　朝宗書室

諸曹又共爲薦興奏以爲可試守京兆尹石顯聞知白之上乃
下興捐之獄令顯治之奏興捐之懷詐僞更相薦譽欲得大位
罔上不道捐之竟坐棄市興髡鉗爲城旦
臣光曰君子以正攻邪猶懼不克況捐之以邪攻邪其能免乎
四年夏六月戊寅晦日有食之上於是召諸前言日變在周堪
張猛者責問皆稽首謝因下詔稱堪之美徵詣行在所拜爲光
祿大夫秩中二千石領尚書事猛復爲太中大夫給事中中書
令石顯筦尚書尚書五人皆其黨也堪希得見常因顯白事事
決顯口會堪疾瘖不能言而卒顯誣譖猛令自殺於公車

图 3—2—5 活字本《通鉴纪事本末》 上下边框均有许多凹槽，下框尤其明显

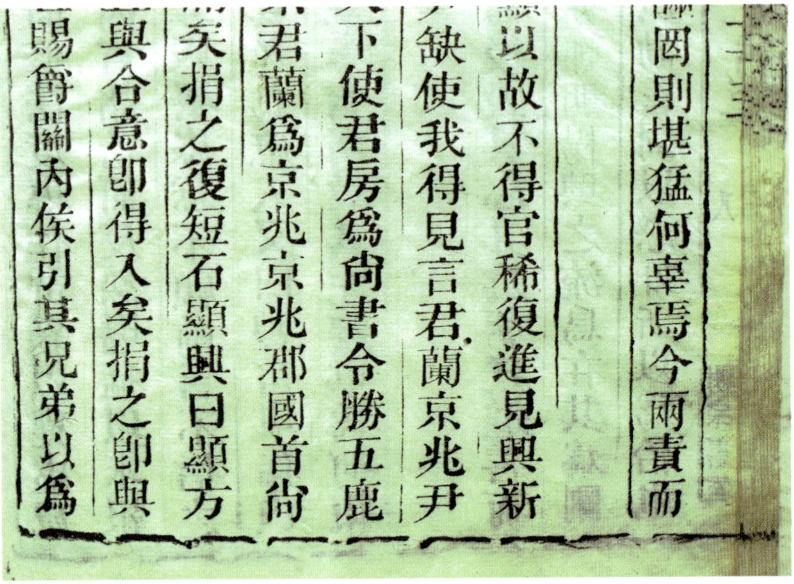
圄則堪猛何辜焉今兩責而
以故不得官稀復進見與新
缺使我得見言君蘭京兆尹
下使君房爲尚書令勝五鹿
君蘭爲京兆京兆郡國首尚
矣捐之復短石顯與曰顯方
與合意卽得入矣捐之卽與
賜爵關內侯引其兄弟以爲

图 3—2—6　活字本《通鉴纪事本末》　是书具有活版同一性，凹槽均出现在界栏线右侧，实为夹条槽

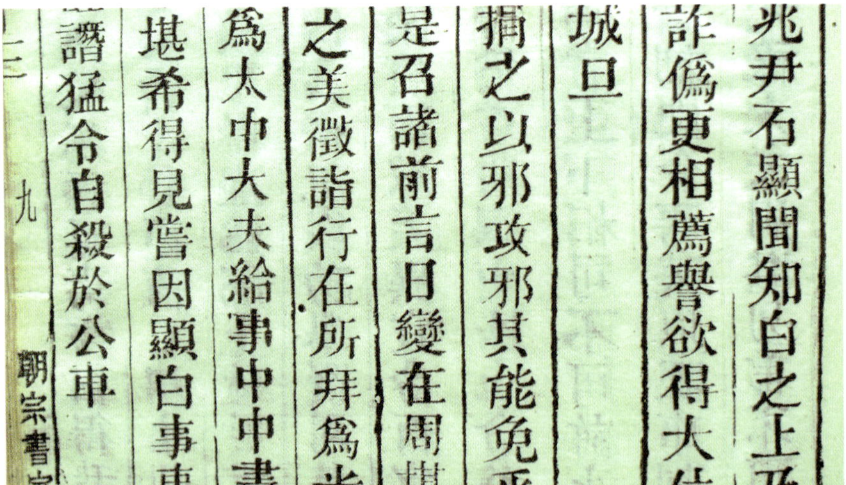
兆尹石顯聞知白之上乃
詐僞更相薦譽欲得大位
城旦
捐之以邪攻邪其能免乎
是召諸前言日變在周堪
之美徵詣行在所拜爲光
爲太中大夫給事中中書
堪希得見嘗因顯白事事
譖猛令自殺於公車
三
九
朝宗書室

图 3—2—7　活字本《通鉴纪事本末》　夹条槽细观

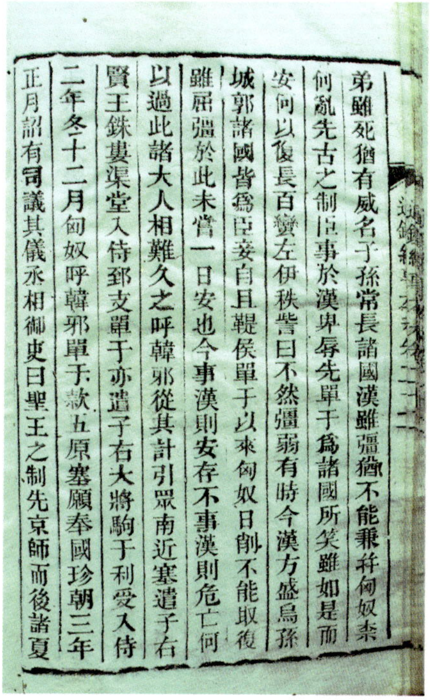

弟雖死猶有威名子孫常長諸國漢雖彊猶不能兼幷匈奴柰
何亂先古之制臣事於漢卑辱先單于爲諸國所笑雖如是而
安何以復長百蠻左伊秩訾曰不然彊弱有時今漢方盛烏孫
城郭諸國皆爲臣妾自且鞮侯單于以來匈奴日削不能取復
雖屈彊於此未嘗一日安也今事漢則安存不事漢則危亡何
以過此諸大人相難久之呼韓邪從其計引衆南近塞遣子右
賢王銖婁渠堂入侍郅支單于亦遣子右大將駒于利受入侍
二年冬十二月匈奴呼韓邪單于款五原塞願奉國珍朝三年
正月詔有司議其儀丞相御史曰聖王之制先京師而後諸夏

图 3—2—8

活字本《通鉴纪事本末》

上下框栏线右侧均有夹条槽

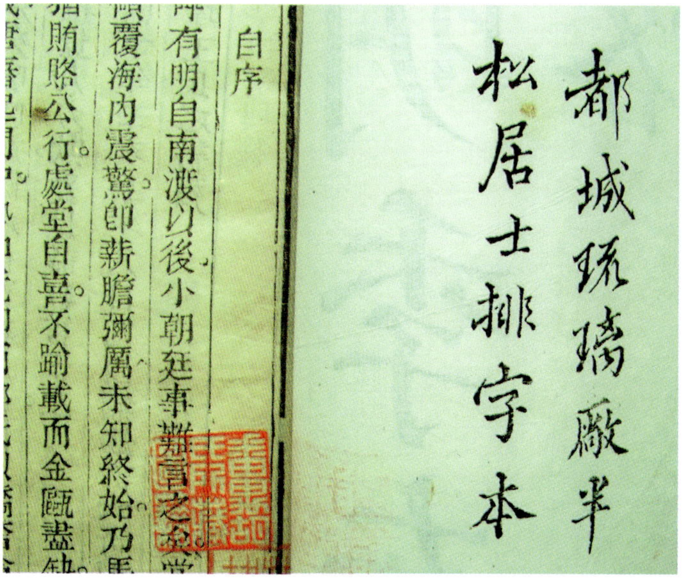

都城琉璃廠半
松居士排字本

自序

有明自南渡以後小朝廷事

傾覆海內震驚卽薪膽彌厲未知終始乃

賄賂公行處堂自喜不踰載而金甌盡缺

图 3—2—9　清代活字本《明季南略》　牌记：都城琉璃厂半松居士排字本

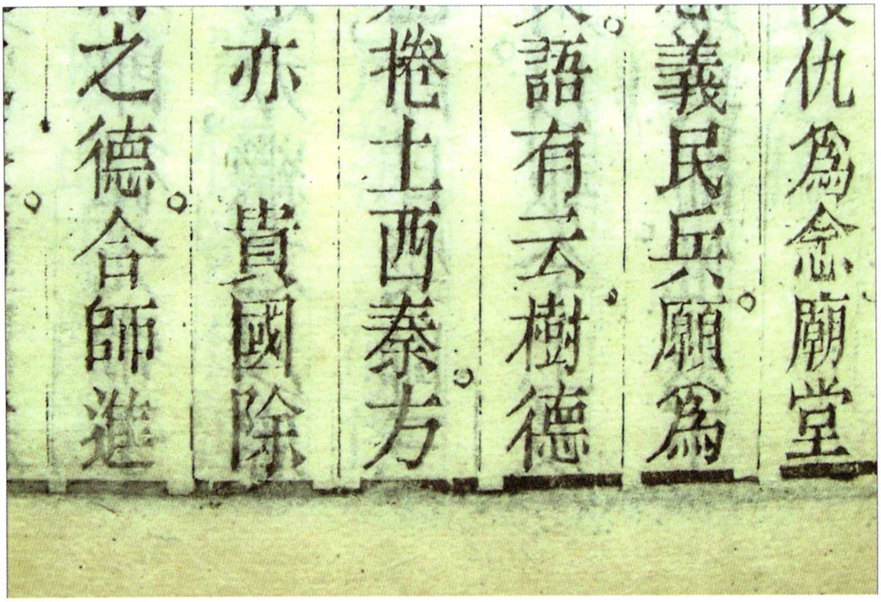

役仇為念廟堂
義民兵願為
語有云樹德
捲土西秦方
亦 貲國除
之德合師進

图 3—2—10　《明季南略》下框的界栏槽（夹条槽）

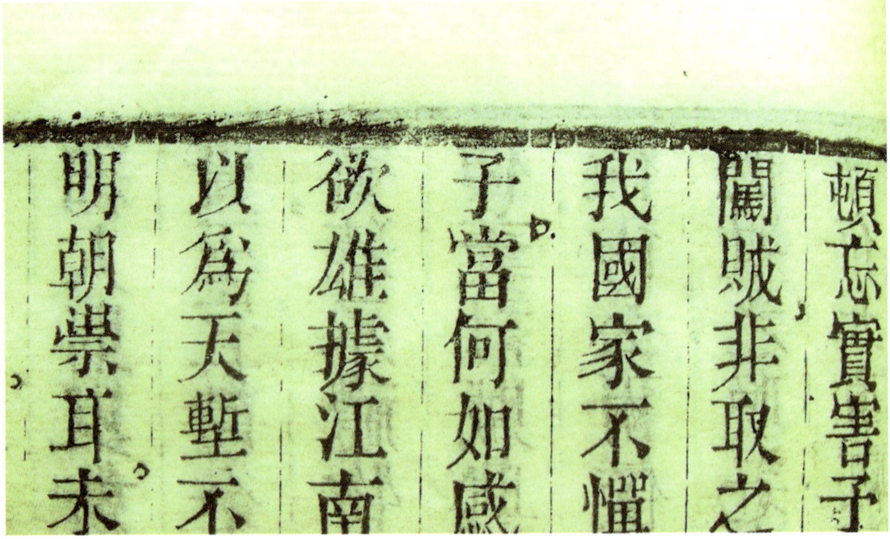

頓忘實害子
闖賊非取之
我國家不懼
子當何如感
欲雄據江南
以爲天塹不
明朝祟耳未

图 3—2—11　《明季南略》上框的界栏槽（夹条槽）

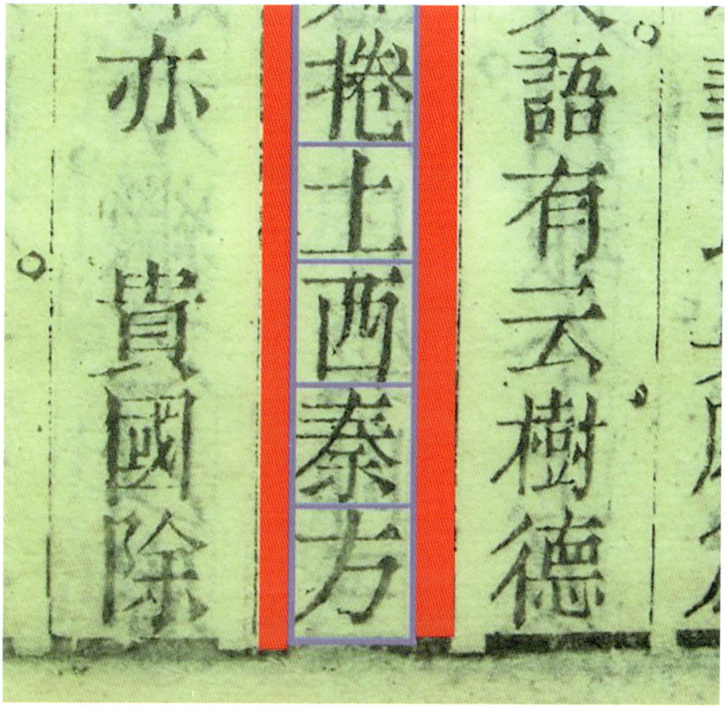

图 3—2—12　《明季南略》夹条示意图

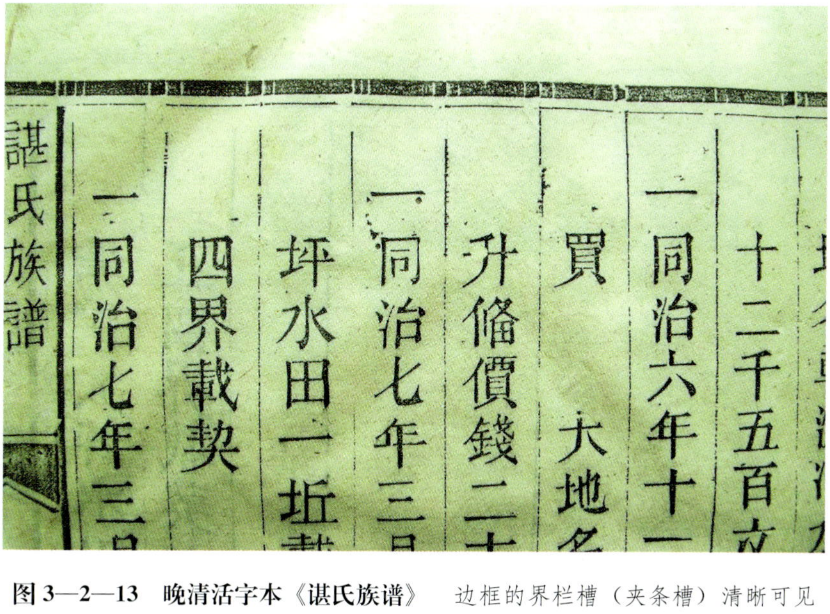

图 3—2—13　晚清活字本《谌氏族谱》　边框的界栏槽（夹条槽）清晰可见

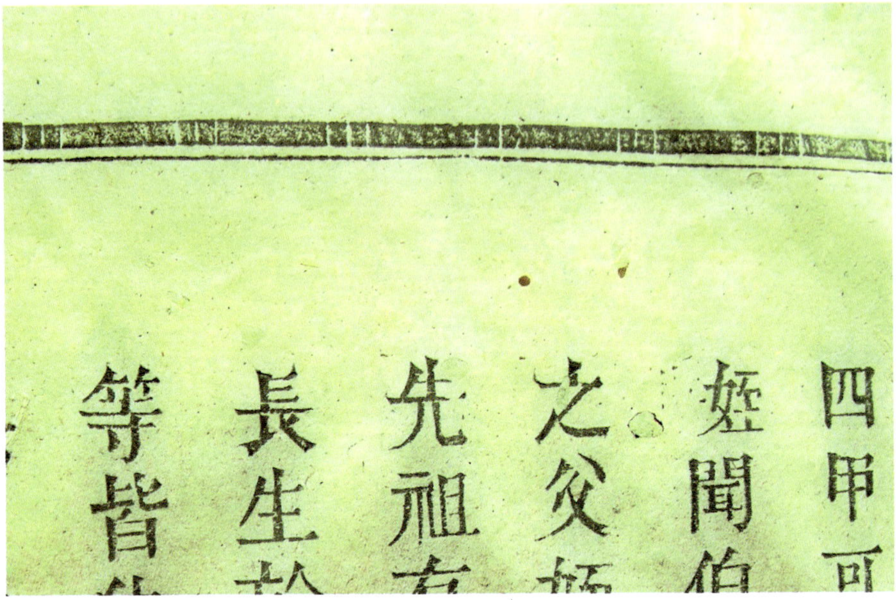

图 3—2—14 《谌氏族谱》边框的暗界栏槽（夹条槽）

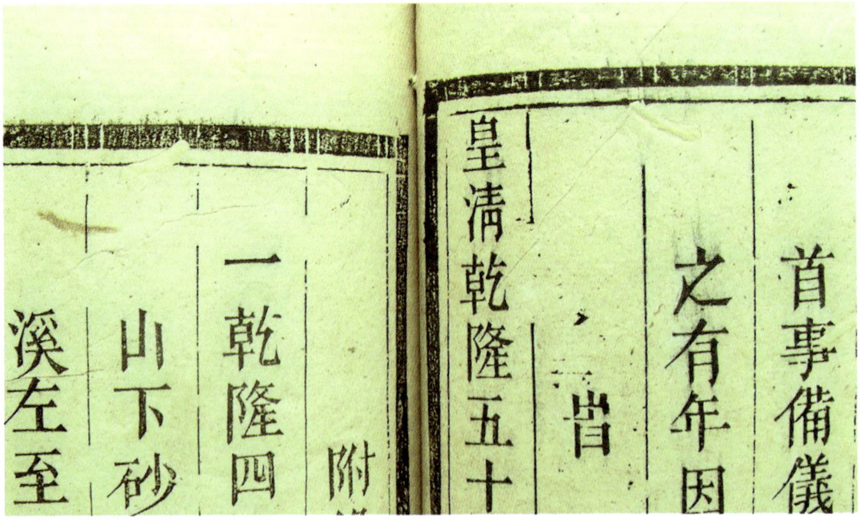

图 3—2—15 《谌氏族谱》界栏槽（夹条槽）局部

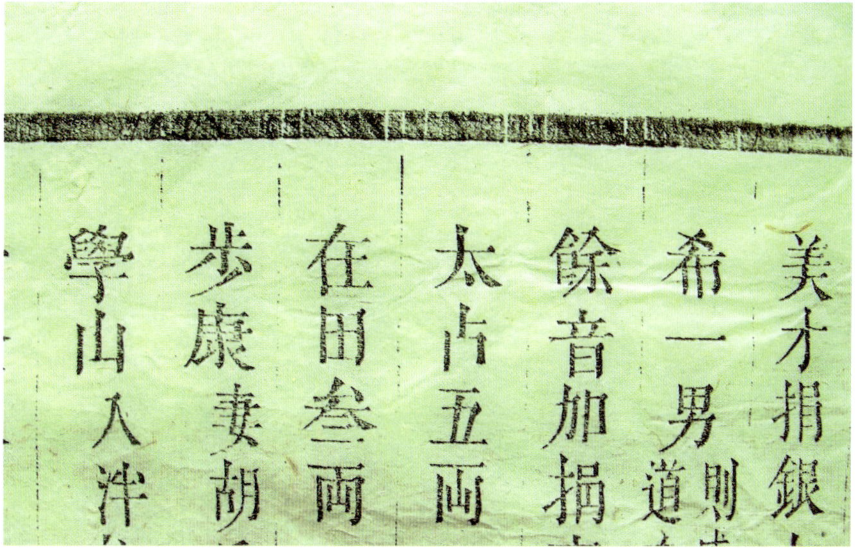

图 3—2—16 活字本《淮海堂祭礼录》的界栏槽（夹条槽）

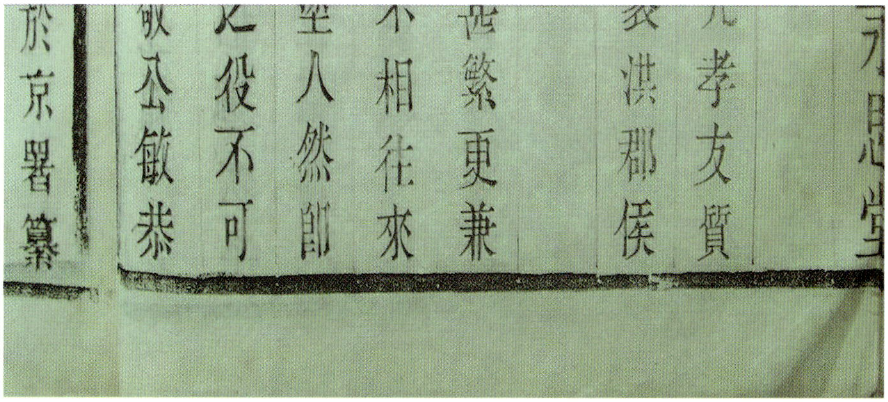

图 3—2—17 活字本《五牧刘氏宗谱》 其界栏槽十分独特，既非方形，也非缝隙，而是呈点状，圆形白点界栏槽

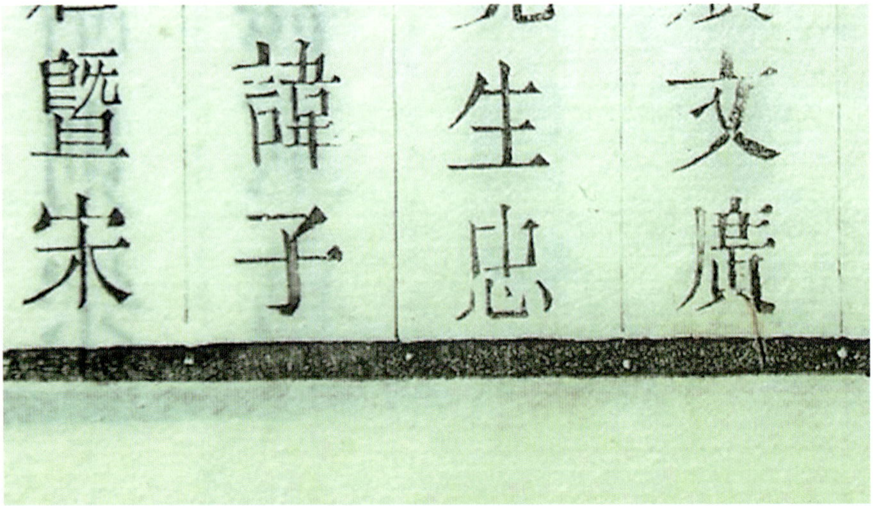

图 3—2—18　活字本《五牧刘氏宗谱》点状界栏槽局部

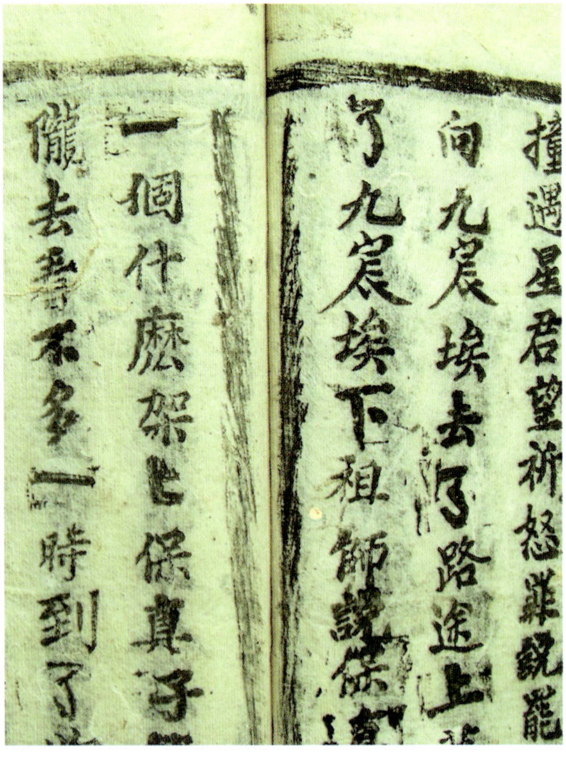

图 3—3—1　民国活字本《八卦图》　边框中可见木纹

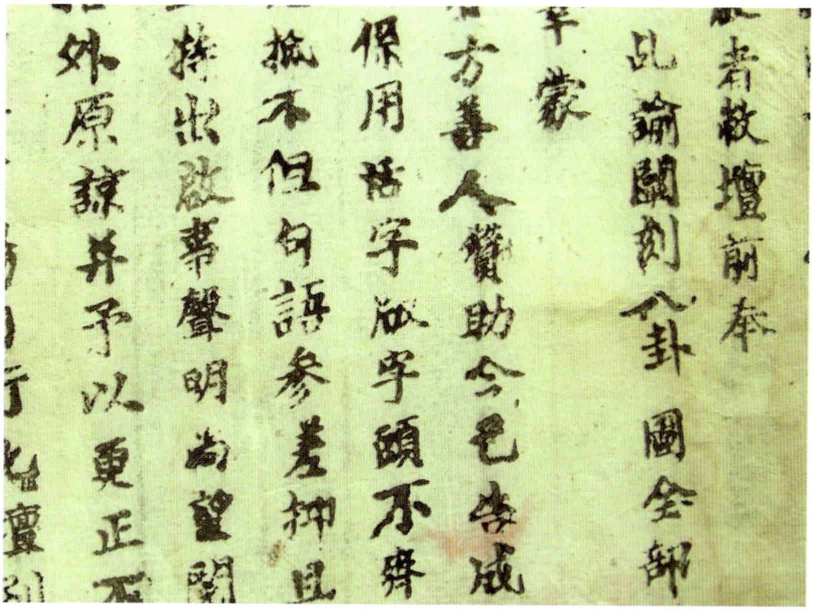

图 3—3—2　活字本《八卦图》　前言中有段珍贵的活字资料

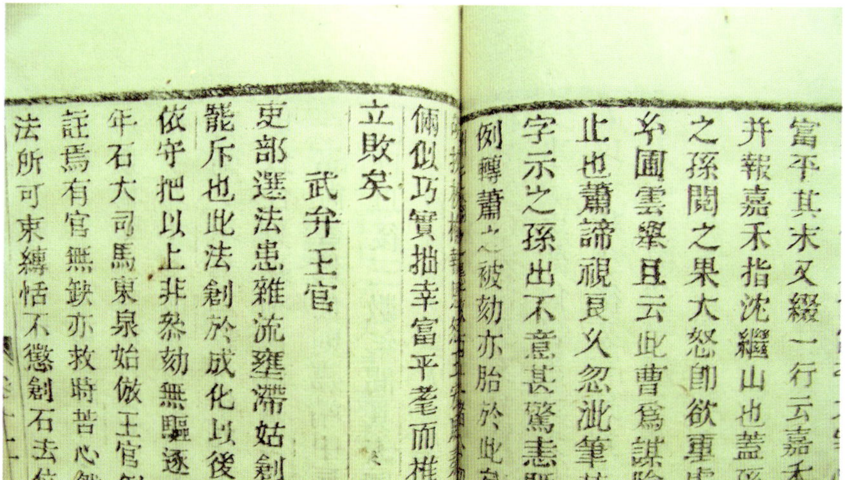

图 3—3—3　清代活字本《万历野获编》　是书为木纹边框，图中第 3 行“重”字倒置

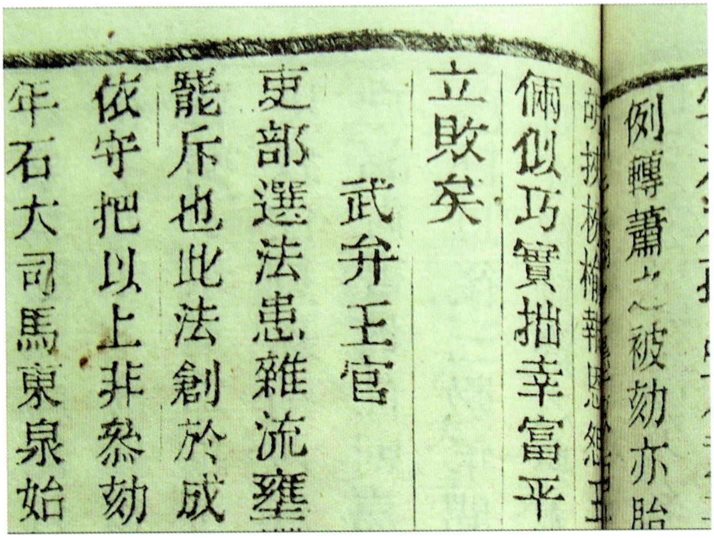

倆似巧實拙幸富平
立敗矣
武弁王官
吏部選法患雜流壅
罷斥也此法創於成
依守把以上非參劾
年石大司馬東泉始

图 3—3—4　《万历野获编》的木纹边框

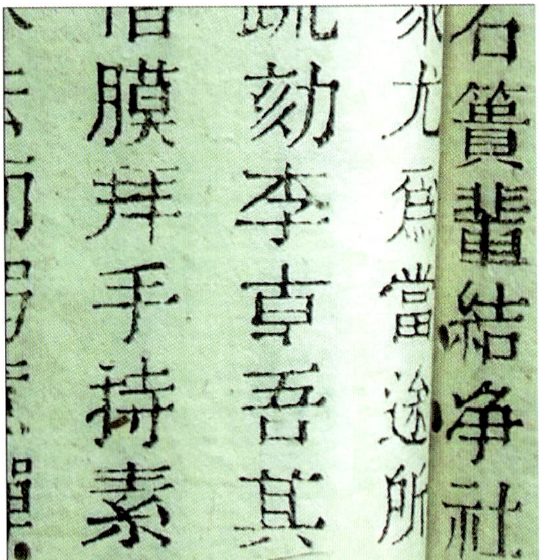

尤爲當途所深
劾李卓吾其末
膜拜手持素珠

3—3—5　《万历野获编》　是书有木纹边框，李卓吾的“卓”被倒置

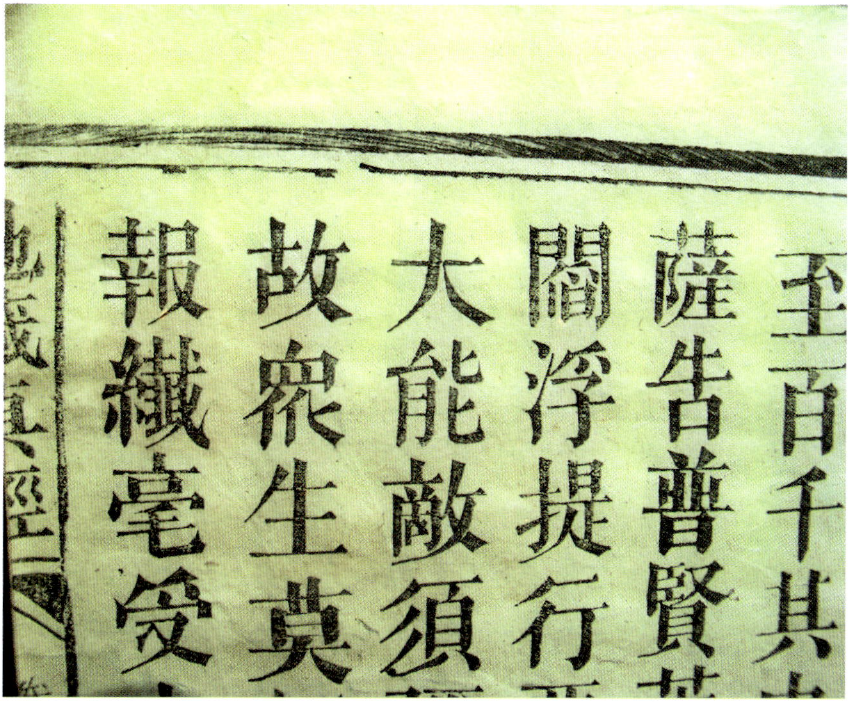

至百千其
薩告普賢
閻浮提行
大能敵須
故衆生莫
報纖毫受

图 3—3—6　活字本《地藏菩萨本愿经》　是书带木纹边框

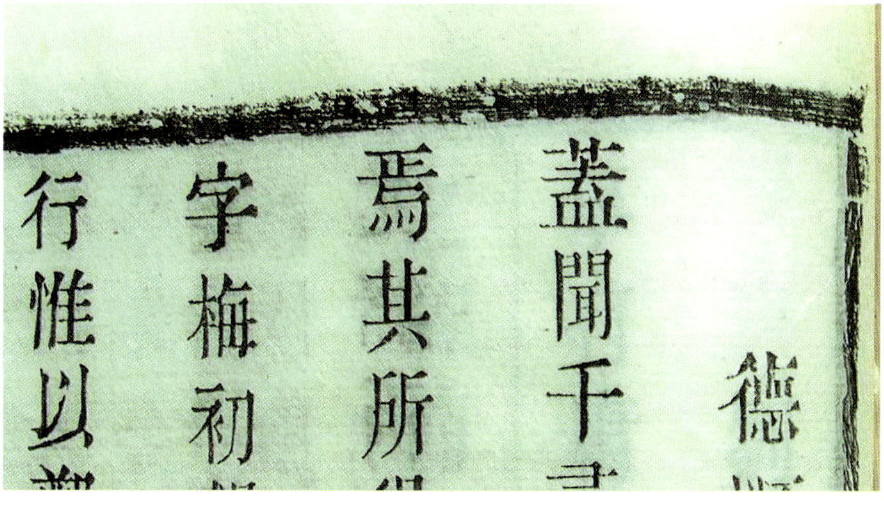

德
蓋聞千
焉其所
字梅初
行惟以

图 3—3—7　《五牧刘氏宗谱》　边框中的木纹清晰可见

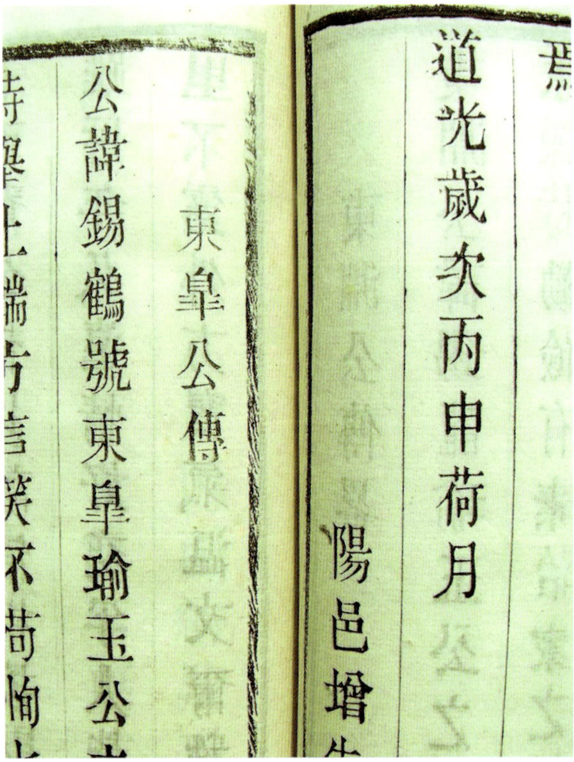

图 3—3—8 《五牧刘氏宗谱》 四周边框均为木纹边框

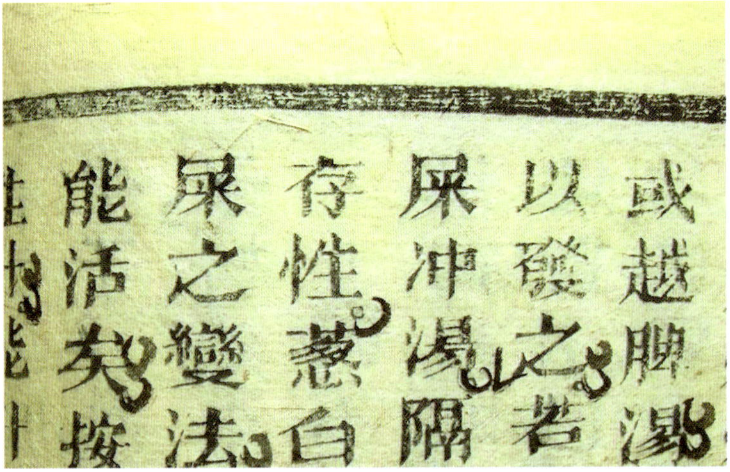

图 3—3—9 民国活字本《朱氏麻科》 边框中的木纹十分清晰

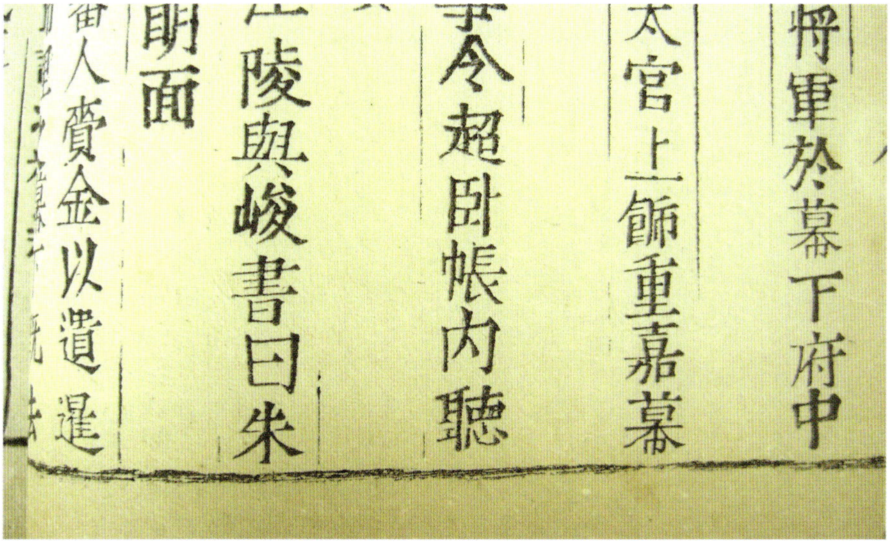

图 3—3—10　明万历活字本《太平御览》　木纹边框清晰可辨

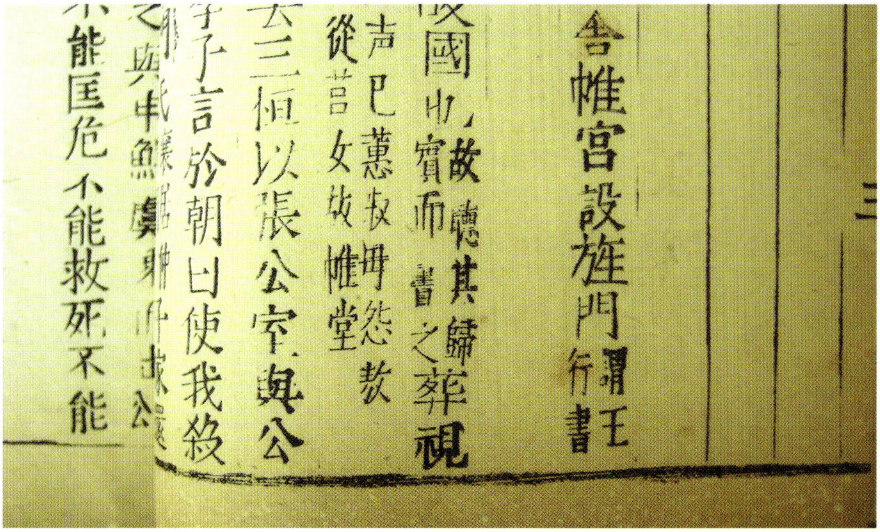

图 3—3—11　明活字本《太平御览》　可见木纹边框

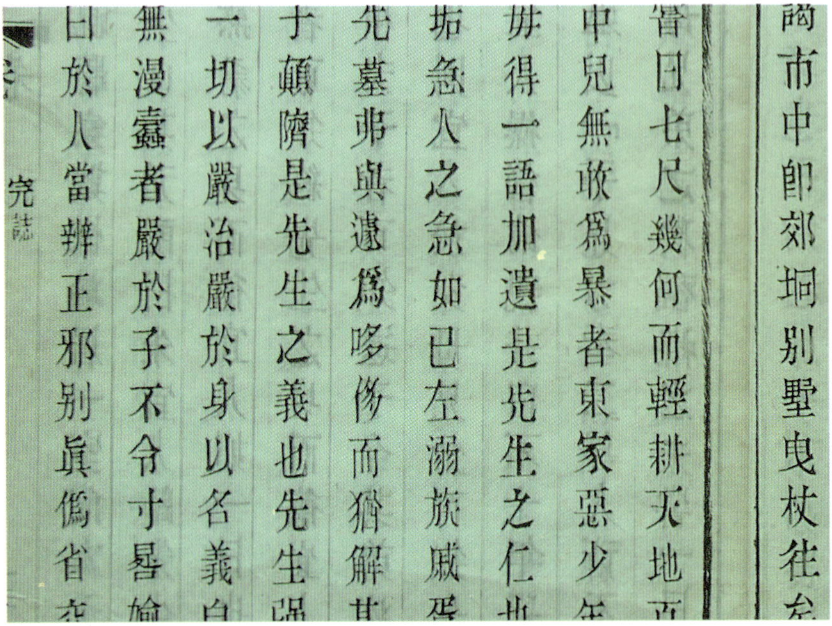

市中郎郊垌別墅曳杖往
嘗曰七尺幾何而輕耕天地
中兒無敢爲暴者東家惡少年
姗得一語加遺是先生之仁也
垢急人之急如已左溺族戚
先墓弗與遠爲哆侈而猶解其
于顛隮是先生之義也先生
一切以嚴治嚴於身以名義自
無漫蠹者嚴於子不令寸晷
曰於人當辨正邪別眞僞省
完誌

图 3—4—1　光绪版《五牧刘氏宗谱》　其金属栏线细巧精致

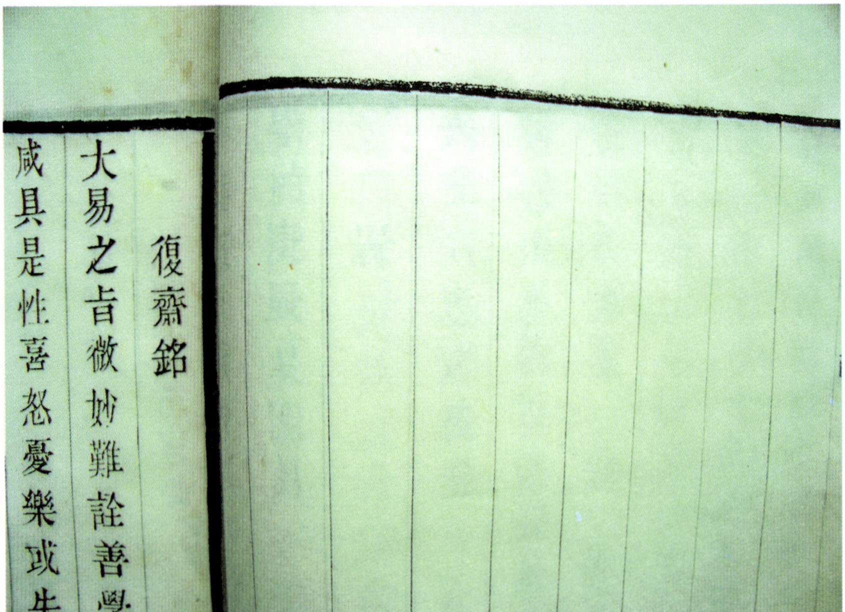

復齋銘
大易之旨微妙難詮善學
咸具是性喜怒憂樂或失

图 3—4—2　活字本《五牧刘氏宗谱》　细腻精巧的金属栏线

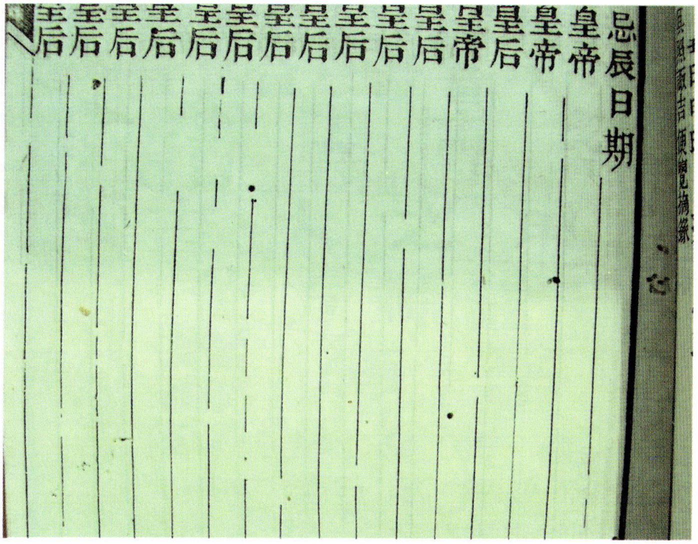

图 3—4—3　光绪活字本《日用择吉便览》　金属栏线粗细十分均匀

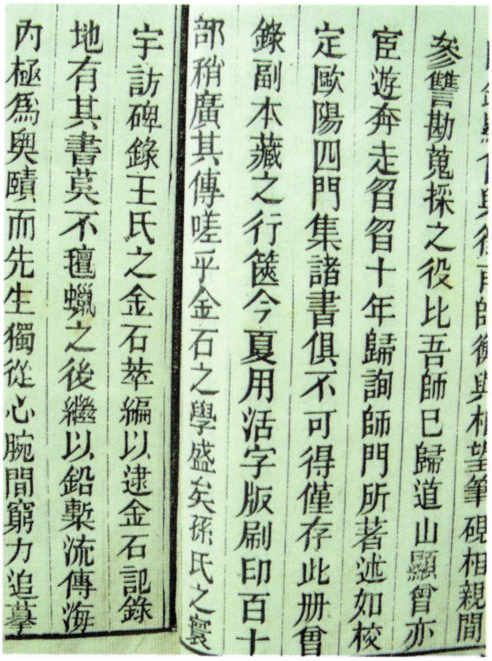

图 3—4—4　同治活字本《芳坚馆题跋》　金属栏线，书中有“今夏用活字版刷印百十部”等字样

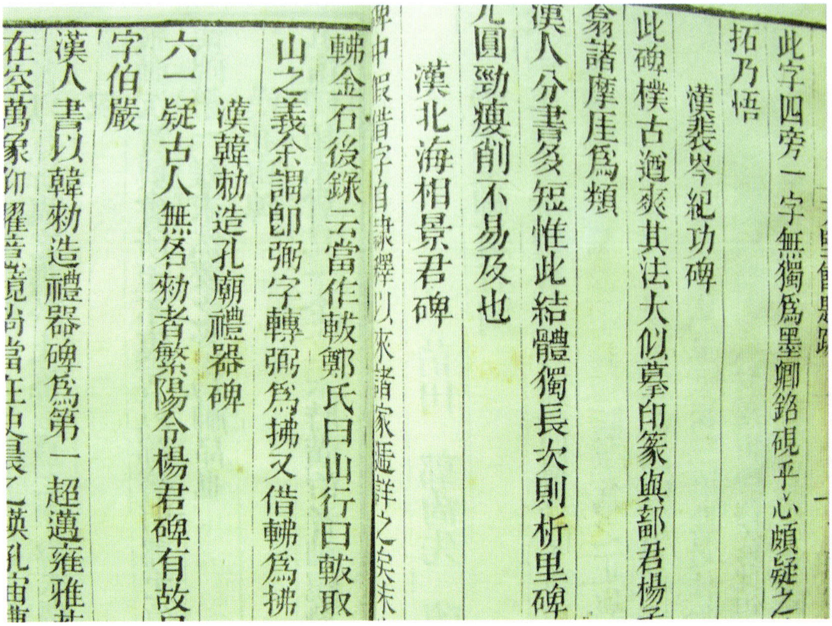
此字四旁一字無獨爲墨卿銘硯乎心頗疑之
拓乃悟
漢裴岑紀功碑
此碑樸古遒爽其法大似摹印篆與鄐君楊
翁諸摩厓爲類
漢人分書多短惟此結體獨長次則析里碑
孔圓勁瘦削不易及也
漢北海相景君碑
碑中假借字自隸釋以來諸家述詳之矣未
輴金石後錄云當作軷鄭氏曰山行曰軷取
山之義余謂卽弼字轉弼爲拂又借輴爲拂
漢韓勑造孔廟禮器碑
六一疑古人無名勑者繁陽令楊君碑有故
字伯嚴
漢人書以韓勑造禮器碑爲第一超邁雍雅若
在空萬象卬擢音竟苟當王史晨乙瑛孔宙

图 3—4—5　活字本《芳坚馆题跋》　金属栏线较为精细

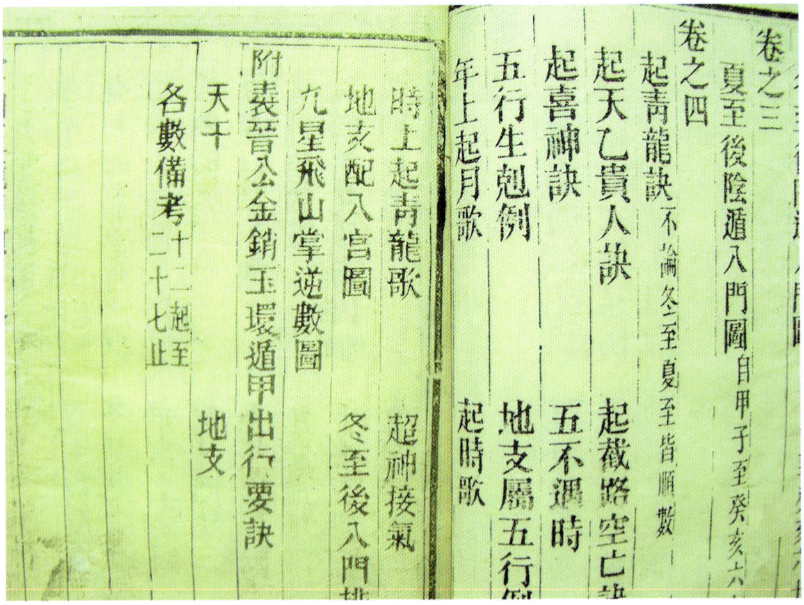
卷之三
夏至後陰遁入門圖 自甲子至癸亥六
卷之四
起青龍訣 不論冬至夏至皆順數
起天乙貴人訣　起截路空亡訣
起喜神訣　五不遇時
五行生剋例　地支屬五行例
年上起月歌　起時歌
時上起青龍歌　超神接氣
地支配入宮圖　冬至後入門排
九星飛山掌逆數圖
附袁晉公金鎖玉環遁甲出行要訣
天干　地支
各數備考 十二起至二十七止

图 3—4—6　活字本《诸葛武侯行兵遁甲金函玉镜》　金属栏线细巧精致

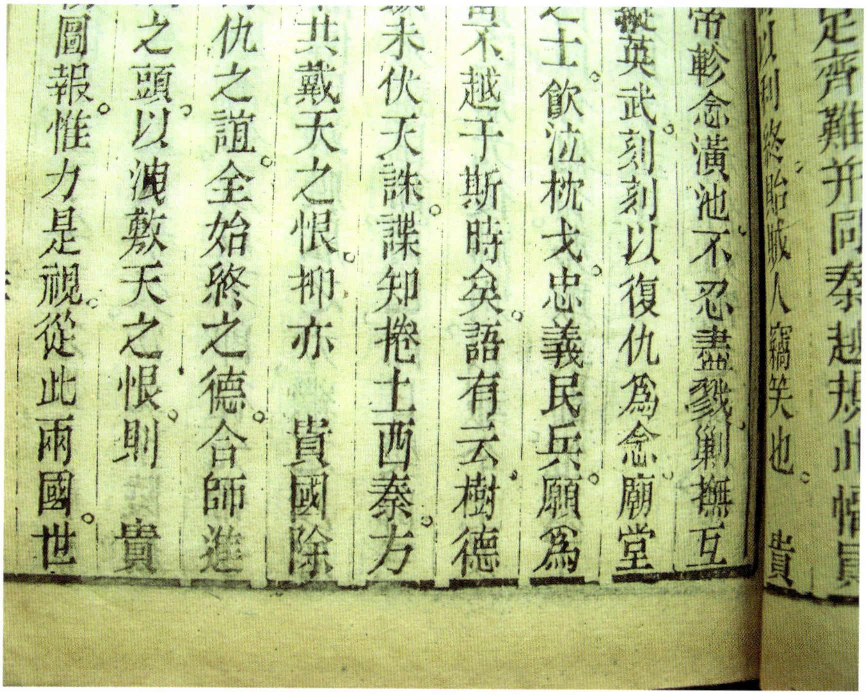

图 3—4—7　清代活字本《明季南略》　其栏线匀细，规格统一，当属于金属栏线

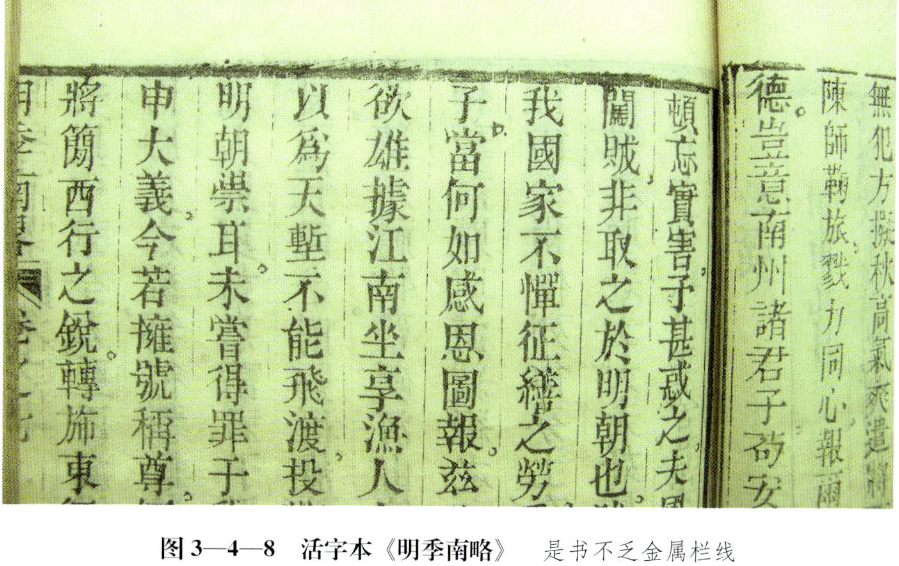

图 3—4—8　活字本《明季南略》　是书不乏金属栏线

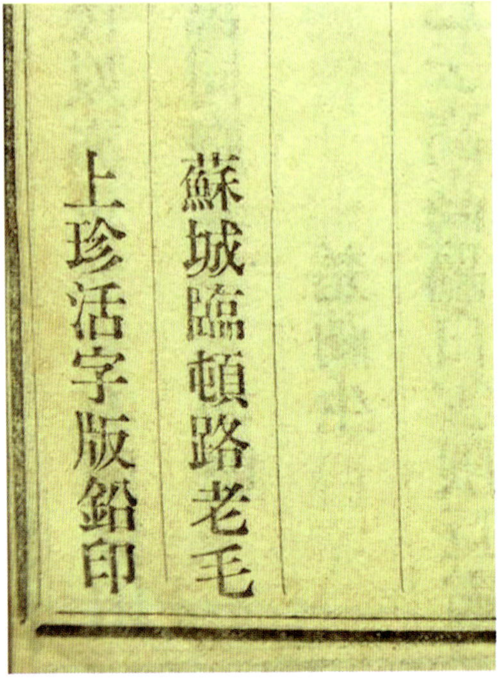

图 3—4—9　宣统活字本《韬厂蹈海录》　铅印本，金属栏线明显可辨

图 3—4—10　活字本《韬厂蹈海录》　金属栏线弯曲

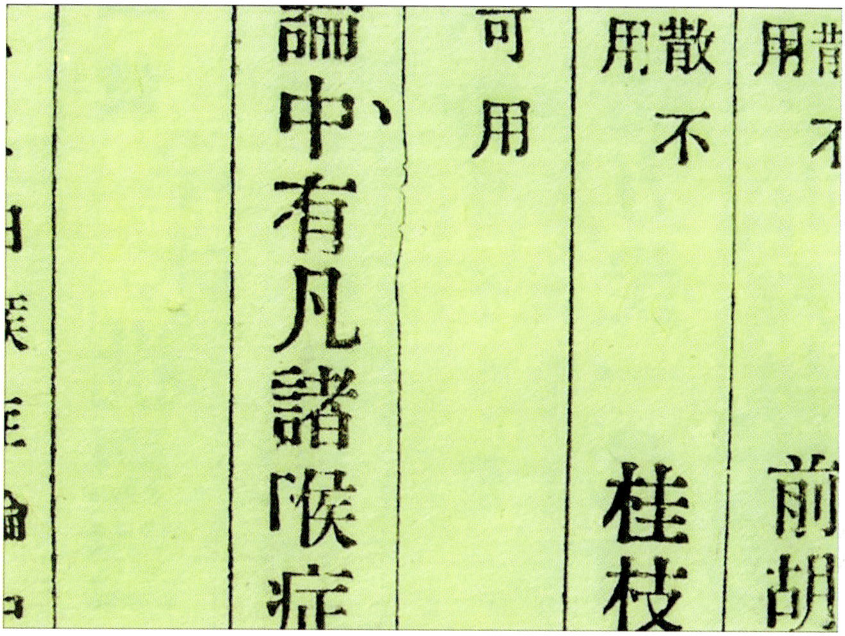

图 3—4—11 光绪铅活字本《白喉治法忌表抉微》 栏线扭曲成麻花状

图 3—4—12 扬州广陵刻印社铜活字版 金属栏线出现明显弯曲现象

图 3—4—13　广陵刻印社铜活字整版

图 3—4—14
广陵刻印社铜活字版　局部栏线弯曲

图 3—4—15　广陵刻印社铜活字版　“白”字左侧栏线碰撞后扭曲变形

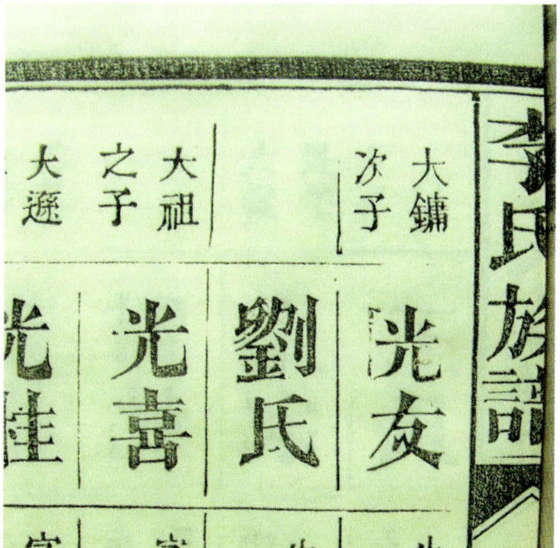

图 3—5—1　活字本《李氏族谱》　第 1 行“光”字，左边有边缘印痕

图 3—5—2　《李氏族谱》边缘印痕放大

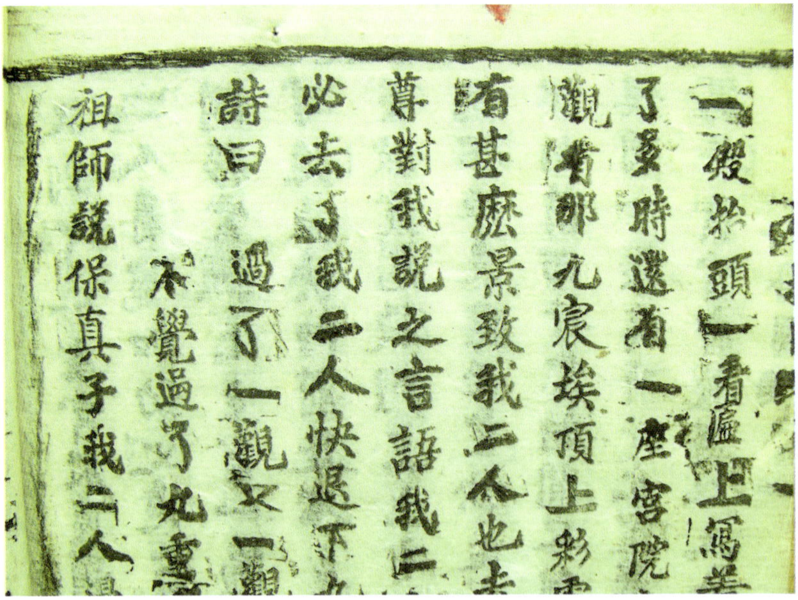

图 3—5—3　民国活字本《八卦图》　边缘印痕比比皆是，既有因字丁歪斜而留下的边缘痕迹，也有因邻近空白处所留下的边缘印痕

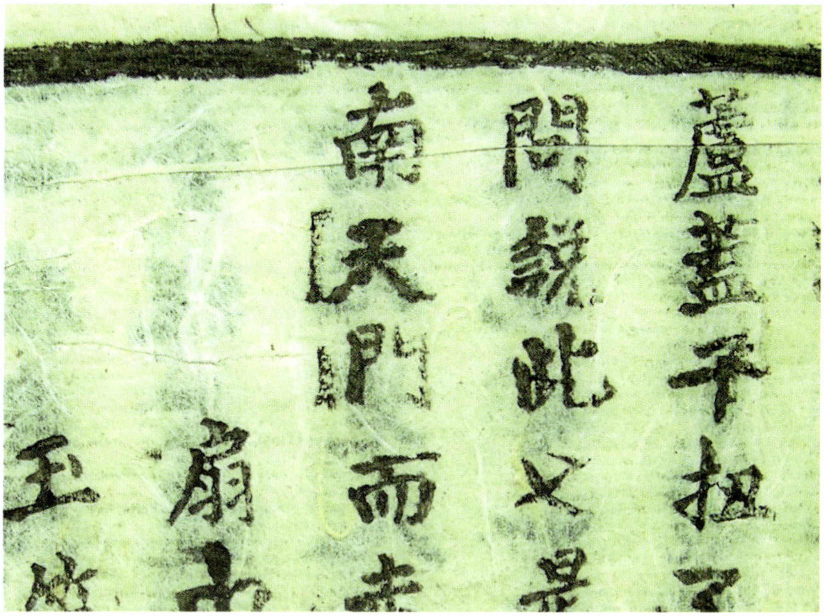

图 3—5—4　活字本《八卦图》　“天”、“门”二字左边均出现边缘印痕

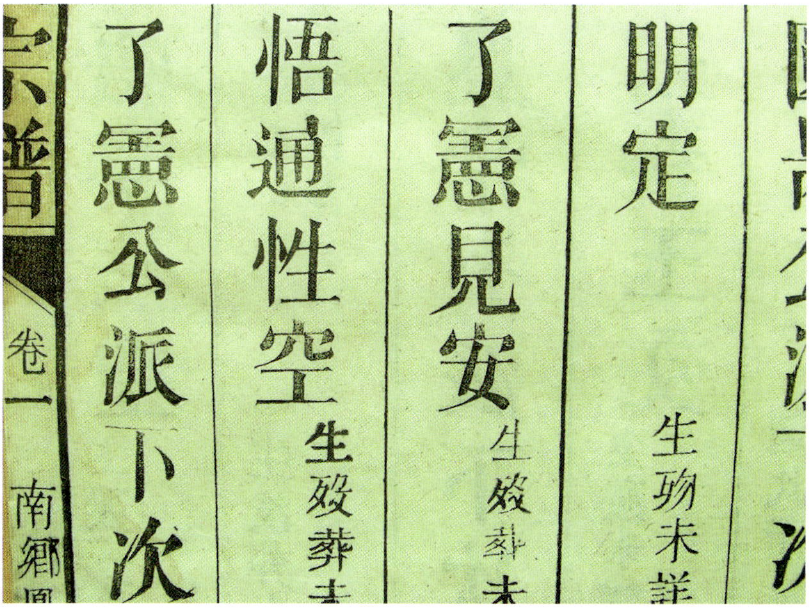

图 3—5—5　活字本《释氏宗谱》　因开本阔大，活字模较大，偏心印痕较为普遍。如左起第一行“派”、“下”二字，均系偏心，上轻下重

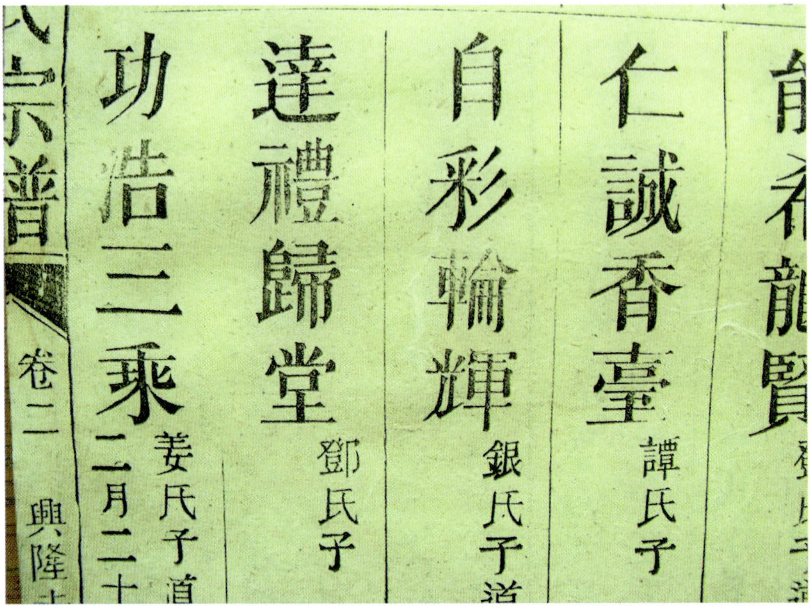
仁誠香臺　譚氏子
自彩輪輝　銀氏子
達禮歸堂　鄧氏子
功浩三乘　姜氏子
二月二十
宗譜　卷二　興隆

图 3—5—6　活字本《释氏宗谱》　“轮”、“礼”、“浩”三字均为偏心

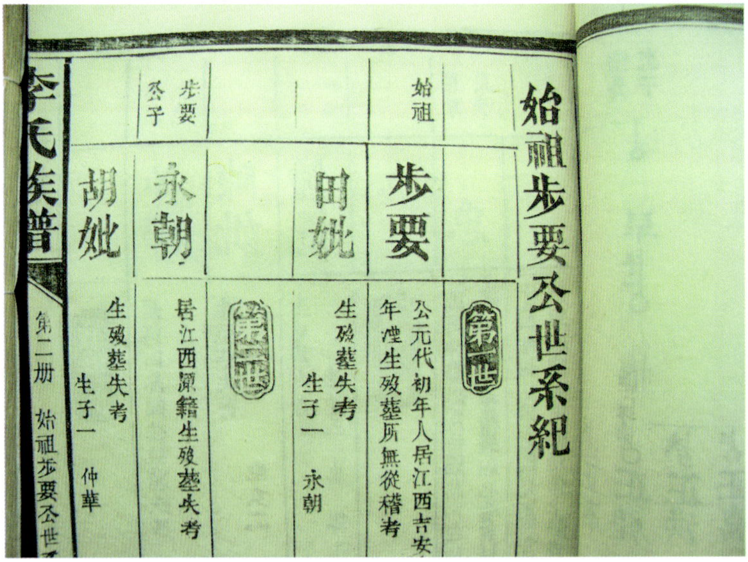
始祖步要丞世系紀
始祖
步要
第一世
公元代初年人居江西吉安
年湮生歿葬所無從稽考
田妣
生歿葬失考
生子一　永朝
步要丞子
永朝
第二世
居江西鄉籍生歿葬失考
胡妣
生歿葬失考
生子一　仲華
李氏族譜　第二册　始祖步要丞世系

图 3—5—7　《李氏族谱》　“第一世”“第二世”两个小黑块，系分别雕刻在一起的活版组合字。在家谱当中，世系图谱术语常常刻制成一个组合体，能提高活字版的排版效率

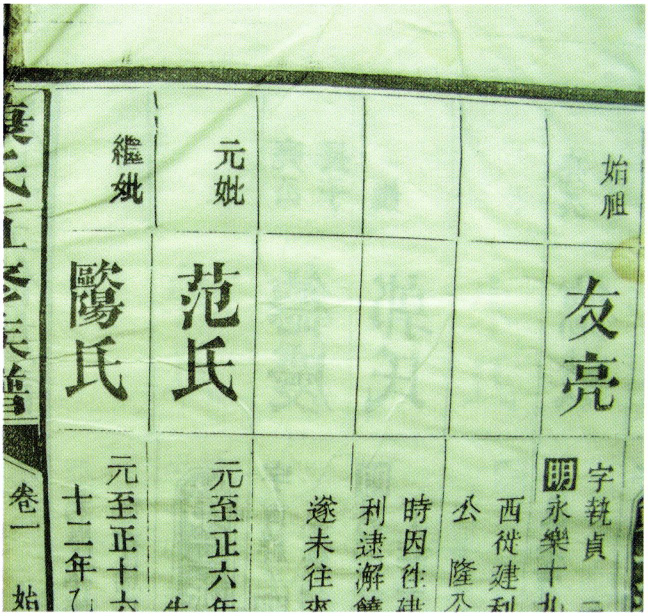

图 3—5—8　活字本《康氏五修族谱》　“欧”、“阳”二字合刻为一个活字字丁，占一个格

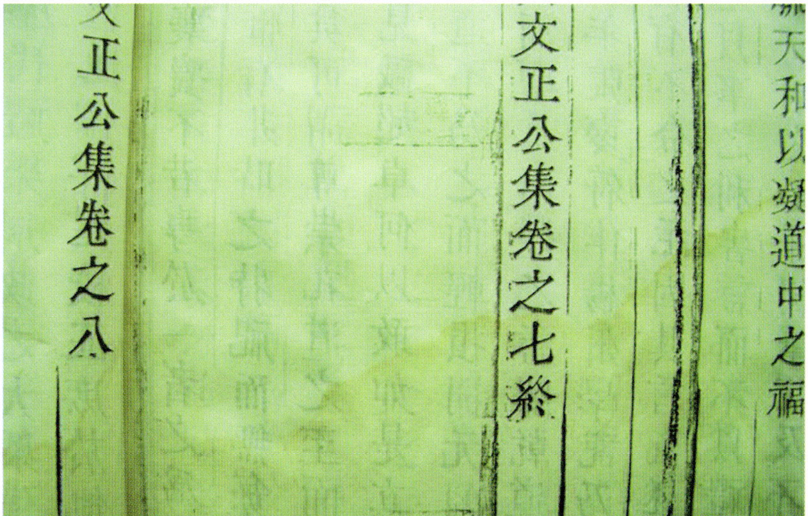

图 3—5—9　《临川吴文正公集》卷七　版末有两条横木印迹

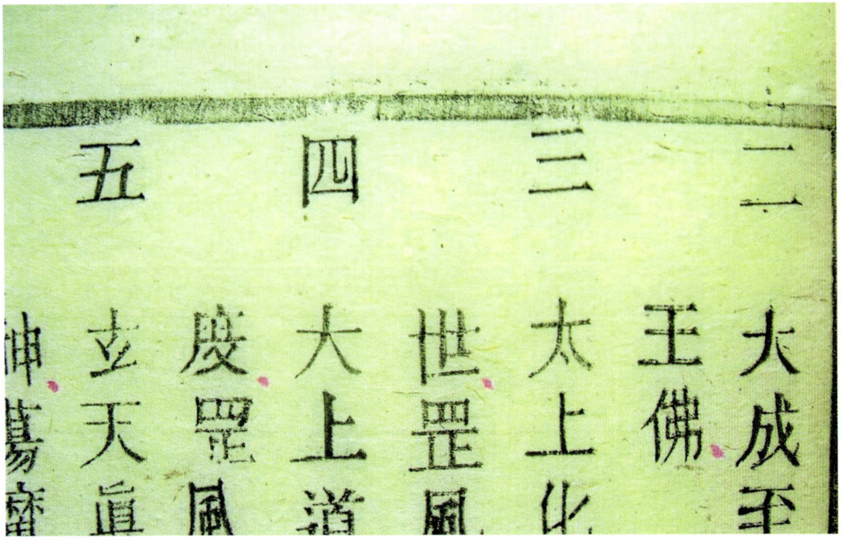

图 3—5—10　活字本《圣帝大解冤经》　“三”、“四”、“五”与上边框间，均有参差印痕

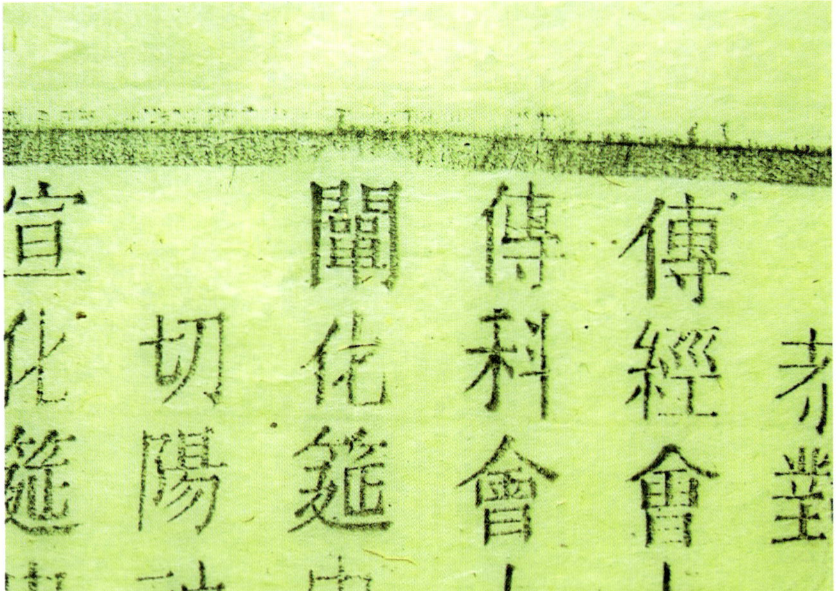

图 3—5—11　活字本《圣帝大解冤经》　“阐”与上边框之间，出现明显的参差印痕

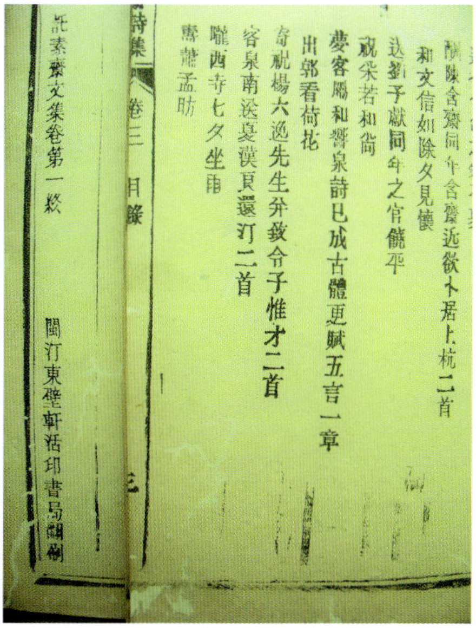

图 3—5—12　活字本《托素斋诗文集》　是书有许多夹条印痕，书中注明“活印书局翻刷”

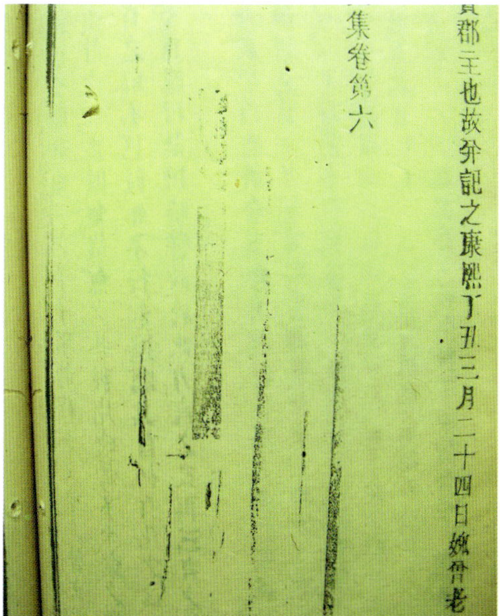

图 3—5—13　活字本《托素斋诗文集》　既有夹条印痕，也有顶木印痕

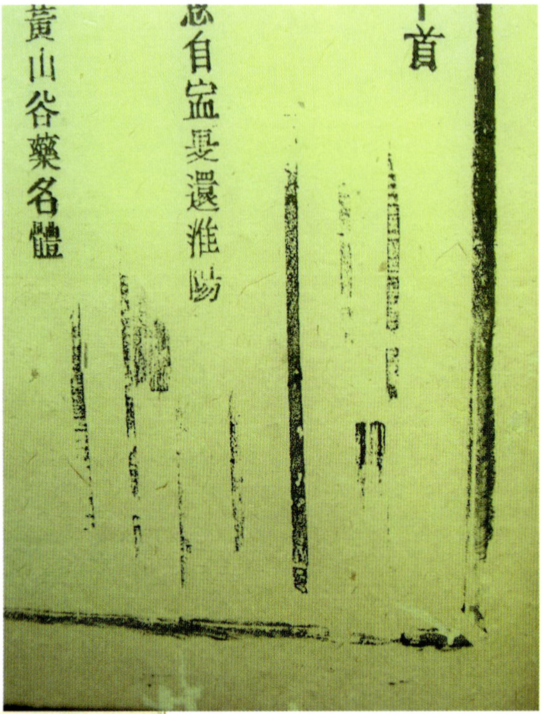

图 3—5—14
《托素斋诗文集》夹条印痕和顶木印痕

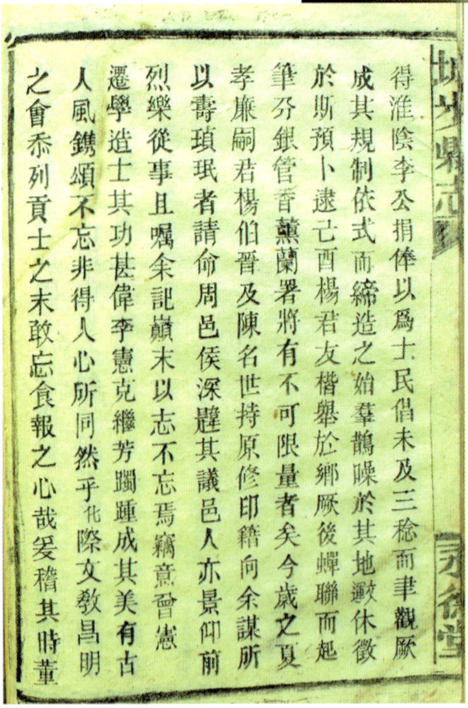
得淮陰李公捐俸以爲士民倡未及三稔而聿觀厥
成其規制依式而締造之始羣鵠噪於其地歟休徵
於斯預卜逮己酉楊君友楷舉於鄉厥後蟬聯而起
筆乃銀管香薰蘭署將有不可限量者矣今歲之夏
孝廉嗣君楊伯晉及陳名世持原修印籍向余謀所
以壽頊珉者請命周邑侯深韙其議邑人亦景仰前
烈樂從事且囑余記巔末以志不忘焉竊意曾憲
遷學造士其功甚偉李憲克繼芳躅踵成其美有古
人風鐫頌不忘非得人心所同然乎化際文教昌明
之會忝列貢士之末敢忘食報之心哉爰稽其時董

图 3—6—1
活字本《城步县志》 横排不齐现象比比皆是

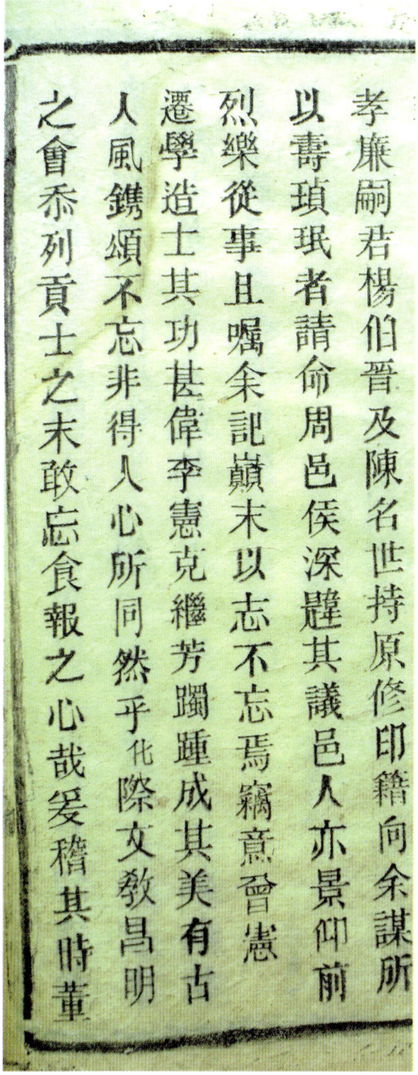
孝廉嗣君楊伯晉及陳名世持原修印籍向余謀所
以壽墳珉者請命周邑侯深韙其議邑人亦景仰前
烈樂從事且囑余記巔末以志不忘焉竊意晉憲
遷學造士其功甚偉李憲克繼芳躅踵成其美有古
人風鐫頌不忘非得人心所同然乎化際文教昌明
之會忝列貢士之末敢忘食報之心哉爰稽其時董

图 3—6—2　活字本《城步县志》　图中第 3 行，最后一个“迁”字排不下，只得挪到第 4 行。如此，第 3 行就少了 1 个字

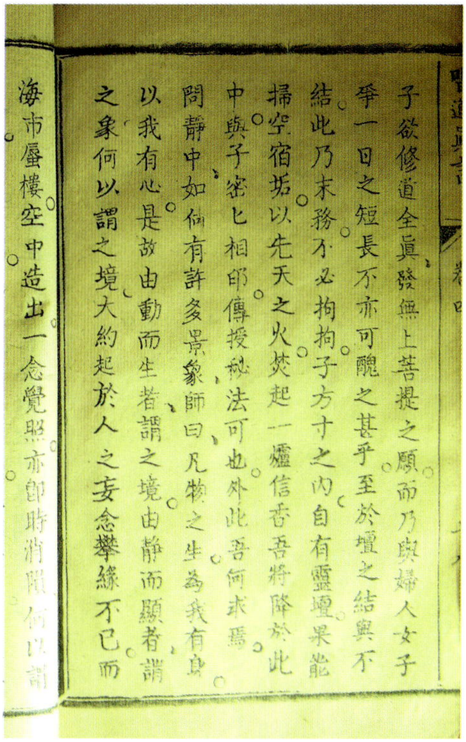
子欲修道全真發無上菩提之願而乃與婦人女子
爭一日之短長不亦可醜之甚乎至於壇之結與不
結此乃末務不必拘拘子方寸之內自有靈壇果能
掃空宿垢以先天之火焚起一爐信香吾將降於此
中與子密匕相印傳授秘法可也外此吾何求焉
問靜中如何有許多景象師曰凡物之生為我有身
以我有心是故由動而生者謂之境由靜而顯者謂
之象何以謂之境大約起於人之妄念攀緣不已而
海市蜃樓空中造出一念覺照亦即時消隱何以謂

图 3—6—3　清中晚期活字本《唱道真言》　书中有横排不齐现象

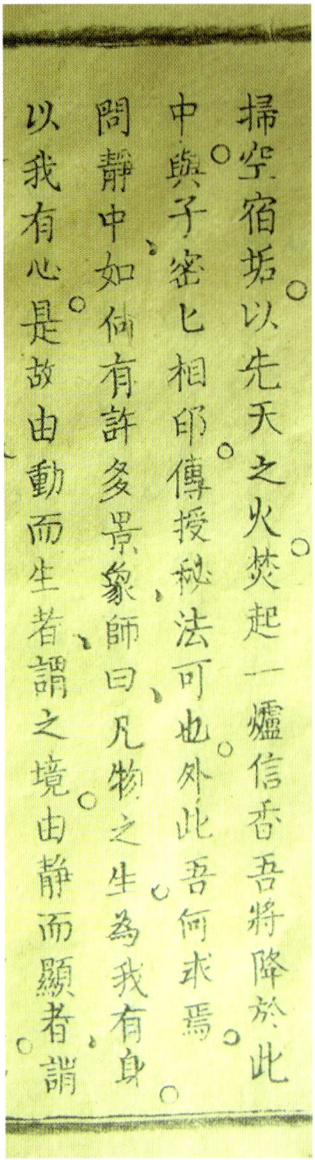
掃空宿垢以先天之火焚起一爐信香吾將降於此
中與子密匕相印傳授秘法可也外此吾何求焉
問靜中如何有許多景象師曰凡物之生為我有身
以我有心是故由動而生者謂之境由靜而顯者謂

图 3—6—4 活字本《唱道真言》 图中第 **2** 行，最末一个“问”字排不下，只能挪到下一行去

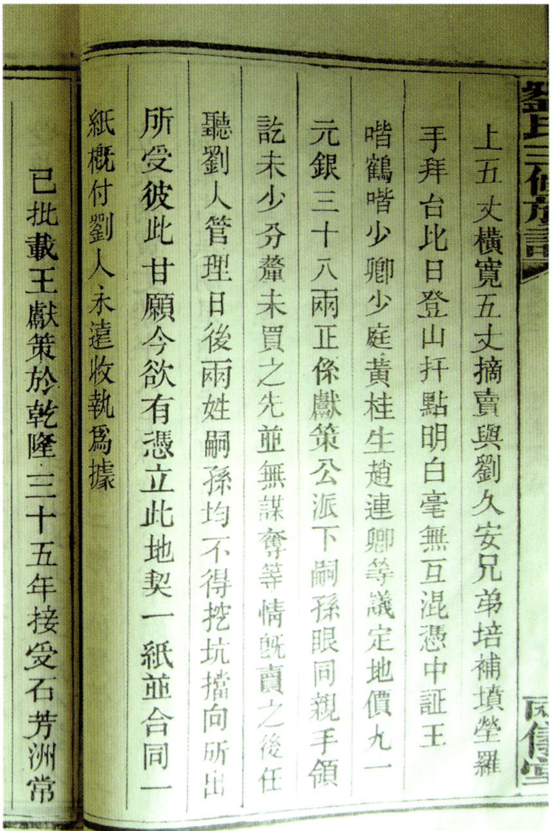
上五丈橫寬五丈摘賣與劉久安兄弟培補墳塋羅
手拜台比日登山扦點明白毫無互混憑中証王
喈鶴喈少卿少庭黃桂生趙連卿等議定地價九一
元銀三十八兩正係獻策公派下嗣孫眼同親手領
訖未少分釐未買之先並無謀奪等情既賣之後任
聽劉人管理日後兩姓嗣孫均不得挖坑擋向所出
所受彼此甘願今欲有憑立此地契一紙並合同一
紙概付劉人永遠收執爲據
已批載王獻策於乾隆三十五年接受石芳洲常

图 3—6—5 晚清活字本《刘氏续修族谱》 书中偶见横排不齐现象

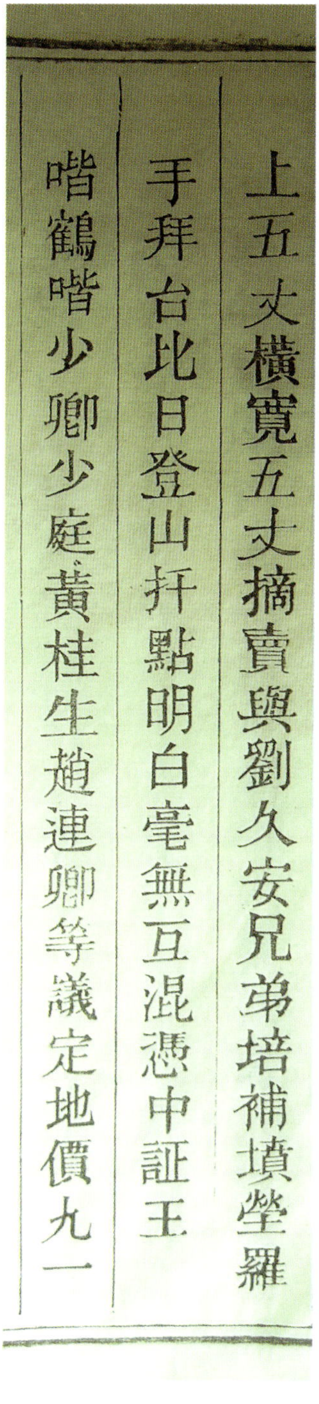
上五丈橫寬五丈摘賣與劉久安兄弟培補墳塋羅
手拜台比日登山扞點明白毫無互混憑中証王
喈鶴喈少卿少庭黃桂生趙連卿等議定地價九一

图 3—6—6　活字本《刘氏续修族谱》　图中第 **2** 行最末一个“喈”字排不了，不得不排在第 **3** 行。如此一来，第 **2** 行便缺少了一个字

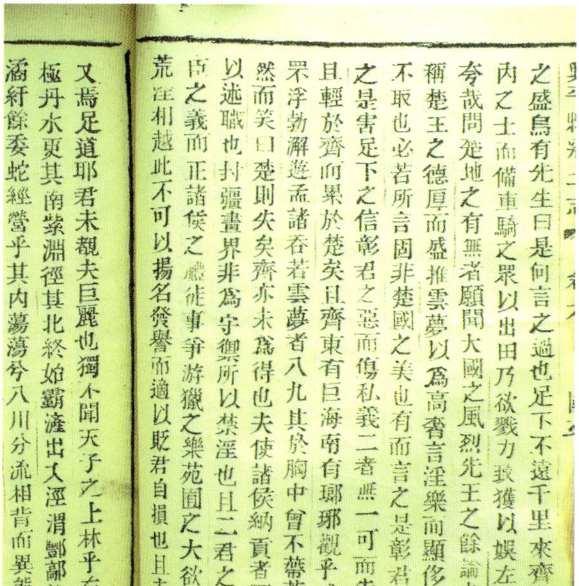
之盛烏有先生曰是何言之過也足下不遠千里來齊齊王悉發境
內之士而備車騎之衆以出田乃欲戮力致獲以娛左右也何名爲
夸哉問楚地之有無者願聞大國之風烈先王之餘論也今足下不
稱楚王之德厚而盛推雲夢以爲高奢言淫樂而顯侈靡竊爲足下
不取也必若所言固非楚國之美也有而言之是彰君之惡無而言
之是害足下之信彰君之惡而傷私義二者無一可而先生行之必
且輕於齊而累於楚矣且齊東有巨海南有瑯琊觀乎成山射乎之
罘浮勃澥遊孟諸吞若雲夢者八九其於胸中曾不蔕芥無是公听
然而笑曰楚則失矣齊亦未爲得也夫使諸侯納貢者匪爲財幣所
以述職也封疆畫界非爲守禦所以禁淫也且二君之論不務明君
臣之義而正諸侯之禮徒事爭游獵之樂苑囿之大欲以奢侈相勝
荒淫相越此不可以揚名發譽而適以貶君自損也且夫齊楚之事
又焉足道耶君未覩夫巨麗也獨不聞天子之上林乎左蒼梧右西
極丹水更其南紫淵徑其北終始霸滻出入涇渭酆鄗潦（同澇）
潏紆餘委蛇經營乎其內蕩蕩兮八川分流相背而異態東西南北

图 3—6—7　活字本《陕西兴平县乡土志》　由于挤字固版的原因，横排不齐的现象特别突出，每叶底排行字均参差不齐

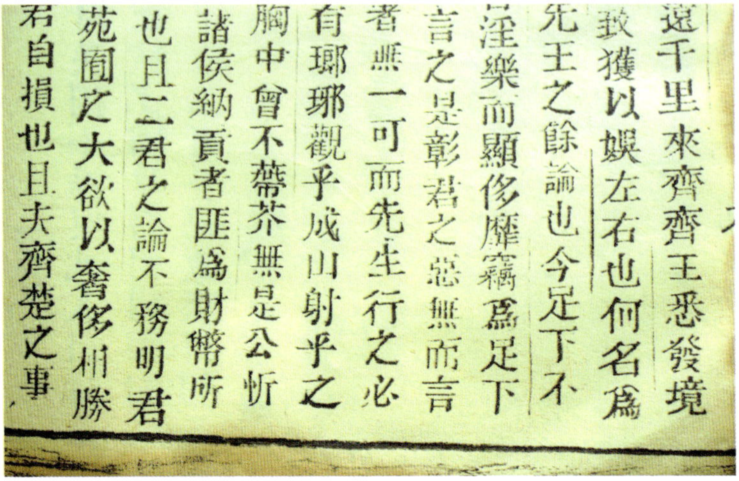
遠千里來齊齊王悉發境
致獲以娛左右也何名爲
先王之餘論也今足下不
淫樂而顯侈靡竊爲足下
言之是彰君之惡無而言
者無一可而先生行之必
有瑯琊觀乎成山射乎之
胸中曾不蔕芥無是公忻
諸侯納貢者匪爲財幣所
也且二君之論不務明君
苑囿之大欲以奢侈相勝
君自損也且夫齊楚之事

图 3—6—8　活字本《陕西兴平县乡土志》　横排不齐细观

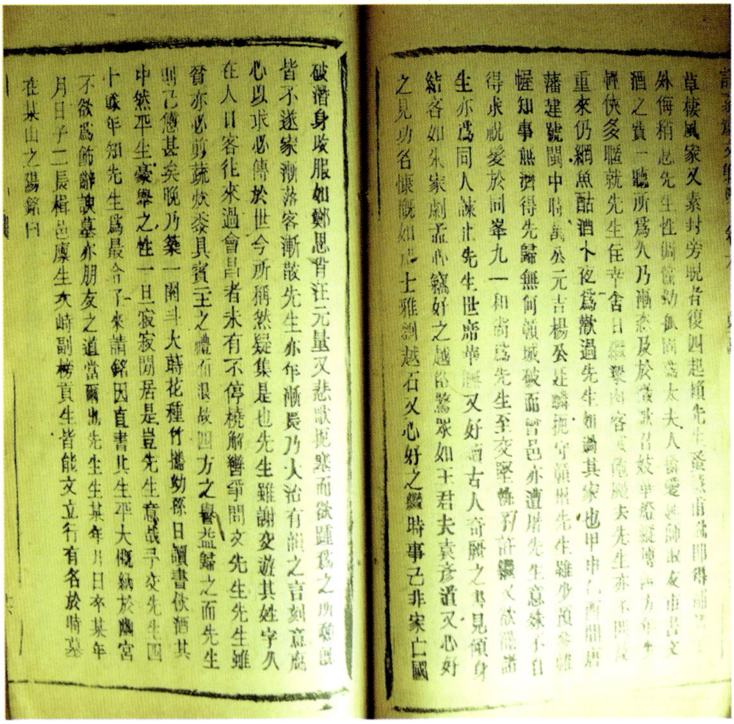

图 3—6—9　光绪活字本《托素斋诗文集》　具有同一性，几乎每叶书的底排，均可见横排不齐现象

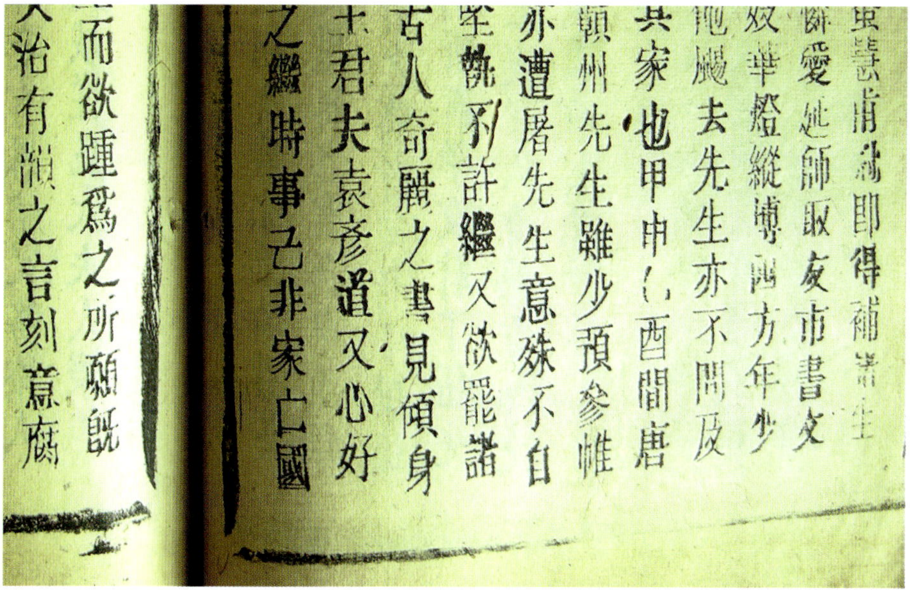

图 3—6—10　活字本《托素斋诗文集》　横排不齐细观

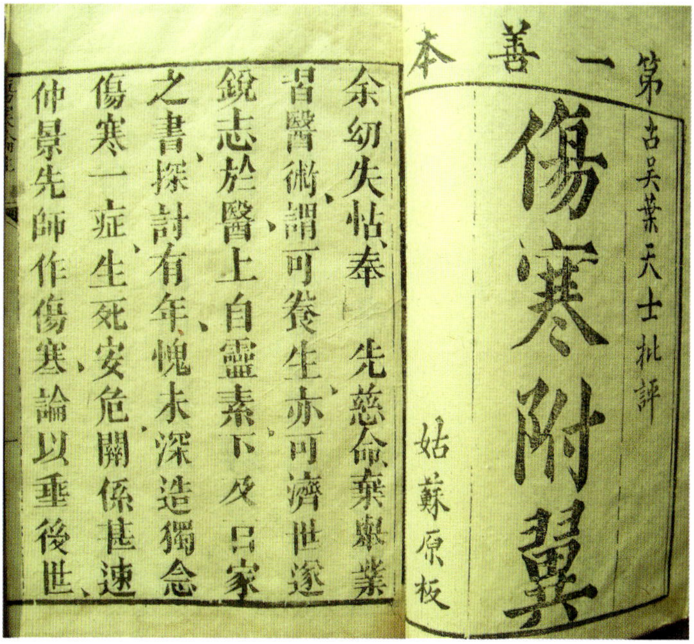

图 3—7—1　医书《伤寒附翼》　书中有很多神秘的白道子

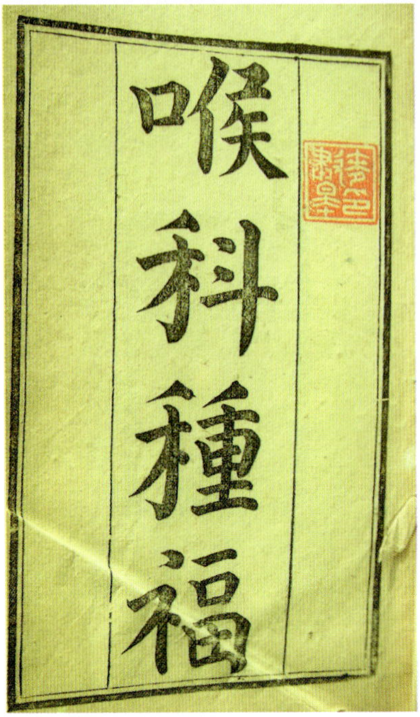

图 3—7—2
医书《喉科种福》 书中也有白道子

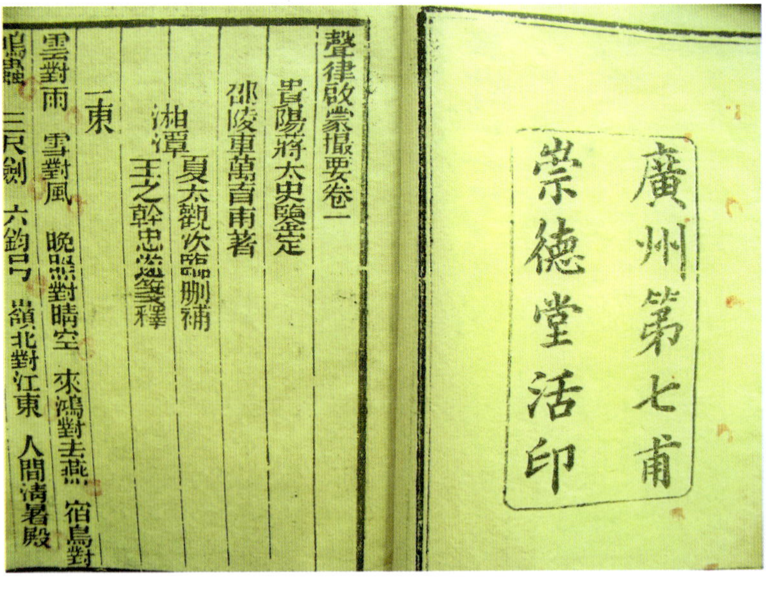

图 3—7—3 《声律启蒙撮要》 宣统三年重刊。书中每叶均有一条细细的活印线，水平方向穿破边框、界栏、文字及版心

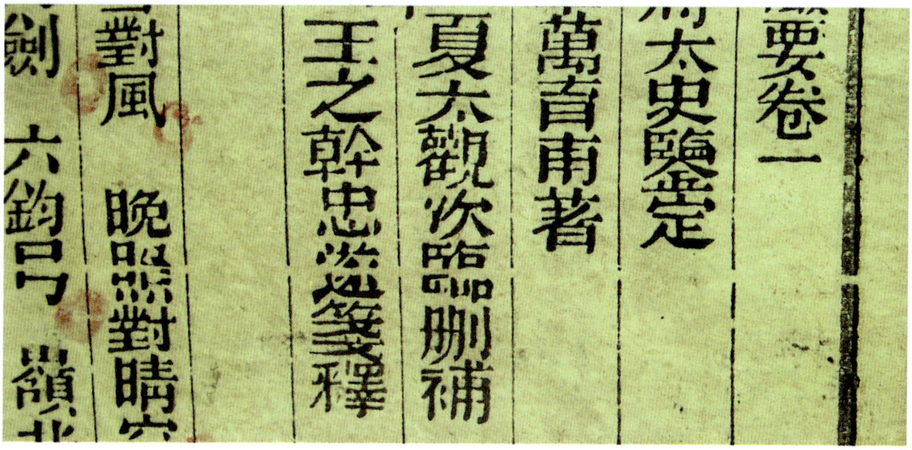

图 3—7—4 《声律启蒙撮要》 活印线细观

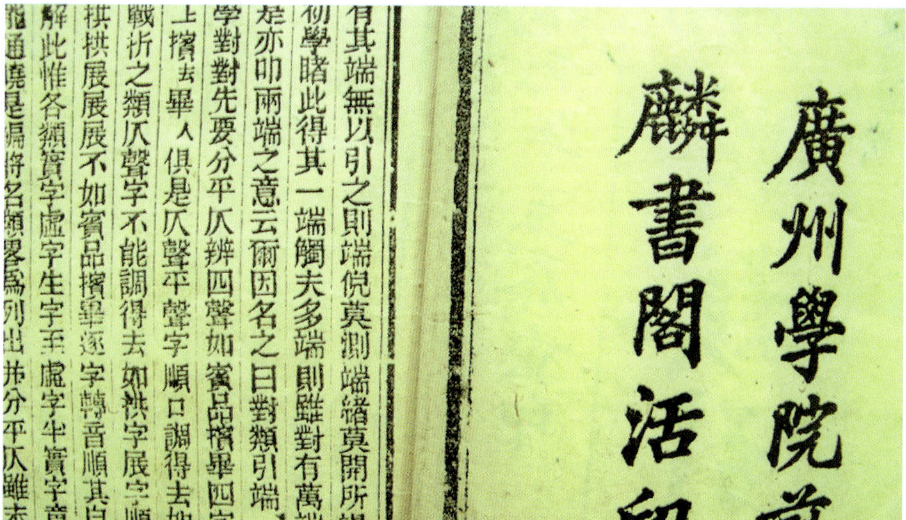

图 3—7—5 《机器对类引端》 宣统元年印本。是书几乎每叶均有一条极细的活印线，水平方向穿破左右边框，穿破界栏、文字及版心

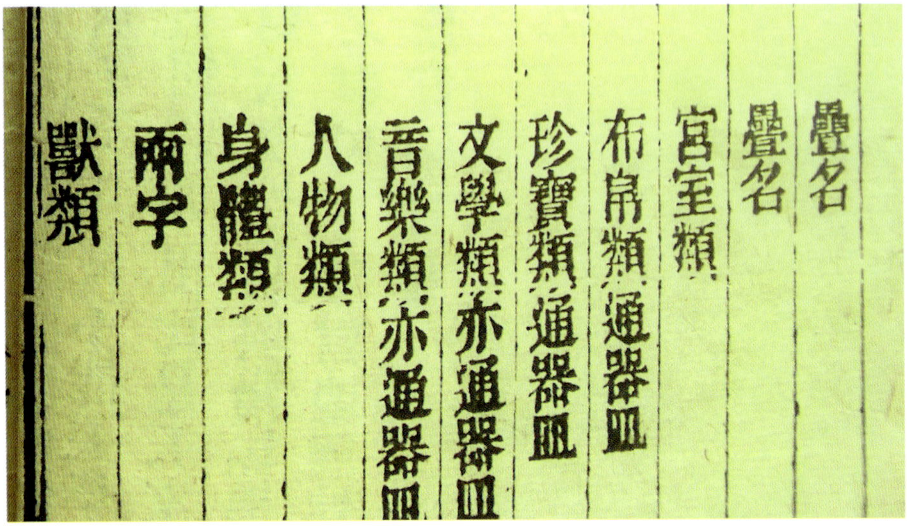

图 3—7—6　《机器对类引端》　每叶均有一条极细的活印线

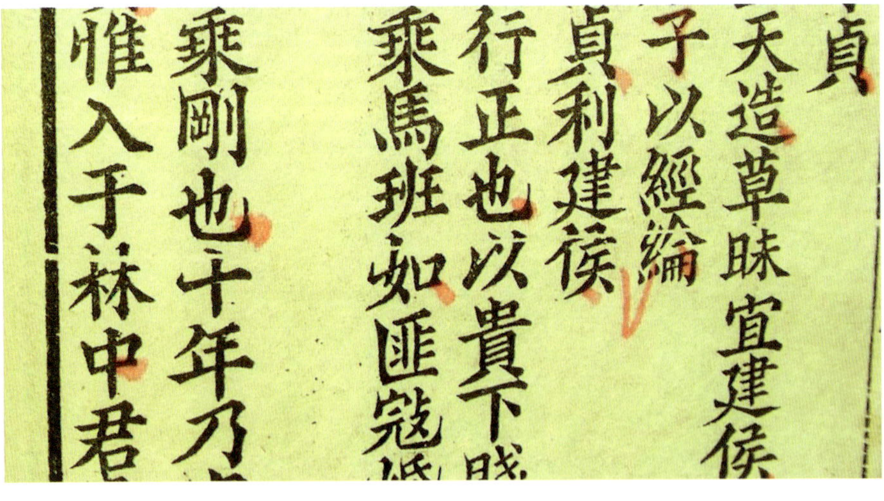

图 3—7—7　石印本《易经读本》　书中每一叶均横贯一条活印线，其中有些活印线穿破文字

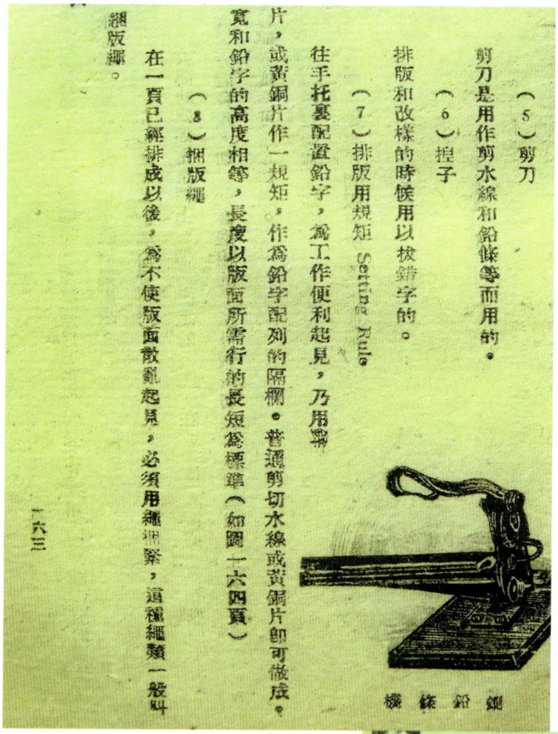

（5）剪刀

剪刀是用作剪水線和鉛條等而用的。

（6）揑子

排版和改樣的時候用以拔鉛字的。

（7）排版用規矩 Setting Rule

往手托裏配置鉛字，爲工作便利起見，乃用鋼片，或黃銅片作一規矩，作爲鉛字配列的隔欄。普通剪切水線或黃銅片即可做成。寬和鉛字的高度相等，長度以版面所需行的長短爲標準（如圖一六四頁）

（8）捆版繩

在一頁已經排成以後，爲不使版面散亂起見，必須用繩捆緊，這種繩類一般叫捆版繩。

剪鉛條機

一六三

图 3—7—8

民国三十一年苏士清翻译的日本版《活版印刷术》 在关于活版的排版技术中，明确提到需要使用线绳固版，术语称为“捆版绳”

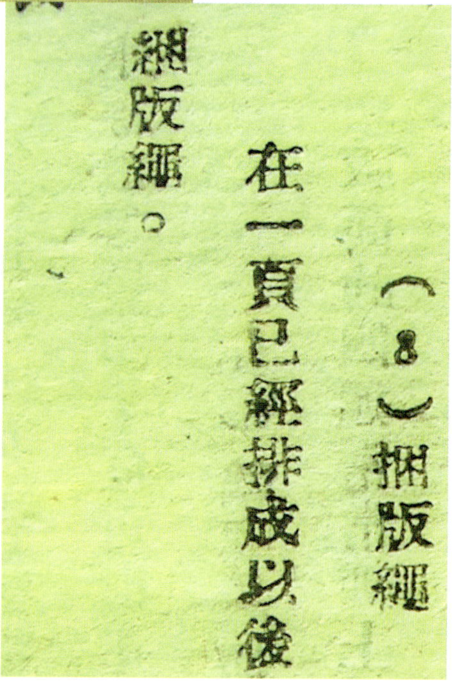

（8）捆版繩

在一頁已經排成以後

捆版繩。

图 3—7—9

《活版印刷术》 书中专门提及捆版绳

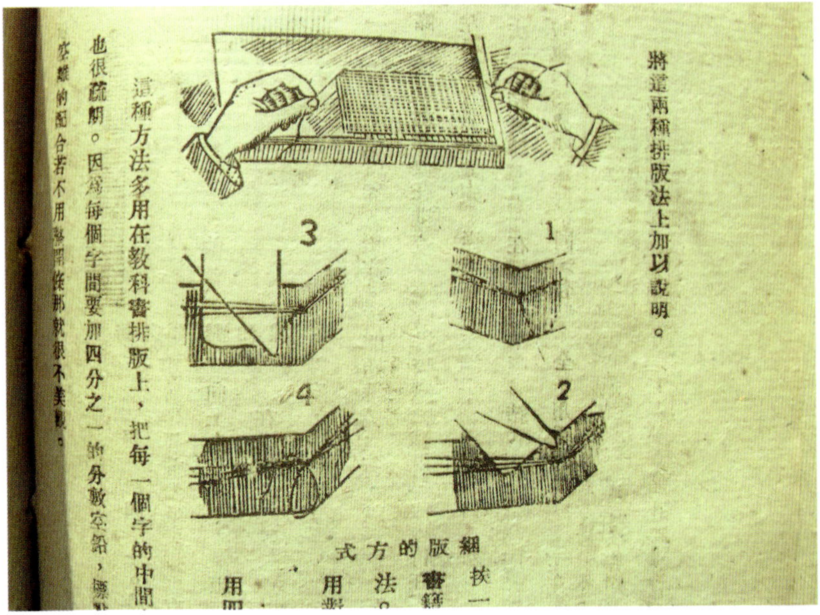

图 3—7—10　《活版印刷术》　书中介绍了具体的围捆方法

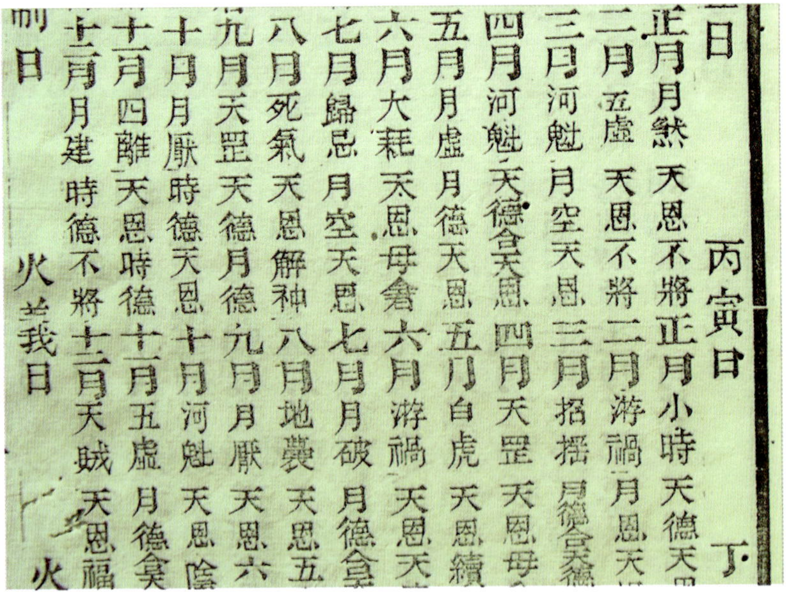
日　丙寅日　丁
正月月煞天恩不將正月小時天德天…
二月五虛天恩不將二月游禍月恩天…
三月河魁月空天恩三月招搖月德合天德…
四月河魁天德合天恩四月天罡天恩母…
五月月虛月德天恩五月白虎天恩續…
六月大耗天恩母倉六月游禍天恩天…
七月歸忌月空天恩七月月破月德合…
八月死氣天恩解神八月地囊天恩五…
九月天罡天德月德九月月厭天恩六…
十月月厭時德天恩十月河魁天恩陰…
十一月四離天恩時德十一月五虛月德合…
十二月月建時德不將十二月天賊天恩福
制日　火義日　火

图 3—7—11　光绪活字本《日用择吉便览》　牌记注明“活字板排印”，书中可以找出不少活印线

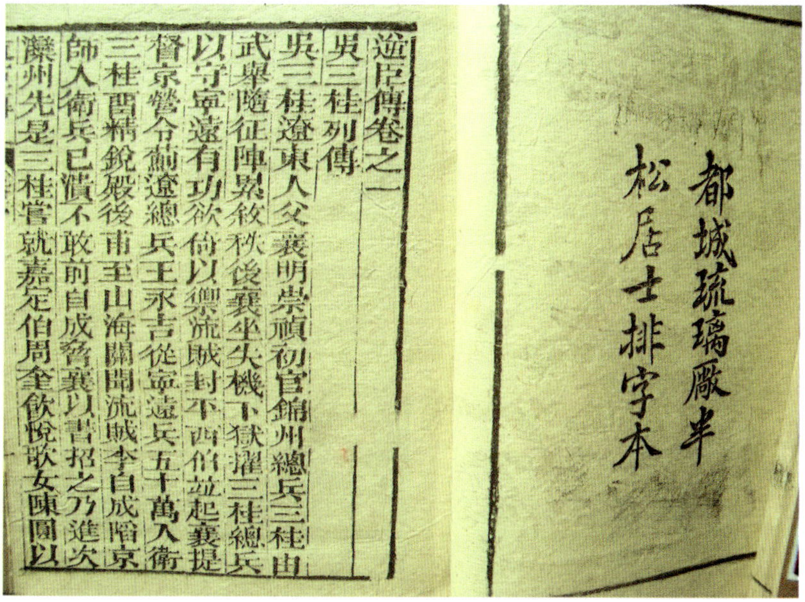

逆臣傳卷之一
吳三桂列傳
吳三桂遼東人父襄明崇禎初官錦州總兵三桂由
武舉隨征陣累敘秩後襄坐失機下獄擢三桂總兵
以守寧遠有功欲倚以禦流賊封平西伯並起襄提
督京營令薊遼總兵王永吉從寧遠兵五十萬入衛
三桂因精銳殿後甫至山海關聞流賊李自成陷京
師入衛兵已潰不敢前自成脅襄以書招之乃進次
灤州先是三桂嘗就嘉定伯周奎飲悅歌女陳圓以

都城琉璃廠半
松居士排字本

图 3—7—12　晚清活字本《逆臣传》　活印线普遍存在，几乎每叶都可见到明显的活印线

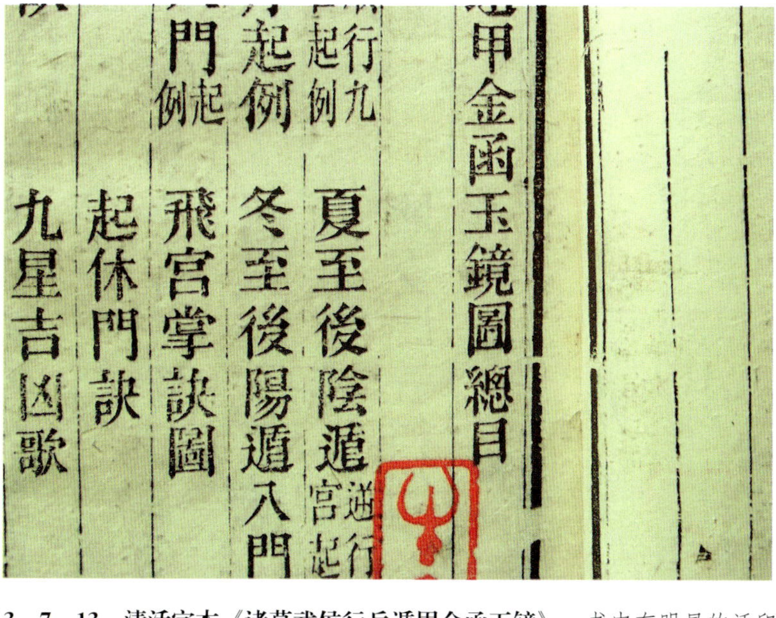

遁甲金函玉鏡圖總目
行九 起例 夏至後陰遁 逆行宮起
起例 冬至後陽遁入門
門 例起 飛宮掌訣圖
起休門訣
九星吉凶歌

图 3—7—13　清活字本《诸葛武侯行兵遁甲金函玉镜》　书中有明显的活印线

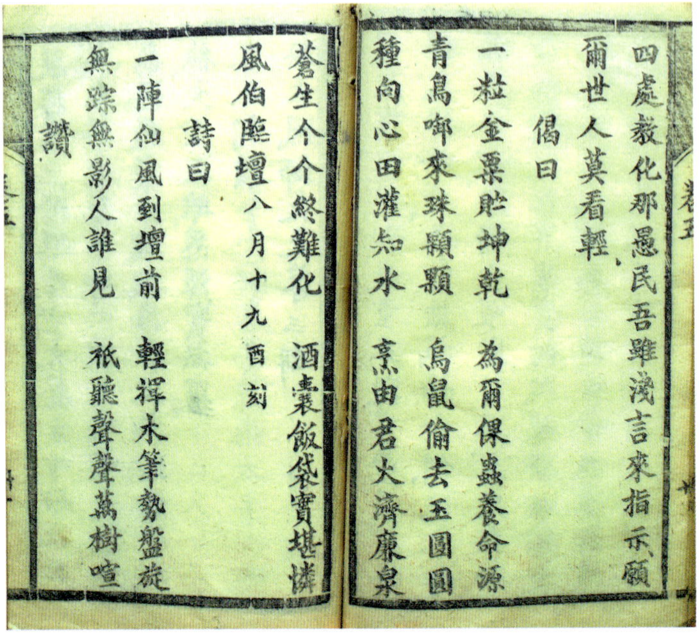
四處教化那愚民吾雖淺言來指示願
爾世人莫看輕
偈曰
一粒金粟貯坤乾　為爾倮蟲養命源
青鳥啣來珠顆顆　烏鼠偷去玉圓圓
種向心田灌知水　烹由君火濟康泉
蒼生个个終難化　酒囊飯袋實堪憐
風伯臨壇八月十九酉刻
詩曰
一陣仙風到壇前　輕揮木筆勢盤旋
無踪無影人誰見　祗聽聲聲萬樹喧
讚

图 3—7—14　光绪活字本《皇极会归宝忏》　活印线众多，且有双活印线

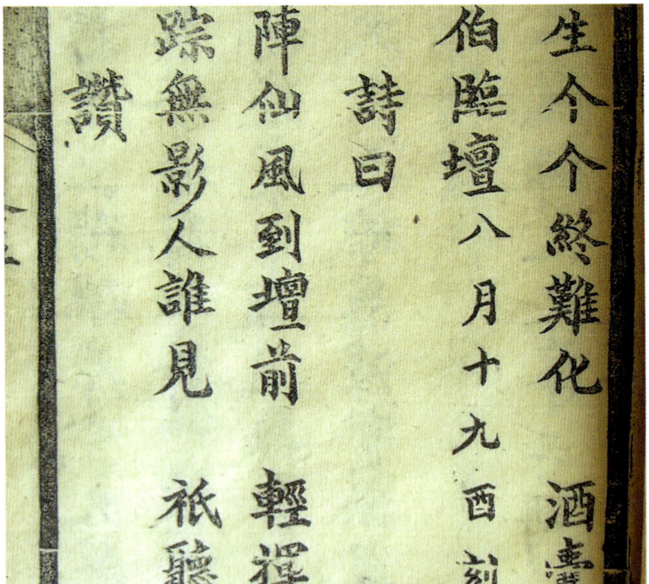

图 3—7—15　光绪活字本《皇极会归宝忏》　双活印线细观

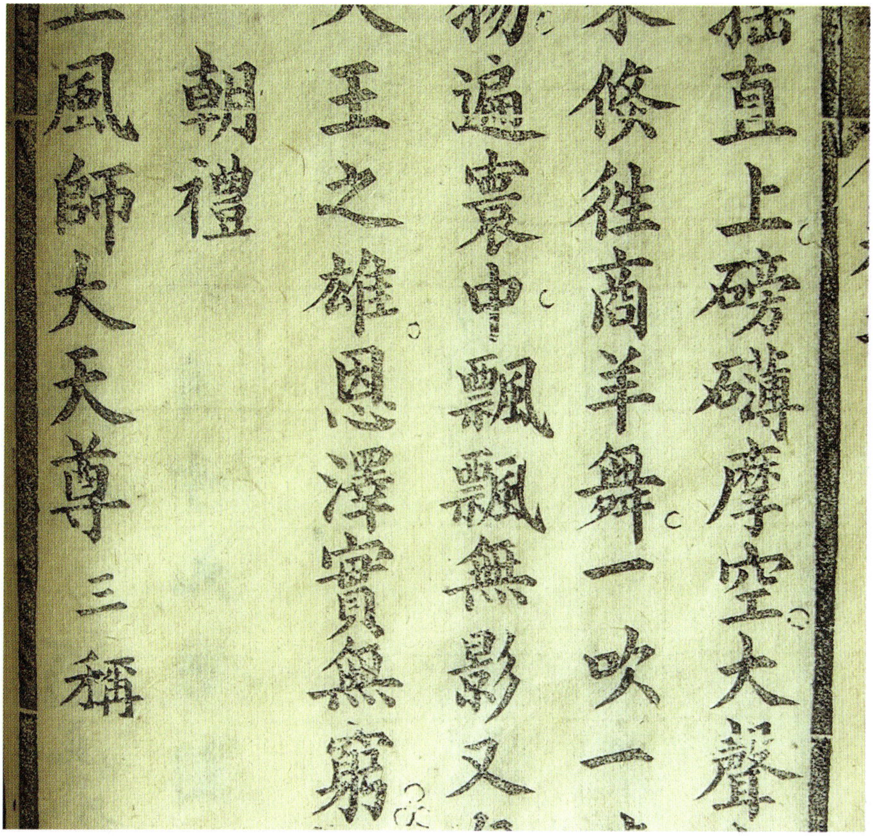

图 3—7—16　活字本《皇极会归宝忏》　双活印线

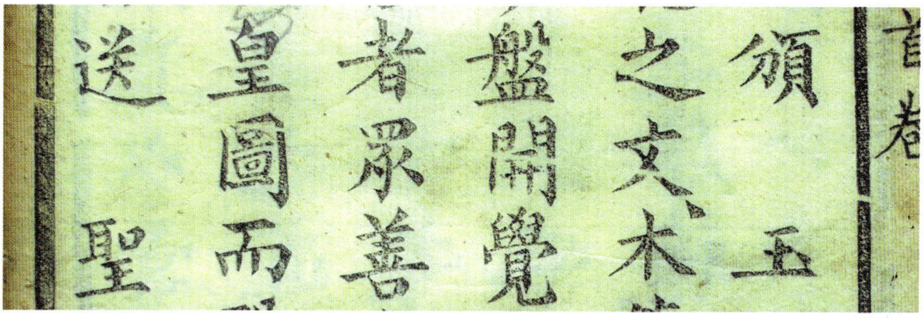

图 3—7—17　活字本《皇极会归宝忏》　倾斜的活印线

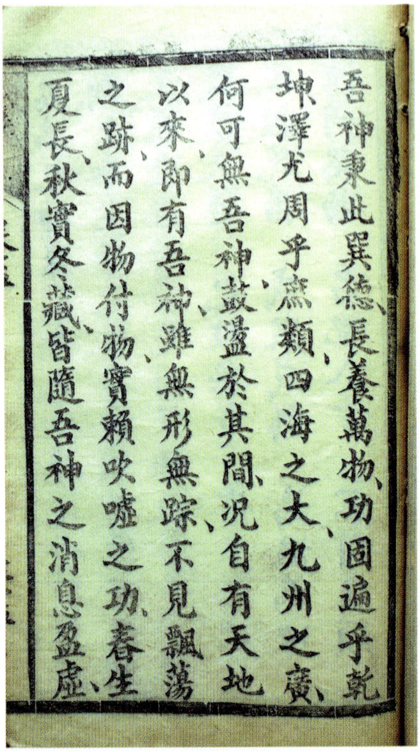

吾神秉此巽德、長養萬物、功固遍乎乾
坤澤尤周乎庶類、四海之大、九州之廣、
何可無吾神鼓盪於其間、況自有天地
以來、即有吾神、雖無形無踪、不見飄蕩
之跡、而因物付物、實賴吹嘘之功、春生
夏長、秋實冬藏、皆隨吾神之消息盈虛、

图 3—7—18　活字本《皇极会归宝忏》　活印线明显，还有边框缝、暗界栏槽等活字特征

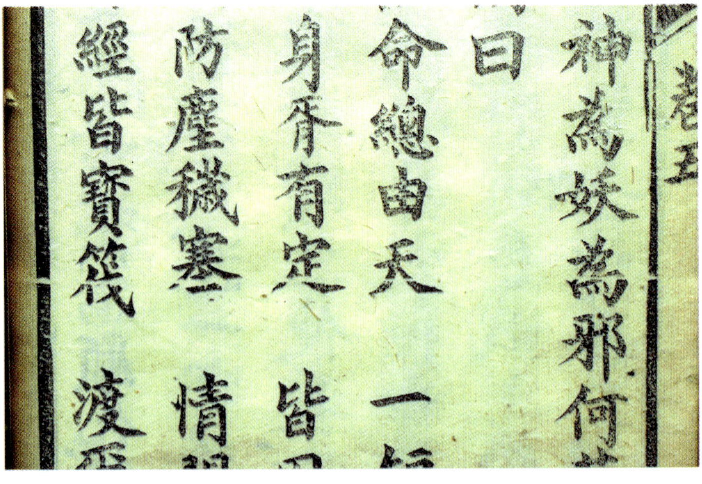

神焉妖爲邪何
曰
命總由天　一
身脊有定　皆
防塵纖塞　情
經皆寶筏　渡

图 3—7—19　活字本《皇极会归宝忏》　活印线细部

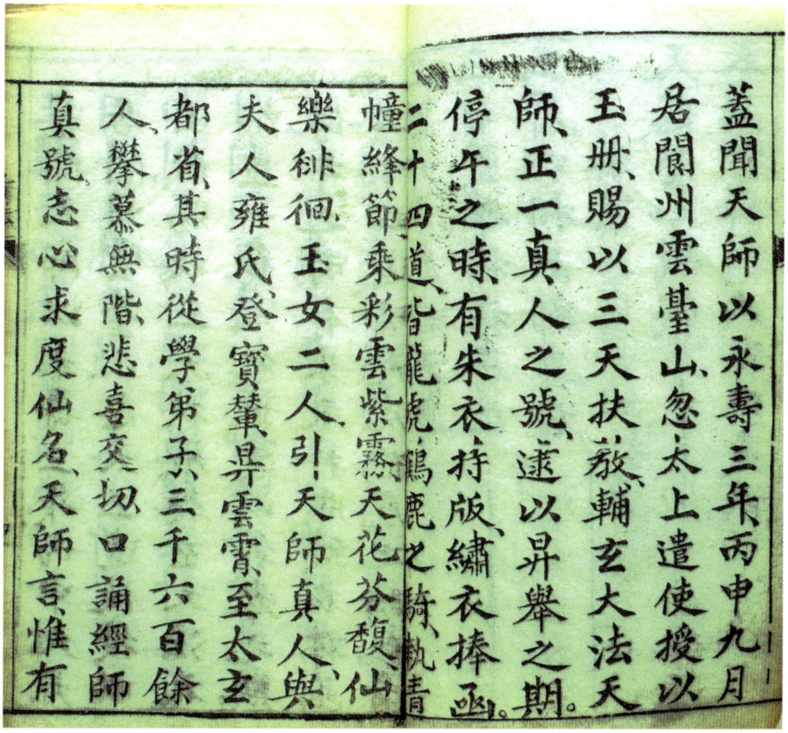

图 3—7—20 晚清活字本《玉皇宥罪大忏》 书中普遍有活印线

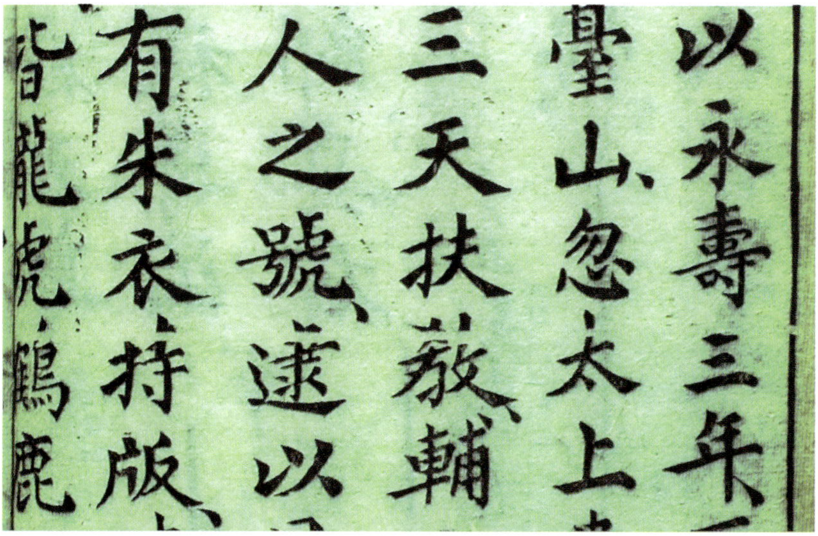

图 3—7—21 活字本《玉皇宥罪大忏》 活印线细观

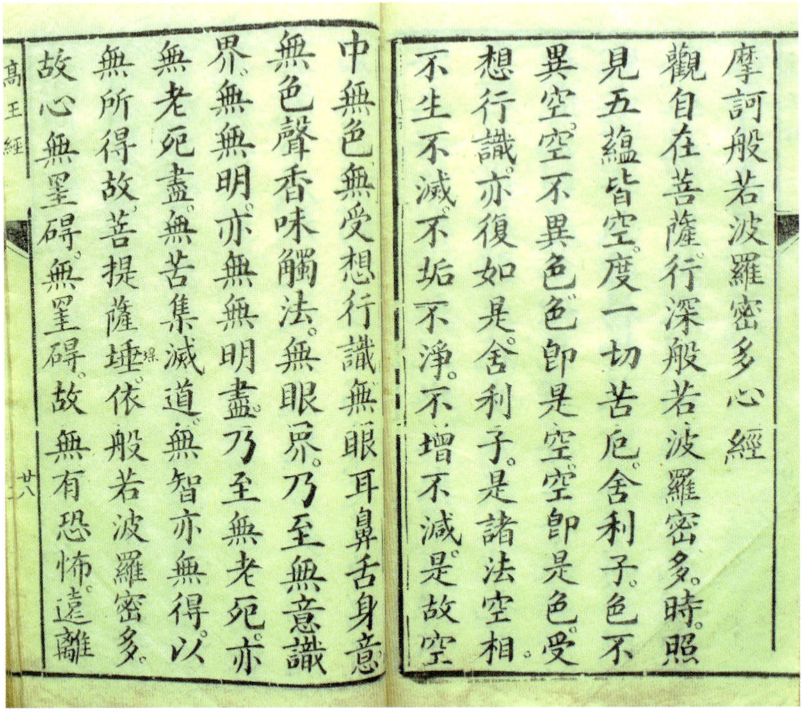

图 3—7—22 光绪活字本《佛说高王观世音经》 书叶内普遍有活印线

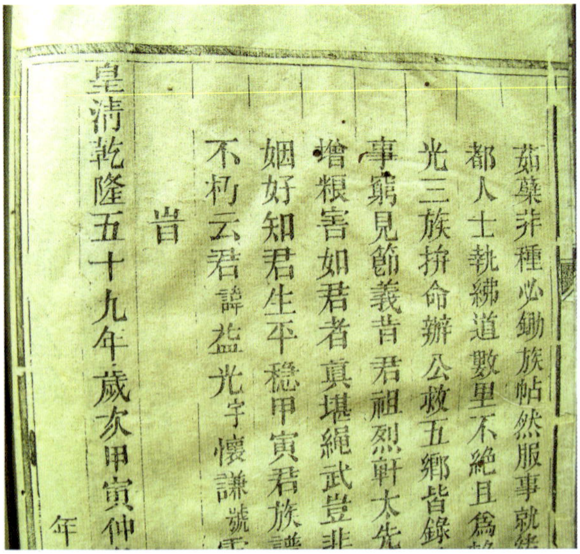

图 3—7—23 光绪活字本《谌氏族谱》 书中少数书叶有活印线

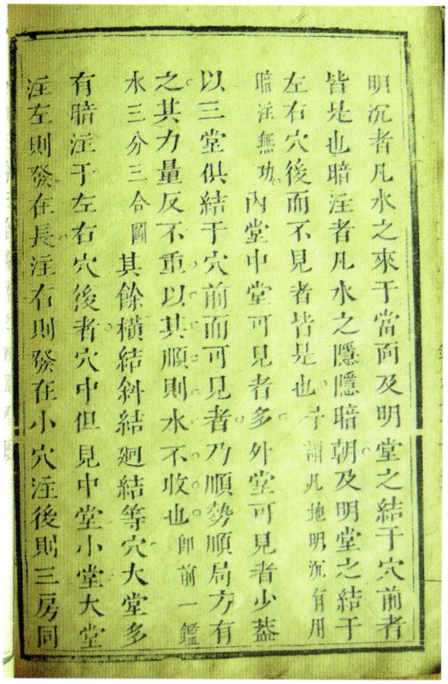

图 3—7—24　康熙活字本《严陵张九仪增释地理琢玉斧峦头歌括》

书叶普遍有活印线

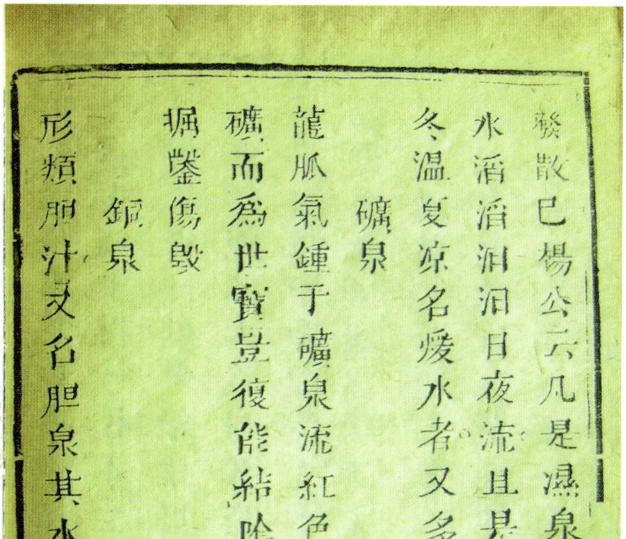

图 3—7—25　活字本《地理琢玉斧》　活印线细观

图 3—7—26　雕版中常见的断裂情形，即“断版”现象　这种断版痕迹不规则，顺自然木纹走向

图 3—7—27　拼合版　由两块小板拼合成一块完整的雕版

图 3—7—28　拼合版　由于年代久远，曾经严丝合缝的拼合版，如今大都有一道裂缝，其中一些裂缝相当明显

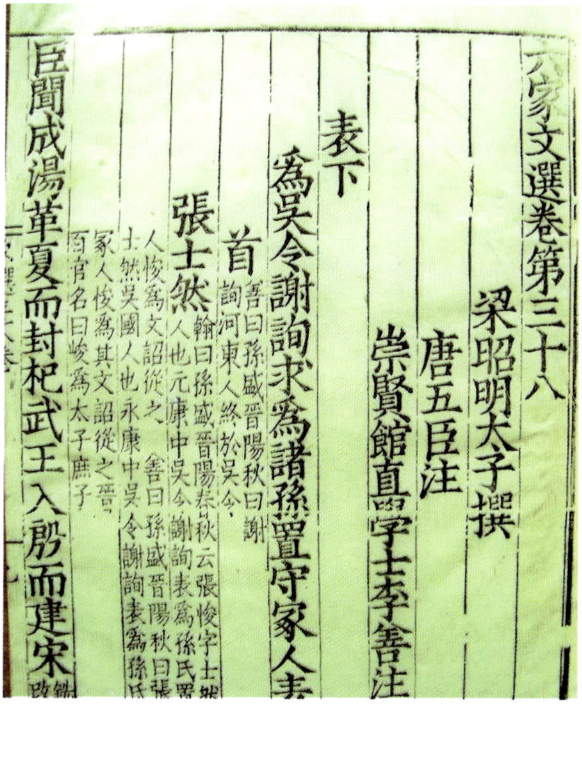

六家文選卷第三十八
梁昭明太子撰
唐五臣注
崇賢館直學士李善注
表下
爲吴令謝詢求爲諸孫置守冢人表
首 善曰孫盛晉陽秋曰謝詢河東人終於吴令
張士然 翰曰孫盛晉陽秋云張悛字士然吴國人也元康中吴令謝詢表爲孫氏置
人悛爲文詔從之 善曰孫盛晉陽秋曰張悛字士然吴國人也永康中吴令謝詢表爲孫氏置冢人悛爲其文詔從之晉百官名曰悛爲太子庶子
臣聞成湯革夏而封杞武王入殷而建宋

图 3—7—29　清超大开本《六家文选》　影宋精刻，字大如钱。是书因开本阔大，整叶书版规格为 37.4 厘米×24.5 厘米，故而用两块木板拼合而成

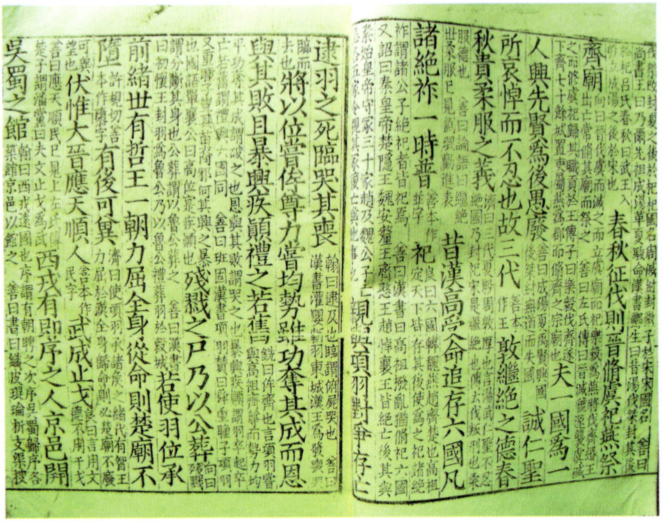

图 3—7—30 超大开本《六家文选》 是书的"拼合裂纹"很细，宽的地方不过 1 毫米，裂纹两边墨色均匀，字迹、栏线和版心均十分清晰，无浓淡不一现象

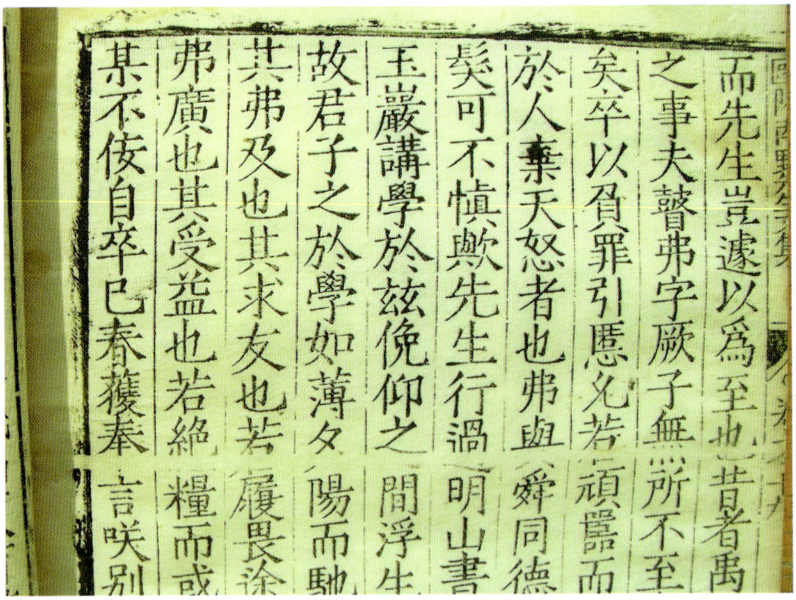

图 3—7—31 明大开本《欧阳南野先生文集》 嘉靖精刻本，拼合裂纹较多，有的裂纹宽度到 5 毫米，但拼合裂纹附近，墨色均匀

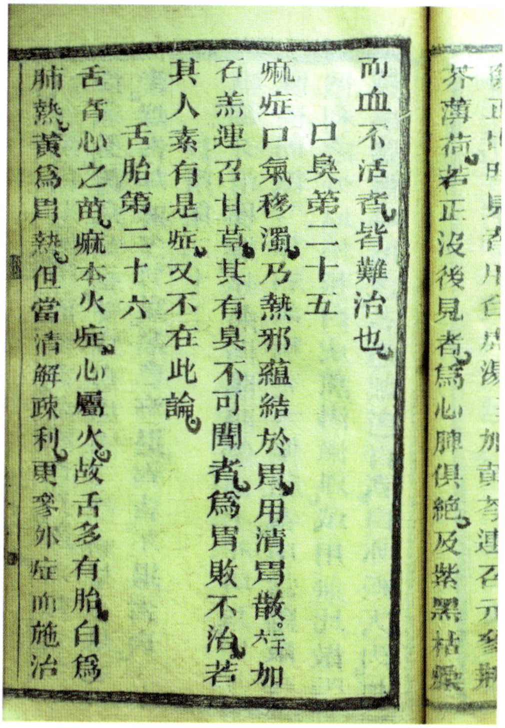

而血不活者皆難治也
口臭第二十五
痲症口氣穢濁乃熱邪蘊結於胃用清胃散。大于加
石羔連召甘草其有臭不可聞者爲胃敗不治若
其人素有是症又不在此論
舌胎第二十六
舌爲心之苗痲本火症心屬火故舌多有胎白爲
肺熱黃爲胃熱但當清解疏利更參外症而施治

图 4—1—1　民国活字本《朱氏麻科》　是书有“断版”现象

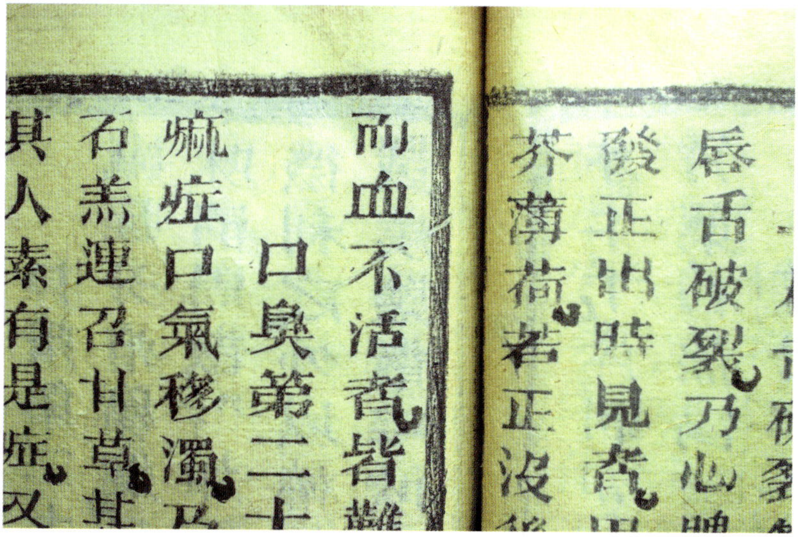

唇舌破裂乃心脾
發正出時見者用
芥薄荷者正沒後

而血不活者皆難
口臭第二十
痲症口氣穢濁乃
石羔連召甘草其
其人素有是症又

图 4—1—2　活字本《朱氏麻科》　“断版”较为明显

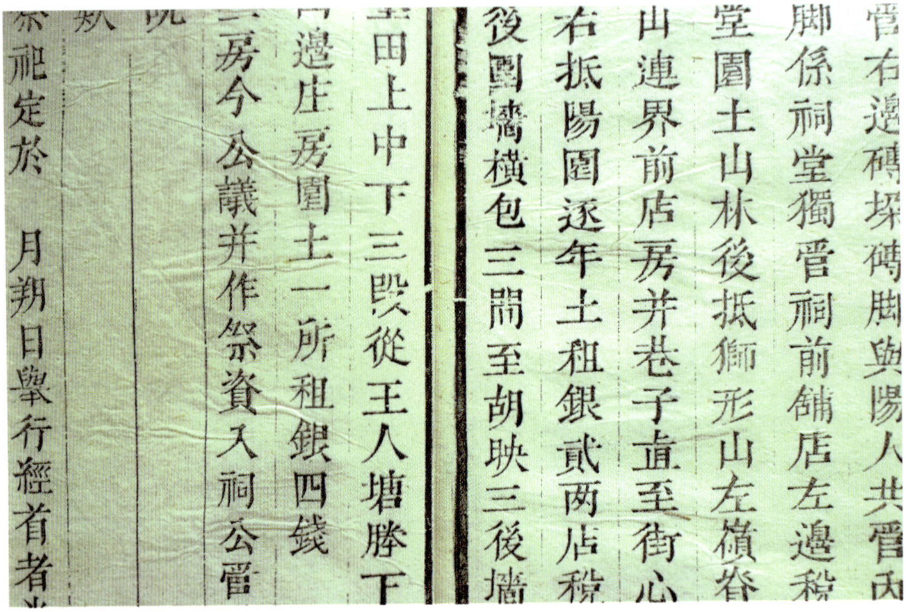

图 4—1—3　活字本《淮海堂祭礼录》　是书有“断版”现象

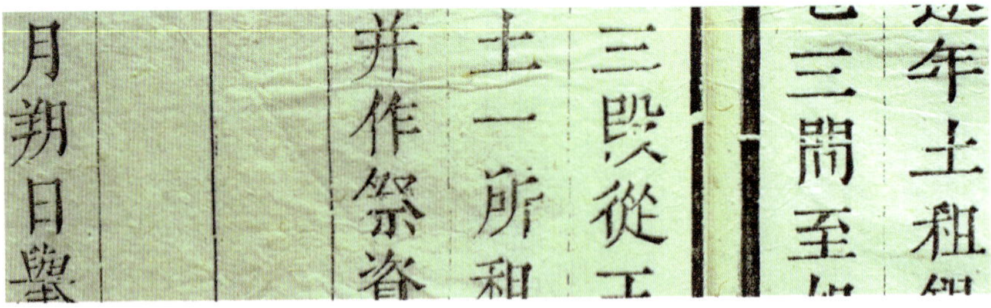

图 4—1—4　活字本《淮海堂祭礼录》　“断版”细观

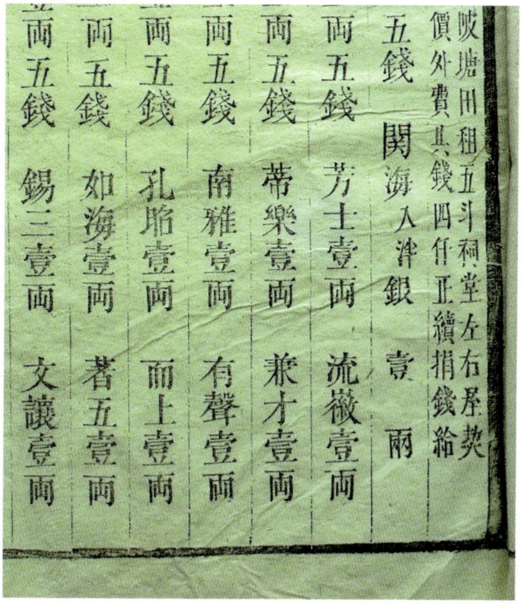
吱塘田租五斗祠堂左右歷契價外費其錢四仟正續捐錢給
五錢　閔海入泮銀　壹　兩
兩五錢　芳士壹兩　流薇壹兩
兩五錢　芾樂壹兩　兼才壹兩
兩五錢　南雅壹兩　有聲壹兩
兩五錢　孔貽壹兩　而上壹兩
兩五錢　如海壹兩　著五壹兩
兩五錢　錫三壹兩　文讓壹兩

图 4—1—5　活字本《淮海堂祭礼录》　又一处"断版"现象

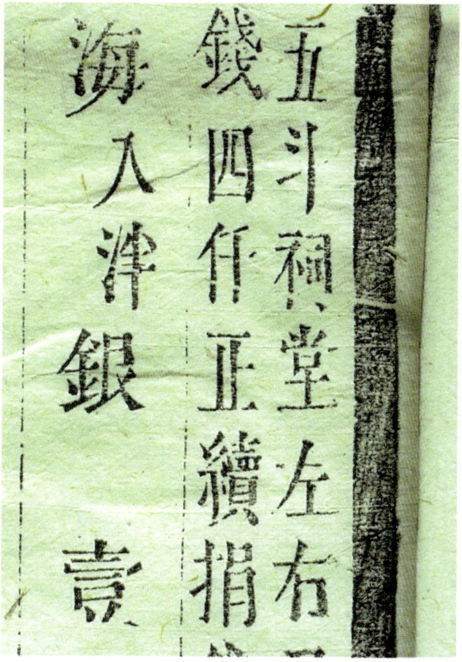
五斗祠堂左右
錢四仟正續捐
海入泮銀　壹

图 4—1—6　活字本《淮海堂祭礼录》　"断版"局部

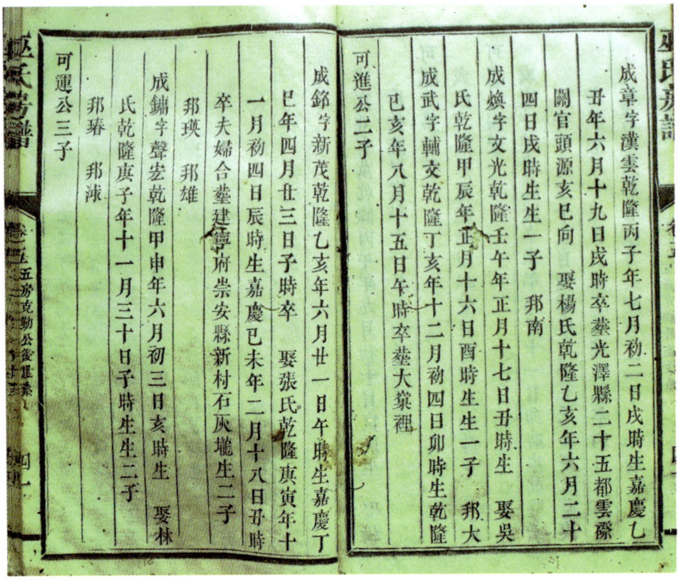

图 4—1—7　活字本《巫氏房谱》　图中边框有 3 处“断版”，左框 1 处，右框 2 处

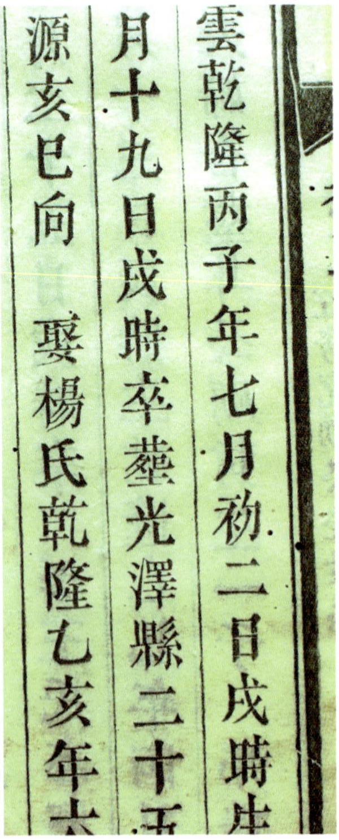

图 4—1—8
活字本《巫氏房谱》
右框两处“断版”

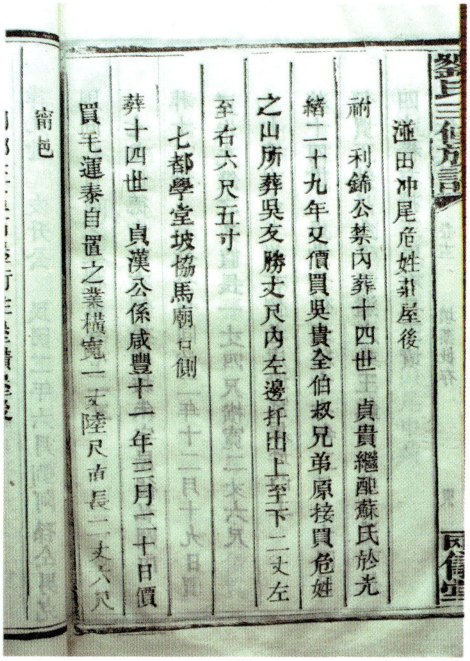

图 4—1—9　活字本《刘氏三修族谱》　版心“两仪堂”三字出现“断版”

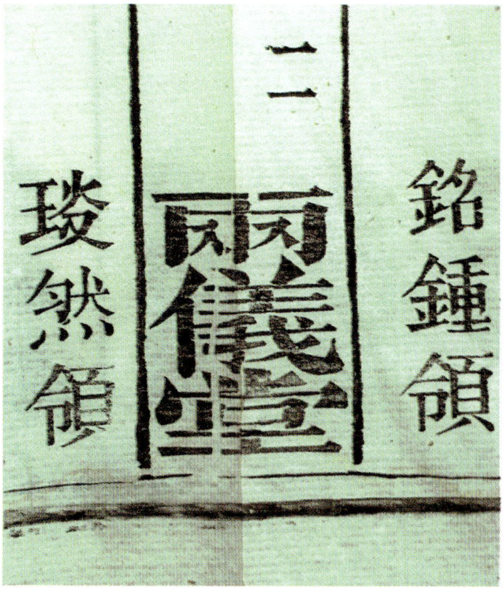

图 4—1—10　活字本《刘氏三修族谱》　“两仪堂”为三连字，刻在同一块木条上。木条开裂，显出“断版”现象

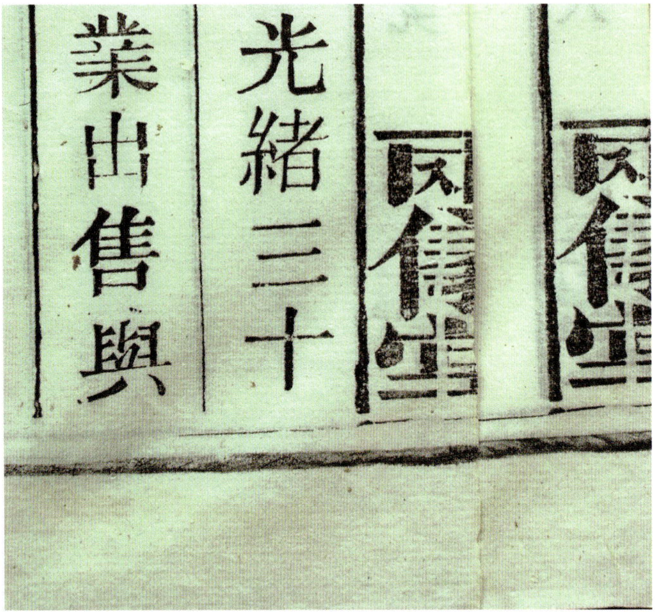

图 4—1—11　活字本《刘氏三修族谱》　具有同一性，有裂缝的“两仪堂”字条多次重复使用

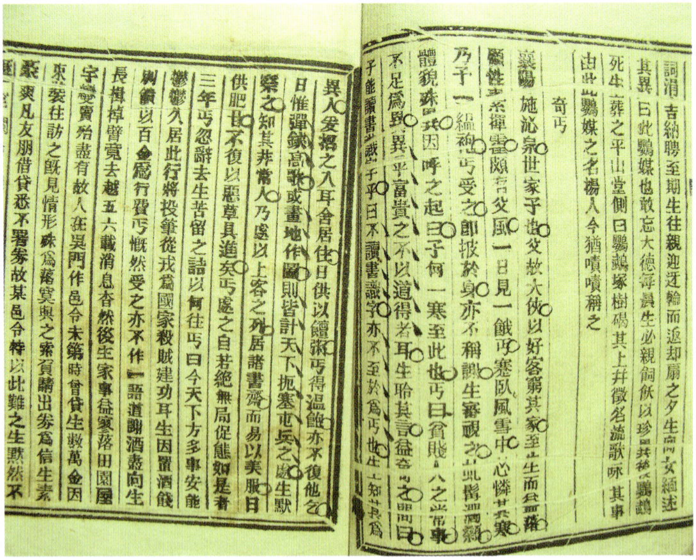

图 4—1—12　金属活字本《遁窟谰言》　刷印时，纸张上有众多皱纹，刷印后再压平，褶皱痕迹明显，如果影印或复印，很容易误为“断版”痕迹

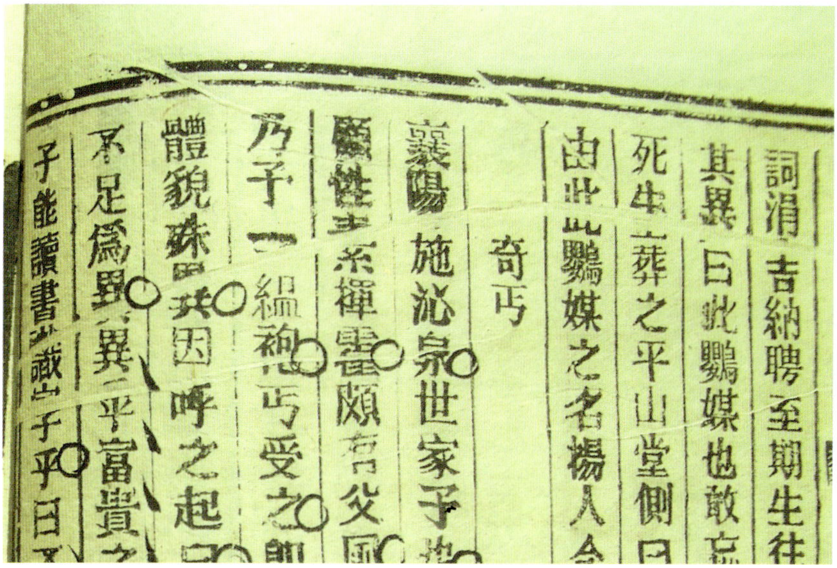

图 4—1—13　活字本《遁窟谰言》　褶皱痕迹很容易误为“断版”现象

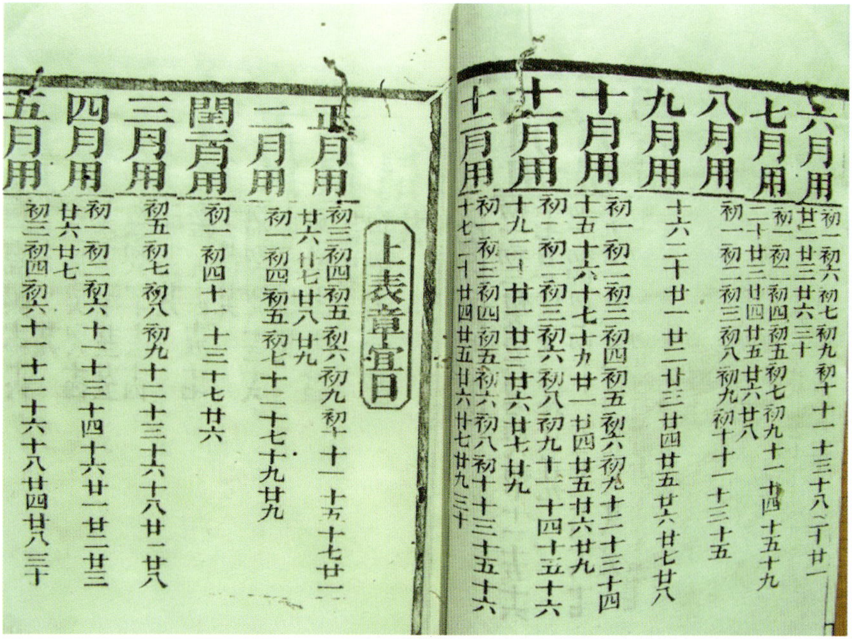

图 4—3—1　光绪活字本《日用择吉便览》　是书多次出现笔划侵占现象，如“十一月用”、“十二月用”之间等

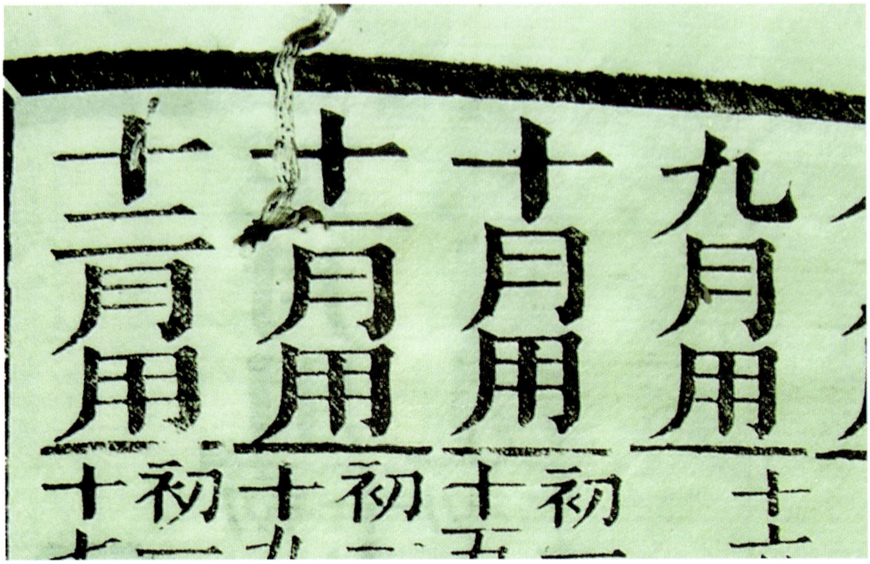

图 4—3—2　活字本《日用择吉便览》　“十一月用”、“十二月用”之间笔划侵占

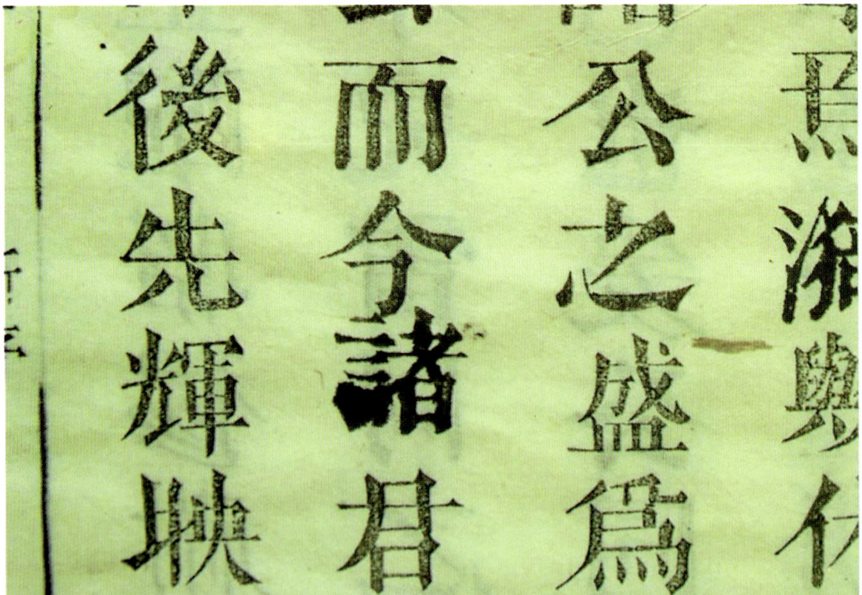

图 4—3—3　光绪活字本《梅溪梁氏享谱》新序　第 3 叶第 5 行：“今”、“诸”之间笔划交叉

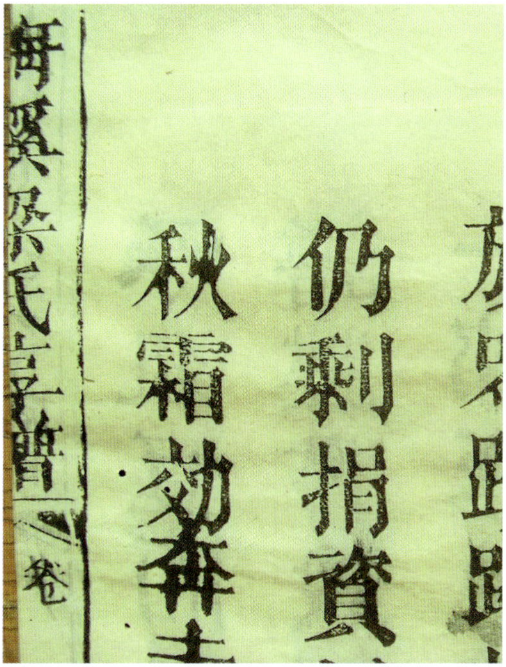

图 4—3—4　活字本《梅溪梁氏享谱》新序　第 4 叶第 6 行："效"、"奔"之间笔划相交

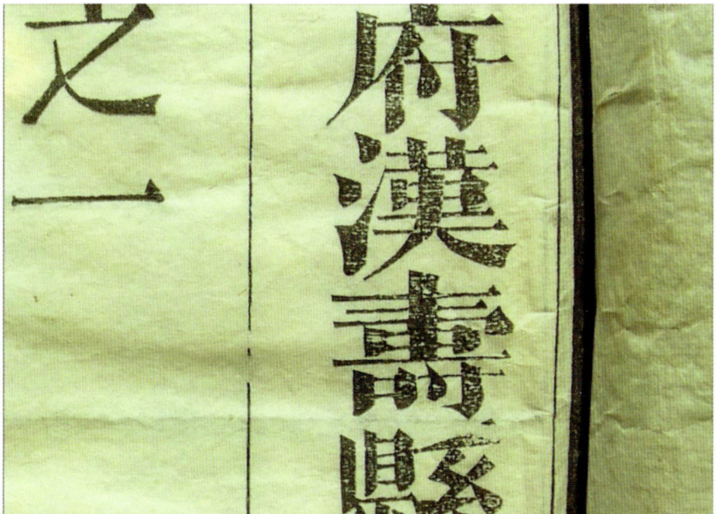

图 4—3—5　民国活字本《康氏族谱》　"汉"、"寿"之间，大字笔划侵占

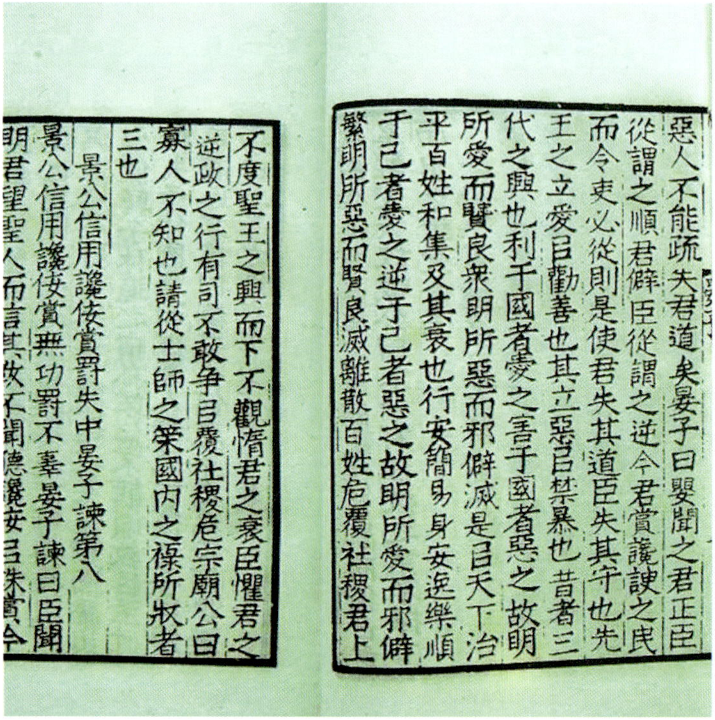

惡人不能疏失君道矣晏子曰嬰聞之君正臣
從謂之順君僻臣從謂之逆今君賞讒諛之民
而令吏必從則是使君失其道臣失其守也先
王之立愛㠯勸善也其立惡㠯禁暴也昔者三
代之興也利于國者愛之害于國者惡之故明
所愛而賢良衆明所惡而邪僻滅是㠯天下治
平百姓和集及其衰也行安簡易身安逸樂順
于己者愛之逆于己者惡之故明所愛而邪僻
繁明所惡而賢良滅離散百姓危覆社稷君上
不度聖王之興而下不觀惰君之衰臣懼君之
逆政之行有司不敢爭㠯覆社稷危宗廟公曰
寡人不知也請從士師之策國內之祿所收者
三也
景公信用讒佞賞罰失中晏子諫第八
景公信用讒佞賞無功罰不辜晏子諫曰臣聞
明君望聖人而信其教不聞德義安㠯誅賞今

图 4—3—6　明活字本《晏子春秋》　第 10 叶第 16 行，“安”、“简”之间，第 18 行“危”、“覆”之间笔划交叉

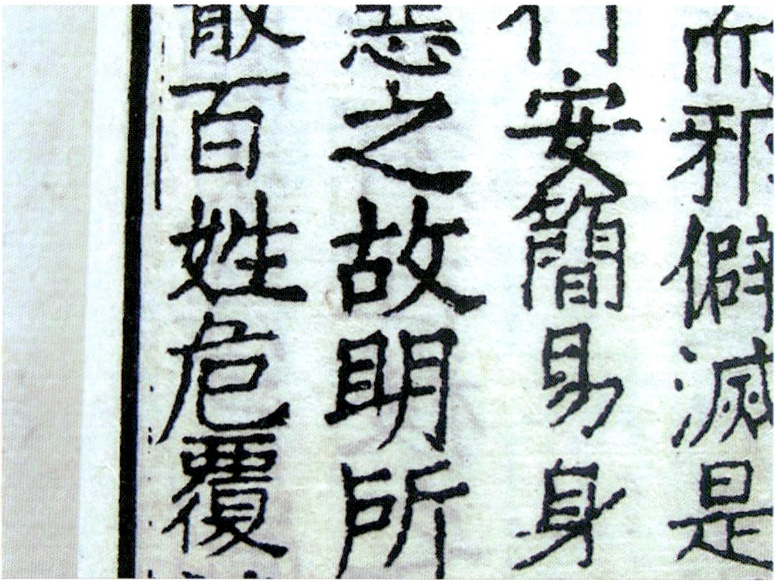

而邪僻滅是
行安簡易身
惡之故明所
散百姓危覆

图 4—3—7　《晏子春秋》　“安”、“简”之间，“危”、“覆”之间均有交叉笔划

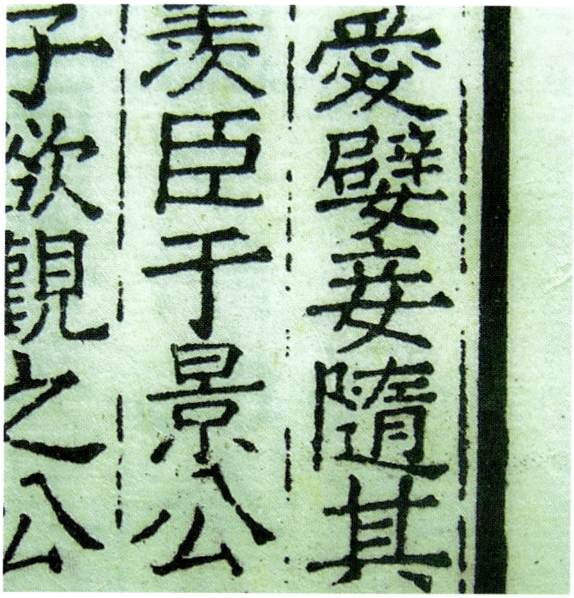

愛嬖妾隨其
表臣于景公
子欲覲之公

图 4—3—8 《晏子春秋》 第 12 叶第 1 行“随”、“其”之间笔划侵占

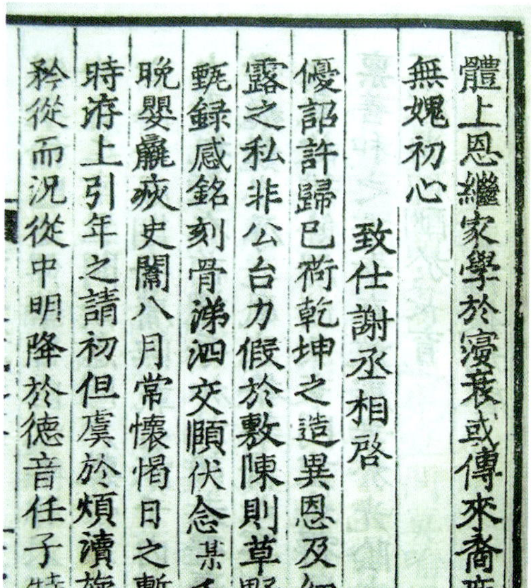

體上恩繼家學於寢衰或傳來裔庶幾瞑目
無媿初心
致仕謝丞相啓
優詔許歸已衘乾坤之造異恩及幼更霑雨
露之私非公台力假於數陳則草野何從而
甄録感銘刻骨涕泗交頤伏念某乏少通材
晚嬰羸疾史闕八月常懷愒日之慙祠禄三
時濟上引年之請初但虞於煩瀆旋曲被於
矜從而況從中明降於德音任子特逾於常

图 4—3—9 明华氏活字本《渭南文集》 书里偶见活字笔画交叉，如卷十二第 13 叶第 1 行“寝”、“衰”之间，“或”、“传”之间

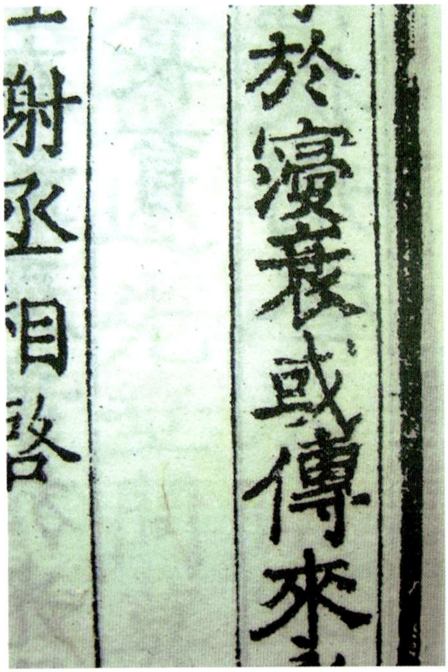

於寑衰或傳來

謝丞相啓

图 4—3—10 **《渭南文集》** “寝”、“衰”之间，“或”、“传”之间笔划均交叉

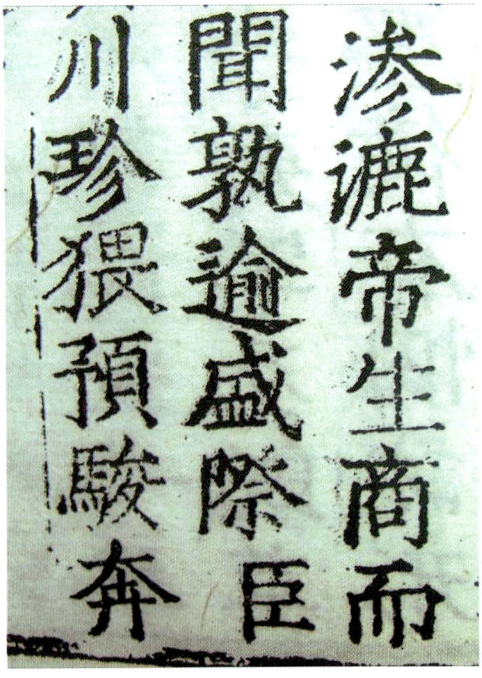

滲漉帝生商而

聞孰逾盛際臣

川珍猥預駿奔

图 4—3—11 **《渭南文集》** “逾”、“盛”之间笔划侵占

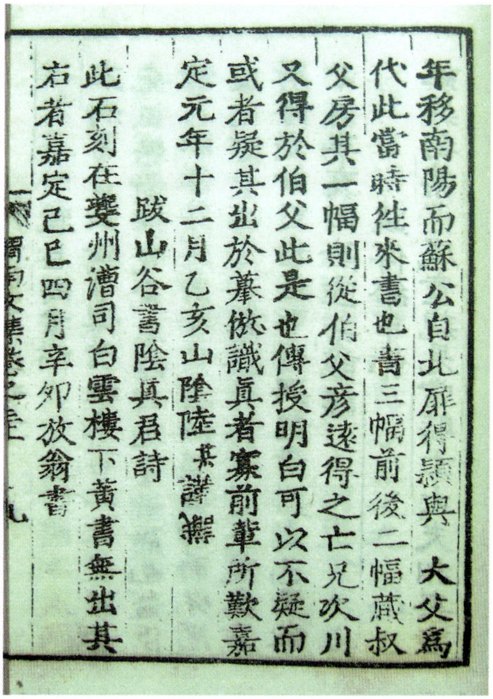

图 4—3—12 《渭南文集》卷三十一 第 9 叶第 6 行，“嘉定元年十二月乙亥山阴陆某谨识”，其中，“识”字倒置

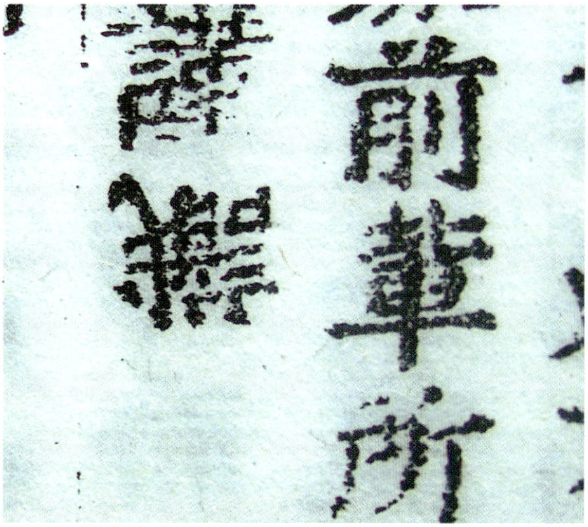

图 4—3—13 《渭南文集》 “识”字被倒置

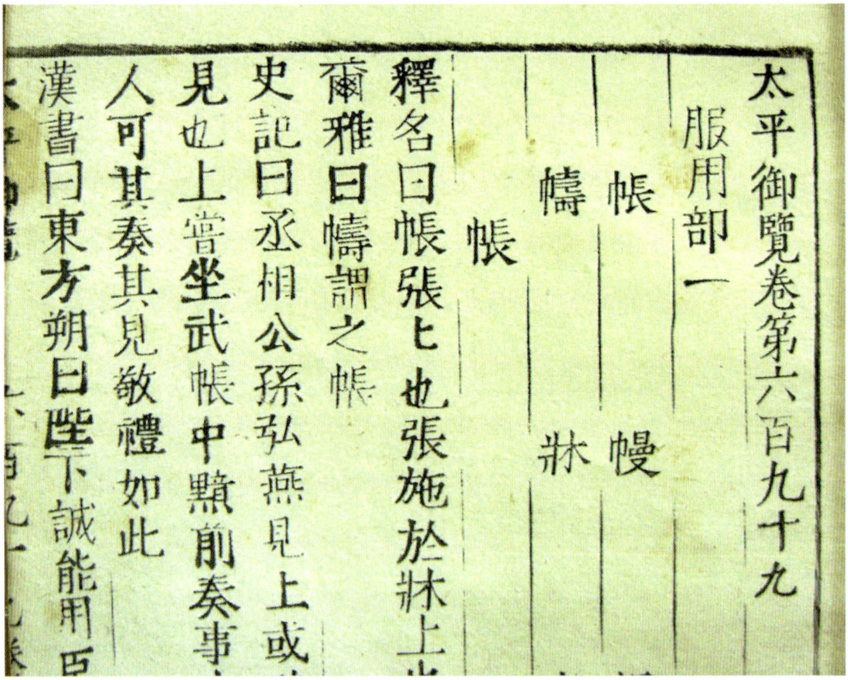
太平御覽卷第六百九十九
服用部一
帳 幔
幬 牀
帳
釋名曰帳張〻也張施於牀上
爾雅曰幬謂之帳
史記曰丞相公孫弘燕見上或
見也上嘗坐武帳中黥前奏事
人可其奏其見敬禮如此
漢書曰東方朔曰陛下誠能用

图 4—3—14　明万历活字本《太平御览》　有活字笔画侵占现象，如卷六百九十九第 1 叶“览”、“卷”之间

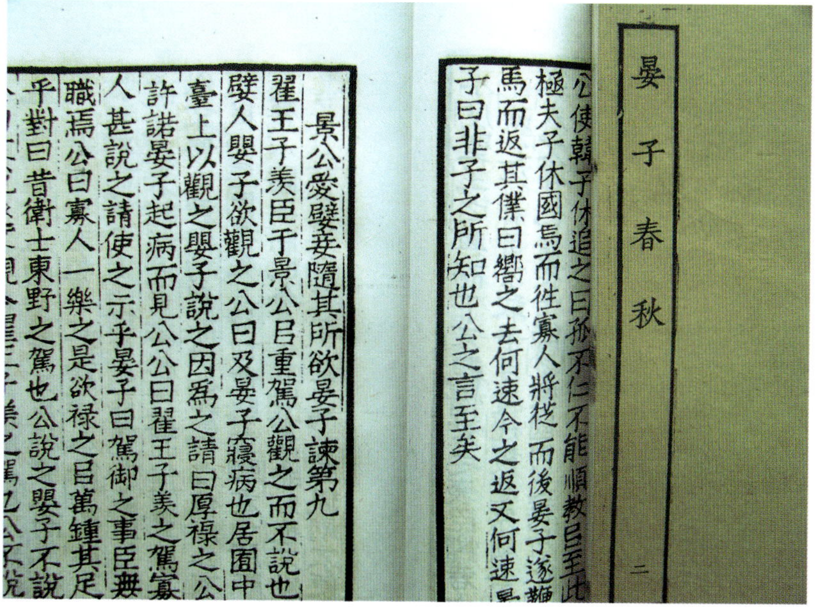
晏子春秋 二

景公愛嬖妾隨其所欲晏子諫第九
翟王子羡臣于景公以重駕公觀之而不說也
嬖人嬰子欲觀之公曰及晏子寢病也居圉中
臺上以觀之嬰子說之因爲之請曰厚祿之公
許諾晏子起病而見公公曰翟王子羡之駕寡
人甚說之請使之示乎晏子曰駕御之事臣無
職焉公曰寡人一樂之是欲祿之以萬鍾其足
乎對曰昔衛士東野之駕也公說之嬰子不說

公使韓子休追之曰孤不仁不能順教以至此
極夫子休國焉而往寡人將從而後晏子遂鞭
馬而返其僕曰嚮之去何速今之返又何速晏
子曰非子之所知也公之言至矣

图 5—1 明代活字本《晏子春秋》 没有活版同一性，为整版保存的活字版

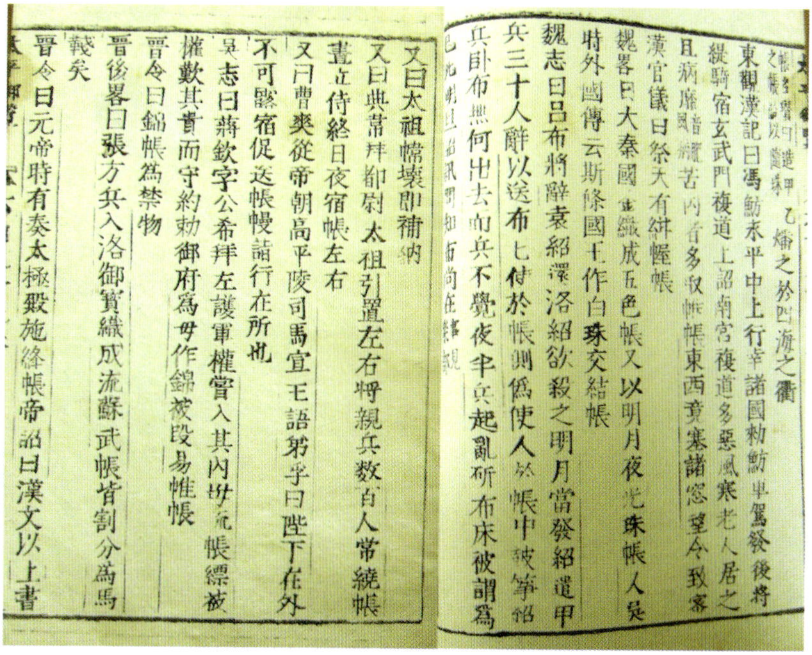
東觀漢記曰馮魴末平中上行幸諸國勑魴車駕發後將
緹騎宿玄武門複道上詔南宮複道多惡風寒老人居之
且病痱賜繡茵香多帳帳東西竟塞諸窗望令致密
漢官儀曰祭天有紺幄帳
魏略曰大秦國金織成五色帳又以明月夜光珠帳
時外國傳云斯條國王作白珠交結帳
魏志曰呂布將辟袁紹還洛紹欲殺之明月當發紹遣甲
兵三十人辭以送布布使於帳側僞使人於帳中彈箏紹
兵卧布無何出去而兵不覺夜半兵起亂斫布床被謂爲

又曰太祖幬壞即補納
又曰典韋拜都尉太祖引置左右將親兵數百人常繞帳
晝立侍終日夜宿帳左右
又曰曹爽從帝朝高平陵司馬宣王語弟孚曰陛下在外
不可露宿促送帳幔諸行在所
吳志曰蔣欽字公奕拜右護軍權嘗入其內母疏帳縹被
權歎其貴而守約勑御府爲母作錦被改易帷帳
晉令曰錦帳爲禁物
晉後略曰張方兵入洛御寶織成流蘇武帳皆割分爲馬
韉矣
晉令曰元帝時有奏太極殿施絳帳帝詔曰漢文以上書

图 5—2 明代活字本《太平御览》

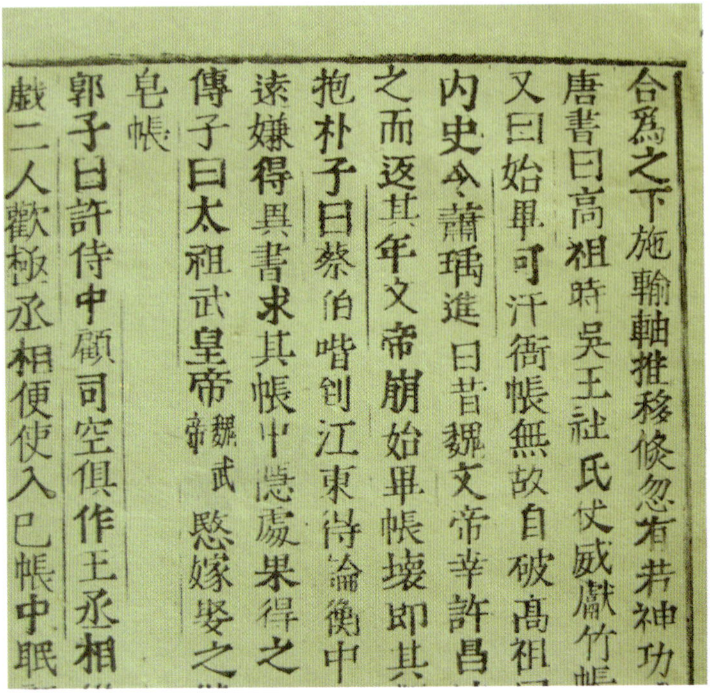

图 5—3　活字本《太平御览》　不具备同一性，系活版整版保存

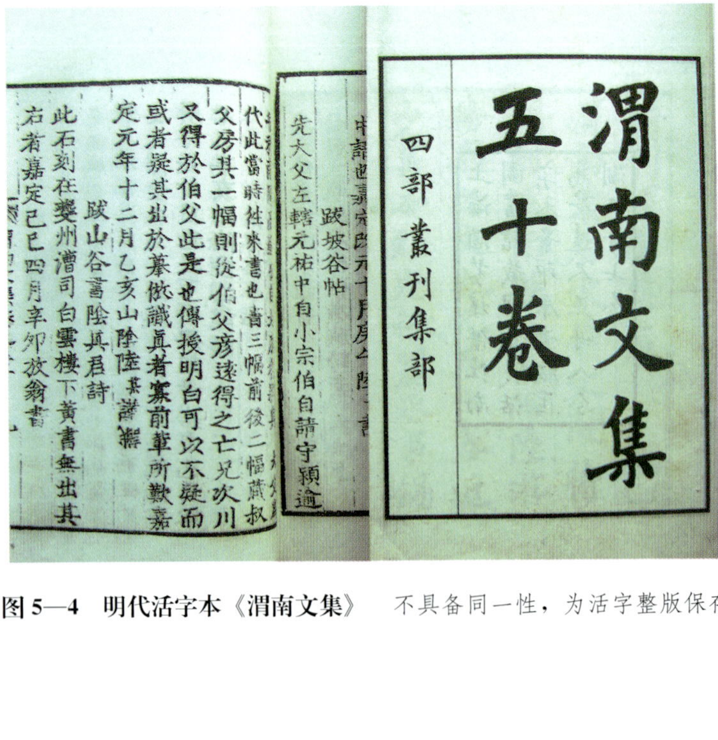

图 5—4　明代活字本《渭南文集》　不具备同一性，为活字整版保存

图 5—5　扬州广陵古籍刻印社的木活字版　多系整版保存，不用拆版

图 5—6　广陵古籍刻印社的木活字版　其上增加一块木板做盖子，便可以堆放一层层木活字版，能很好地保护活字版。这种方法其实很简单，并不会增加多大的成本

图 5—7　广陵古籍刻印社的铜活字版　此为整版保存。铜活字版使用蓝色颜料刷印，以区别其他活版

图 6—1　铜质印版　内容为佛教的《往生神咒》等，有 600 多字，全部为反字。印版造型独特，由大小三个圆环及指引手势组成。大环为《大悲陀罗尼径》，小环分别是《往生神咒》和《解冤结咒》，掌心有“往生西方”四字

图 6—2　铜版　文字并非雕刻，系铸造而成。字体为楷书，非常工整，图案和符号俱为精致。铜版为印版，版上留有 30 余个小孔，系钉木板刷印之用

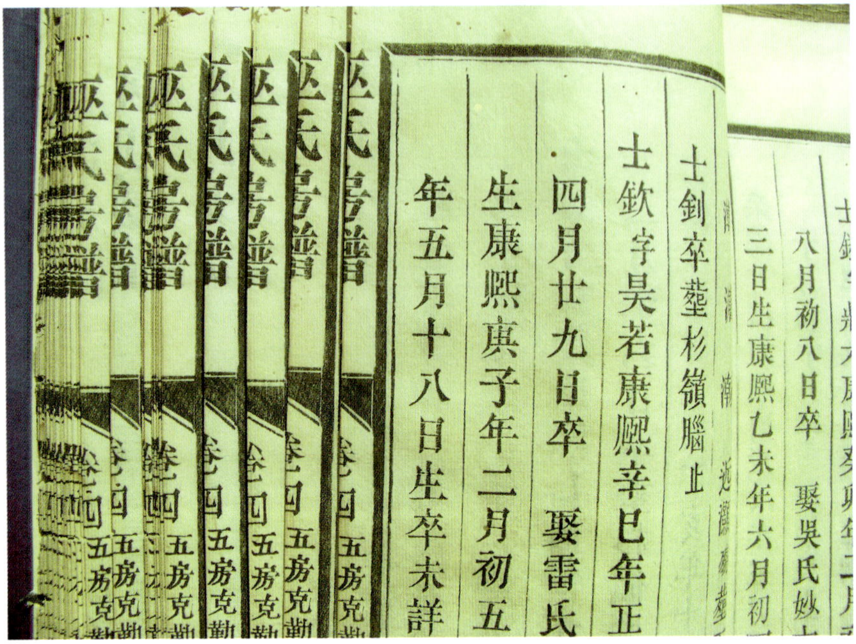

图 6—3　清代活字本《巫氏房谱》　书中普遍有切划字。是书一叶两版式，四角均为 45°边框缝，版心和版框均具有同一性，至少由三副活版交替排印，鱼尾缝明显，书口整齐划一，为典型的活字版

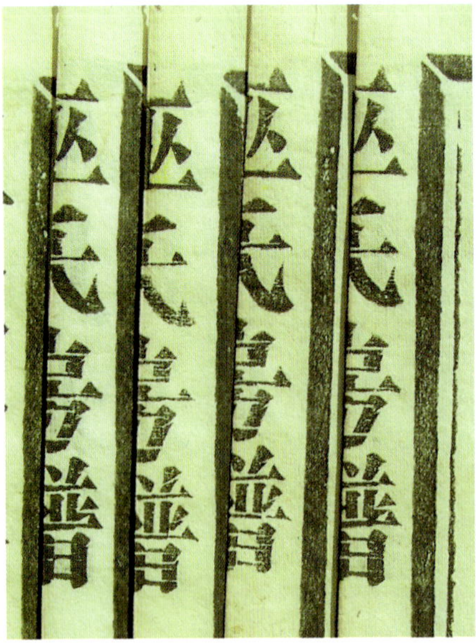

图 6—4　活字本《巫氏房谱》　版心“巫氏房谱”四个大字，切划一目了然。三副活版的版心有三组大字，笔划全部切开，尽管每组字切开的部位略有差异。

四月廿九日卒
生康熙庚子年
年五月十八日

图 6—5　活字本《巫氏房谱》　书中许多行字，切划痕迹明显

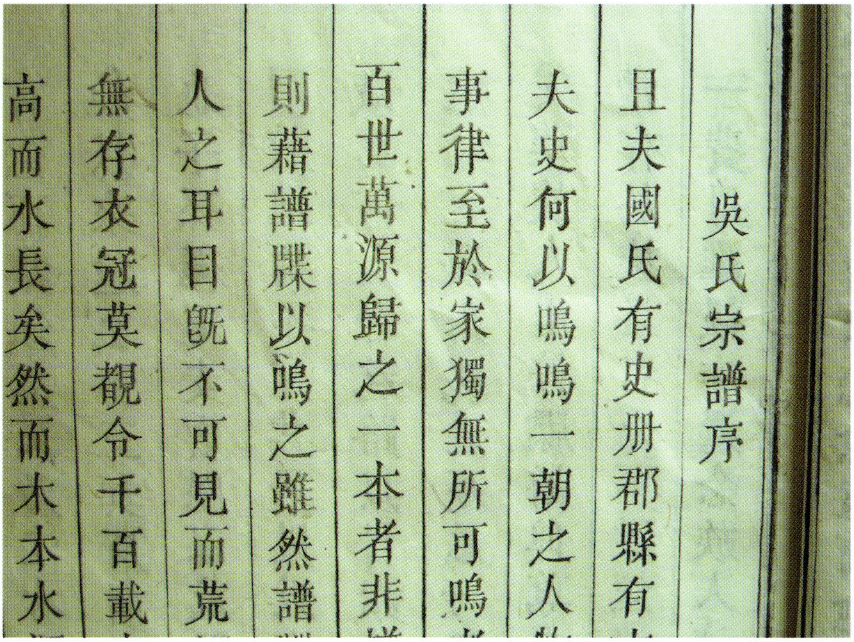
吳氏宗譜序
且夫國氏有史册郡縣有
夫史何以鳴鳴一朝之人
事律至於家獨無所可鳴
百世萬源歸之一本者非
則藉譜牒以鳴之雖然譜
人之耳目既不可見而荒
無存衣冠莫覩令千百載
高而水長矣然而木本水

图 6—6　道光活字版大开本《吴氏宗谱》　书中夹杂不少切划字

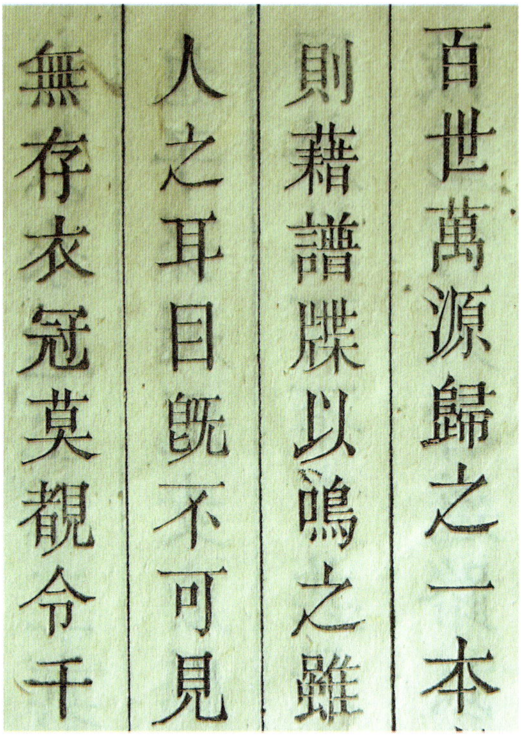
百世萬源歸之一本
則藉譜牒以鳴之雖
人之耳目既不可見
無存衣冠莫覩令千

图 6—7　活字本《吴氏宗谱》　切划字细观

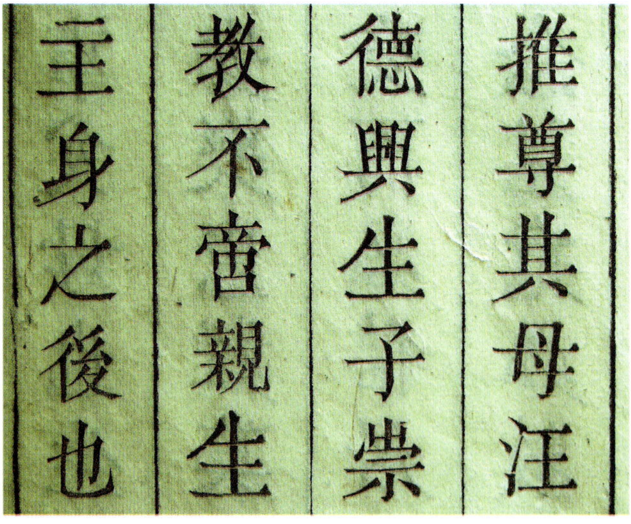
推尊其母汪
德興生子崇
教不啻親生
王身之後也

图 6—8　活字本《吴氏宗谱》　切划字明显可见

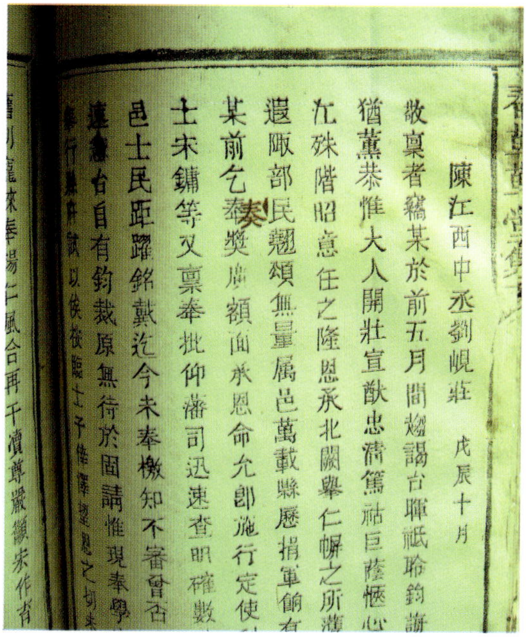

图 6—9　活字本《春草草堂集》　书中夹杂着许多切划字

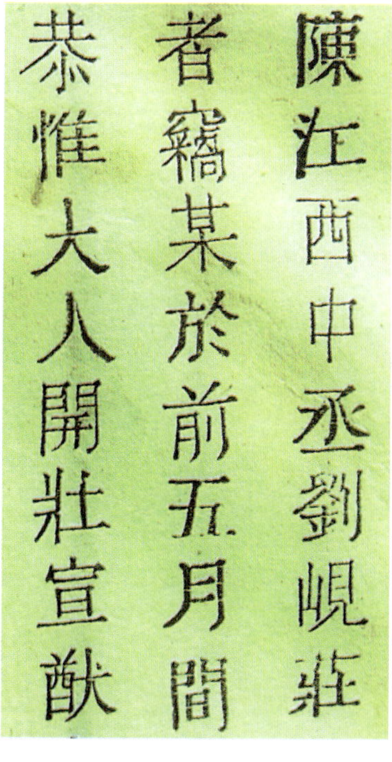

图 6—10
活字本《春草草堂集》　切划字细部

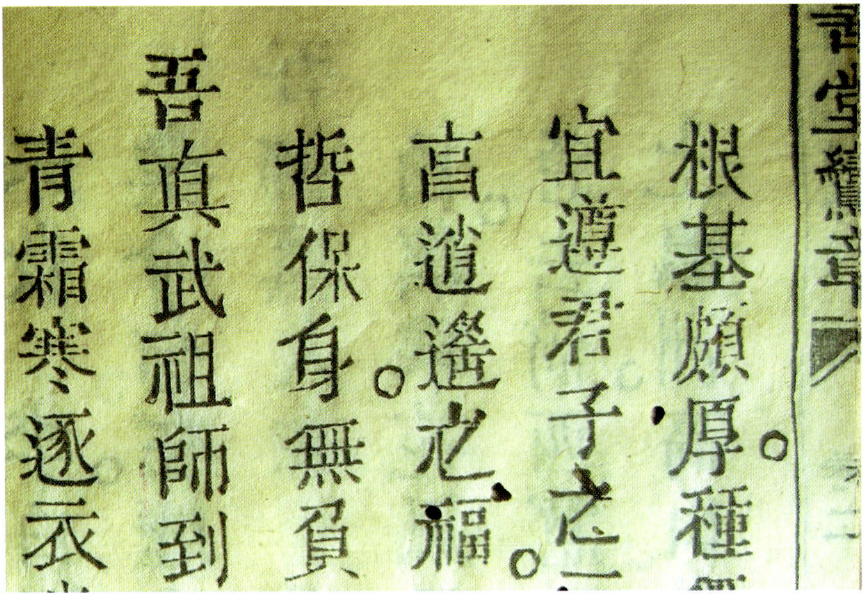

图 6—11　清代活字本《公善堂鸾章》　书中夹杂有一些切划字

图 7—1　光绪活版套印本《刘氏续修族谱》　朱墨套印。朱色龙纹皆为同一刻版，而墨色文字部分则由甲乙两副活版排印

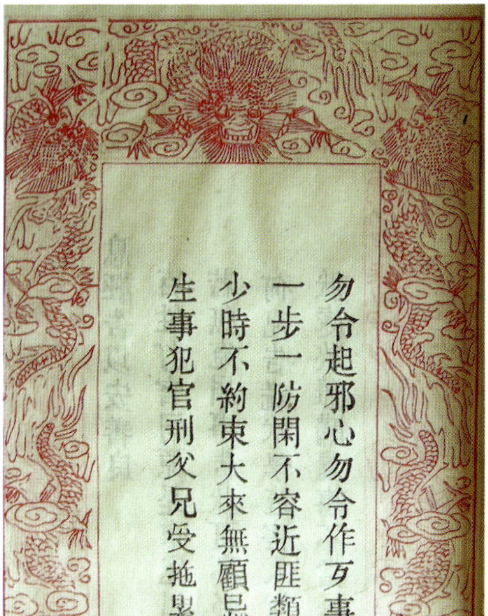

图 7—2　活版套印本《刘氏续修族谱》　每叶朱色龙纹皆为同一刻版

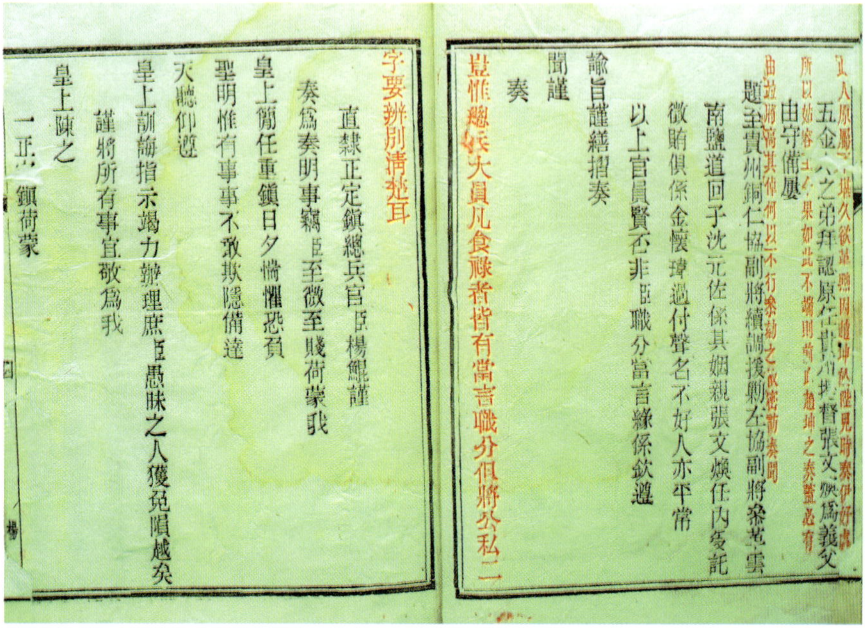
五金八之弟拜認原任貴州提督張文煥爲義父
由守備屢
題至貴州銅仁協副將續調撥剿左協副將參革雲
南鹽道回子沈元佐係其姻親張文煥任內委託
徵賄俱係金懷璋過付聲名不好人亦平常
以上官員賢否非臣職分當言緣係欽遵
諭旨謹繕摺奏
聞謹
奏
朕惟總兵大員凡食祿者皆有當言職分但將公私二
字要辨別清楚耳
直隸正定鎮總兵官臣楊鯤謹
奏爲奏明事竊臣至微至賤荷蒙我
皇上簡任重鎮日夕惕懼恐負
聖明惟有事事不敢欺隱備達
天聽仰遵
皇上訓誨指示竭力辦理庶臣愚昧之人獲免隕越矣
謹將所有事宜敬爲我
皇上陳之

图 7—3　活版套印本《朱批谕旨》　朱墨双色套印

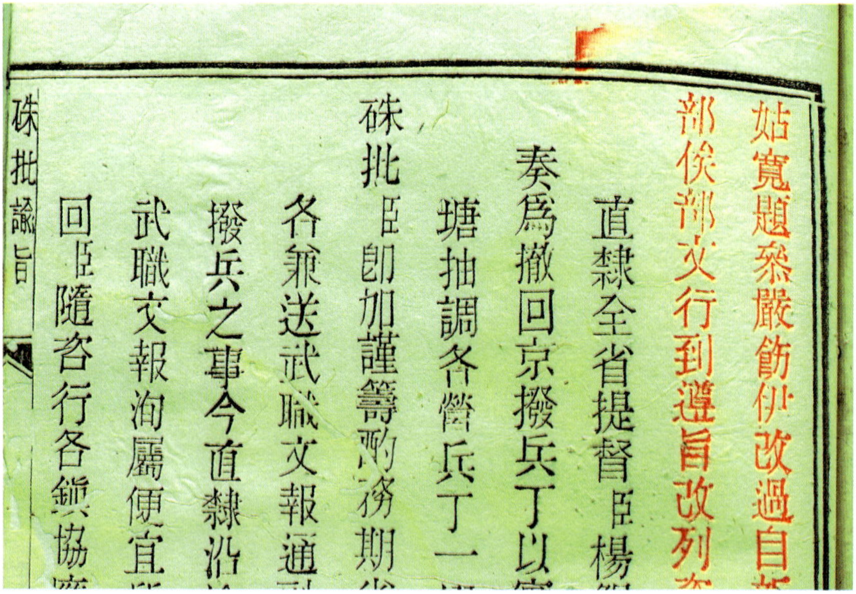
姑寬題參嚴飭伊改過自新
部俟部文行到遵旨改列奏
直隸全省提督臣楊鯤
奏爲撤回京撥兵丁以實
塘抽調各營兵丁一
硃批臣即加謹籌酌務期
各兼送武職文報通
撥兵之事今直隸沿
武職文報洵屬便宜
回臣隨咨行各鎭協
硃批諭旨

图 7—4　活版套印本《朱批谕旨》　套色局部

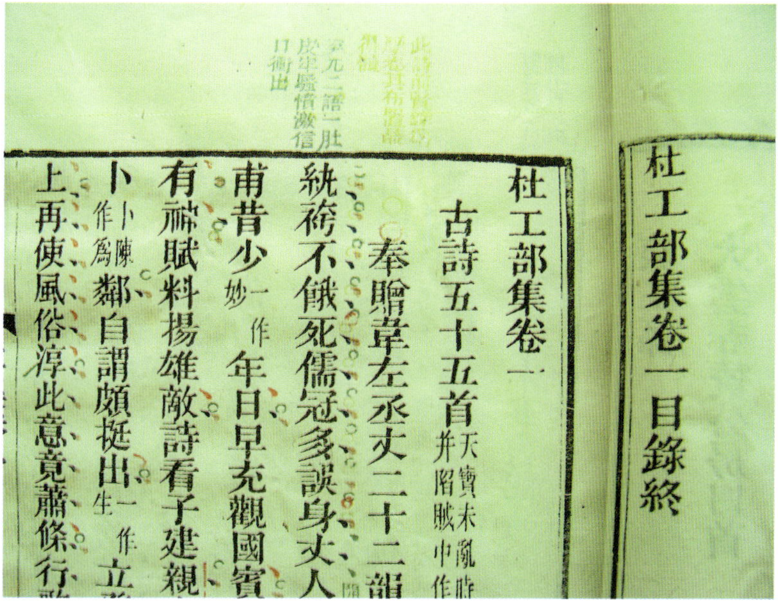

图 7—5　光绪二年翰墨园六色套印本《杜工部集》　是书工艺考究，五家评论分别用紫、蓝、朱、黄、绿五色，正文则墨印，正所谓五颜六色，令人赏心悦目

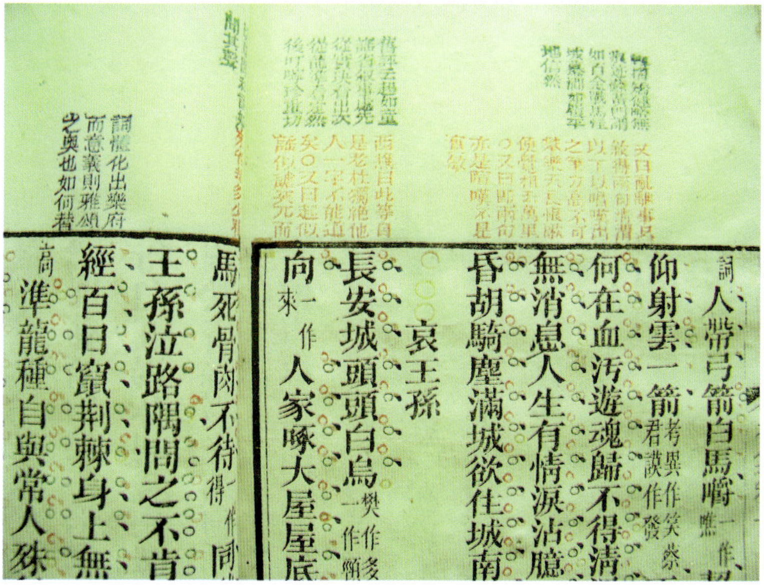

图 7—6　《杜工部集》　眼花缭乱的六色套印

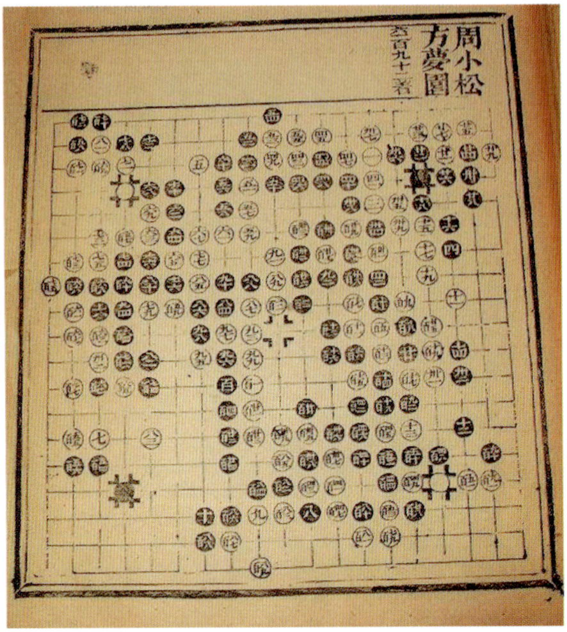

图 7—7　光绪年间套印本　围棋谱

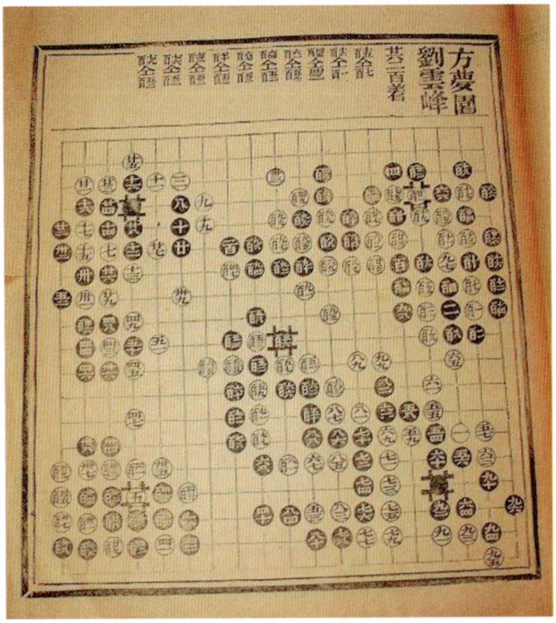

图 7—8　光绪套印围棋谱　边框四角均为 45°角

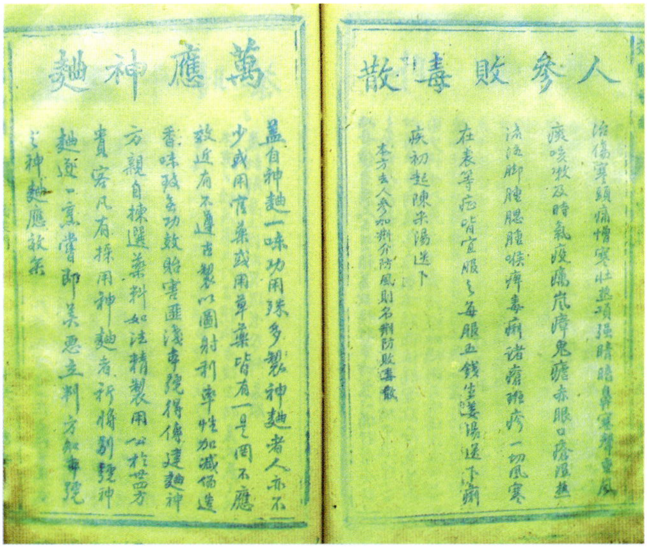

图 7—9 晚清医书《效验引编》 手写上板，各书叶版面大小不等行款不一，从全部蓝印书叶的边框和版心来看，具有明显的同一性，且边框四角均有规范的 45°边框缝，毫无疑问为活版套印本

图 7—10 活版套印本《效验引编》 边框缝均为 45°角

图 7—11　雕版加活字的混合版　板上刻有 5 行共 27 字，其中，有 3 处 5 个木活字镶嵌在雕版上，包括年号、祖辈名称和姓氏

图 7—12　雕版活字混合版　活字中有两处为连字，分别是“天运”和“世祖”

图 7—13　雕版活字混合版　活字镶嵌痕迹明显

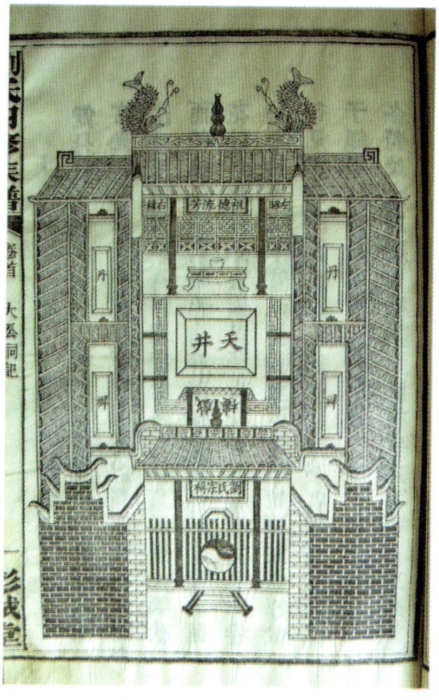

图 7—14　光绪活版套印本《刘氏续修族谱》之插图

图 7—15　活版套印本《吴氏宗谱》之插图

图 8—1　扬州广陵古籍刻印社制作的瓷活字　部分活字模带句读

图 8—2　广陵刻印社带句读的瓷活字　细观

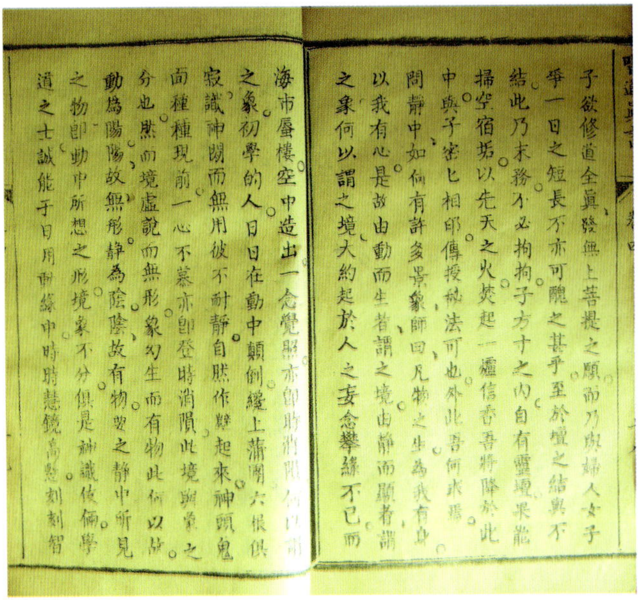

图 8—3　活字本《唱道真言》　软体字，书中的句读有两种：一种是圆圈，相当于句号；另一种是顿点，相当于顿号和逗号

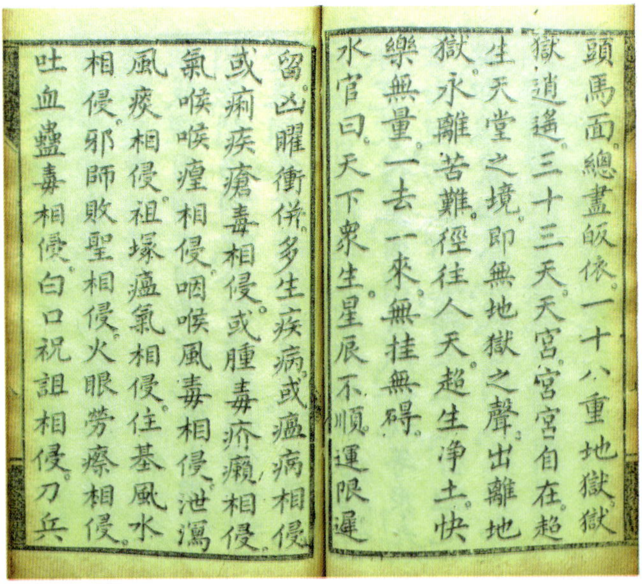

图 8—4　活字本《皇极会归宝忏》　以圆圈和顿点作句读。图示句读为圆圈，居边

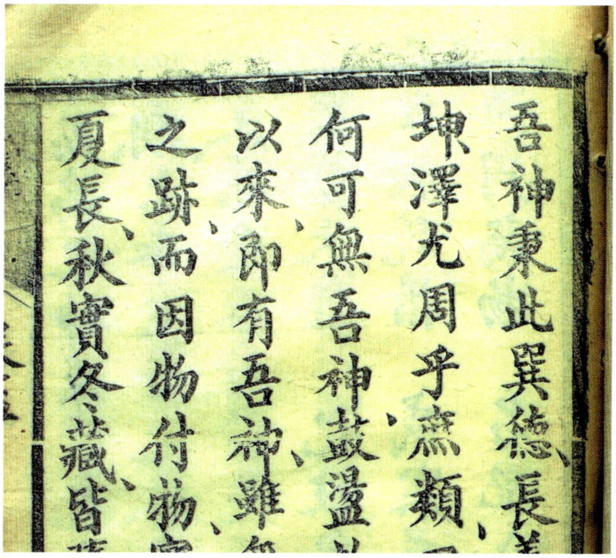
吾神秉此巽德、長
坤澤尤周乎庶類、
何可無吾神鼓盪
以來、即有吾神
之跡、而因物付物、
夏長、秋實冬藏、皆

图 8—5　活字本《皇极会归宝忏》　图中以顿点作句读，既居中又居边。有活印线、暗界栏槽、大黑框、组合边框等活字特征

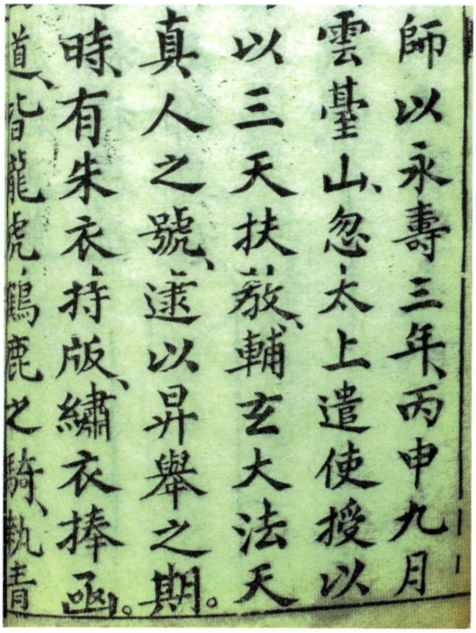
師以永壽三年丙申九月
雲臺山、忽太上遣使授以
以三天扶教、輔玄大法天
真人之號、速以昇舉之期。
時有朱衣持版、繡衣捧函。
道、皆龍虎鶴鹿之騎、執青

图 8—6　活字本《玉皇宥罪大忏》　句读既有顿点也有圆圈，有时居于右下角，有时夹在二字之间。图中有活印线

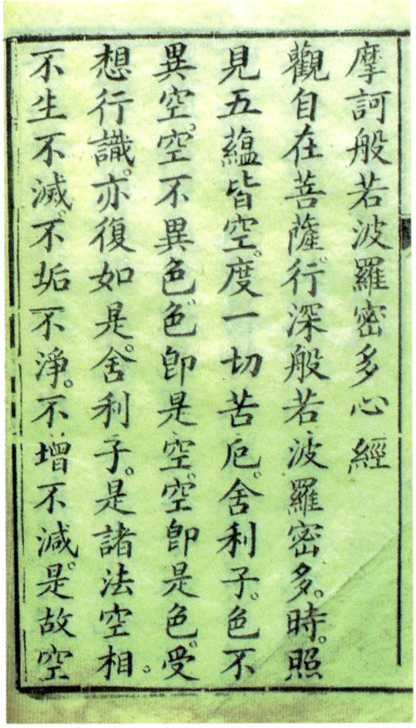

摩訶般若波羅密多心經
觀自在菩薩行深般若波羅密多時照
見五蘊皆空度一切苦厄舍利子色不
異空空不異色色卽是空空卽是色受
想行識亦復如是舍利子是諸法空相
不生不滅不垢不淨不增不減是故空

图 8—7

光绪活字本《佛说高王观世音经》 小圆圈作句读，多居边，夹在两字之间

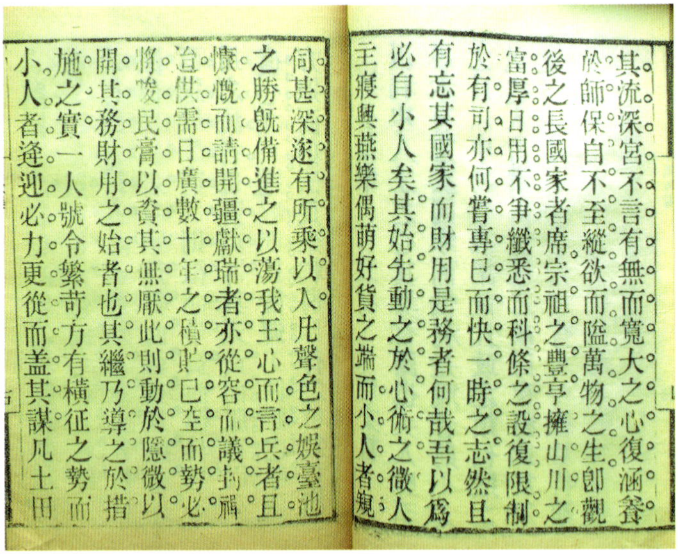

其流深宮不言有無而寬大之心復涵養
於師保自不至縱欲而臨萬物之生卽觀
後之長國家者席宗祖之豐亨擁山川之
富厚日用不爭纖悉而科條之設復限制
於有司亦何嘗專已而快一時之志然且
有忘其國家而財用是務者何哉吾以爲
必自小人矣其始先動之於心術之微人
主寢興燕樂偶萌好貨之端而小人者窺
伺甚深遂有所乘以入凡聲色之娛臺池
之勝既備進之以蕩我王心而言兵者且
懷慨而請開疆獻瑞者亦從容而議封禪
迨供需日廣數十年之積貯已空而勢必
將朘民膏以養其無厭此則動於隱微以
開其務財用之始者也其繼乃導之於措
施之實一人號令繁苛方有橫征之勢而
小人者逢迎必力更從而蓋其謀凡土田

图 8—8 活字本《高歌集》 虽无句读，却有众多符号——小圆圈。前人读书时，看到一些重要的段落，或精彩的句子，便顺手打上圈圈点点。后人翻刻再版此书，往往将这些圈、点一并附上

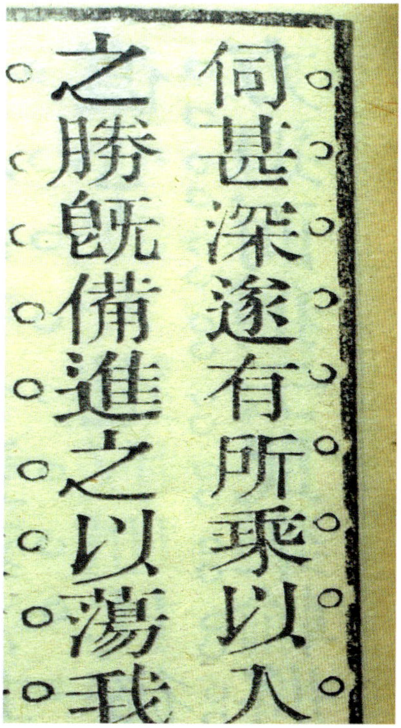

图 8—9

活字本《高歌集》 符号与边框间的参差印痕

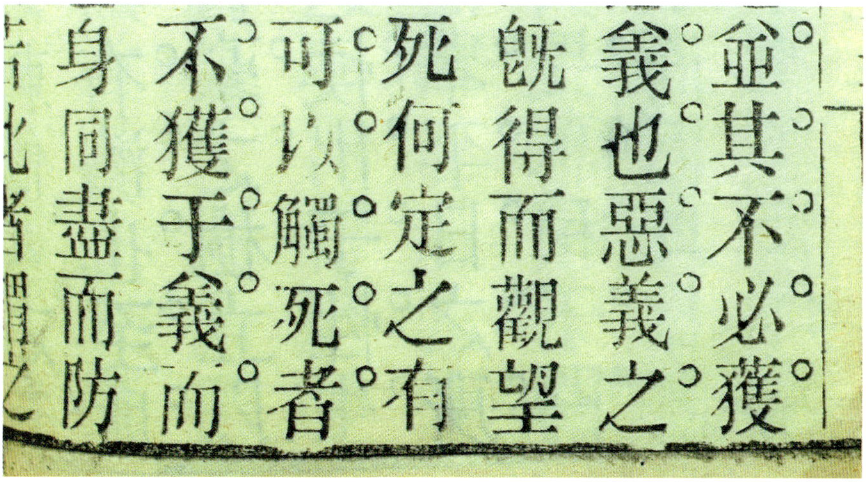

图 8—10 活字本《高歌集》 “之”、“防”、“者”与下框间的参差印痕

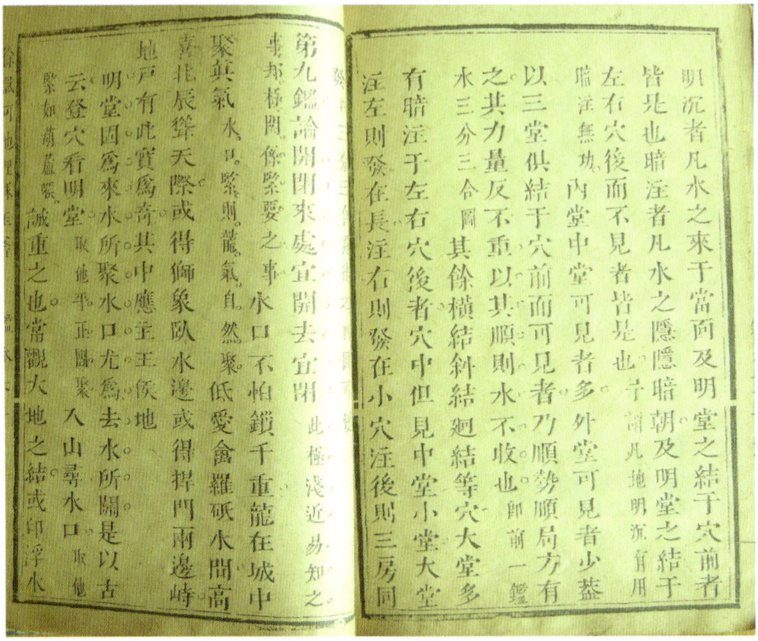

明沉者凡水之來于當面及明堂之結于穴前者皆是也暗注者凡水之隱隱暗朝及明堂之結于左右穴後而不見者皆是也 子謂凡地明沉有用暗注無功 內堂中堂可見者多外堂可見者少蓋以三堂俱結于穴前而可見者乃順勢順局方有之其力量反不重以其順則水不收也 郎前一鑒水三分三合圖 其餘橫結斜結廻結等穴大堂多有暗注于左右穴後者穴中但見中堂小堂大堂注左則發在長注右則發在小穴注後則三房同

第九鑑論開閉來處宜開去宜閉 此極淺近易知之事 郡橋閘係緊要之事 水口不怕鎖千重龍在城中聚真氣水口緊則龍氣自然聚 低愛禽羅砥水間高喜北辰聳天際或得獅象臥水邊或得捍門兩邊峙地戶有此實爲奇其中應主王侯地明堂固爲來水所聚水口尤爲去水所關是以古云登穴看明堂 取他平正團聚 入山尋水口 取他緊如葫蘆嘴 誠重之也常觀大地之結或印浮水

图 8—11　活字本《地理琢玉斧》　一叶双版。书中小圆圈既作句读，又作着重号

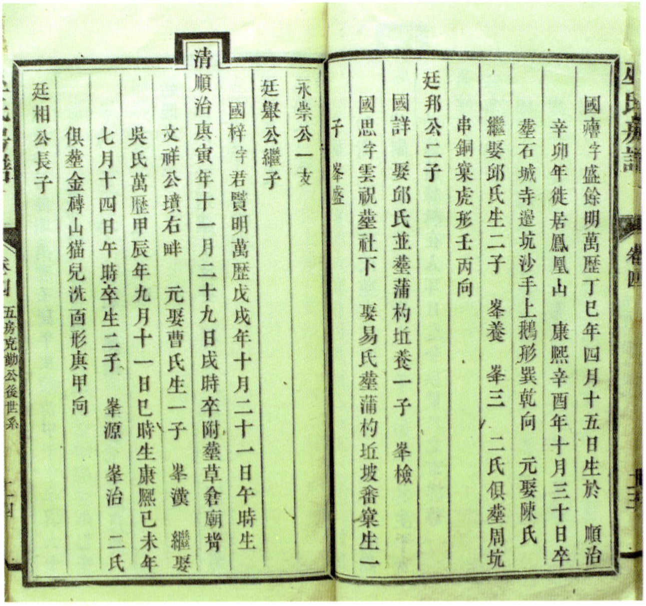

巫氏房譜 卷四

國禧字盛餘明萬歷丁巳年四月十五日生於 順治辛卯年徙居鳳凰山 康熙辛酉年十月三十日卒葬石城寺邊坑沙手上鵝形巽乾向 元娶陳氏繼娶邱氏生二子 峯養 峯三 二氏俱葬周坑串銅窠虎形壬丙向

廷邦公二子

國詳 娶邱氏並葬蒲杓垇養一子 峯檢

國思字雲祝葬社下 娶易氏葬蒲杓垇坡畬窠生一子 峯盛

永崇公一支

廷舉公繼子

國梓字君贊明萬歷戊戌年十月二十一日午時生

清順治庚寅年十一月二十九日戌時卒附葬草倉廟背文祥公墳右畔 元娶曹氏生一子 峯漢 繼娶吳氏萬歷甲辰年九月十一日巳時生康熙己未年七月十四日午時卒生二子 峯源 峯治 二氏俱葬金磚山猫兒洗面形庚甲向

廷相公長子

五房克勤公後世系

图 8—12　活字本《巫氏房谱》　大黑框、一叶双版、45°边框缝，还有抬头

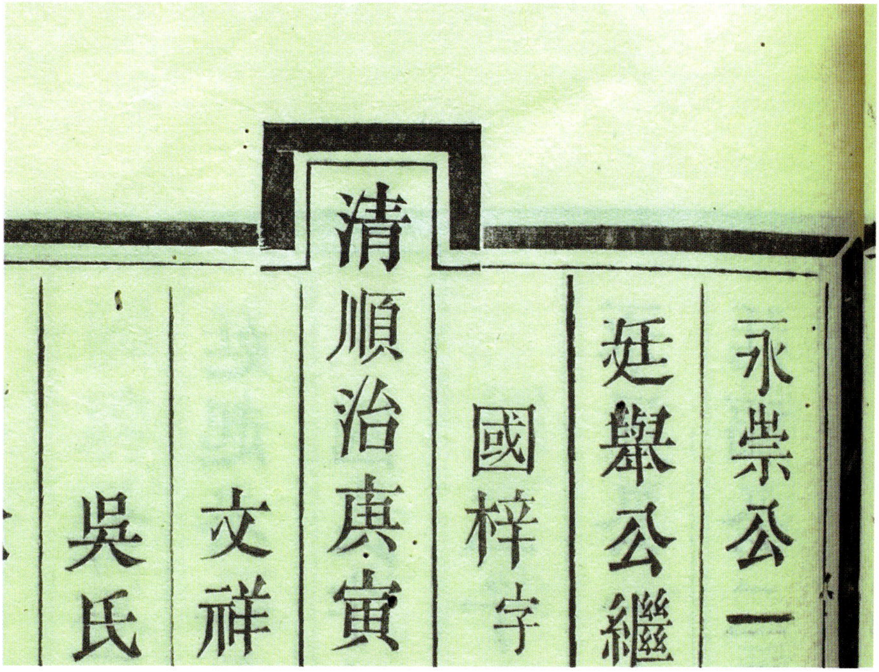

图 8—13　活字本《巫氏房谱》　抬头细部

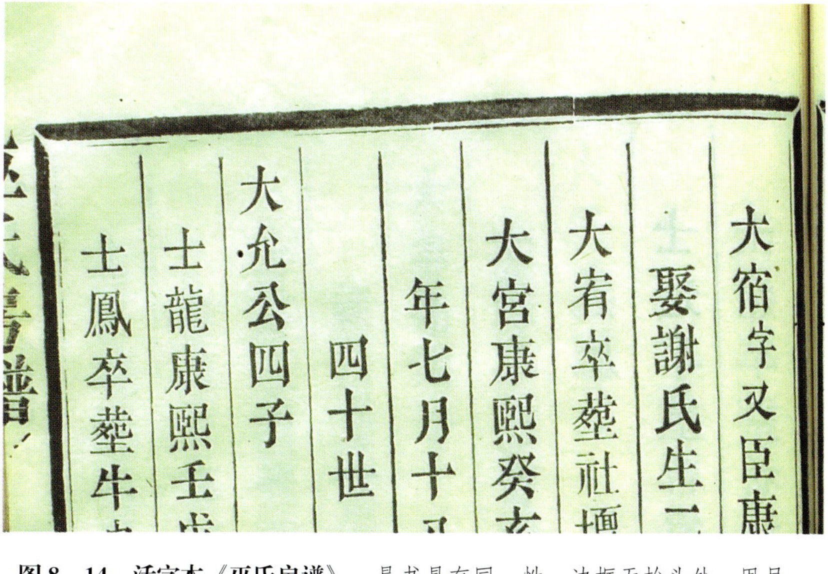

图 8—14　活字本《巫氏房谱》　是书具有同一性。边框无抬头处，用另一段边栏填充

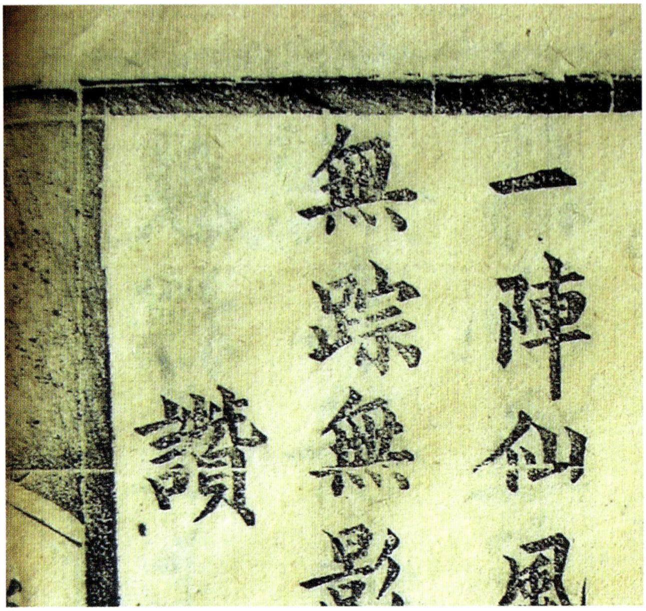

图 8—15

活字本《皇极会归宝忏》 大黑口与版心线和边框之间，有黑口缝。图中还有一条活印线

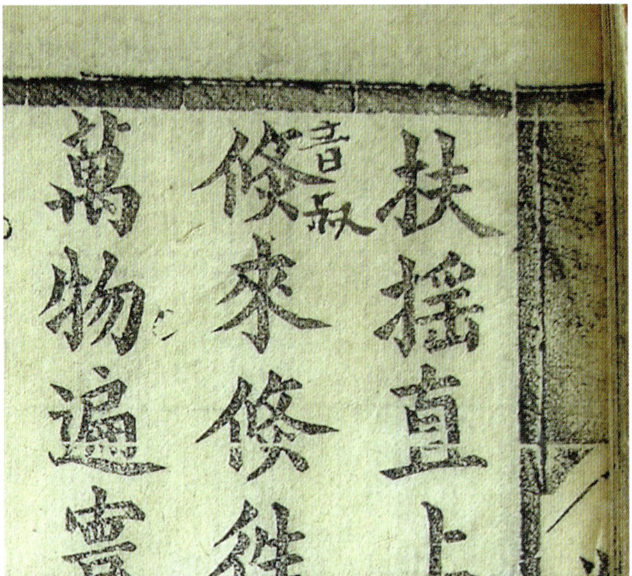

图 8—16

活字本《皇极会归宝忏》 大黑口与版心线之间，有明显的参差印痕。大黑口与边框之间则有黑口缝。图中还有活印线和界栏槽

图 9—1　中国木活字印刷文化展示馆　位于浙江省温州市瑞安县平阳坑镇东源村，由古宅改造而成，占地 1670 平方米。东源村用木活字印制族谱起始于清代乾隆年间，已有 270 余年历史。现在村中仍有不少人操持活字印刷，被誉为木活字印刷村落

图 9—2　东源村木活字展示馆　师傅在活字版上示范刷印

图 9—3　东源村木活字展示馆　年轻人继续从事传统的活字印刷

图 9—4　东源村木活字展示馆　用于排印家谱世系的活版木范及木活字

图 9—5　东源村木活字展示馆　排印家谱世系的木范。暗界栏、横隔栏及版心等事先制作妥当，暗界栏插进了边框与横隔栏之间，整个板框事先敲钉牢固，然后再移植木活字排版。从传统的活版技术来看，东源村的固版技术非常先进

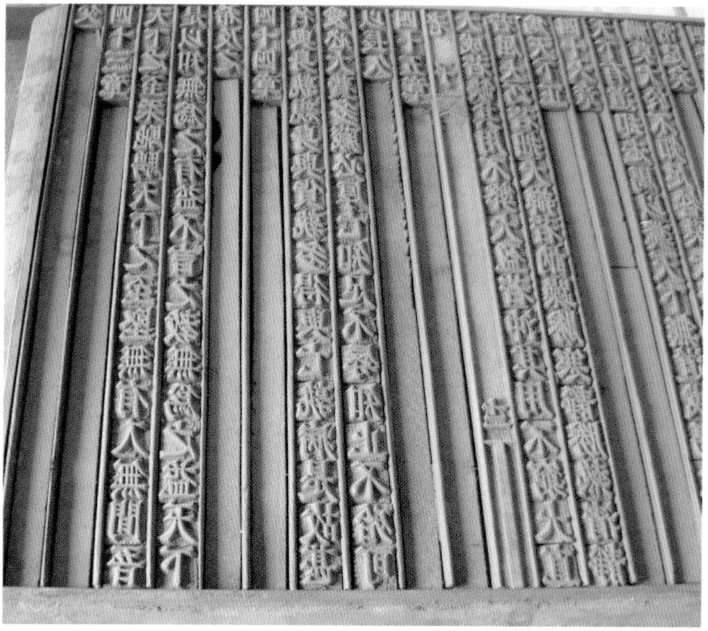

图 9—6　扬州广陵古籍刻印社制作的木活字版

图 9—7　扬州广陵古籍刻印社研制的铜活字版

图 9—8　南京金陵刻经处　主要从事雕版印刷。金陵刻经处始建于同治五年，系由晚清学者杨仁山先生一手创办，旨在使佛典广为流通，普济众生

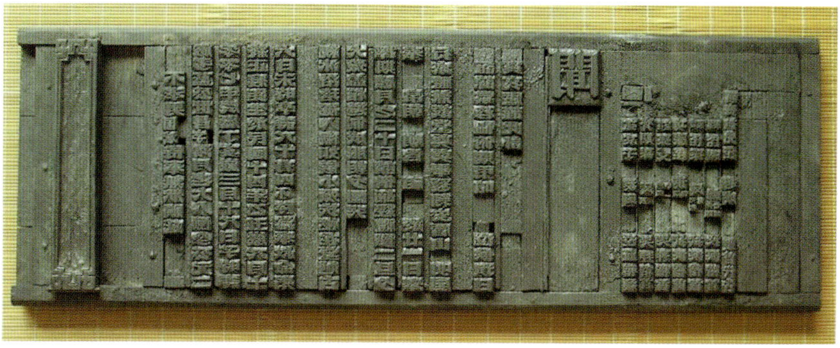

图 9—9　活版排字版　成品，已多次刷印。超大版，版框长 76.5 厘米，宽 27 厘米，高 2.3 厘米

图 9—10　排字版局部　中号字，有夹条、顶木和空子

图 9—11　排字版细部　大号字，有一个特大号字。有夹条、顶木和空子

图 9—12　活版排字版　半成品。超大版，版框长 85 厘米，宽 26.8 厘米，高 3.8 厘米。空白地方尚需填充

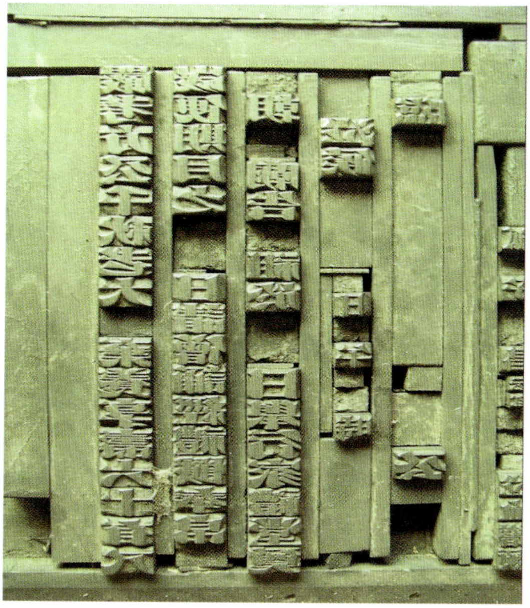

图 9—13　排字版细部

图 9—14　排字版局部　有暗界栏。填塞物有大块木板，有小木块，亦有小卡子

图 9—15　拣字盘　超大盘，长 67 厘米，宽 26.5 厘米，高 3.3 厘米。共有 62 行，每行 21 格，第一格可放 3 个字（连字条），最多可拣字 1426 个

图 9—16　拣字盘局部　由铁皮交叉而成，制成一个个小方格

图 9—17　拣字小托盘　可装 300 余个单字。图中多为连字，除了双连字，亦有三连字和四连字

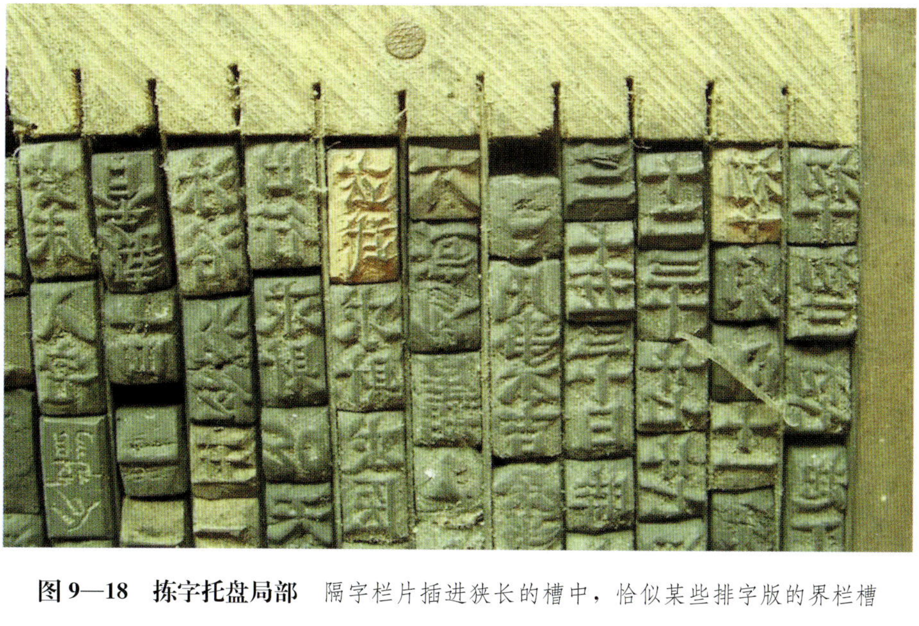

图 9—18　拣字托盘局部　隔字栏片插进狭长的槽中，恰似某些排字版的界栏槽

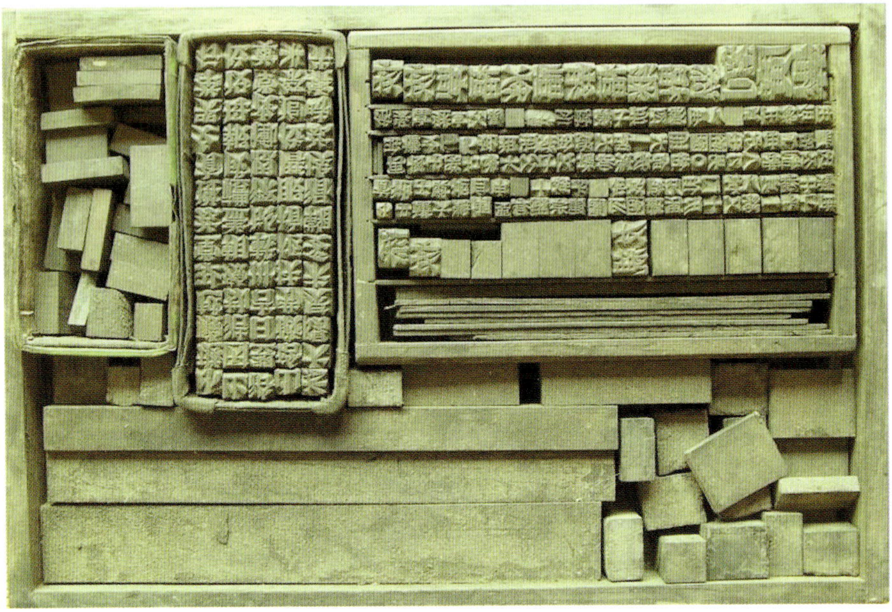

图 9—19 活字及填充材料 中小号木活字，顶木、界栏片及填充方块等

图 9—20 大中小号木活字 其中有带边框的活字。左上角小盒内有几个铅活字

图 9—21　各种型号的木活字

图 9—22　各种活字　包括陶活字、铜活字、铅字模及连字条等

图 9—23　各种活字　中间“礼”字及旁边一颗为铜活字，上边五颗带红色印泥字及倒卧的数颗均为陶活字。右边偏白色者也是陶活字，但未曾着墨，且有反字，疑似吕抚所制泥版活字。其余为木活字及连字条

图 10—2—1　宋本《文苑英华》　一千卷，北宋李昉等辑，南宋经周必大勘补，于嘉泰四年（1204 年）定本梓行。开本宏朗，精印精装

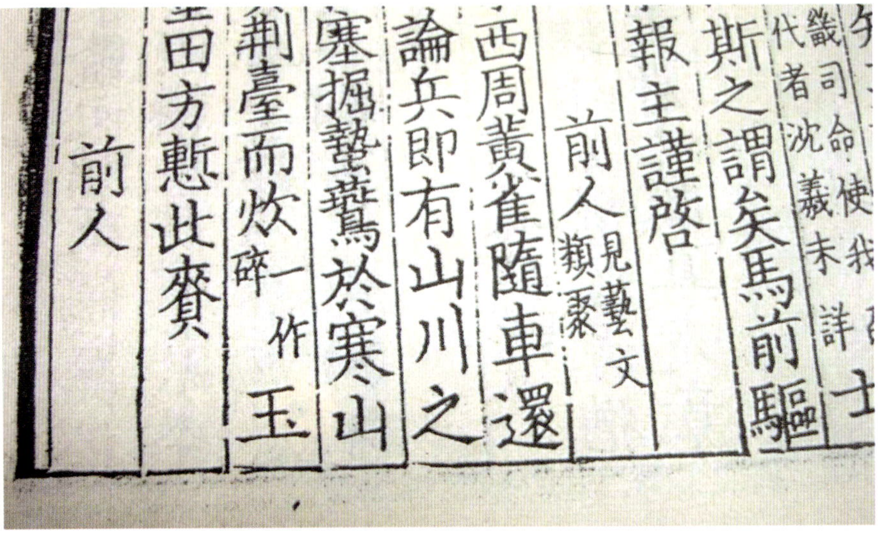

斯之謂矣馬前驅
報主謹啓
前人 見藝文類聚
西周黃雀隨車還
論兵即有山川之
塞掘蟄驚於寒山
剩臺而炊 一作碎玉
田方慙此賚
前人

图 10—2—2 《文苑英华》 栏线插进边框之中。因拍照时使用闪光，照片有些变色

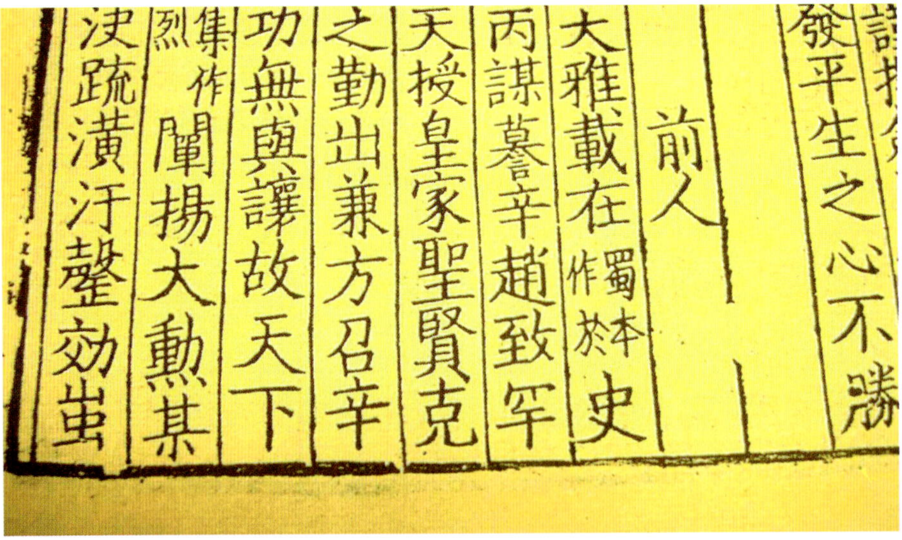

發平生之心不勝
前人
大雅載在 蜀本作於 史
丙謀蓍辛趙致罕
天授皇家聖賢克
之勤出兼方召辛
功無與讓故天下
集作烈 闡揚大勳某
決疏潰汗鏧劾蚩

图 10—2—3 《文苑英华》 栏线插入边框

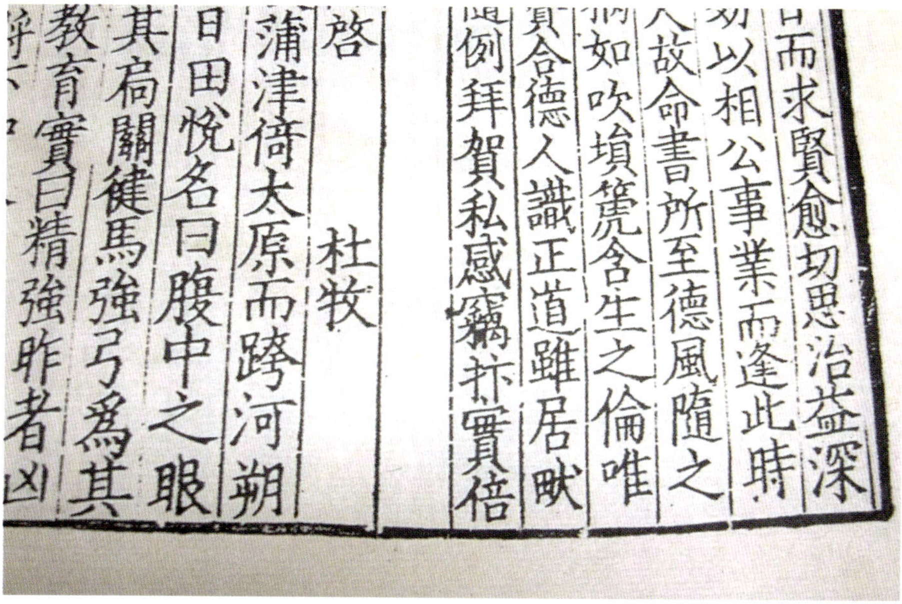
日而求賢愈切思治益深
効以相公事業而逢此時
人故命書所至德風隨之
僴如吹塤篪含生之倫唯
賀合德人識正道雖居畎
隨例拜賀私感竊抃實倍
啓　杜牧
蒲津倚太原而跨河朔
日田悅名曰腹中之眼
其扃關鍵馬強弓爲其
教育實曰精強昨者凶

图 10—2—4　《文苑英华》　栏线插入边框中

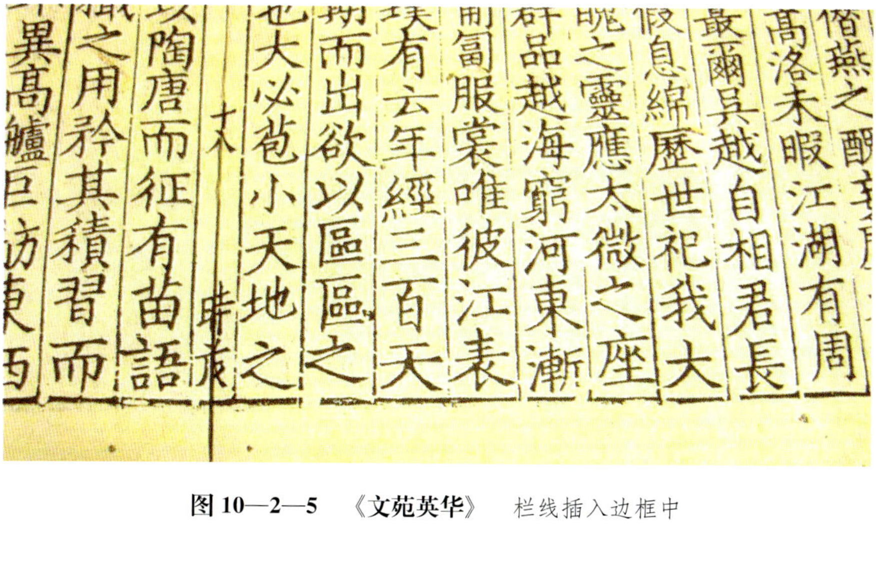
高洛未暇江湖有周
最爾吴越自相君長
假息綿歷世祀我大
晚之靈應太微之座
群品越海窮河東漸
前匐服裳唯彼江表
有云年經三百天
踴而出欲以區區之
也大必苞小天地之
以陶唐而征有苗語
職之用矜其積習而
異髙鱸巳訪東

图 10—2—5　《文苑英华》　栏线插入边框中

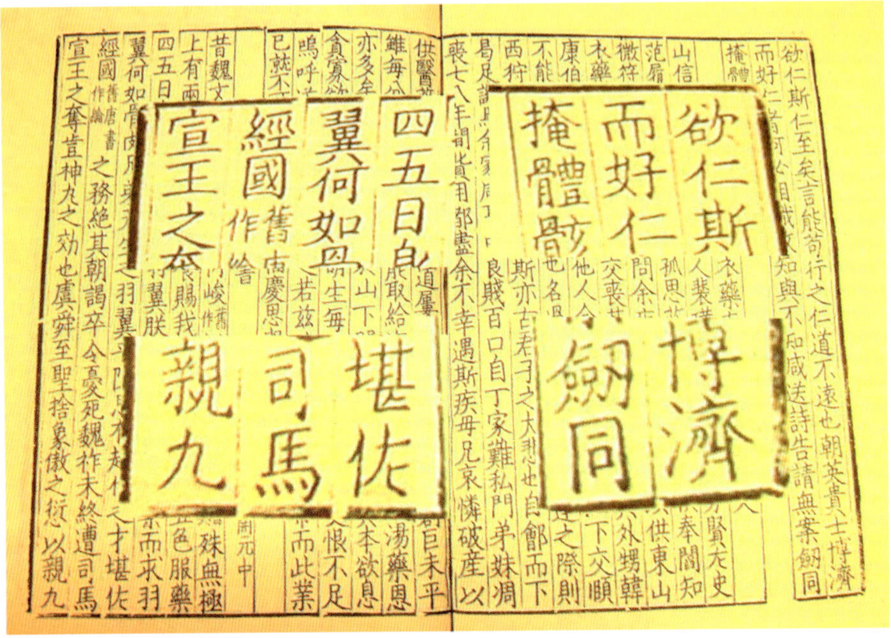

图 10—2—6 《文苑英华》 书叶多有边框缝，有些书叶的四角均可见到边框缝

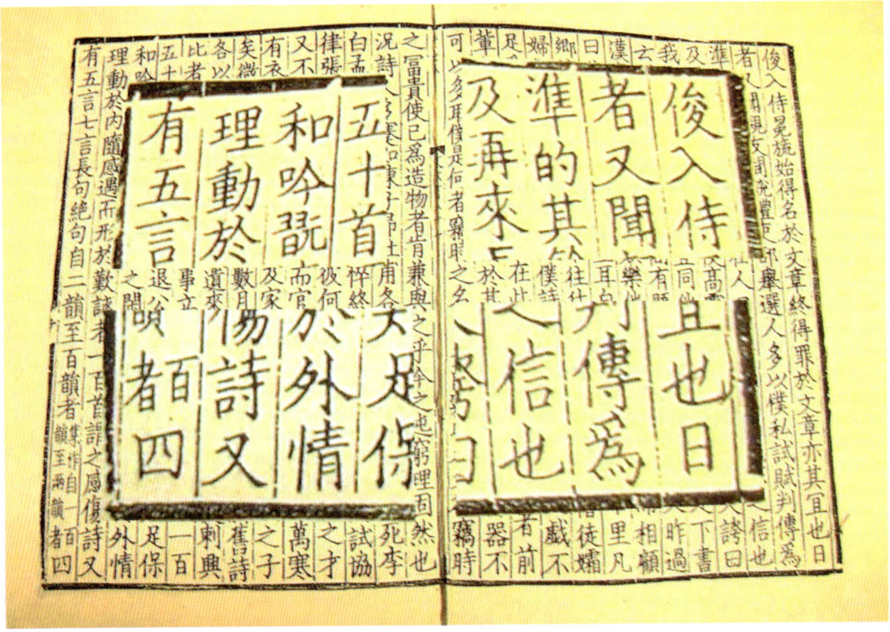

图 10—2—7 《文苑英华》 一些书叶的四角均可见到边框缝

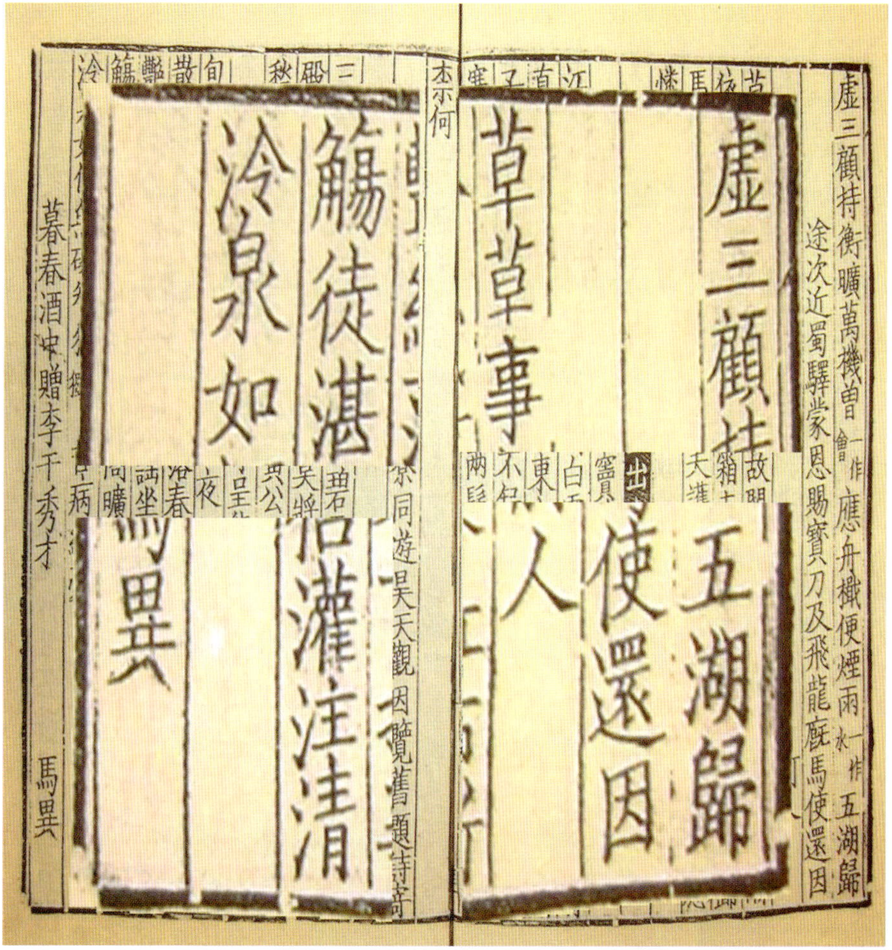

图 10—2—8 《文苑英华》 书叶四角均有边框缝

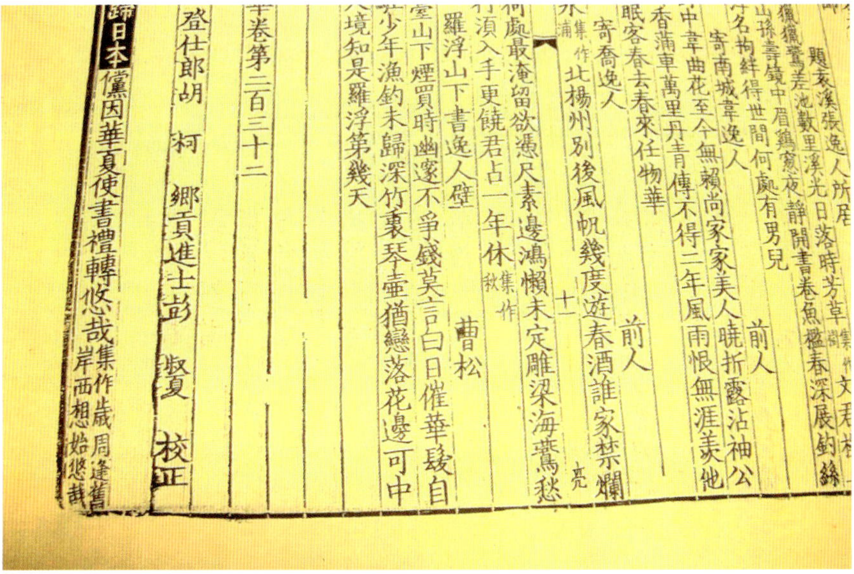

图 10—2—9 《文苑英华》 许多书叶有界栏槽。这些界栏槽多为槽状，亦有点状，还有弧形状，根本不可能是雕版所为

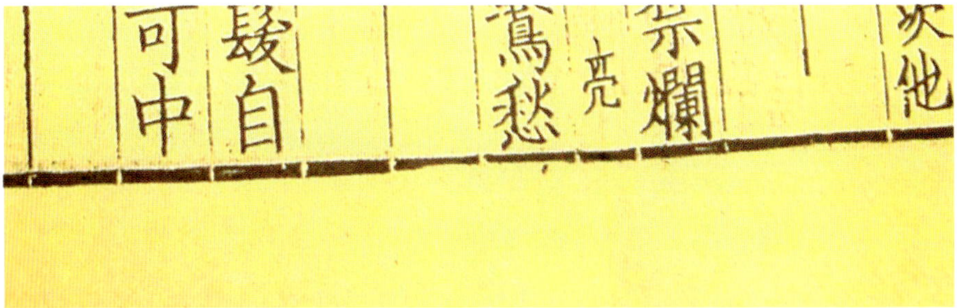

图 10—2—10 《文苑英华》的界栏槽

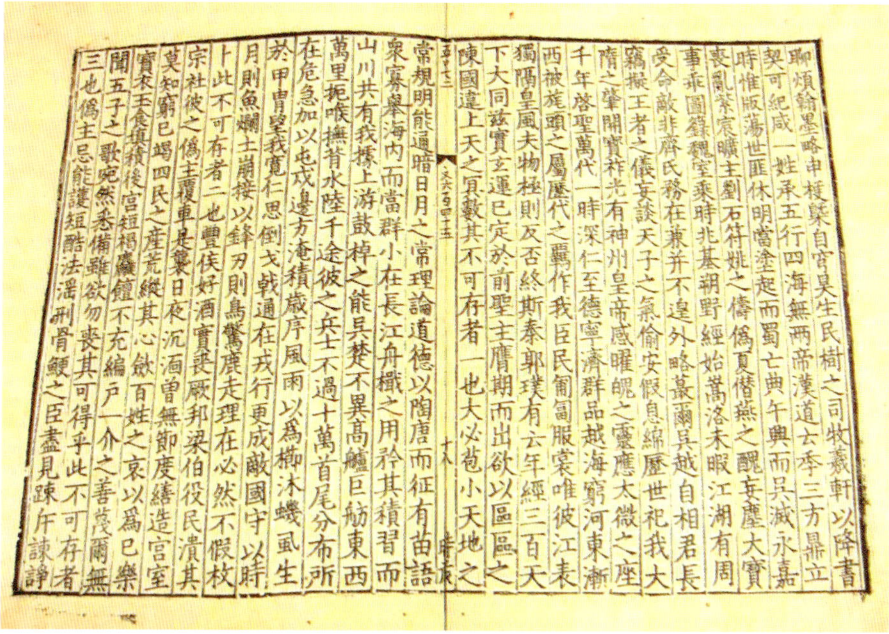
聊煩翰墨略申梗槩自穹旻生民樹之司牧羲軒以降書
契可紀咸一姓承五行四海無兩帝漢道云季三方鼎立
時惟版蕩世匪休明當塗起而蜀亡典午興而吳滅永嘉
喪亂茶宸曠主劉石苻姚之儔僞夏僭燕之醜妄塵大寶
事乖圖籙魏室乘時北基朔野經始嵩洛未暇江湖有周
受命敵非齊氏務在兼并不遑外略蕞爾吳越自相君長
竊擬王者之儀妄談天子之氣偷安假息綿歷世祀我大
隋之肇開寶祚光有神州皇帝感曜魄之靈應太微之座
千年啓聖萬代一時深仁至德寧濟群品越海窮河東漸
西被旄頭之屬歷代之羈作我臣民罽罽服裳唯彼江表
獨隅皇風夫物極則反否終斯泰鄴璞有云年經三百天
下大同茲實玄運已定於前聖主膺期而出欲以區區之
陳國違上天之冥數其不可存者一也大必苞小天地之
十八
常規明能通晴日月之常理論道德以陶唐而征有苗語
衆寡舉海內而當群小在長江舟檝之用矜其積習而
山川共有我據上游鼓棹之能吳楚不異高艫巨舫東西
萬里扼喉撫背水陸千途彼之兵士不過十萬首尾分布所
在危急加以屯戍邊方淹積歲序風雨以爲櫛沐蟣虱生
於甲冑望我寬仁思倒戈戟通在戎行更成敵國守以時
月則魚爛士崩接以鋒刃則鳥驚獸走理在必然不假枚
卜此不可存者二也豐侯好酒實喪厥邦梁伯役民潰其
宗社彼之僞主覆車是襲日夜沉湎曾無節度繕造宮室
莫知窮已竭四民之產荒縱其心斂百姓之哀以爲己樂
寶衣玉食積後宮短褐藜饘不充編戶一介之善蔑爾無
聞五子之歌宛然悉備雖欲勿喪其可得乎此不可存者
三也僞主忌能護短酷法濫刑骨鯁之臣盡見疎斥諫諍

图 10—2—11　《文苑英华》　书叶中的界栏槽

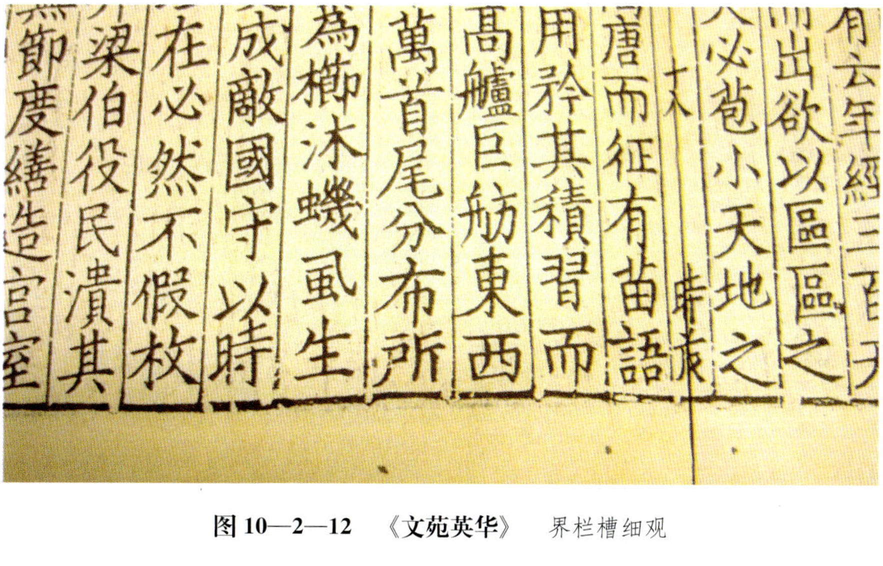
有云年經三百天
而出欲以區區之
大必苞小天地之
十八
唐而征有苗語
用矜其積習而
高艫巨舫東西
萬首尾分布所
爲櫛沐蟣虱生
成敵國守以時
在必然不假枚
梁伯役民潰其
節度繕造宮室

图 10—2—12　《文苑英华》　界栏槽细观

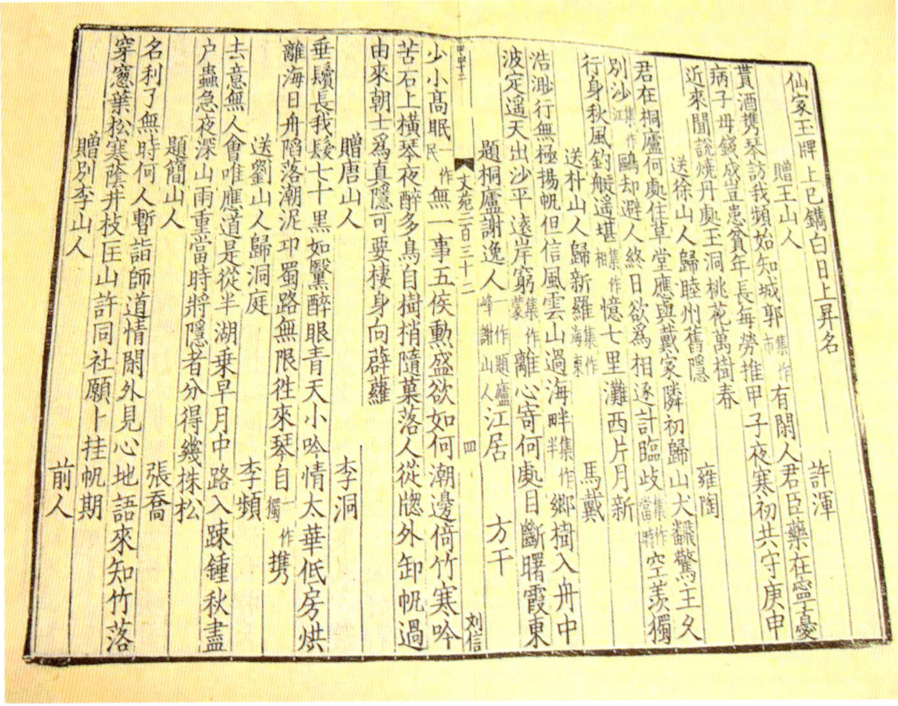

图 10—2—13　《文苑英华》　某些界栏槽呈点状

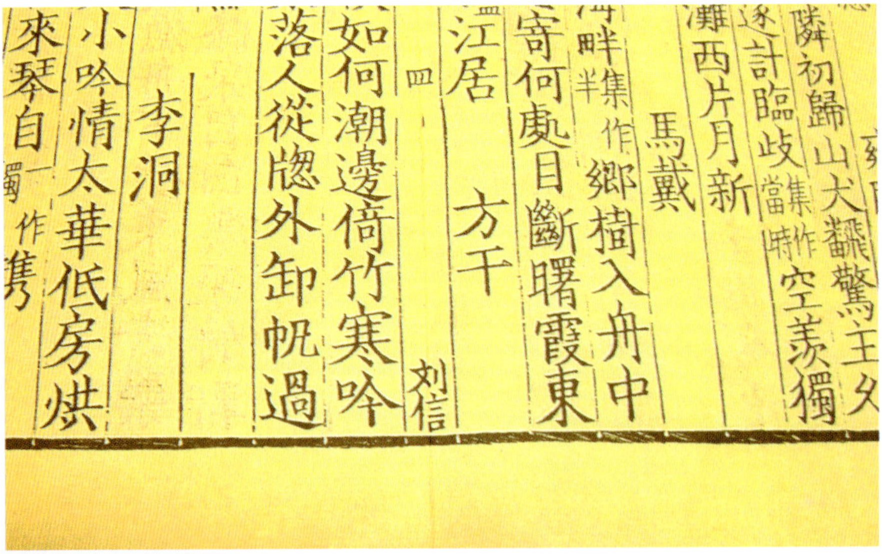

图 10—2—14　《文苑英华》　其中的点状界栏槽，不可能是雕版所为

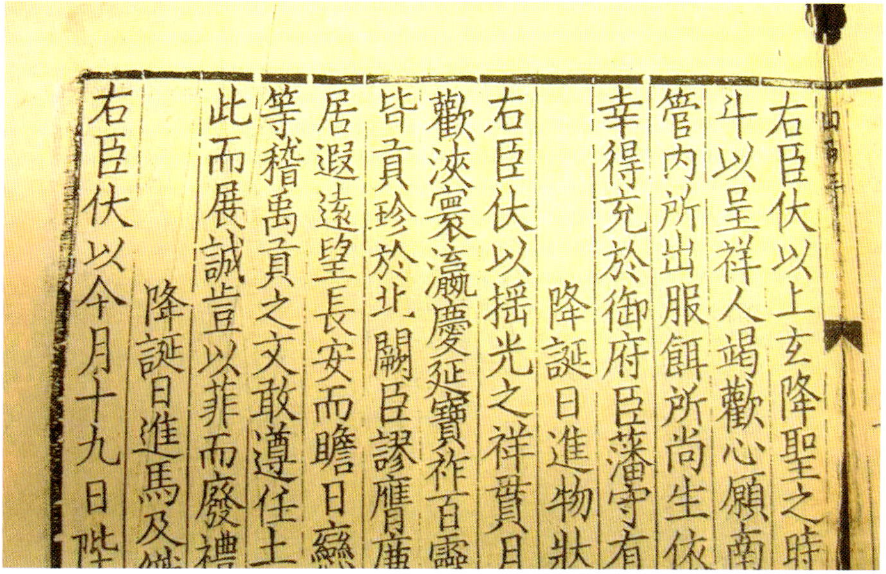

图 10—2—15 《文苑英华》 某些界栏槽呈弧形状

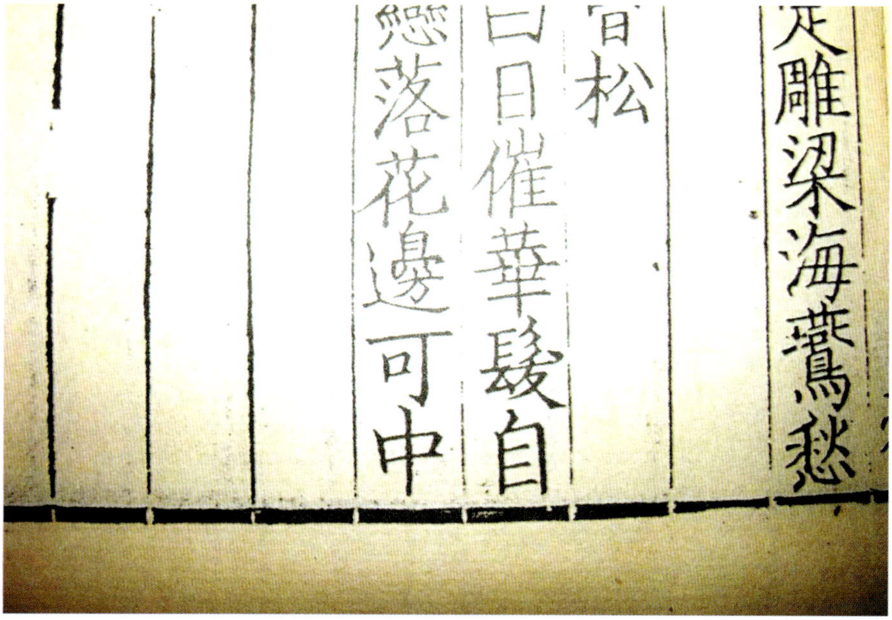

图 10—2—16 《文苑英华》 其中的弧形界栏槽，不可能是雕版所为

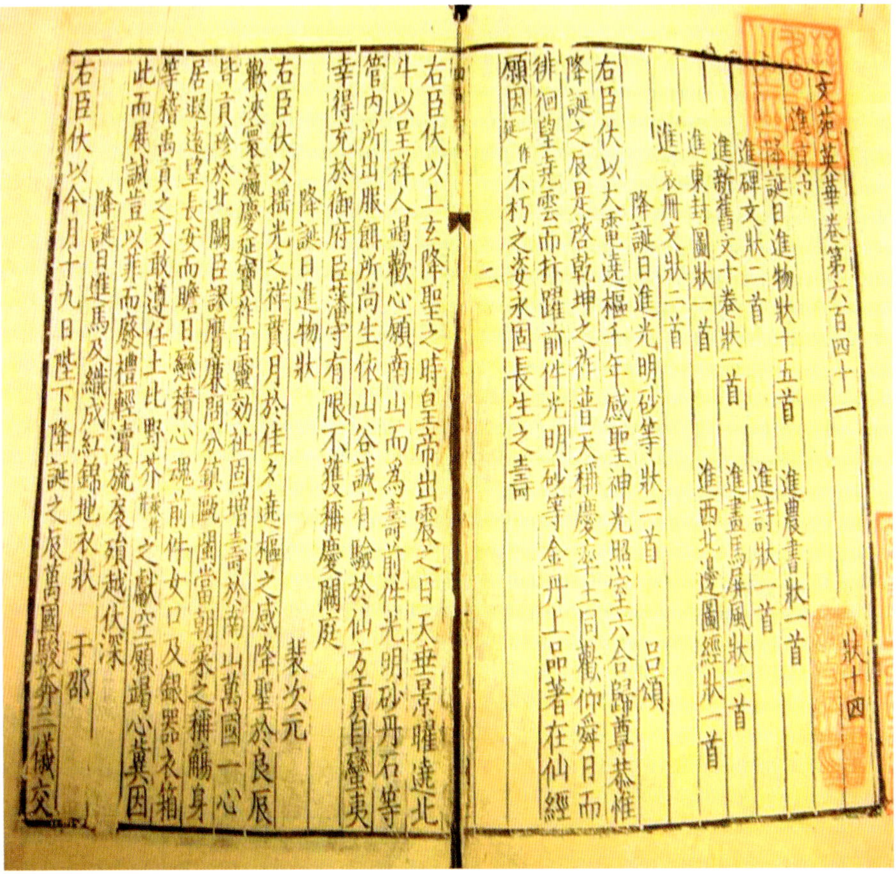
文苑英華卷第六百四十一
進賀六
降誕日進物狀十五首　進農書狀一首
進碑文狀二首　進詩狀一首
進新舊文十卷狀一首　進畫馬屏風狀一首
進東封圖狀一首　進西北邊圖經狀一首
進表冊文狀二首
降誕日進光明砂等狀二首　呂頌
右臣伏以大電遶樞千年感聖神光照室六合歸尊恭惟
降誕之辰是啓乾坤之祚普天稱慶率土同歡仰舜日而
徘徊望堯雲而抃躍前件光明砂等金丹上品著在仙經
願因廷一作不朽之姿永固長生之壽
狀十四
二
右臣伏以上玄降聖之時皇帝出震之日天垂景曜遶北
斗以呈祥人竭歡心願南山而爲壽前件光明砂丹石等
管內所出服餌所尚生依山谷誠有驗於仙方貢自蠻夷
幸得充於御府臣藩守有限不獲稱慶闕庭
降誕日進物狀　裴次元
右臣伏以搖光之祥貫月於佳夕遶樞之感降聖於良辰
歡浹寰瀛慶延寶祚百靈効祉固增壽於南山萬國一心
皆貢珍於北闕臣謬膺廉問分鎮甌閩當朝宗之稱觴身
居遐遠望長安而瞻日戀積心魂前件女口及銀器衣箱
等稽禹貢之文敢遵任土比野芹之獻空願竭心冀因
此而展誠豈以菲而廢禮輕瀆旒扆殞越伏深
降誕日進馬及織成紅錦地衣狀　于邵
右臣伏以今月十九日陛下降誕之辰萬國駿奔三儀交

图 10—2—17　《文苑英华》　许多书叶上下边框均有界栏槽

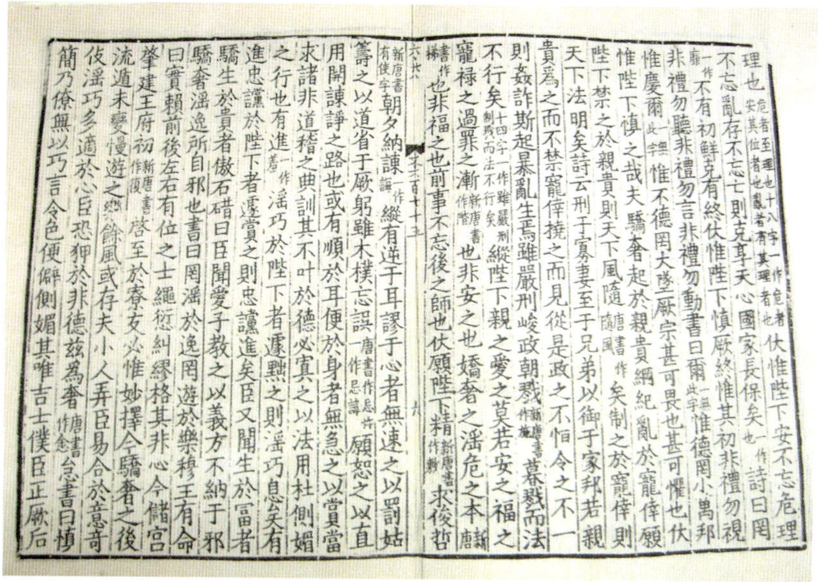

图 10—2—18 《文苑英华》 书叶上下边框均有界栏槽，且四角均有边框缝

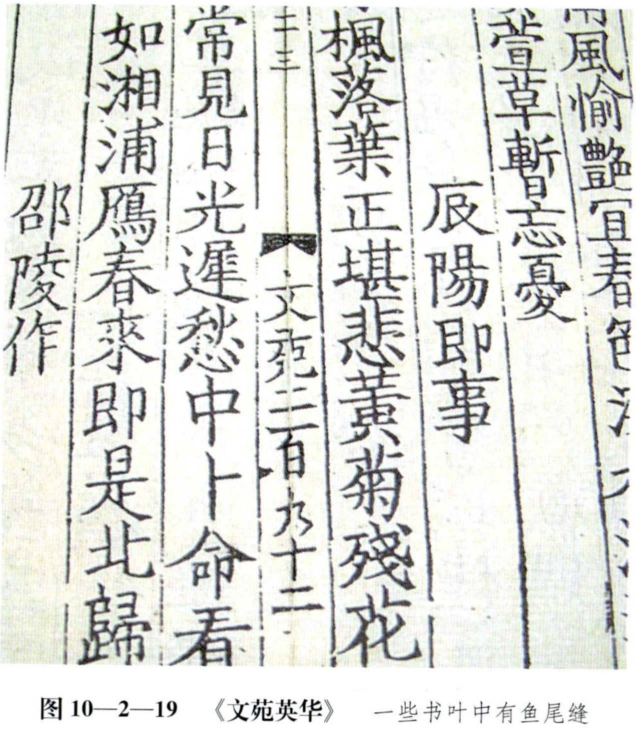

图 10—2—19 《文苑英华》 一些书叶中有鱼尾缝

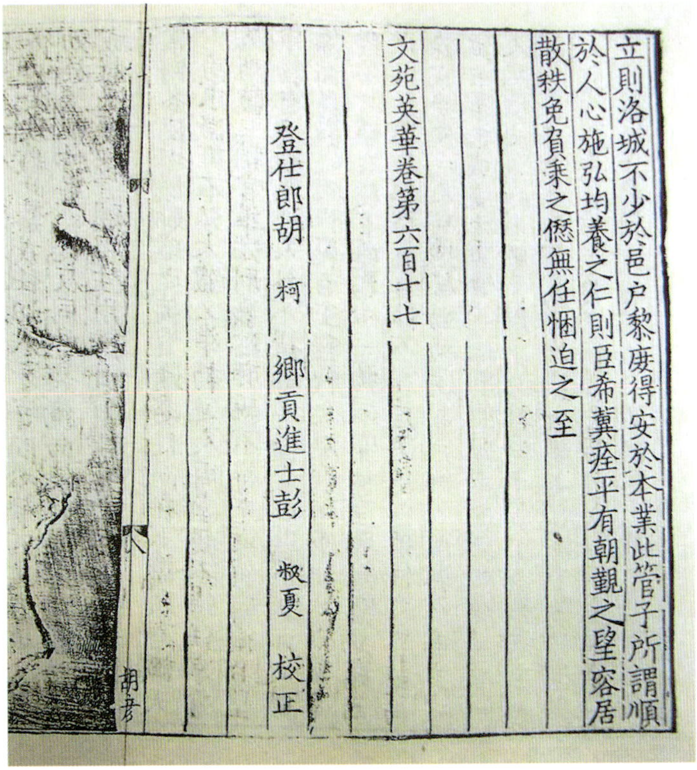

立則洛城不少於邑户黎庻得安於本業此管子所謂順
於人心施弘均養之仁則臣希兾痊平有朝覲之望容居
散秩免負乘之愆無任悃迫之至

文苑英華卷第六百十七

登仕郎胡　柯　鄉貢進士彭　叔夏　校正

图 10—2—20　《文苑英华》　书叶的鱼尾缝。鱼尾与版心线的缝隙明显可辨

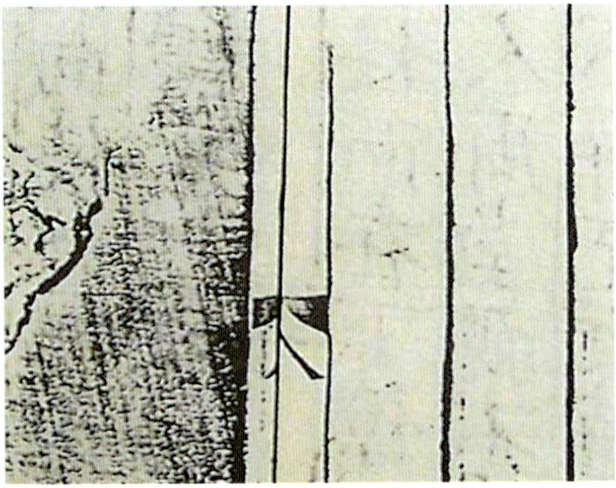

图 10—2—21　《文苑英华》　书叶的双鱼尾均有鱼尾缝

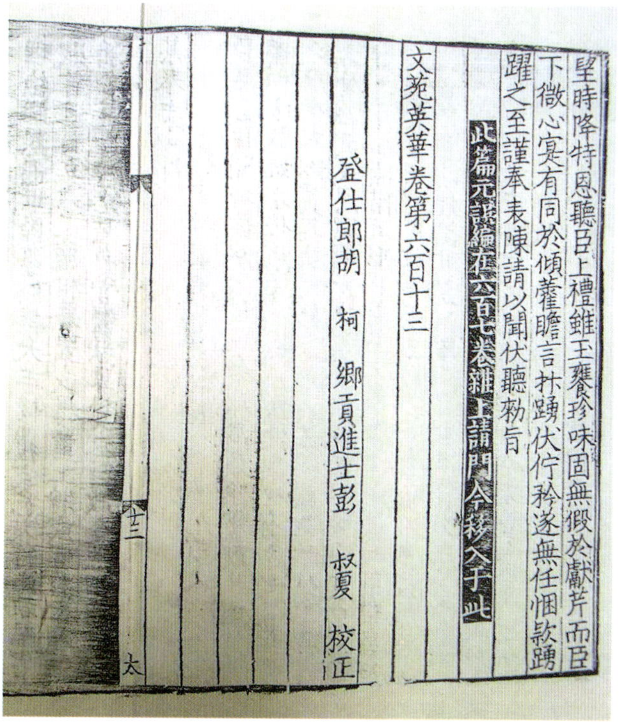

图 10—2—22　《文苑英华》　双鱼尾均有鱼尾缝，且下鱼尾还带有参差印痕

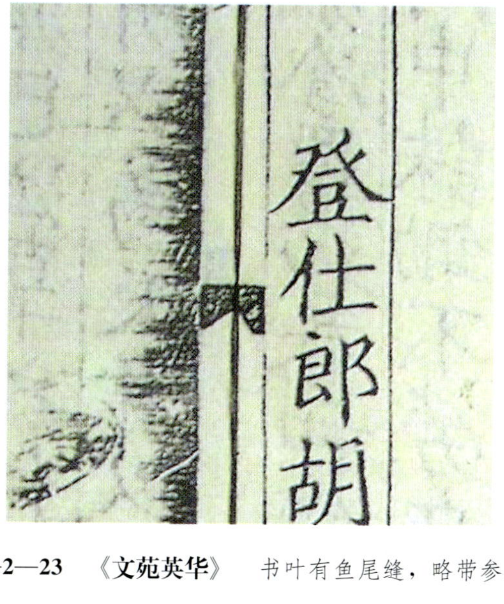

图 10—2—23　《文苑英华》　书叶有鱼尾缝，略带参差印痕

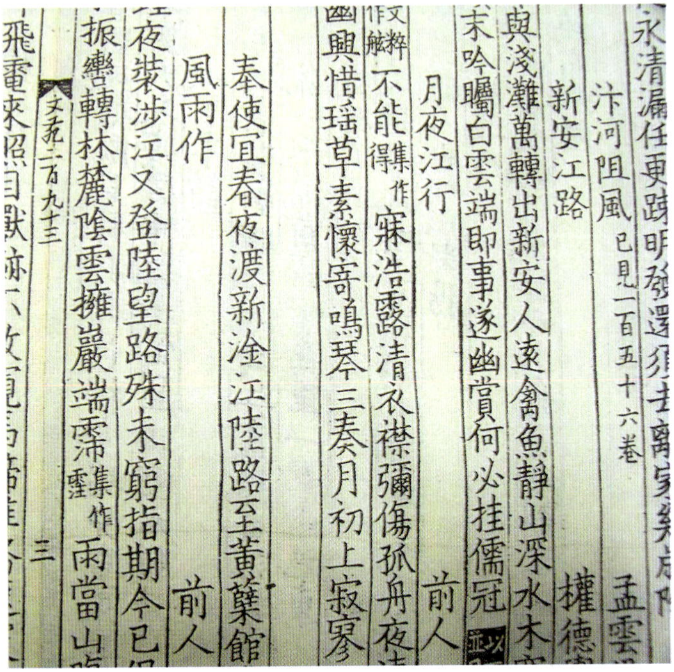

图 10—2—24 《文苑英华》 书叶中多有栏线弯曲现象

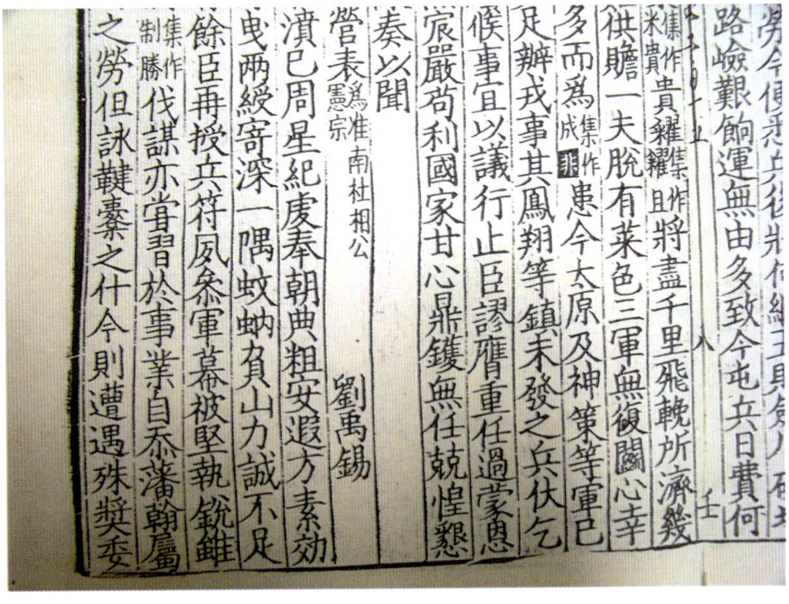

图 10—2—25 《文苑英华》 栏线弯曲，边栏亦弯曲

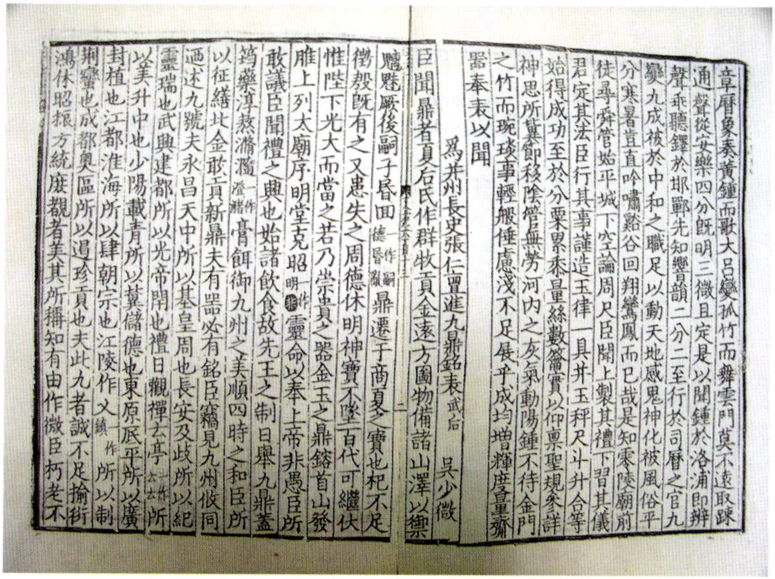

图 10—2—26　《文苑英华》　整条栏线大弧度弯曲

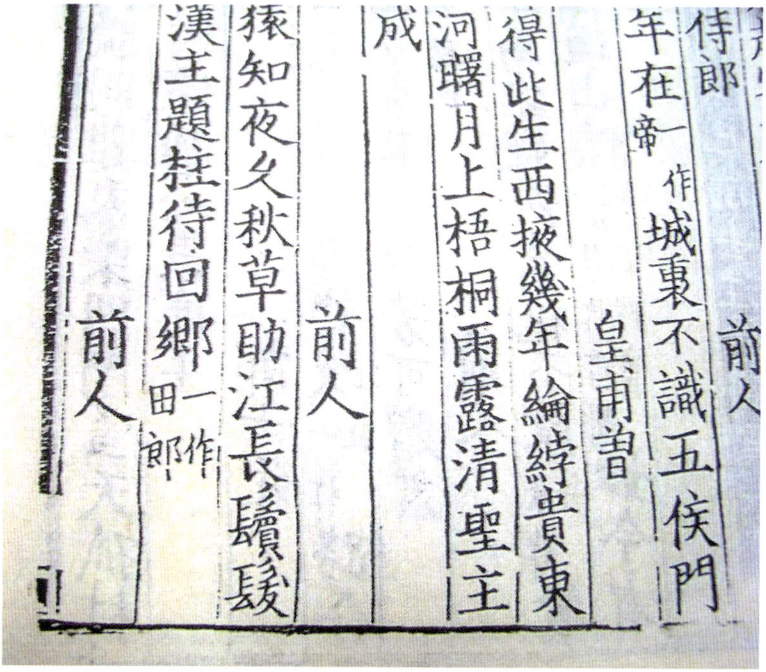

图 10—2—27　《文苑英华》　局部栏线弯曲

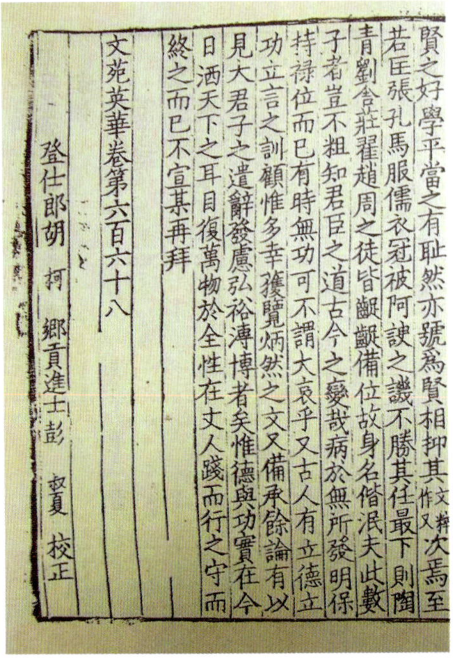

賢之好學平當之有耻然亦號爲賢相抑其文粹作又次焉至
若匡張孔馬服儒衣冠被阿諛之譏不勝其任最下則陶
青劉舍莊翟趙周之徒皆齪齪備位故身名偕泯夫此數
子者豈不粗知君臣之道古今之變哉病於無所發明保
持禄位而已有時無功可不謂大哀乎又古人有立德立
功立言之訓顧惟多幸獲覽炳然之文又備承餘論有以
見大君子之遺辭發處弘裕溥博者矣惟德與功實在今
日洒天下之耳目復萬物於全性在丈人蹊而行之守而
終之而已不宣某再拜
文苑英華卷第六百六十八
登仕郎胡　柯　鄉貢進士彭　叔夏　校正

图 10—2—28　《文苑英华》　空白处栏线弯曲明显

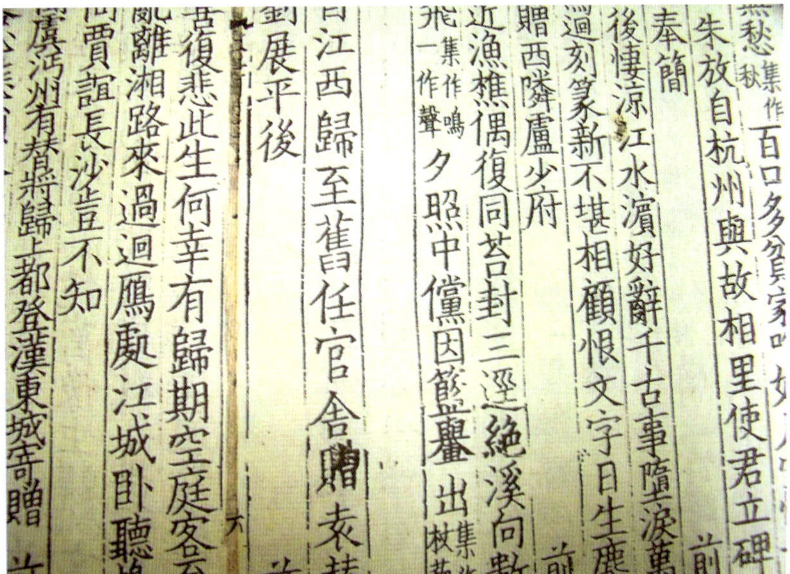

朱放自杭州與故相里使君立碑　前
奉簡
後悽涼江水濱好辭千古事墮淚萬
迴刻篆新不堪相顧恨文字日生塵
贈西隣盧少府　前
近漁樵偶復同苔封三逕絶溪向數
飛一作聲集作鳴夕照中儻因籃轝出集作杖藜
自江西歸至舊任官舍贈袁替
劉展平後　前
吾復悲此生何幸有歸期空庭客至
亂離湘路來過迴鴈處江城臥聽擣
問賈誼長沙豈不知
廣沔州有替將歸上都登漢東城寄贈　前

图 10—2—29　《文苑英华》　栏线弯曲，行字墨色浓淡不一

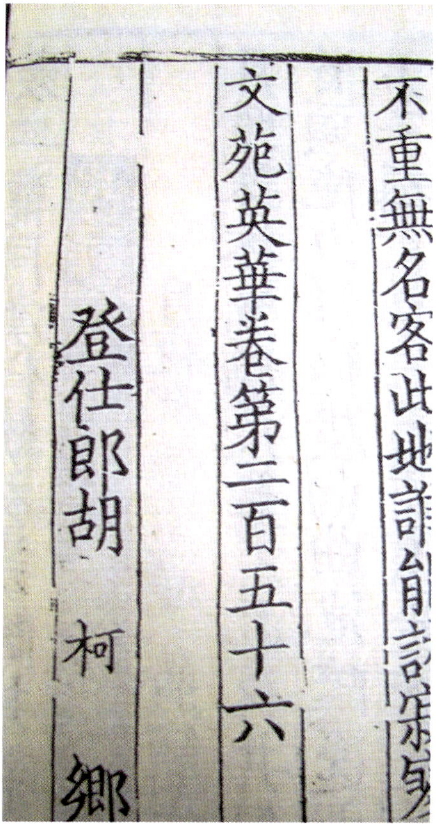

图 10—2—30　《文苑英华》　数行栏线弯曲

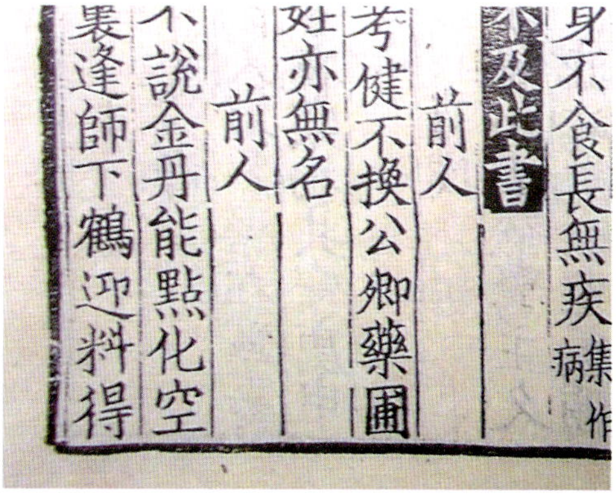

图 10—2—31　《文苑英华》　栏线弯曲细部

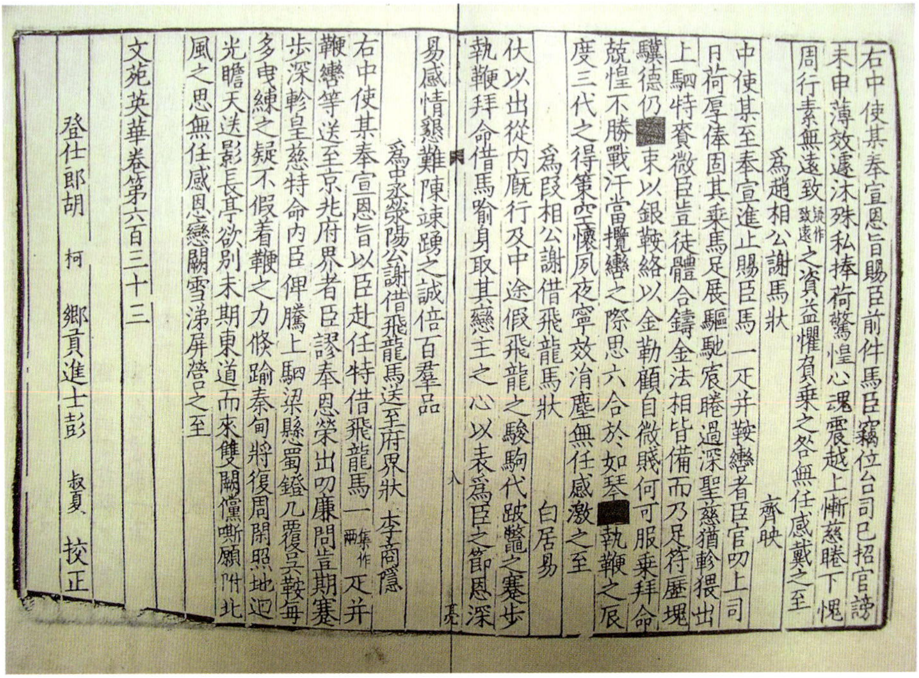
右中使某奉宣恩旨賜臣前件馬臣竊位台司已招官謗未申薄效遽沐殊私捧荷驚惶心魂震越上慚慈睠下愧周行素無遠致（一作致遠）之資益懼負乘之咎無任感戴之至

爲趙相公謝馬狀　齊映

中使某至奉宣進止賜臣馬一疋并鞍轡者臣官叨上司日荷厚俸固其乘馬足展驅馳宸睠過深聖慈猶軫猥出上駟特賚微臣豈徒體合鑄金法相皆備而乃足符歷塊驤德仍■束以銀鞍絡以金勒顧自微賤何可服乘拜命兢惶不勝戰汗當攬轡之際思六合於如琴■執鞭之辰度三代之得策空懷夙夜寧效涓塵無任感激之至

爲段相公謝借飛龍馬狀　白居易

伏以出從內廐行及中途假飛龍之駿駒代跛鼈之蹇步執鞭拜命借馬踰身取其戀主之心以表爲臣之節恩深易感情懇難陳諫踴之誠倍百羣品

爲中丞滎陽公謝借飛龍馬送至府界狀　李商隱

右中使某奉宣恩旨以臣赴任特借飛龍馬一（集作兩）疋并鞭轡等送至京兆府界者臣謬奉恩榮出叨廉問豈期蹇步深軫皇慈特命內臣俾騰上駟梁縣蜀鐙几覆吳鞍每多曳練之疑不假着鞭之力倏踰秦甸將復周閑照地迴光瞻天送影長亭欲別未期東道而來雙闕儻嘶願附北風之思無任感恩戀闕雪涕屏營之至

文苑英華卷第六百三十三

登仕郎胡　柯　鄉貢進士彭　叔夏　挍正

图 10—2—32　《文苑英华》　一些书叶中，边框明显歪斜

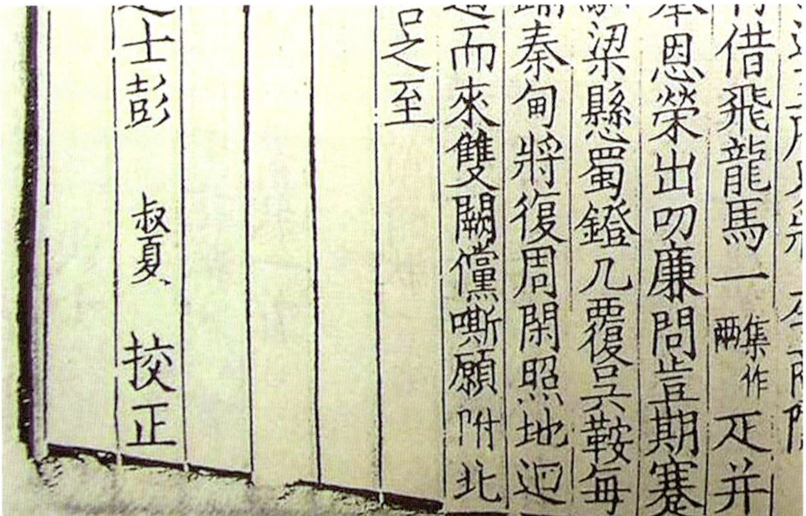
士彭　叔夏　挍正

之至

而來雙闕儻嘶願附北

秦甸將復周閑照地迴

梁縣蜀鐙几覆吳鞍每

恩榮出叨廉問豈期蹇

借飛龍馬一（集作兩）疋并

图 10—2—33　《文苑英华》　书叶左下角边框明显歪斜

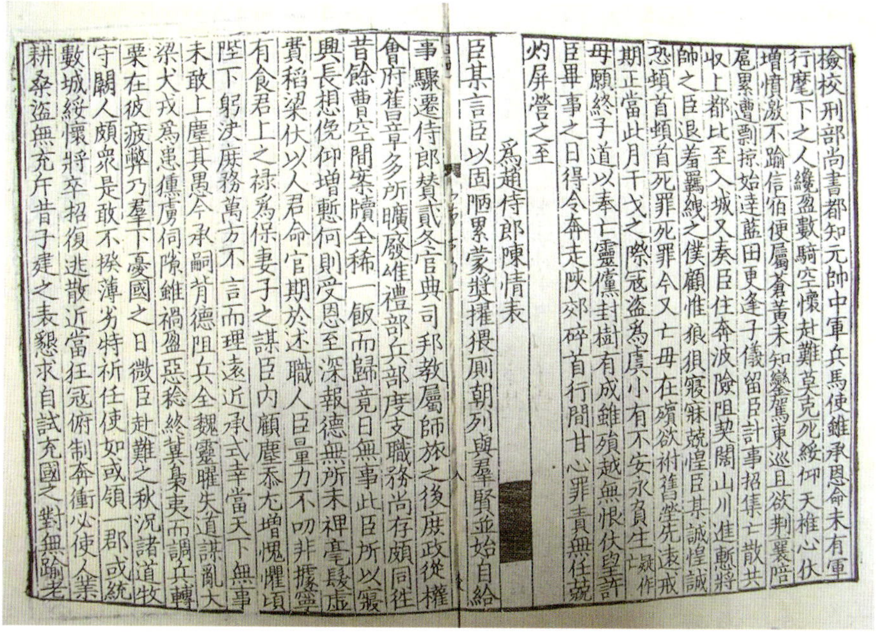

檢校刑部尚書都知元帥中軍兵馬使雖承恩命未有軍
行麾下之人纔盈數騎空懷赴難莫克死綏仰天椎心伏
增憤激不踰信宿便屬蒼黃未知鑾駕東巡且欲判襄陪
扈累遭剽掠始達藍田更逢子儀留臣計事招集亡散共
收上都比至入城又奏臣往奔波險阻契闊山川進軼將
帥之臣退着羈紲之僕顧惟狼狽寢寐兢惶臣某誠惶誠
恐頓首頓首死罪死罪今又亡母在殯欲祔舊塋先遠戒
期正當此月干戈之際寇盜爲虞小有不安永負生疑作亡
母願終子道以奉亡靈儻封樹有成雖殞越無恨伏望許
臣畢事之日得令奔走陜郊碎首行間甘心罪責無任兢
灼屏營之至
爲趙侍郎陳情表
臣某言臣以固陋累蒙獎擢猥厠朝列與羣賢並始自給
事驟遷侍郎贊貳冬官典司邦教屬師旅之後庶政從權
會府舊章多所曠廢唯禮部兵部度支職務尚存頗同往
昔餘曹空閒案牘全稀一飯而歸竟日無事此臣所以寢
興長想俛仰增慙何則受恩至深報德無所未裨毫髮虛
費稻粱伏以人君命官期於述職人臣量力不叨非據寧
有食君上之祿爲保妻子之謀臣内顧塵忝尤增愧懼頃
陛下躬決庶務萬方不言而理遠近承式幸當天下無事
未敢上塵其愚今承嗣肖德阻兵全魏靈曜失道謀亂大
梁犬戎爲患獯虜伺隙雖禍盈惡稔終莫梟夷而調兵轉
粟在彼疲弊乃羣下憂國之日微臣赴難之秋況諸道牧
守關人頗衆是敢不揆薄劣特祈任使如或領一郡或統
數城綏懷將卒招復逃散近當狂寇俯制奔衝必使人業
耕桑盜無充斥昔子建之表懇求自試充國之對無踰老

图 10—2—34 《文苑英华》 边框左下角歪斜

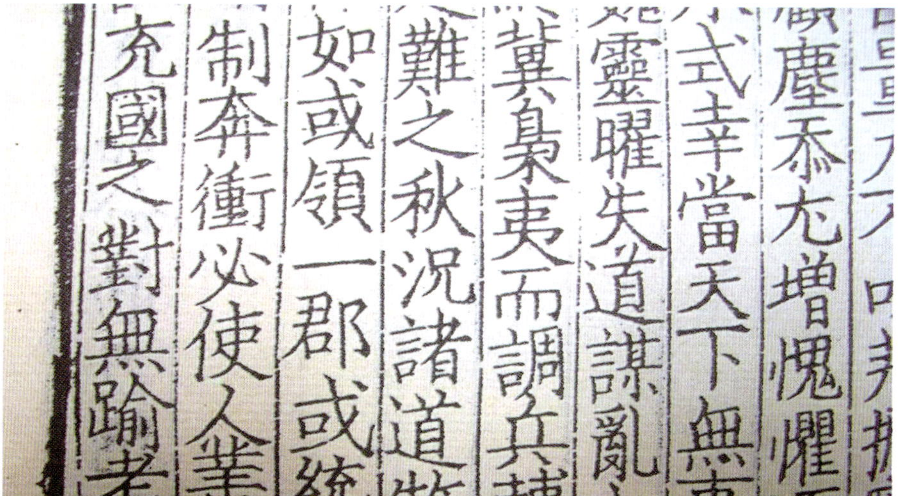

图 10—2—35 《文苑英华》 边框细部

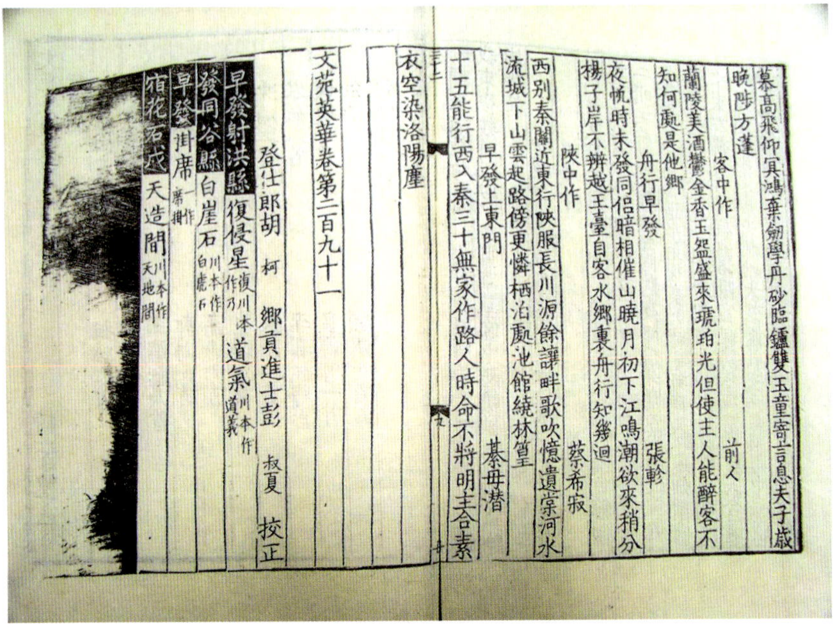

慕高飛仰冥鴻棄劒學丹砂臨鏡雙玉童寄言息夫子歲
晚陟方蓬
客中作　前人
蘭陵美酒鬱金香玉盌盛來琥珀光但使主人能醉客不
知何處是他鄉
舟行早發　張軫
夜帆時未發同侶暗相催山曉月初下江鳴潮欲來稍分
揚子岸不辨越王臺自客水鄉裏舟行知幾迴
陝中作　蔡希寂
西別秦關近東行陝服長川源餘讓畔歌吹憶遺棠河水
流城下山雲起路傍更憐栖泊處池館繞林篁
早發上東門　綦毋潛
十五能行西入秦三十無家作路人時命不將明主合素
衣空染洛陽塵

文苑英華卷第二百九十一
登仕郎胡柯　鄉貢進士彭叔夏　校正
早發射洪縣
復侵星（川本作復乃）道氣（川本作道義）
發同谷縣
白崖石（川本作白虎石）
早發
掛席（一作帶掛）
宿花石戍
天造間（川本作天地間）

图 10—2—36　《文苑英华》　左上角边框歪斜明显

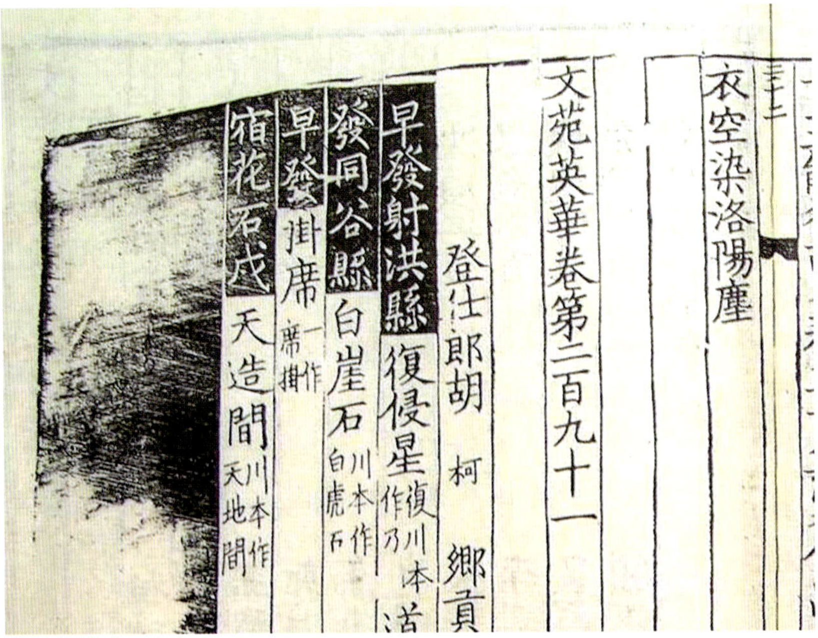

图 10—2—37　《文苑英华》　歪斜边框局部

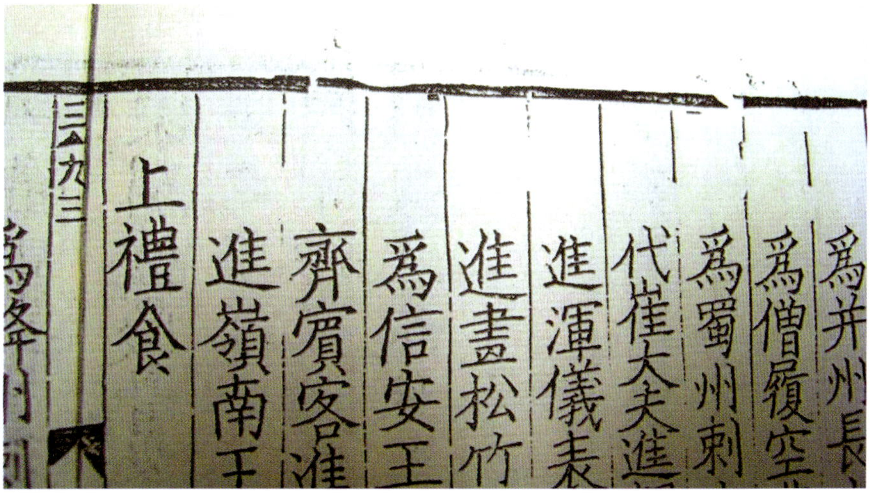

图 10—2—38 《文苑英华》 书叶中，偶见小卡印痕。如图所示，上边框出现两个小卡印痕，一个为小黑块，一个为短横线

图 10—2—39 《文苑英华》 小卡印痕为小黑块，且有栏线弯曲现象

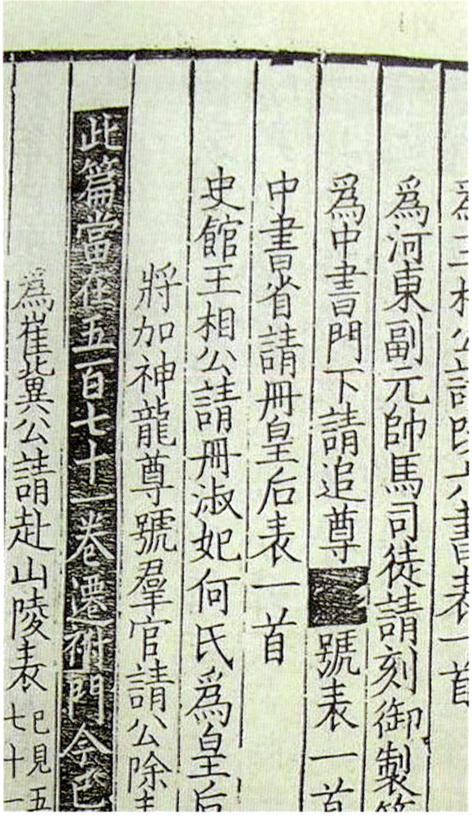

图 10—2—40 《文苑英华》 上框又一小卡印痕

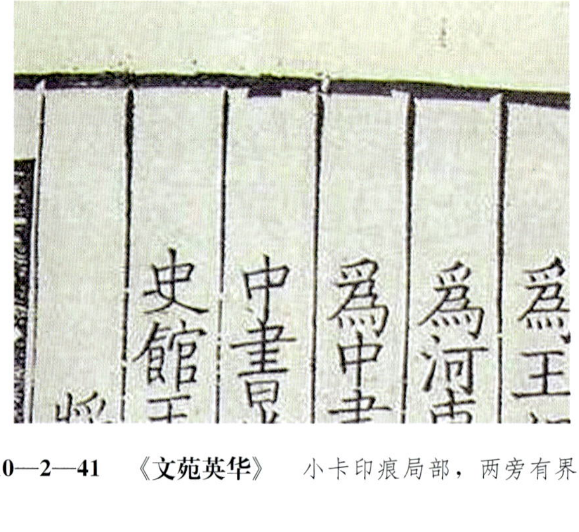

图 10—2—41 《文苑英华》 小卡印痕局部，两旁有界栏槽

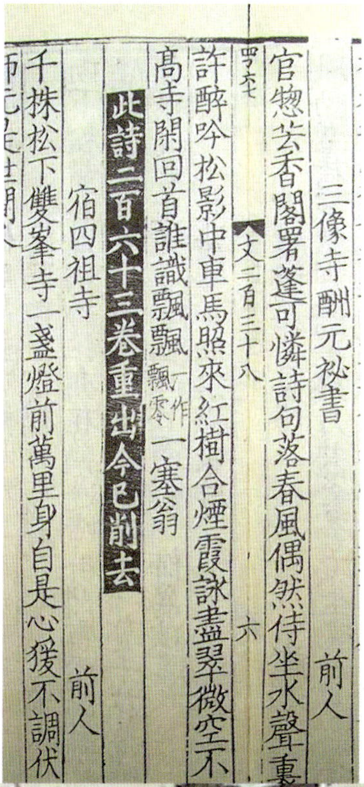

三像寺酬元祕書　前人

官懃芸香閣署蓬可憐詩句落春風偶然侍坐水聲裏

文二百三十八　六

許醉吟松影中車馬照來紅樹合煙霞詠盡翠微空不

高寺閑回首誰識飄飄一作飄零一塞翁

此詩二百六十三卷重出今已削去

宿四祖寺　前人

千株松下雙峯寺一盞燈前萬里身自是心猨不調伏

图 10—2—42
《文苑英华》　小卡出现在阴文黑条与栏线之间

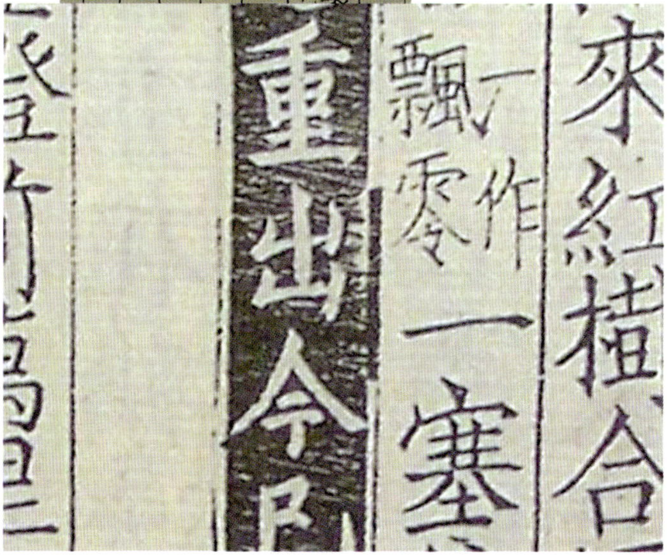

重出今

飄一作零一塞

來紅樹合

图 10—2—43　《文苑英华》　仔细观察，小卡印痕与黑条之间，略微有参差印痕

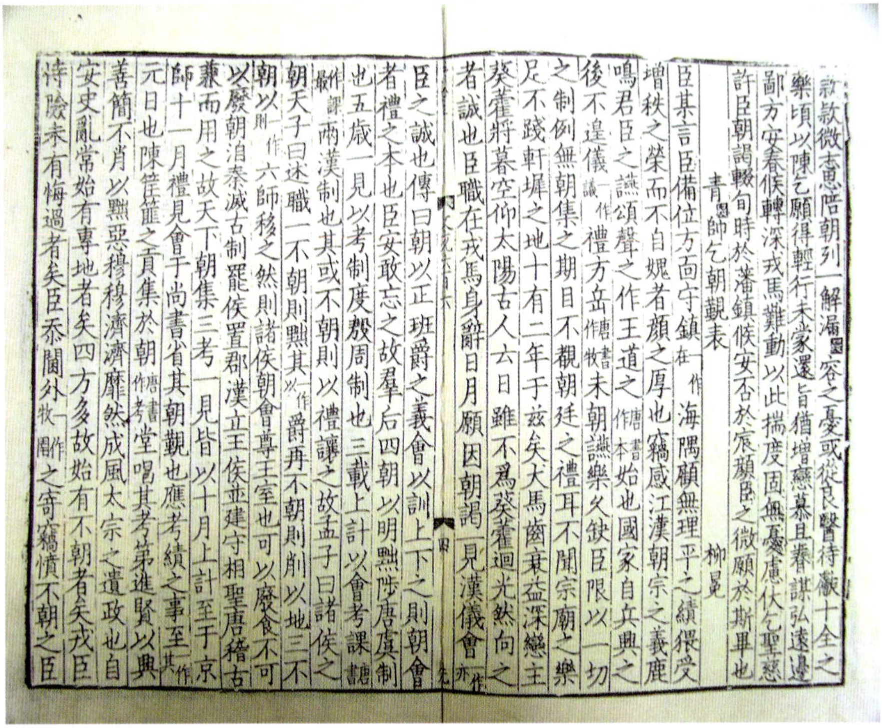
款款微志憲陪朝列一解漏圖容之憂或從良醫待徽十全之
藥頃以陳乞願得輕行未蒙還旨猶增戀慕且眷謀弘遠邊
鄙方安春候轉深戎馬難動以此揣度固無憂慮伏乞聖慈
許臣朝謁輟旬時於藩鎮候安否於宸顏臣之微願於斯畢也
青帥乞朝覲表 柳冕
臣某言臣備位方面守鎮在一作海隅願無理平之績猥受
增秩之榮而不自媿者顏之厚也竊感江漢朝宗之義鹿
鳴君臣之讌頌聲之作王道之唐書作本始也國家自兵興之
後不遑儀一作議禮方岳唐書作牧未朝讌樂久缺臣限以一切
之制例無朝集之期目不覩朝廷之禮耳不聞宗廟之樂
足不踐軒墀之地十有二年于茲矣犬馬齒衰益深戀主
葵藿將暮空仰太陽古人云日雖不爲葵藿迴光然向之
者誠也臣職在戎馬身辭日月願因朝謁一見漢儀會一作亦
臣之誠也傳曰朝以正班爵之義會以訓上下之則朝會
者禮之本也臣安敢忘之故羣后四朝以明黜陟唐虞制
也五歲一見以考制度殷周制也三載上計以會考課唐書
作課最兩漢制也其或不朝則以禮讓之故孟子曰諸侯之
朝天子曰述職一不朝則黜其以一作爵再不朝則削以地三不
朝以則一作六師移之然則諸侯朝會尊王室也可以廢食不可
以廢朝洎秦滅古制罷侯置郡漢立王侯並建守相聖唐稽古
兼而用之故天下朝集三考一見皆以十月上計至于京
師十一月禮見會于尚書省其朝覲也應考績之事至其一作
元日也陳筐篚之貢集於朝唐書作考堂唱其考第進賢以興
善簡不肖以黜惡穆穆濟濟靡然成風太宗之遺政也自
安史亂常始有專地者矣四方多故始有不朝者矣戎臣
詩險未有悔過者矣臣忝閫外一作牧閫之寄竊憤不朝之臣

图 10—2—44 《文苑英华》 书叶之中，也有横排不齐的现象

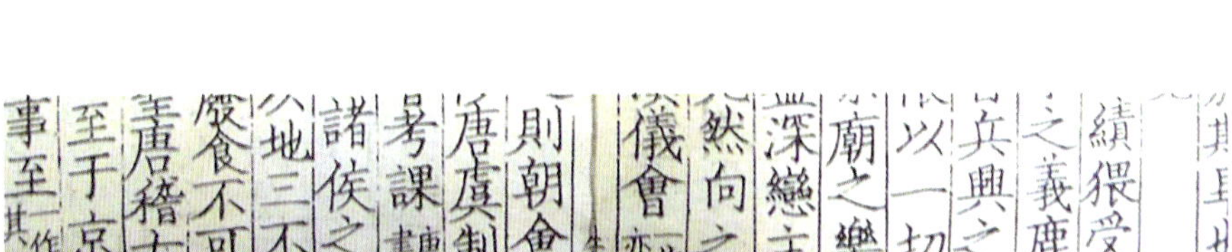
績猥受
之義鹿
自兵興之
限以一切
廟之樂
深戀主
然向之
儀會亦一作
則朝會
唐虞制
考課唐書
諸侯之
以地三不
廢食不可
唐稽古
至于京
事至其一作

图 10—2—45 《文苑英华》 横排不齐局部

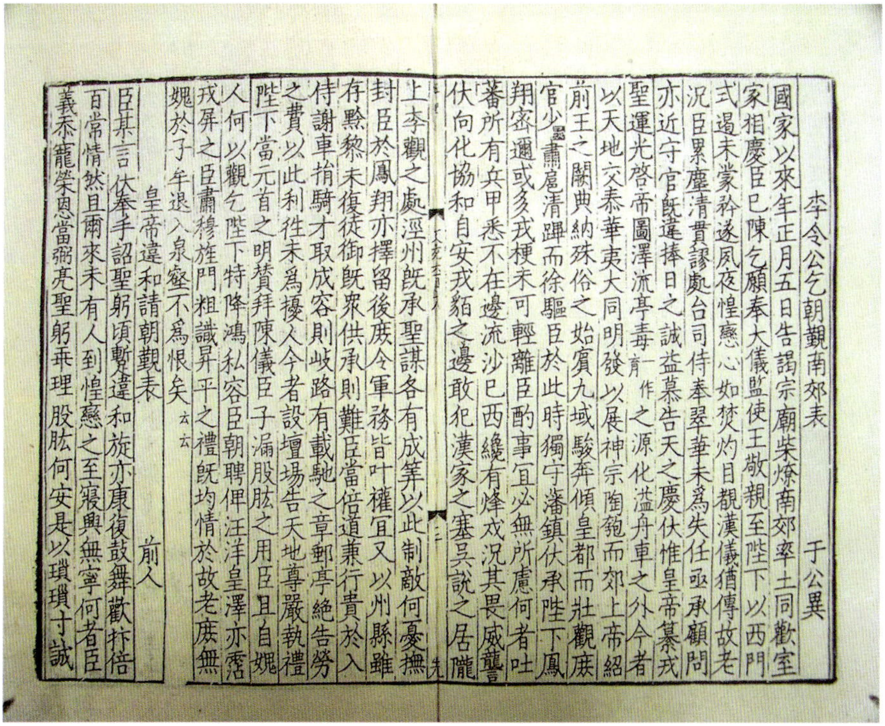

图 10—2—46 《文苑英华》 书叶中可见横排不齐的现象

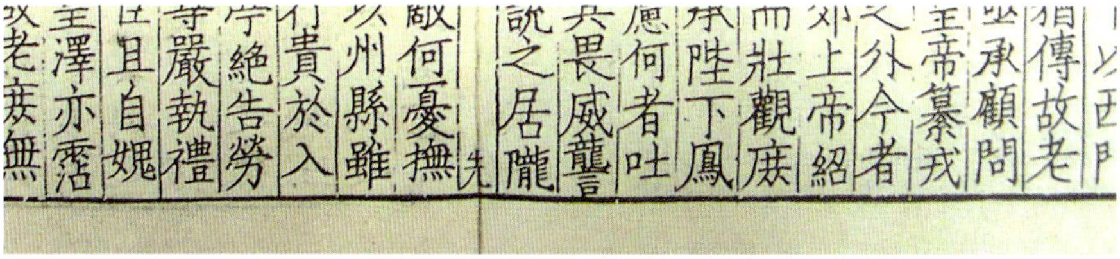

图 10—2—47 《文苑英华》 横排不齐细部

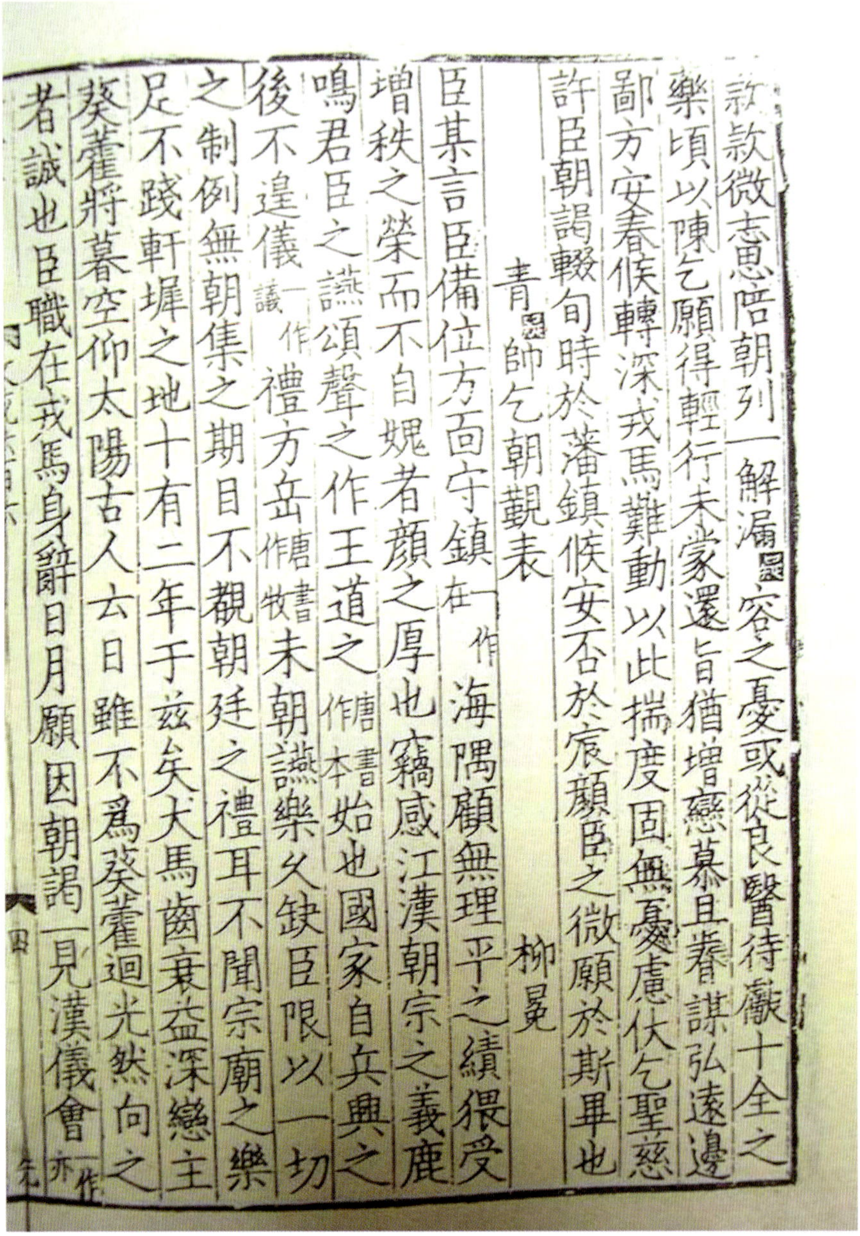

图 10—2—48 《文苑英华》 半叶 13 行 22 字，但偶有书叶字数不等。如图，第 1、4 行各有 24 字，第 2、3 行各为 23 字，其他各行则为 22 字

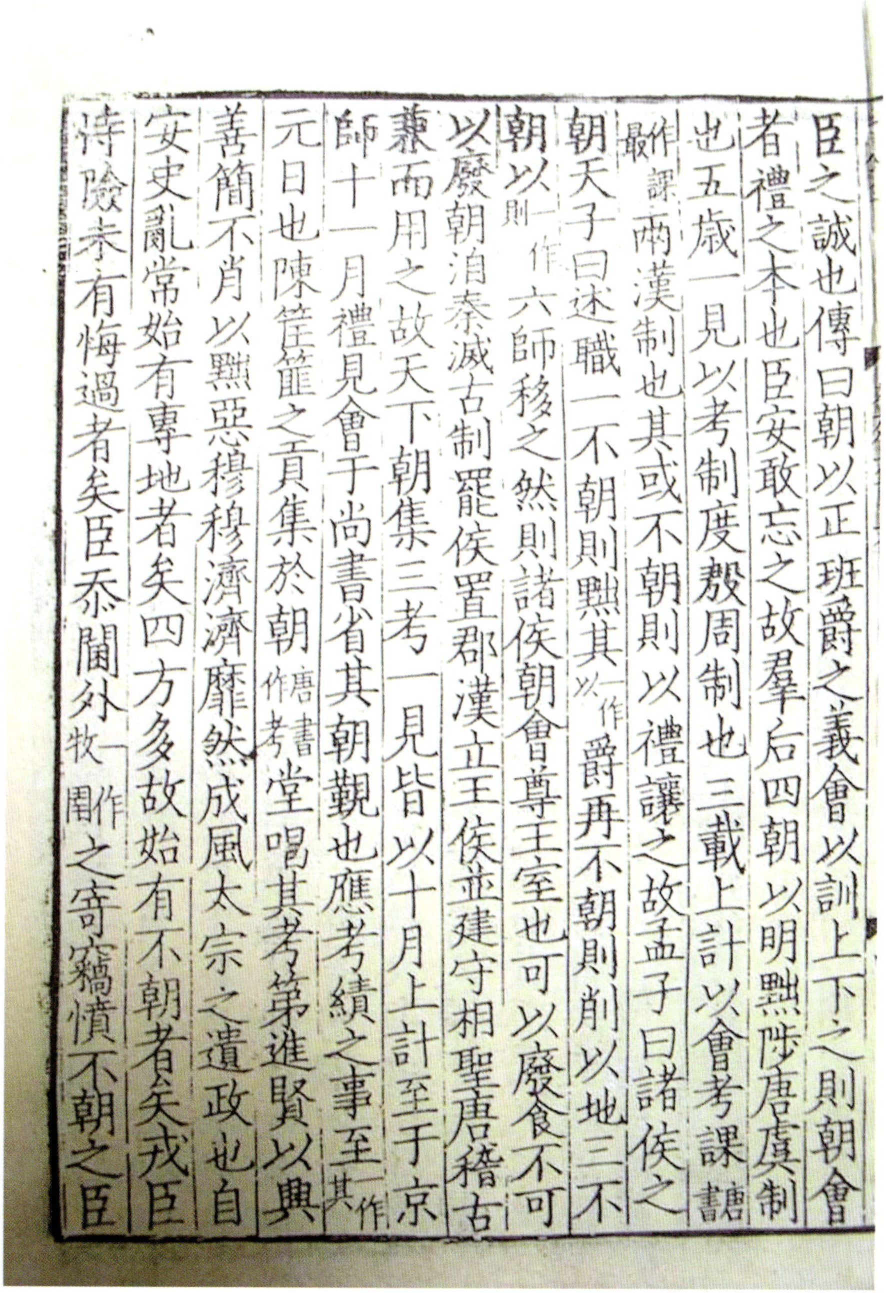
臣之誠也傳曰朝以正班爵之義會以訓上下之則朝會
者禮之本也臣安敢忘之故羣后四朝以明黜陟唐虞制
也五歲一見以考制度殷周制也三載上計以會考課譴
作課最兩漢制也其或不朝則以禮讓之故孟子曰諸侯之
朝天子曰述職一不朝則黜其以一作爵再不朝則削以地三不
朝以則一作六師移之然則諸侯朝會尊王室也可以廢食不可
以廢朝洎秦滅古制罷侯置郡漢立王侯並建守相聖唐稽古
兼而用之故天下朝集三考一見皆以十月上計至于京
師十一月禮見會于尚書省其朝覲也應考績之事至其一作
元日也陳筐篚之貢集於朝唐書作考堂唱其考第進賢以輿
善簡不肖以黜惡穆穆濟濟靡然成風太宗之遺政也自
安史亂常始有專地者矣四方多故始有不朝者矣戎臣
詩險未有悔過者矣臣忝閫外牧一作閫之寄竊憤不朝之臣

图 10—2—49 《文苑英华》 偶有书叶字数不等。如图，第 6、7、8 行各有 24 字，其他各行则为 22 字

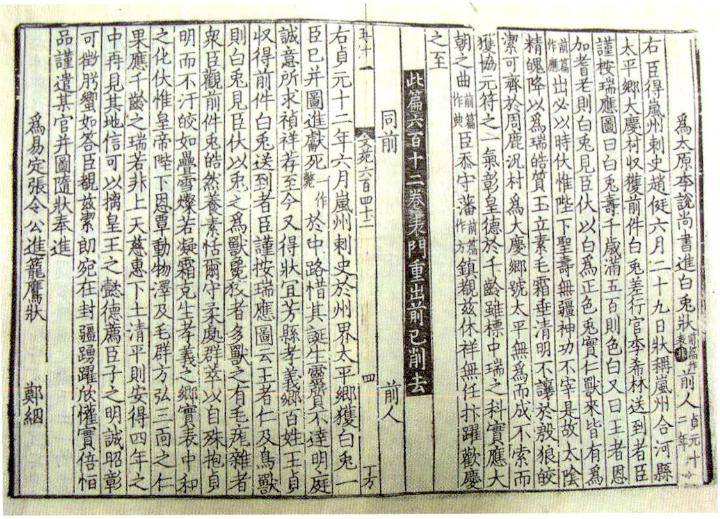

图 10—2—50 《文苑英华》 书叶当中，有许多阴文黑条，十分醒目。仔细观察，阴文条的边线与栏线之间往往不平行，弯曲现象较多。说明这些阴文字并非雕版所刻写，而是另行刻制在一条条长短不一的木条上，再镶嵌进界栏片之间

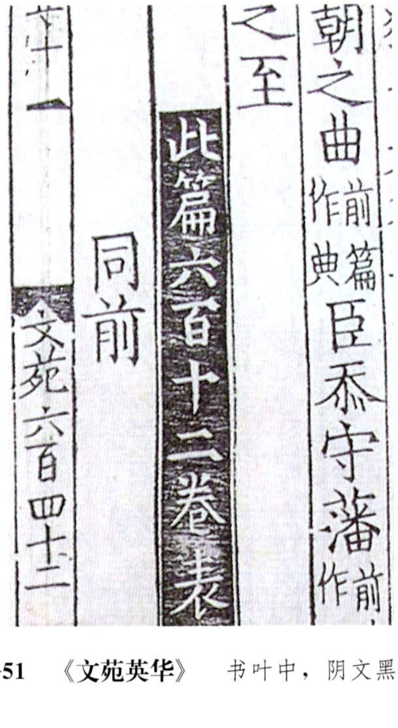

图 10—2—51 《文苑英华》 书叶中，阴文黑条边线弯曲

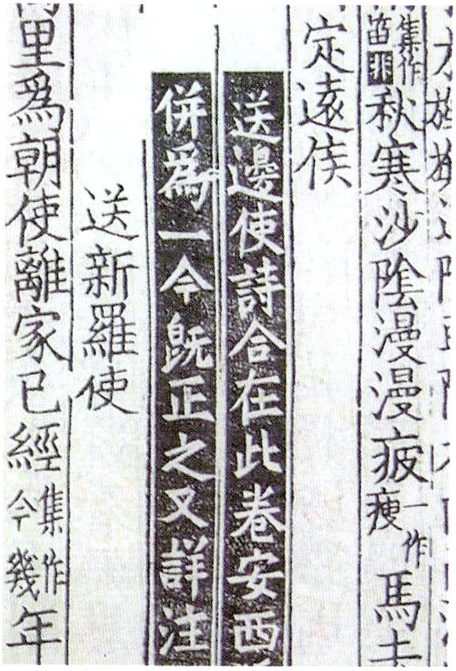
秋寒沙陰漫漫疲 瘦一作 馬去
定遠侯
送邊使詩合在此卷安西
併爲一令既正之又詳注
送新羅使
里爲朝使離家已經 集作 今 幾年

图 10—2—52 《文苑英华》 阴文黑条局部

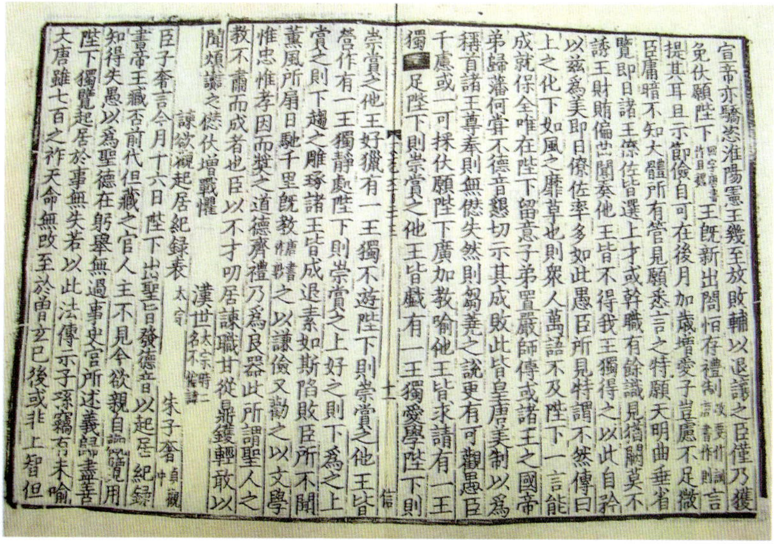
宣帝亦驕恣淮陽憲王幾至放敗輔以退讓之臣僅乃獲
免伏願陛下王既新出閤恒存禮制言
提其耳且示節儉自可在後月加歲增愛子豈慮不足懺
臣庸暗不知大體所有管見願悉言之特願天明曲垂省
覽即日諸王僚佐皆選上才或幹職有餘識見猶闕莫不
誘王財賄偏出閫奏他王皆不得我王獨得之以此自矜
以茲為美即日僚佐率多如此愚臣所見特謂不然傳曰
上之化下如風之靡草也則衆人萬語不及陛下一言能
成就保全唯在陛下留意子弟置嚴師傅或諸王之國帝
弟歸藩何嘗不德音懇切示其成敗此皆皇唐美制以為
稱首諸王尊奉則無愆失然則舄羮之誠更有可觀愚臣
千慮或一可採伏願陛下廣加教喻他王皆求請有一王
獨足陛下則崇賞之他王皆戲有一王獨愛學陛下則
崇賞之他王好獵有一王獨不遊陛下則崇賞之他王皆
營作有一王獨靜處陛下則崇賞之上好之則下為之上
賞之則下趨之雕琢諸王皆成退素如斯陷敗臣所不聞
薰風所扇日馳千里既教之以謙儉又勸之以文學
惟忠惟孝因而獎之道德齊禮乃為良器此所謂聖人之
教不肅而成者也臣以不才叨居諫職甘從鼎鑊輕敢以
聞煩黷之愆伏增戰懼
諫欲觀起居紀錄表 太宗 漢世 朱子奢 貞觀
臣子奢言今月十六日陛下出聖旨發德音以起居紀錄
書帝王臧否前代但藏之官人主不見今欲親自覽用
知得失愚以為聖德在躬舉無過事史官所述義歸盡善
陛下獨覽起居於事無失若以此法傳示子孫竊有未喻
大唐雖七百之祚天命無改至於曾玄已後或非上智但

图 10—2—53 《文苑英华》 栏线断断续续的现象很普遍。有些书叶甚至整片整片栏线缺损

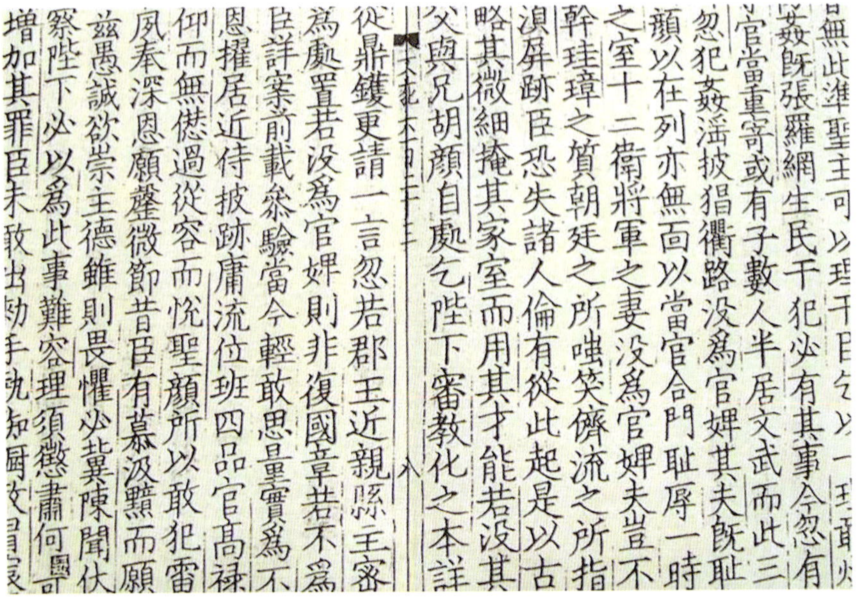
無此準聖主可以理干臣令以一理萌
姦既張羅網生民干犯必有其事令忽有
官當重寄或有子數人半居文武而此三
忽犯姦淫披猖覊路没爲官婢其夫既耻
顔以在列亦無靣以當官合門耻辱一時
之室十二衛將軍之妻没爲官婢夫豈不
幹珪璋之質朝廷之所嗤笑儕流之所指
湏屛跡臣恐失諸人倫有從此起是以古
略其微細掩其家室而用其才能若没其
父與兄胡顔自處乞陛下審教化之本詳
文苑英華卷六百二十三　八
從鼎鑊更請一言忽若郡王近親懸主密
爲處置若没爲官婢則非復國章若不爲
臣詳案前載叅驗當今輕敢思量實爲不
恩擢居近侍披跡庸流位班四品官高祿
仰而無僣過從容而悅聖顔所以敢犯雷
夙奉深恩願罄微節昔臣有慕汲黯而願
茲愚誠欲崇主德雖則畏懼必冀陳聞伏
察陛下必以爲此事難容理須懲肅何嘗可
增加其罪臣未敢出勑手詔知屬文冒

图 10—2—54　《文苑英华》　某些书叶的栏线，大片大片时断时续

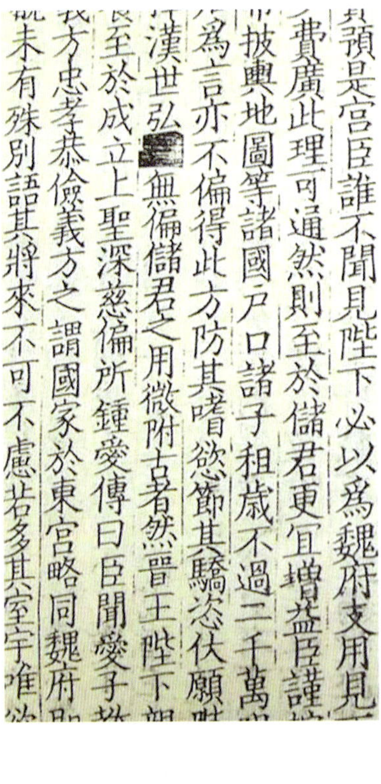
預是宮臣誰不聞見陛下必以爲魏府支用見
費廣此理可通然則至於儲君更宜增益臣謹
披輿地圖等諸國戶口諸子租歲不過二千萬
爲言亦不偏得此方防其嗜慾節其驕恣伏願
漢世弘無偏儲君之用微附古者然晉王陛下
至於成立上聖深慈偏所鍾愛傳曰臣聞愛子
義方忠孝恭儉義方之謂國家於東宮略同魏府
未有殊別語其將來不可不慮若多其室宇唯

图 10—2—55
《文苑英华》　栏线缺损较多

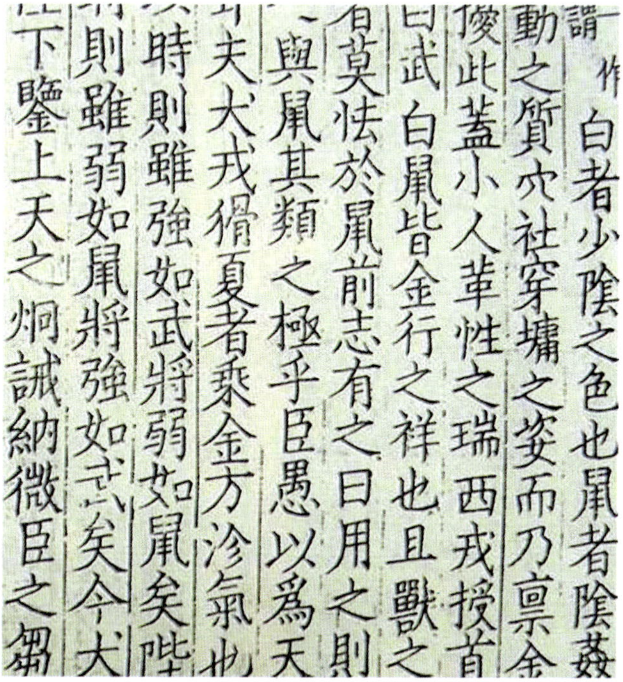

請作白者少陰之色也鼠者陰
動之質穴社穿墉之姿而乃禀金
儇此蓋小人華性之瑞西戎授首
曰武白鼠皆金行之祥也且獸之
有莫怯於鼠前志有之日用之則
與鼠其類之極乎臣愚以爲天
夫犬戎猾夏者乘金方沴氣也
時則雖強如武將弱如鼠矣陛
則雖弱如鼠將強如武矣今犬
下鑒上天之炯誡納微臣之芻

图 10—2—56　《文苑英华》　断断续续的栏线

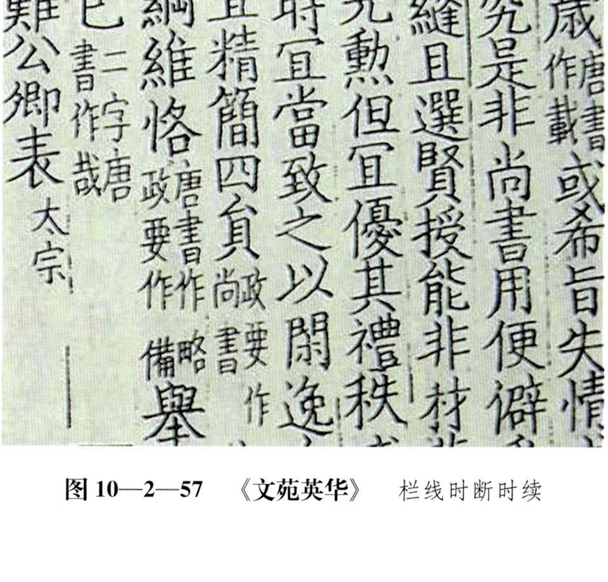

涉年歲唐書作載或希旨失情
了不究是非尚書用便僻
務彌縫且選賢授能非材
懿戚元勳但宜優其禮秩
益於時宜當致之以閑逸
并且宜精簡四負政要作尚書
自然綱維恪唐書作政要作略備舉
滯而已二字唐書作哉
咏詰難公卿表太宗

图 10—2—57　《文苑英华》　栏线时断时续

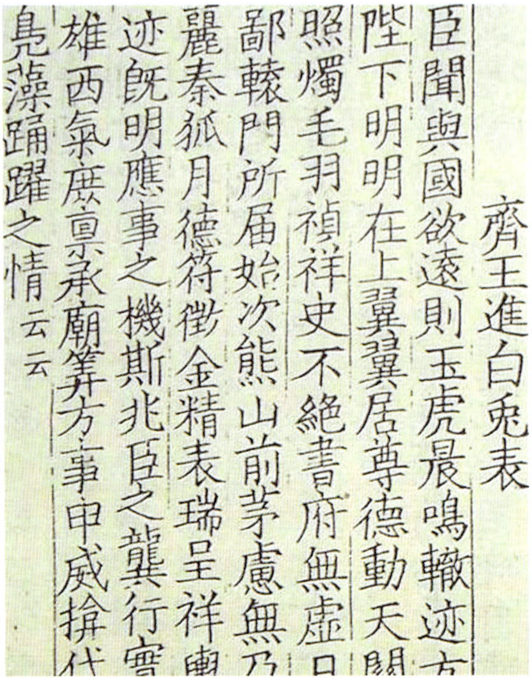

齊王進白兎表
臣聞與國欲遠則玉虎晨鳴轍迹方
陛下明明在上翼翼居尊德動天
照燭毛羽禎祥史不絕書府無虛日
鄗轅門所届始次熊山前茅慮無乃
麗秦狐月德符徵金精表瑞呈祥
迹既明應事之機斯兆臣之龔行
雄西氣廉直承廟算方事甲威捍伐
皃藻踊躍之情云云

图 10—2—58 《文苑英华》 书叶中栏线缺损现象较为普遍

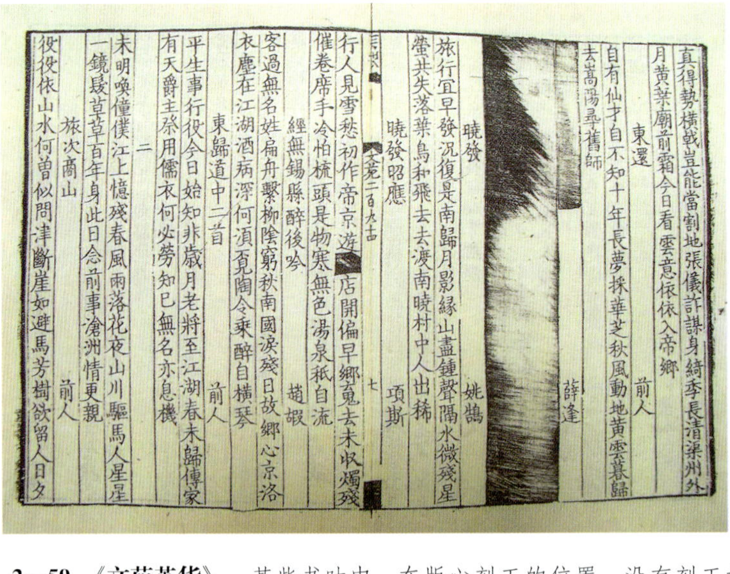

真得勢横戟豈能當割地張儀許謀身綺季長清渠州外
月黄葉廟前霜今日看雲意依依入帝鄉
東還　前人
自有仙才自不知十年長夢採華芝秋風動地黄雲暮歸
去嵩陽尋舊師
薛逢
曉發　姚鵠
旅行宜早發況復是南歸月影緣山盡鍾聲隔水微殘星
螢共失落葉鳥和飛去去渡南曉村中人出稀
曉發昭應　項斯
文苑二百九十　七
行人見雪愁初作帝京遊店開偏早鄉寬去未收燭殘
催卷席手冷怕梳頭是物寒無色湯泉秖自流
經無錫縣醉後吟　趙嘏
客過無名姓扁舟繫柳陰窮秋南國淚殘日故鄉心京洛
衣塵在江湖酒病深何須覓陶令乘醉自横琴
東歸道中二首　前人
平生事行役今日始知非歲月老將至江湖春未歸傳家
有天爵主祭用儒衣何必勞知已無名亦息機
二
未明喚僮僕江上憶殘春風雨落花夜山川驅馬人星星
一鏡髮草草百年身此日念前事滄洲情更親
旅次商山　前人
役役依山水何曽似問津斷崖如避馬芳樹欲留人日夕

图 10—2—59 《文苑英华》 某些书叶中，在版心刻工的位置，没有刻工姓氏或名字，取而代之的却是墨等

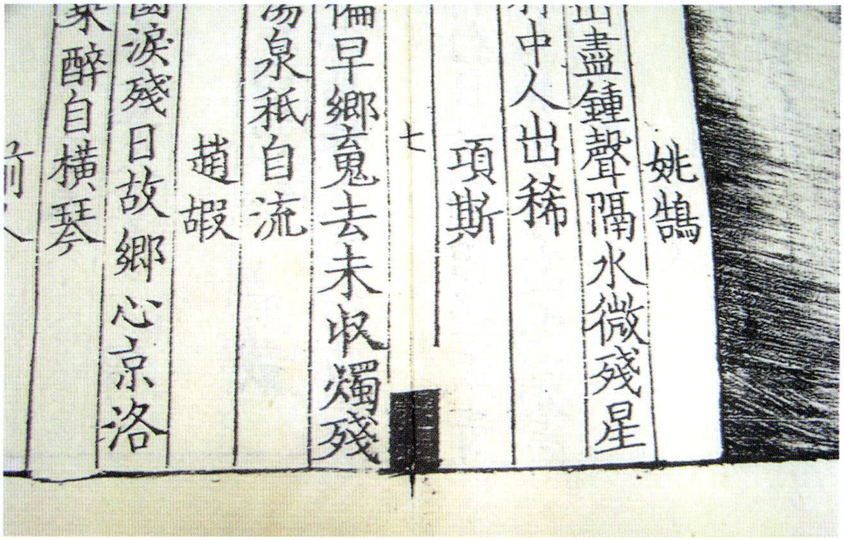
姚鵠
山盡鍾聲隔水微殘星
中人出稀
項斯
七
偏早鄉寬去未收燭殘
湯泉秖自流
趙嘏
國淚殘日故鄉心京洛
來醉自横琴
前人

图 10—2—60　《文苑英华》　书叶中墨等取代刻工

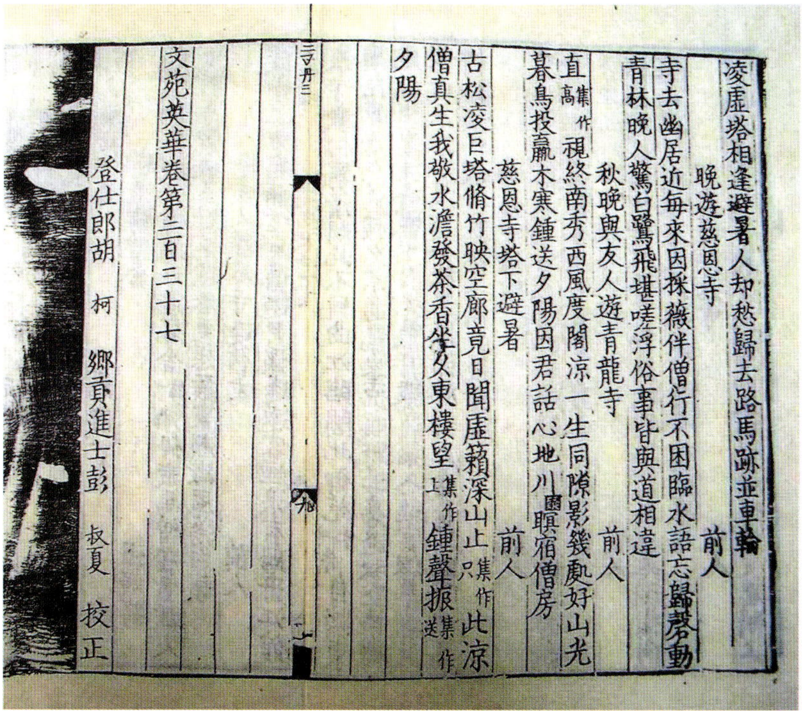
凌虛塔相逢避暑人却愁歸去路馬跡並車輪
晚遊慈恩寺　前人
寺去幽居近每來因採薇伴僧行不困臨水語忘歸磬動
青林晚人驚白鷺飛堪嗟浮俗事皆與道相違
秋晚與友人遊青龍寺　前人
直高集作視終南秀西風度閣涼一生同隙影幾處好山光
暮鳥投贏木寒鍾送夕陽因君話心地川闊暝宿僧房
慈恩寺塔下避暑　前人
古松凌巨塔脩竹映空廊竟日聞虛籟深山止只集作此涼
僧真生我敬水淨發茶香坐久東樓望上集作鍾聲振送集作
夕陽
二百卅三　九
文苑英華卷第二百三十七
登仕郎胡柯　鄉貢進士彭叔夏　校正

图 10—2—61　《文苑英华》　版心处墨等取代刻工姓名

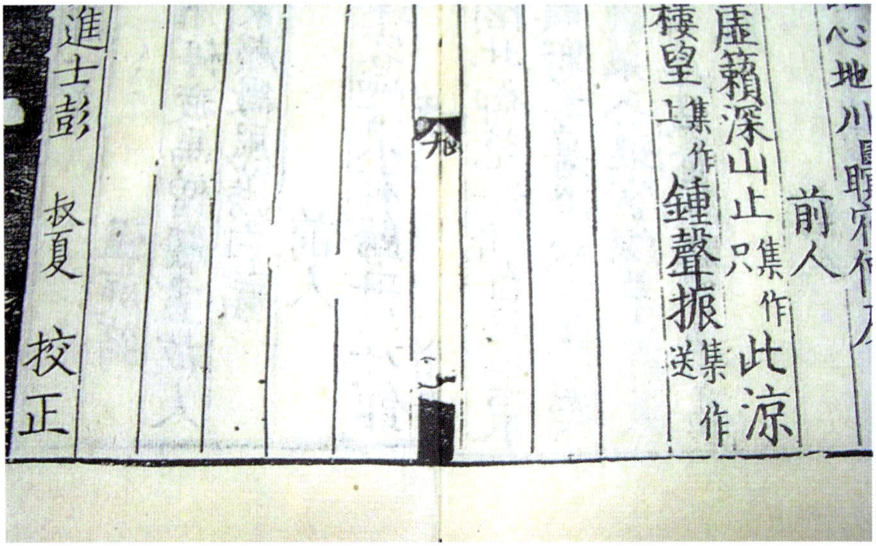

图 10—2—62 《文苑英华》 版心处的墨等

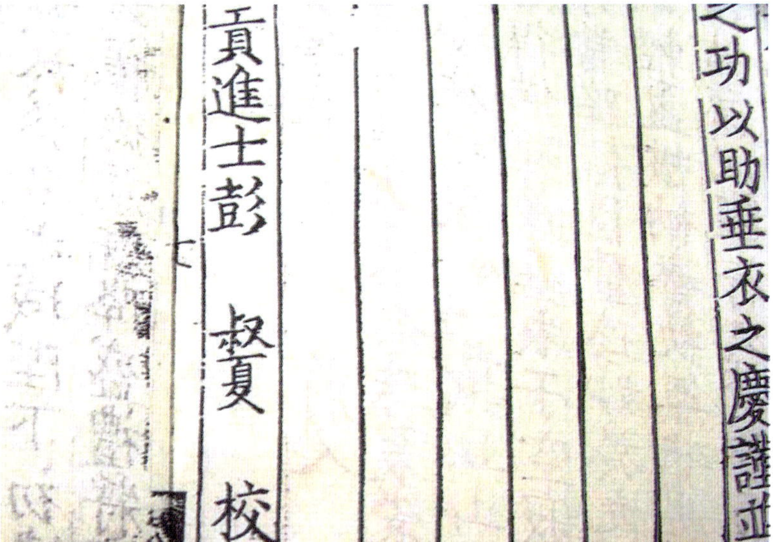

图 10—2—63 《文苑英华》 卷末版心处，墨等替换了刻工姓名

图 10—3—1 《东莱先生音注唐鉴》 二十四卷，宋范祖禹撰，吕祖谦注，宋刻元修本，刘启瑞校并跋。图为《中华再造善本》中的《东莱先生音注唐鉴》（简称《唐鉴》）影宋版

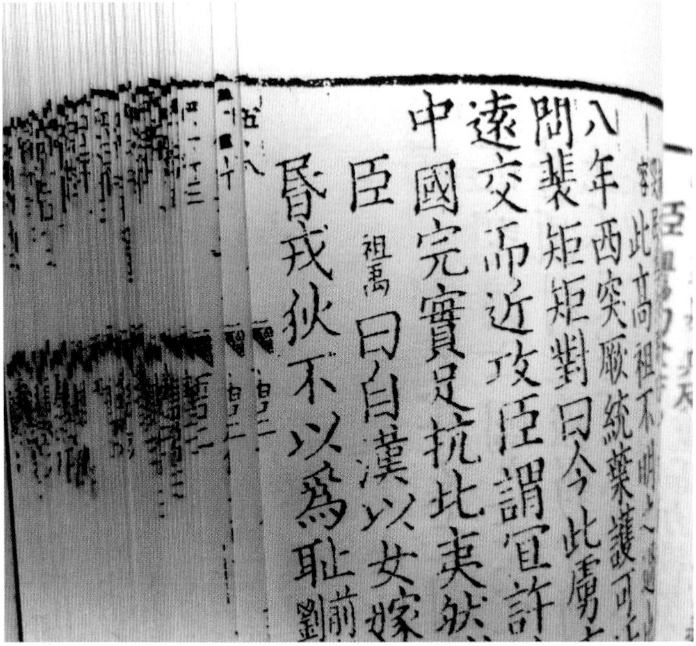

图 10—3—2 《唐鉴》卷二第 4、5 叶版心 “唐”、“二”两字，具有同一性

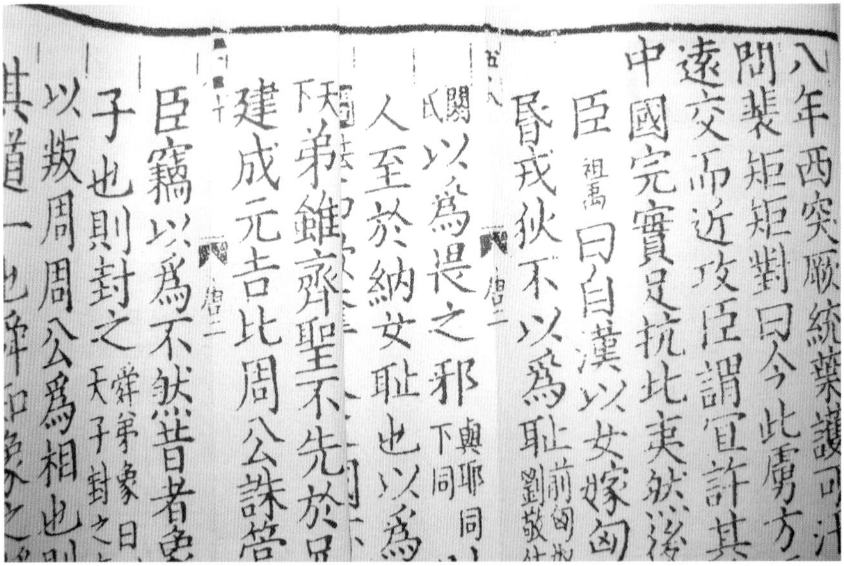

图 10—3—3 《唐鉴》卷二第 4、5 叶版心 不仅“唐”、“二”两个字一模一样，而且连鱼尾也完全一样

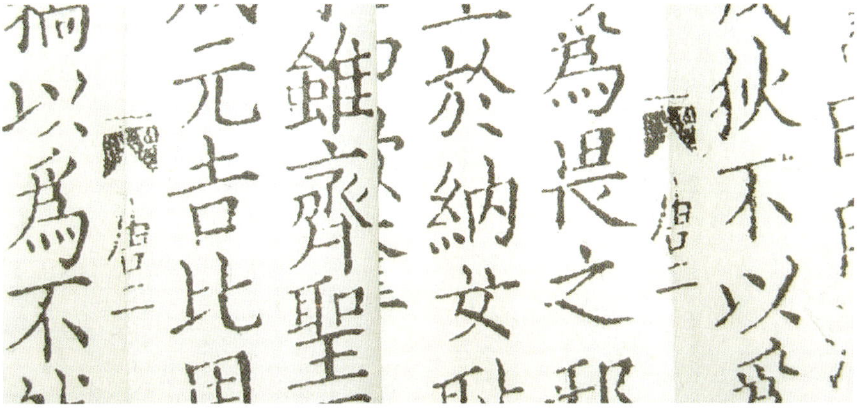

图 10—3—4 《唐鉴》卷二第 4、5 叶版心 不仅“唐”、“二”两个字一模一样，而且连鱼尾也完全一样

图 10—3—5 《唐鉴》卷二版心细观

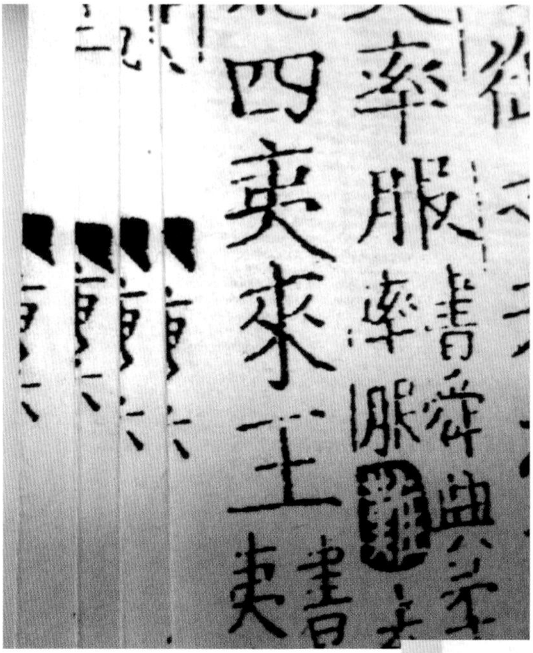

图 10—3—6

《唐鉴》卷六第 7、8、9、10 叶版心 “唐”、“六”两字及鱼尾具有同一性

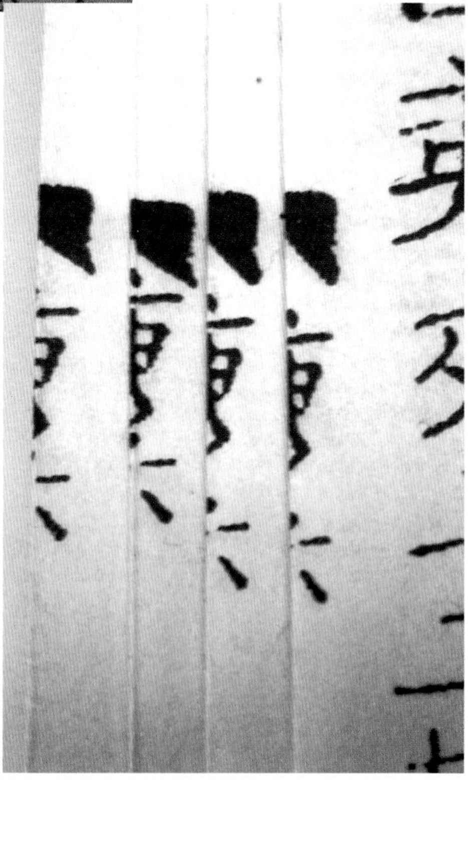

图 10—3—7

《唐鉴》卷六 局部放大

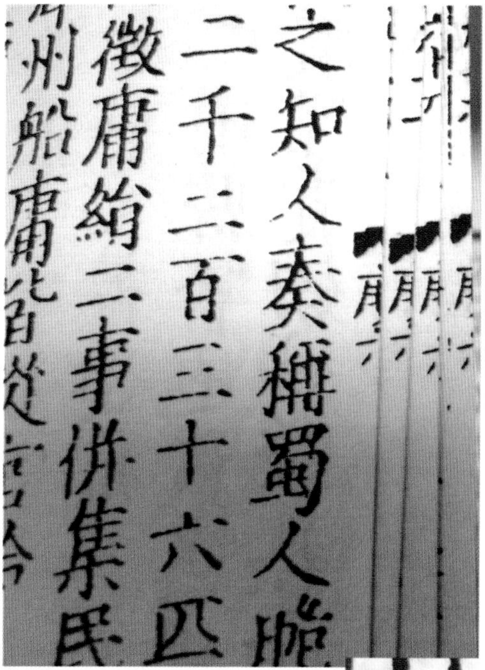

图 10—3—8

《唐鉴》卷六 四叶版心另外一面。“唐”、“六”两字一模一样，且四个鱼尾完全相同

图 10—3—9

《唐鉴》卷六

局部放大

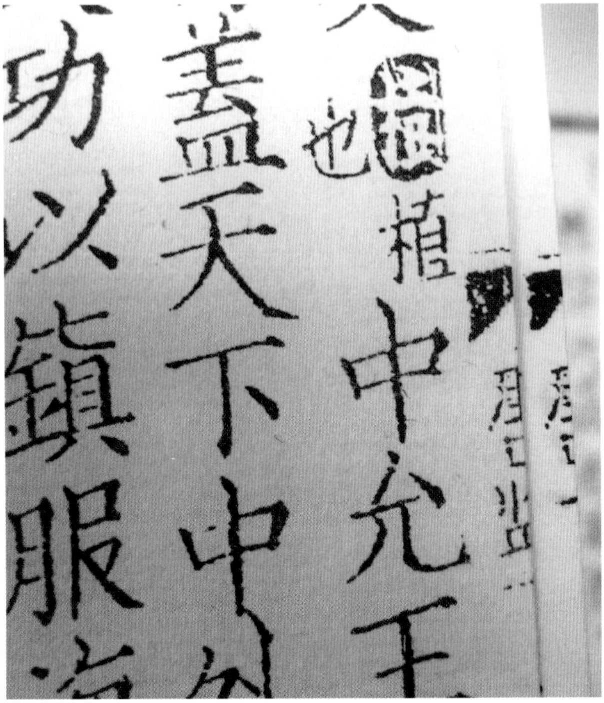

图 10—3—10 《唐鉴》卷一第 7、8 叶版心 “唐”字一样

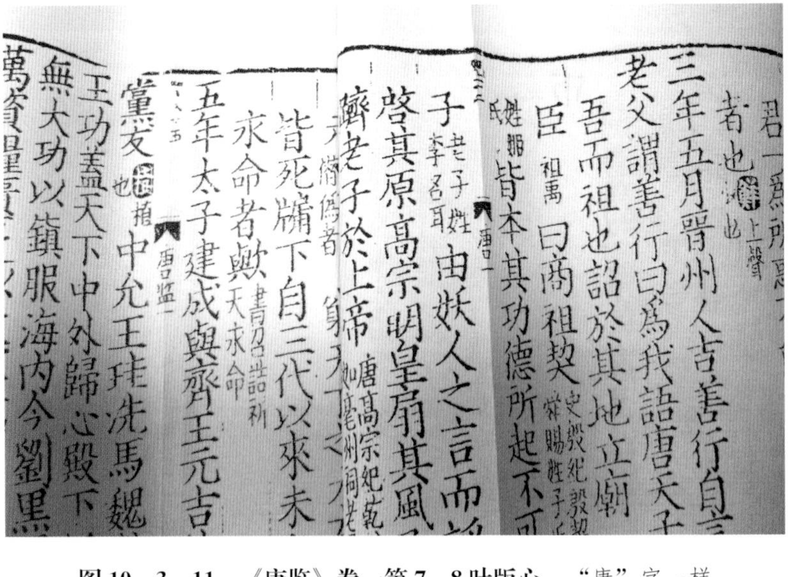

图 10—3—11 《唐鉴》卷一第 7、8 叶版心 “唐”字一样

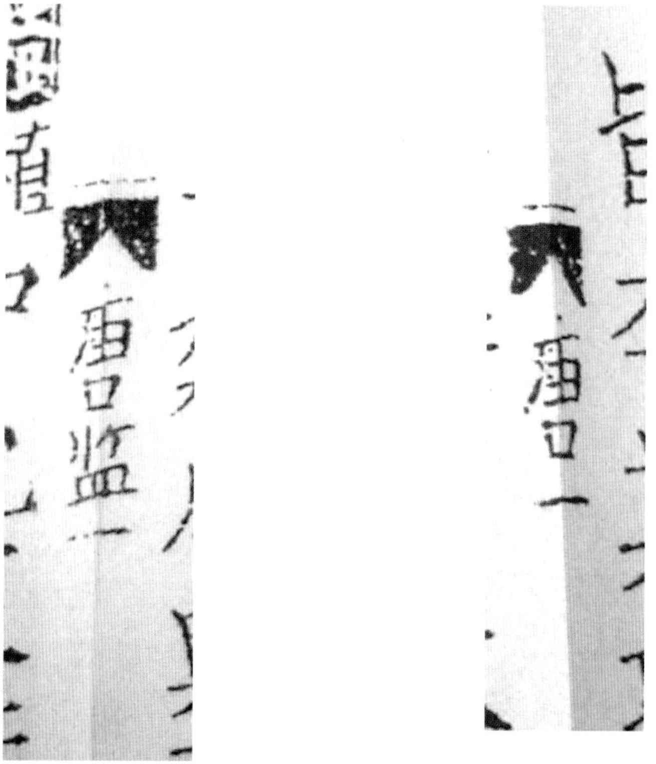

图 10—3—12 《唐鉴》卷一第 7、8 叶版心 “唐”字印迹的缺损，包括断点，均完全一样

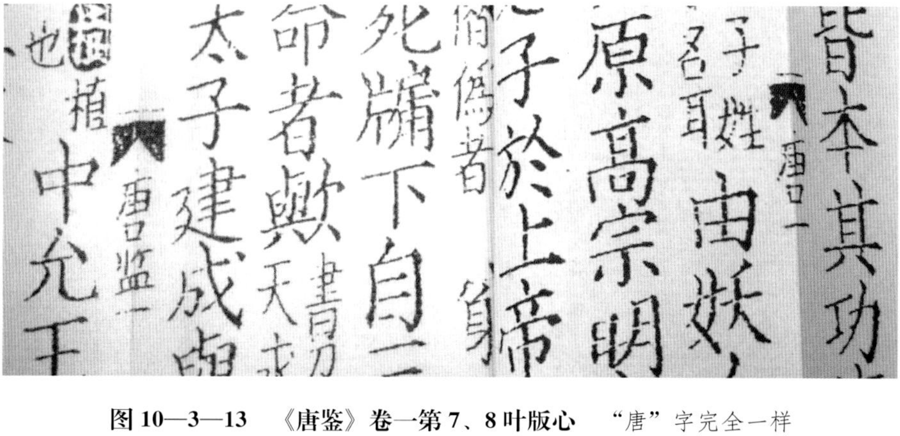

图 10—3—13 《唐鉴》卷一第 7、8 叶版心 “唐”字完全一样

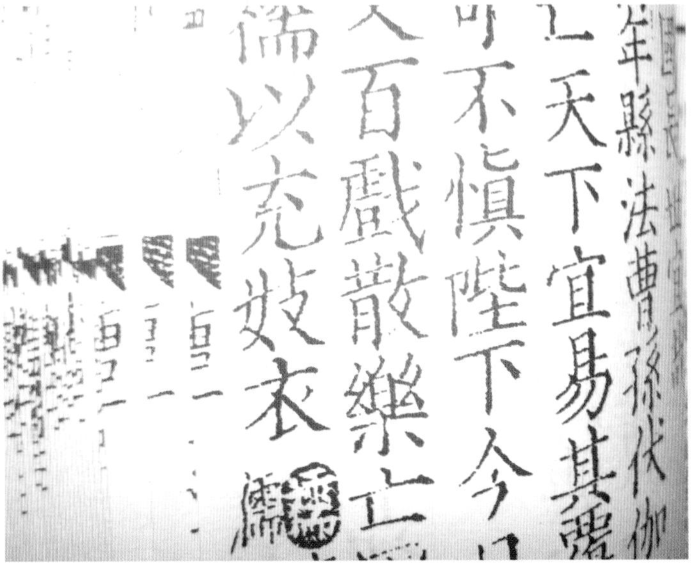

图 10—3—14　《唐鉴》卷一第 5、6 叶版心　鱼尾具同一性

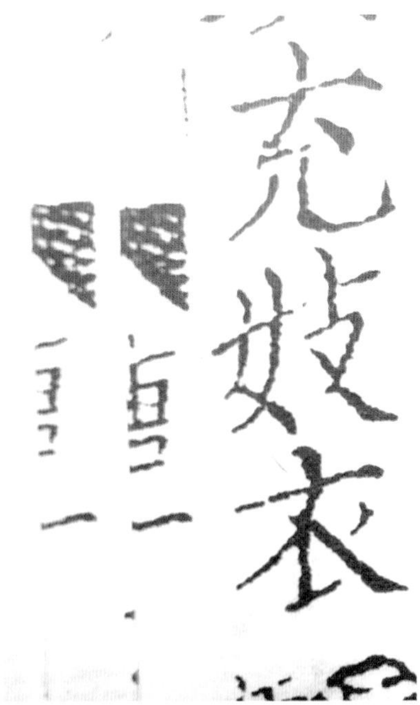

图 10—3—15　《唐鉴》卷一第 5、6 叶版心　鱼尾木纹完全一致

图 10—3—16　宋版《唐鉴》的书口

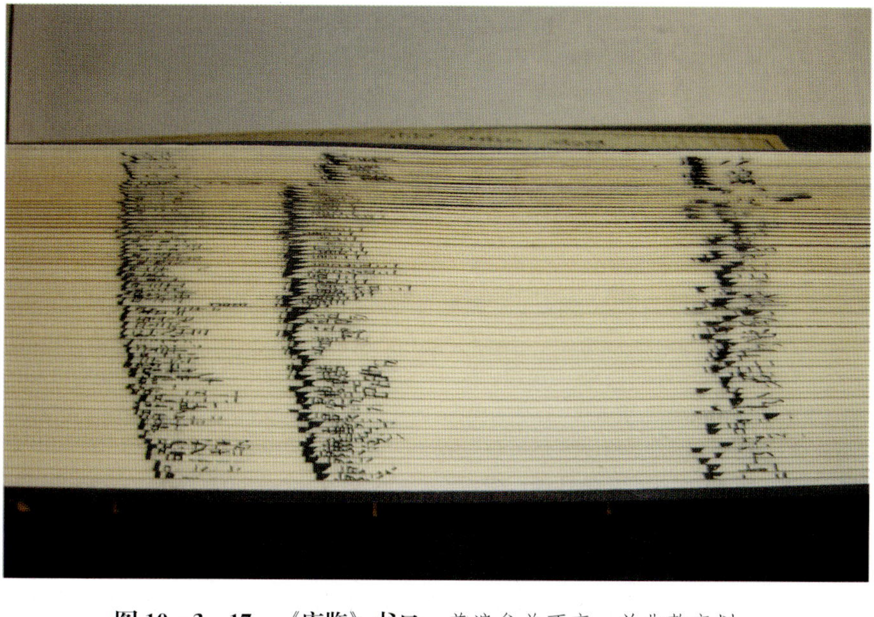

图 10—3—17　《唐鉴》书口　普遍参差不齐，并非整齐划一

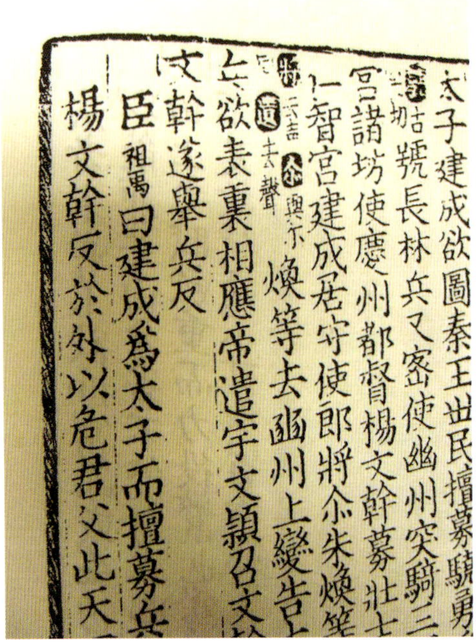

图 10—3—18 《唐鉴》 边框有清晰的木纹

图 10—3—19 《唐鉴》木纹边框细部

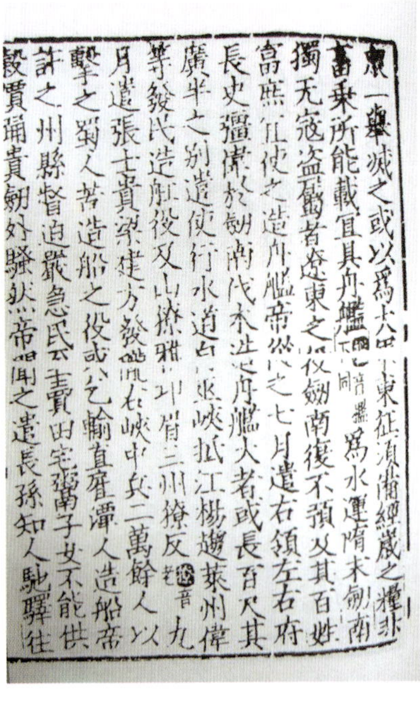

图 10—3—20 《唐鉴》 书叶中有活印线

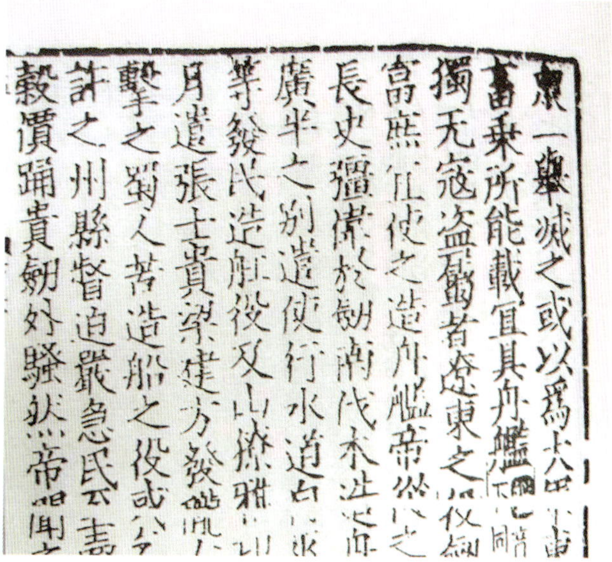

图 10—3—21 《唐鉴》 活印线细观，略有起伏。书叶中隐约可见界栏槽

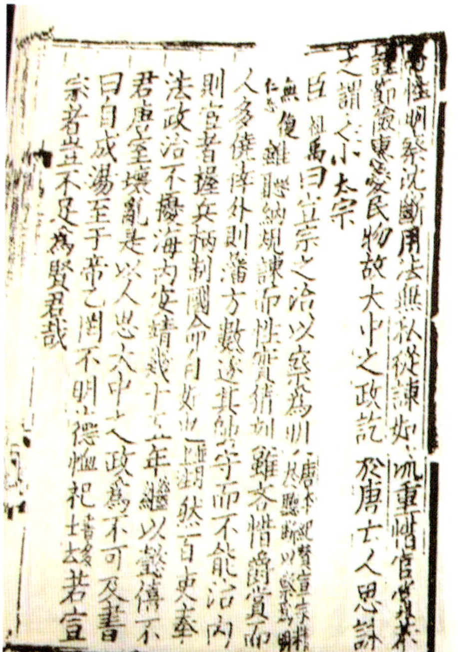

图 10—3—22 《唐鉴》 活印线倾斜，略微错位

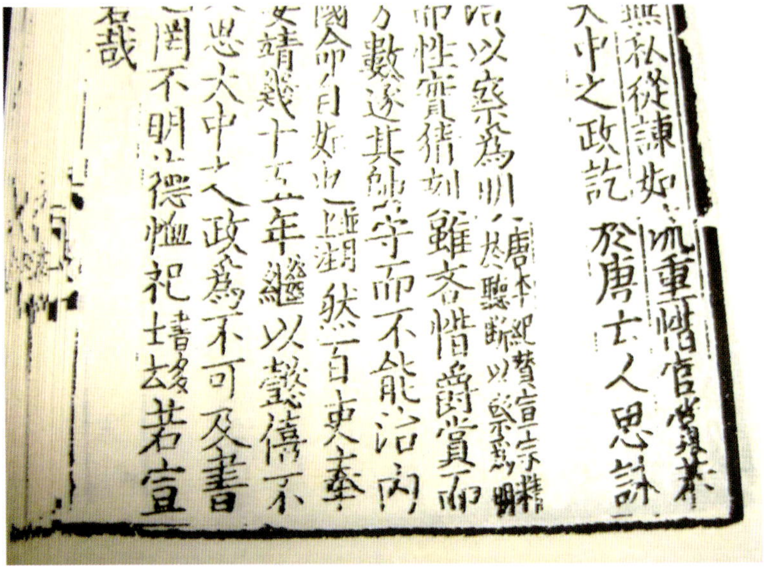

图 10—3—23 《唐鉴》 倾斜活印线细部，上下墨色浓淡不一

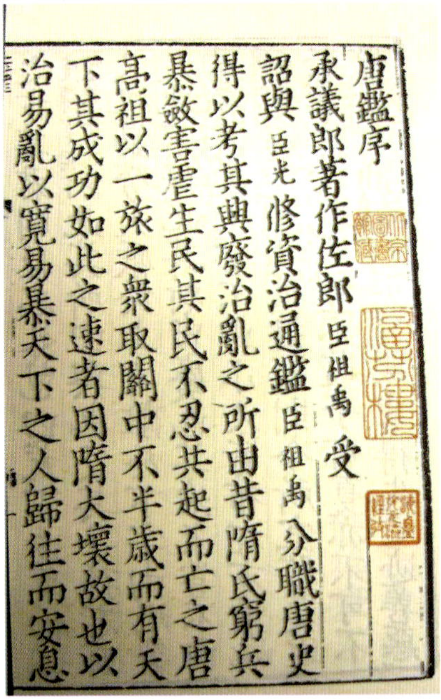

唐鑑序
承議郎著作佐郎臣祖禹受
詔與臣光修資治通鑑臣祖禹分職唐史
得以考其興廢治亂之所由昔隋氏窮兵
暴斂害虐生民其民不忍共起而亡之唐
高祖以一旅之衆取關中不半歲而有天
下其成功如此之速者因隋大壞故也以
治易亂以寬易暴天下之人歸往而安息

图 10—3—24 《唐鉴》 虽带栏线，但栏线基本上看不见，仅书叶上下两头偶尔能看到短短的一截

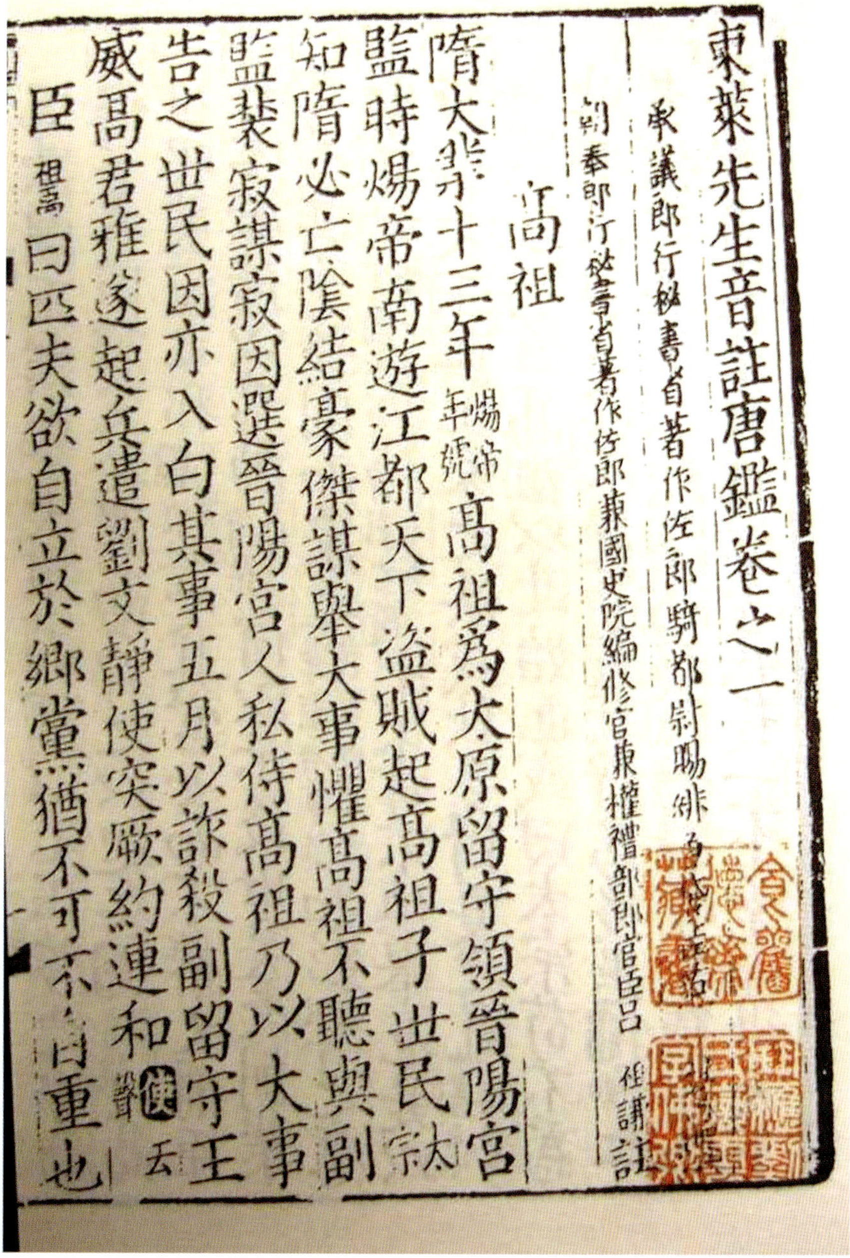
東萊先生音註唐鑑卷之一
承議郎行秘書省著作佐郎騎都尉賜緋魚袋臣范祖禹撰
朝奉郎行秘書省著作佐郎兼國史院編修官兼權禮部郎官臣呂祖謙註
高祖
隋大業十三年（煬帝年號）高祖爲太原留守領晉陽宮
監時煬帝南遊江都天下盜賊起高祖子世民（太宗）
知隋必亡陰結豪傑謀舉大事懼高祖不聽與副
監裴寂謀寂因選晉陽宮人私侍高祖乃以大事
告之世民因亦入白其事五月以詐殺副留守王
威高君雅遂起兵遣劉文靜使突厥約連和（使，去聲）
臣（祖禹）曰匹夫欲自立於鄉黨猶不可不自重也

图 10—3—25 《唐鉴》 栏线稀稀落落

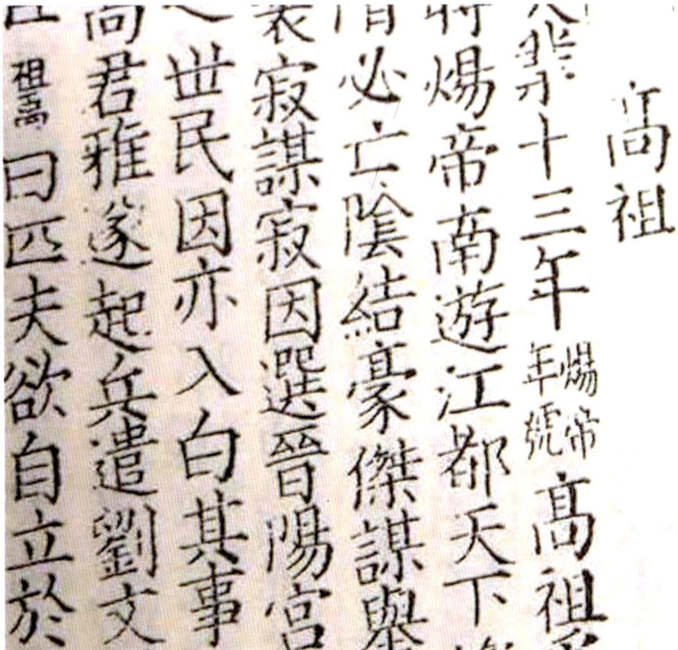

高祖

業十三年煬帝年號高祖爲太原留守領晉

時煬帝南遊江都天下盜賊起高祖子世

隋必亡陰結豪傑謀舉大事懼高祖不聽

裴寂謀寂因選晉陽宮人私侍高祖乃以

世民因亦入白其事五月以詐殺副留

君雅遂起兵遣劉文靜使突厥約連和

高祖曰匹夫欲自立於鄉黨猶不可

图 10—3—26　《唐鉴》　大片书叶无栏线

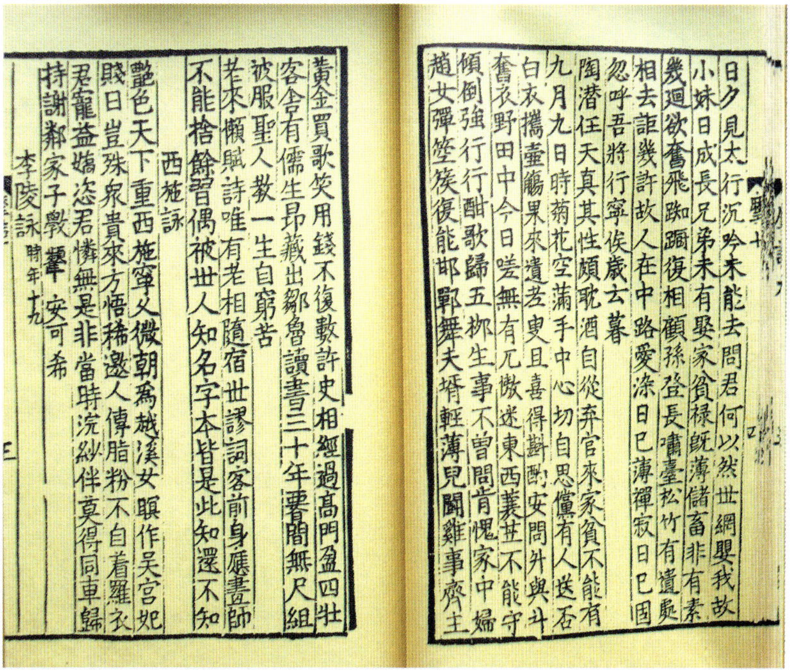

图 10—4—1　宋本《王摩诘文集》　书中边框缝众多，栏线断断续续，浓淡不一现象较为明显，栏线多呈弯曲状，行气普遍较差

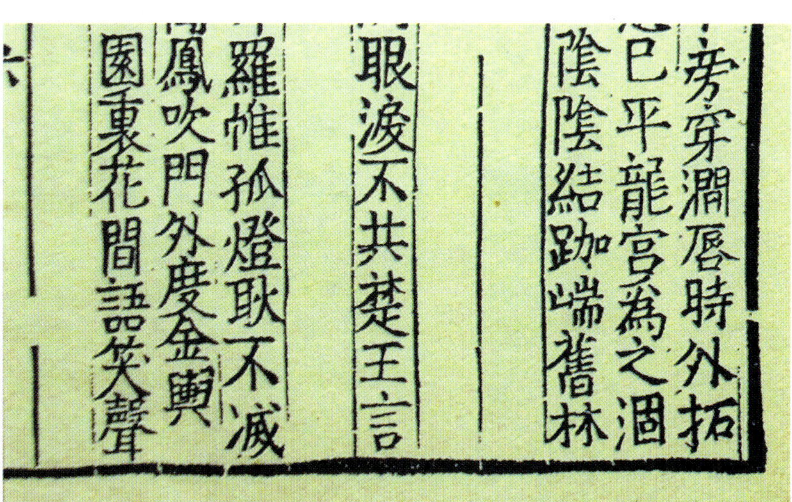

图 10—4—2　宋本《王摩诘文集》　横排不齐，界栏槽隐约可见，栏线断断续续

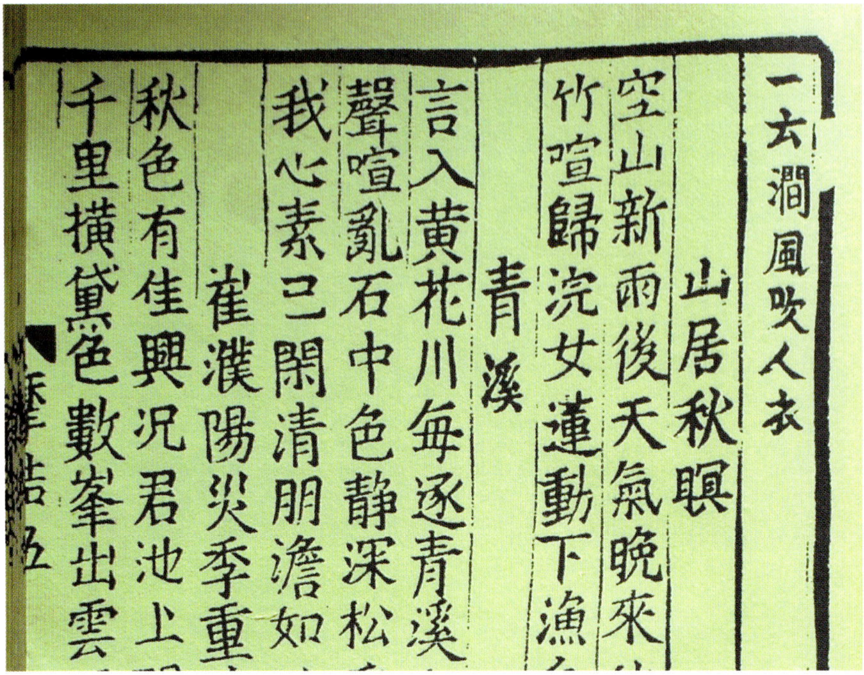

一去澗風吹人衣
山居秋暝
空山新雨後天氣晚來
竹喧歸浣女蓮動下漁
青溪
言入黃花川每逐青溪
聲喧亂石中色靜深松
我心素已閑清川澹如
崔濮陽兄季重
秋色有佳興況君池上
千里橫黛色數峯出雲

图 10—4—3　宋本《王摩诘文集》　栏线弯曲且断断续续，行气差

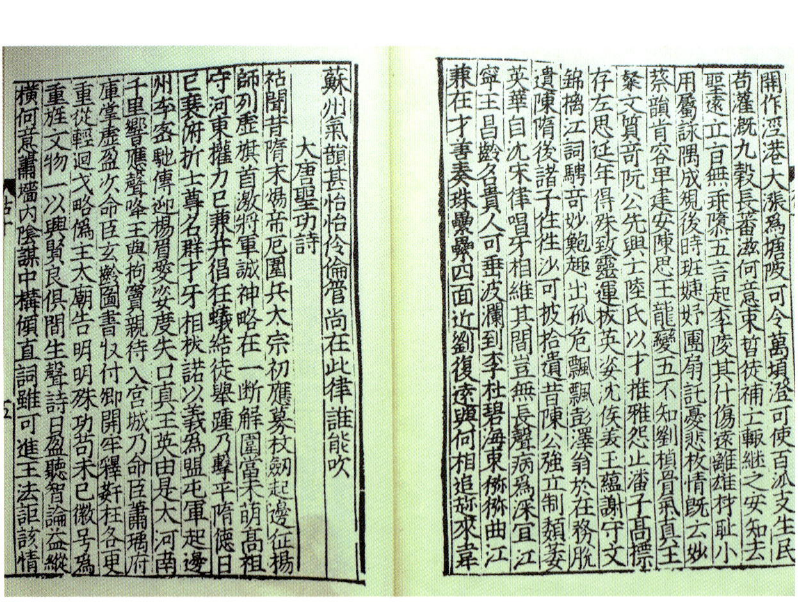

图 10—4—4　宋本《张承吉文集》　边框缝较多，栏线断断续续，字体浓淡不一

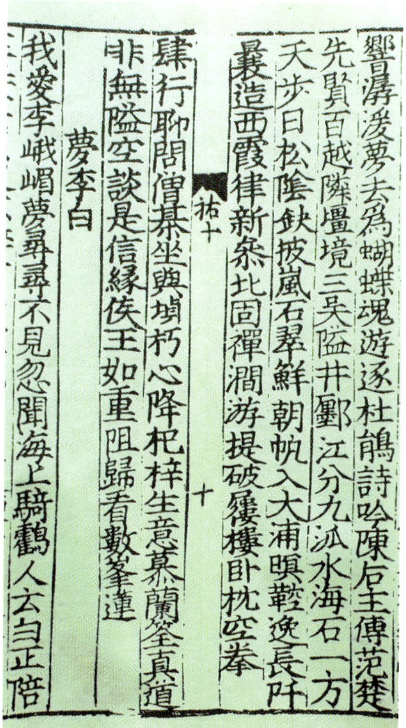
響潺湲夢去為蝴蝶魂遊逐杜鵑詩吟陳后主傳范楚
先賢百越隣疆境三吳隘井鄰江分九派水海石一方
天步日松陰缺披嵐石翠鮮朝帆入大浦暝鞚逸長阡
曩造西霞律新絛北固禪潤游提破屩樓卧枕空峯
祐十　十
肆行聊問僧恭坐與塌朽心降杞梓生意慕蘭筌真道
非無隘空談是信緣侯王如重阻歸看數峯蓮
夢李白
我愛李峨嵋夢尋尋不見忽聞海上騎鶴人云白正陪

图 10—4—5

宋本《张承吉文集》 横排不齐。第十卷第 10 叶，版心右侧一行，最末一个“肆”字排不下，只得挪到版心左侧一行

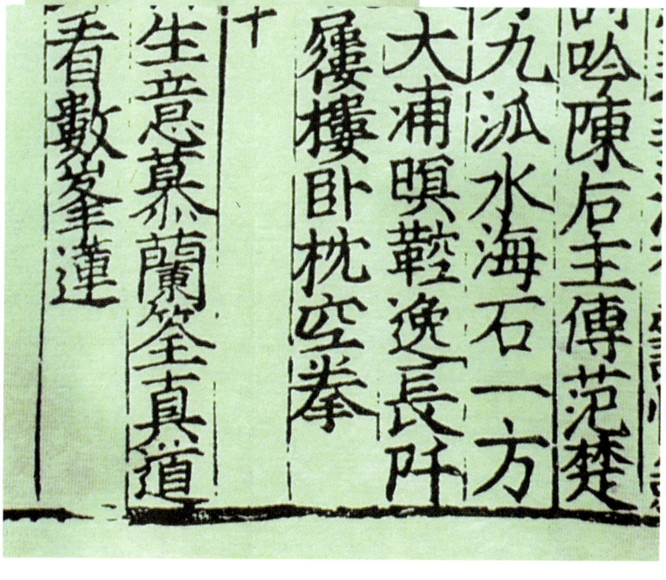
吟陳后主傳范楚
九派水海石一方
大浦暝鞚逸長阡
屩樓卧枕空峯
十
生意慕蘭筌真道
看數峯蓮

图 10—4—6　宋本《张承吉文集》 细观，横排不齐。原本有空间，只因“肆”字个头太大挤不下，不得不挪位，因而空缺一个字，见上图